ENTOMOLOGISCHE ABHANDLUNGEN

Herausgegeben vom

STAATLICHEN MUSEUM FÜR TIERKUNDE IN DRESDEN

In Kommission

AKADEMISCHE VERLAGSGESELLSCHAFT GEEST & PORTIG K.-G.

LEIPZIG

Staatliches Museum für Tierkunde in Dresden
DDR – 801 Dresden, Augustusstraße 2

ABHANDLUNGEN UND BERICHTE AUS DEM STAATLICHEN MUSEUM FÜR TIERKUNDE IN DRESDEN

Hinweise für unsere Autoren

Die Publikationen des Staatlichen Museums für Tierkunde in Dresden dienen der Veröffentlichung von Arbeiten aus dem Museum sowie solchen, die ganz oder teilweise Material des Museums behandeln oder über Materialien berichten, von denen Belegstücke in die Sammlung des Museums kommen.

Die Arbeiten sollen eine Thematik aus den Wissensgebieten Taxonomie, Phylogenie, Evolution, Morphologie, Anatomie, Biologie, Ökologie, Faunistik, Zoogeographie sowie den fachbezogenen Museumswissenschaften beinhalten. Arbeiten anderer Wissensgebiete sowie biographisch oder methodisch orientierte Arbeiten können aufgenommen werden, sofern sie zur Kenntnis der genannten Gebiete beitragen. Es werden nur Originalarbeiten veröffentlicht, die weder ganz noch teilweise bereits an anderer Stelle erschienen sind. Publikationen über Tiermaterial vom Gebiet der Deutschen Demokratischen Republik werden vorrangig behandelt.

Für Inhalt, sprachliche Gestaltung sowie Beachtung einer eventuellen Veröffentlichungsgenehmigung ihrer Arbeiten sind die Autoren selbst verantwortlich. Eine redaktionelle Bearbeitung der Manuskripte behält sich der Herausgeber vor. Die Autoren erhalten eine Eingangsbestätigung oder umfassendere Nachricht über die eingesandten Manuskripte. Nach Veröffentlichung ihrer Arbeiten erhalten die Autoren unentgeltlich 100 Sonderdrucke zugesandt; bei Veröffentlichungen, welche mehr als 200 Seiten umfassen, nur 50 Sonderdrucke. Von in den „Faunistischen Abhandlungen" erscheinenden Kurzmitteilungen werden 10 Belegexemplare ausgegeben. Diese Zahlen können aus technischen Gründen auch bei Veröffentlichungen von zwei oder mehr Autoren nicht erhöht werden.

Die Manuskripte können in deutscher, englischer oder französischer Sprache abgefaßt sein. Jede Arbeit (ausgenommen die für die „Reichenbachia" vorgesehenen Veröffentlichungen) muß eine kurze Zusammenfassung in der zur Abfassung des Manuskriptes verwendeten Sprache enthalten. Diese Zusammenfassung wird einschließlich des Titels der Arbeit bei deutschsprachigen Manuskripten in das Englische, bei fremdsprachigen Manuskripten in das Deutsche übertragen. Es ist erwünscht, daß die Autoren diese Übertragung selbst vornehmen.

Eine Rezension eingesandter Monographien wird auf Wunsch gern vorgenommen.

Spezielle Richtlinien über Manuskriptgestaltung, Ausführung der Illustrationen und Korrekturgang der Publikationen können auf Anforderung vom Herausgeber bezogen werden.

ENTOMOLOGISCHE ABHANDLUNGEN

Herausgegeben vom

STAATLICHEN MUSEUM FÜR TIERKUNDE IN DRESDEN

Band 41

1976 – 1977

In Kommission

AKADEMISCHE VERLAGSGESELLSCHAFT GEEST & PORTIG K.-G.

LEIPZIG

Inhalt:

	Nr.	Seiten
Inhaltsverzeichnis		II
Neue Namen, Synonyme und Kombinationen		III – V
ALLGEMEINES		
SCHÖNBORN, W.: Beitrag zum Modell der Krautschicht-Stratozönose. 12 Abb. Contribution to the Model of the Fieldlayer-Stratocoenose.	(1)	1–18
COLEOPTERA		
ENDRÖDI, S.: Monographie der *Dynastinae*. VIII. Tribus: *Phileurini (Coleoptera, Lamellicornia)*. 1 Taf., 42 Fig. Monograph of *Dynastinae* (VIIIth Tribe: *Phileurini*).	(4)	93–134
ENDRÖDI, S.: Monographie der *Dynastinae*. VIII. Tribus: *Phileurini (Coleoptera, Lamellicornia)*. Arten der äthiopischen Region. 1 Taf., 22 Fig. Monograph of *Dynastinae* (VIIIth Tribe: *Phileurini*). Species of the Ethiopian Region.	(6)	201–234
IABLOKOFF-KHNZORIAN, S. M.: Über die Phylogenie der *Lamellicornia (Insecta, Coleoptera)*. 20 Abb. On the Phylogeny of *Lamellicornia*.	(5)	135–200
MIKŠIC, R.: Revision der Gattung *Ischiopsopha* Gest. *(Coleoptera, Scarabaeidae)*. (91. Beitrag zur Kenntnis der *Scarabaeidae*). 29 Fig. Revision of the Genus *Ischiopsopha* Gest.	(7)	235–286
SCHEDL, K. E.: Neotropische *Scolytoidea* XIII *(Coleoptera)*. 323. Beitrag zur Morphologie und Systematik der *Scolytoidea*. Neotropical *Scolytoidea* XIII.	(3)	49–92
SCHEDL, K. E.: Neotropische *Scolytoidea* XIV *(Coleoptera)*. 335. Beitrag zur Morphologie und Systematik der *Scolytoidea*. Neotropical *Scolytoidea* XIV.	(8)	291–309
SCHEDL, K. E.: Evolutionszentren bei den *Scolytoidea (Coleoptera)*. 334. Beitrag zur Morphologie und Systematik der *Scolytoidea*. Evolutionary Centres on the *Scolytoidea*.	(9)	311–323
DIPTERA		
BÄHRMANN, R.: Vergleichende Untersuchungen der Ergebnisse verschiedener Fangverfahren an brachyceren Dipteren aus dem Naturschutzgebiet „Leutratal" bei Jena (Thür.). 2 Fot., 8 Diagr. Comparative Investigations of the Results of Different Collecting Methods on *Diptera Brachycera* from the Nature Protection Area „Leutratal" near Jena (Thuringia).	(2)	19–47

Neue Namen, Synonyme und Kombinationen

COLEOPTERA

Scarabaeidae (Cetoniinae)

Ischiopsopha keyensis SCHÜRHOFF, 1934, syn. n. zu *I. arouensis* (J. THOMSON, 1857), p. 248 – *I. meraukeana* SCHÜRHOFF, 1933, syn. n. zu *I. wallacei wallisiana* (J. THOMSON, 1860), p. 259 – *I. asperipennis* n. sp., p. 265 – *I. jamesi ?* ssp. *olivaceicolor* nom. n., p. 271 – *I. superba* HELLER, 1933, syn. n. zu *I. bennigseni* MOSER, 1906., p. 272 – *I. pulchripes scheini* SCHÜRHOFF, 1942, comb. n., p. 274: MIKŠIC

Lomaptera ulricae MOHNIKE, 1871, syn. n. zu *I. latreillei* (GORY-PERCHERON, 1833), p. 256 – *L. yorkiana* JANSON, 1877, syn. n. zu *I. wallacei wallisiana* (J. THOMSON, 1860), p. 259 – *L. jamesi lixi* NONFRIED, 1891; *L. jamesi nobilitata* NONFRIED, 1891; beide syn. n. zu *I. ignipennis* GESTRO, 1876; p. 271: MIKŠIC

Scarabaeidae (Dynastinae)

Archophanes canorus PRELL, 1912, syn. n. zu *A. cratericollis* (FAIRMAIRE, 1894), p. 211: ENDRÖDI

Cryptodes explanatus CARNE, 1957, syn. n. zu *C. cycnorum* FAIRMAIRE, 1877, p. 112 – *C. protensus* FAIRMAIRE, 1879, syn. n. zu *C. fraternus* FAIRMAIRE, 1877, p. 112 – *C. matthewsi* sp. n., p. 131: ENDRÖDI

Eophileurus siamensis ARROW, 1914, syn. n. zu *E. confinis* PRELL, 1913, p. 95 – *E. andamanicus* ARROW, 1914, syn. n. zu *E. gracilis* PRELL, 1913, p. 95 – *E. javanus* ARROW, 1914, syn. n. zu *E. javanus* PRELL, 1913, p. 95 – *E. decipiens* PRELL, 1913, syn. n. zu *E. confinis* PRELL, 1913, p. 95 – *E. irregularis* PRELL, 1913, syn. n. zu *E. chinensis* (FALDERMANN, 1835), p. 95 – *E. cingalensis cingalensis* ARROW, 1910, comb. n., p. 95 – *E. cingalensis decatenatus* ARROW, 1910, comb. n., p. 95 – *E. himalayanus* sp. n., p. 105 – *E. nicobarensis* sp. n., p. 106 – *E. borneensis* sp. n., p. 108 – *E. fenicheli* sp. n., p. 109: ENDRÖDI

Pseudosyrichthus senegalensis variolosus PRELL, 1934, comb. n., p. 220 – *P. kjellanderi* FERREIRA, 1965, syn. n. zu *P. clathratus* (GERSTÄCKER, 1866), p. 220: ENDRÖDI

Rhizoplatodes castaneipennis caviceps PRELL, 1934, comb. n., p. 209 – *Rh. castaneipennis ambiguus* (GERSTÄCKER, 1871), comb. n., p. 210 – *Rh. castaneipennis foveiceps* (FAIRMAIRE, 1893), comb. n., p. 210: ENDRÖDI

Rhizoplatys mucronatus trituberculatus (BURMEISTER, 1847), comb. n., p. 204: ENDRÖDI

Syrichthodontus lydenburgi sp. n., p. 218: ENDRÖDI

Syrichthomorphus hessei ENDRÖDI, 1973, syn. n. zu *Syrichthodontus spurius* (BURMEISTER, 1847), p. 216: ENDRÖDI

Syrichthoschema katanganum sp. n., p. 228: ENDRÖDI

Syrictes curvicornis sp. n., p. 226: ENDRÖDI

Syrictoides gen. n., p. 228: ENDRÖDI

Syrictoides tarsalis sp. n., p. 229: ENDRÖDI

Platypodidae

Platypus aplanatus n. sp., p. 85 – *P. arcuatus* n. sp., p. 86 – *P. asperatus* n. sp., p. 86 – *P. detectus* n. sp., p. 87 – *P. devius* n. sp., p. 88 – *P. gagates* n. sp., p. 89 – *P. mixtus* n. sp., p. 90 – *P. obsitus* n. sp., p. 90 – *P. particeps* n. sp., p. 91 – *P. sulcipennis* n. sp., p. 91 – *P. interponens* n. sp., p. 308 – *P. roppai* n. sp., p. 308 – *P. transitus* n. sp., p. 309: SCHEDL

Scolytidae

Amphicranus elegantulus n. sp., p. 304 – *A. plaumanni* n. sp., p. 305: SCHEDL

Brachydendrulus plaumanni n. sp., p. 70: SCHEDL

Cnemonyx acuminatus n. sp., p. 61: SCHEDL

Cnesinus bispinatus n. sp., p. 62 – *C. schoenherri* n. sp., p. 63 – *C. transitus* n. sp., p. 63 – *C. acuminatus* n. sp., p. 298 – *C. laetus* n. sp., p. 299: SCHEDL

Corthycyclon tardus n. sp., p. 85: SCHEDL

Corthylus obliquus n. sp., p. 79 – *C. oliveirai* n. sp., p. 80 – *C. pharax* n. sp., p. 80 – *C. praealtus* n. sp., p. 80: SCHEDL

Chramesus asperulus n. sp., p. 294 – *Ch. dentipes* n. sp., p. 295 – *Ch. neglectus* n. sp., p. 296: SCHEDL

Cryphalomorphus alienus n. sp., p. 65: SCHEDL

Cryphalus brasiliensis n. sp., p. 65 – *C. minutus* n. sp., p. 299: SCHEDL

Gnathocranus frontalis n. sp., p. 302: SCHEDL

Hexacolus nardus n. sp., p. 62 – *H. minutissimus* n. sp., p. 297: SCHEDL

Hylocurus denticollis n. sp., p. 71 – *H. interpositus* n. sp., p. 71 – *H. obtusipennis* n. sp., p. 72 – *H. acutedentatus* n. sp., p. 300 – *H. trispinatus* n. sp., p. 301: SCHEDL

Metacorthylus dubiosus n. sp., p. 81: SCHEDL

Mimips brasiliensis n. sp., p. 72: SCHEDL

Monarthrum peruanum n. sp., p. 306: SCHEDL

Neodryocoetes cribripennis n. sp., p. 70: SCHEDL

Neoglostatus n. gen., p. 300: SCHEDL

Neoglostatus squamosus n. sp., p. 300: SCHEDL

Pagiocerus major n. sp., p. 64: SCHEDL

Pityophthorus anticus n. sp., p. 66 – *P. apicenotatus* n. sp., p. 66 – *P. apicipennis* n. sp., p. 67 – *P. elongatulus* n. sp., p. 67 – *P. erraticus* n. sp., p. 68 – *P. inaequidens* n. sp., p. 68 – *P. roppae* n. sp., p. 69 – *P. sinopae* n. sp., p. 69: SCHEDL

Phloeotribus hebes n. sp., p. 294: SCHEDL

Phloeotrupus punctatus n. sp., p. 64: SCHEDL

Pseudochramesus multiseriatus n. sp., p. 296: SCHEDL

Pterocyclon dubiosum n. sp., p. 82 – *P. glabriculum* n. sp., p. 82 – *P. insolitum* n. sp., p. 83 – *P. subpronum* n. sp., p. 83 – *P. assequens* n. sp., p. 302 – *P. subductum* n. sp., p. 303 – *P. subtruncatum* n. sp., p. 303 – *P. sulcipenne* n. sp., p. 304: SCHEDL

Sampsonius obtusicornis n. sp., p. 78: SCHEDL

Scolytodes gracilis n. sp., p. 61 – *S. cylindricus* n. sp., p. 297 – *S. grandis* n. sp., p. 298: SCHEDL

Scolytus barbatus n. sp., p. 59 – *S. neofacialis* n. sp., p. 60 – *S. strigipennis* n. sp., p. 60: SCHEDL

Tricolus abruptus n. sp., p. 83 – *T. incisus* n. sp., p. 84 – *T. minutissimus* n. sp. p. 84: SCHEDL

Xyleborus associatus n. sp., p. 73 – *X. funebris* n. sp., p. 73 – *X. haesitus* n. sp., p. 74 – *X. inferior* n. sp., p. 74 – *X. imitator* n. sp., p. 75 – *X. latipennis* n. sp., p. 75 – *X. neosphenos* n. sp., p. 76 – *X. oneratus* n. sp., p. 76 – *X. opimulus* n. sp., p. 77 – *X. solitariformis* n. sp., p. 77 – *X. solitaripennis* n. sp., p. 77 – *X. subductus* n. sp., p. 78 – *X. ambasinotatus* n. sp., p. 306 – *X. melanarius* n. sp., p. 307 – *X. neotruncatus* n. sp., p. 307: SCHEDL

Als SUPPLEMENT zu Band 41 der „Entomologischen Abhandlungen" ist erschienen:

MUCHE, W. H.: Die Blattwespen Mitteleuropas. Die Gattungen *Nematinus* Rohw., *Euura* Newm. und *Croesus* Leach *(Nematinae)* sowie *Heterarthrus* Steph. *Heterarthrinae) (Hymenoptera, Nematinae et Heterarthrinae)*. S. 1–21, 31 Fig., 1977.

MUCHE, W. H.: Die *Argidae* von Europa, Vorderasien und Nordafrika (mit Ausnahme der Gattung *Aprosthema) (Hymenoptera, Symphyta)*. S. 23–59, 67 Fig., 1977.

Entom. Abh. Mus. Tierk. Dresden Band 41 1976–1977

Verantwortlicher Redakteur: Dr. RAINER EMMRICH

Staatliches Museum für Tierkunde, DDR – 801 Dresden, Augustusstraße 2

Genehmigt: Ministerrat der Deutschen Demokratischen Republik,
Ministerium für Kultur, unter Nr. 105/24/75, 105/29/76, 105/15/77 u. 105/19/78
Klischees: Graphischer Großbetrieb „Völkerfreundschaft" Dresden
Satz und Druck: Graphische Werkstätten Zittau-Görlitz, III-19-2 Druckerei Neugersdorf

ENTOMOLOGISCHE ABHANDLUNGEN

STAATLICHES MUSEUM FÜR TIERKUNDE IN DRESDEN

Band 41 Ausgegeben: 3. Oktober 1977 Nr. 5

Über die Phylogenie der Lamellicornia

(Insecta, Coleoptera)

Mit 20 Abbildungen

S. M. IABLOKOFF-KHNZORIAN
Erevan, Armenische SSR

„Niemals wird ein ‚reiner Systematiker' imstande sein, das Verständnis der Evolutionsprobleme zu erreichen." POPOV 1954

Inhalt

Seite

A. Einleitung 136
B. Klassifikation 136
C. Morphologische Analyse 137

a) Kopf – b) Brust – c) Hinterleib – d) Stigmen – e) Metendosternit – f) Flügel – g) Beine – h) Männliche Genitalien – i) Weibliche Genitalien – j) Nervensystem bei Vollkerf und Larve – k) Sinnesorgane – l) Darmkanal (des Vollkerfs) – m) Karyologie – n) Larvenbau – o) Brutpflege

D. Systematische Analyse 157

I. Familie *Passalidae* 157
II. Familie *Lucanidae* 159
III. Familie *Pleocomidae* 161
IV. Familie *Acanthoceridae* 161
V. Familie *Trogidae* 163
VI. Familie *Scarabaeidae* 164

a) Laparosticti 165
1. *Geotrupinae* – 2. *Scarabaeinae* – 3. *Orphninae* – 4. *Allidiostominae* – 5. *Aegialitinae* – 6. *Aphodiinae* – 7. *Hybosorinae* – 8. *Ochodaeinae* – 9. *Aclopinae* – 10. *Pachypodinae* – 11. *Glaphyrinae*

b) Loxosticti 176
12. *Euchirinae* – 13. *Cetoninae* – 14. *Dynastinae* – 15. *Rutelinae* –

c) Orthosticti 180
16. *Hopliinae* – 17. *Phaenomerinae* – 18. *Macrodactylinae* – 19. *Chasmatopterinae* – 20. *Melolonthinae* – 21. *Sericinae*

E. Phylogenetische Analyse 184
F. Schlußwort 193
Zusammenfassung 193
Literatur 194

A. EINLEITUNG

Die Superfamilie der *Lamellicornia* bildet eine natürliche Gruppe, die von allen anderen Käfern deutlich abgesondert ist und seit langem als solche anerkannt wird. Aber trotz zahlreicher Studien ist ihre Phylogenie unklar. Speziell dieser Frage wurden nur wenige Arbeiten gewidmet (PAULIAN 1933, 1935, OLSUFIEV 1935), aber wertvolle Angaben und Bemerkungen sind in der maßgeblichen Literatur verstreut. Das wichtigste davon wird in unserer Bibliographie genannt.

Die gegenwärtige phylogenetische Analyse geht von der Vorstellung zweier verschiedener Vorgänge aus, die man oft als Anagenese und Phylogenese bezeichnet. Wie bekannt, sucht die Phylogenese die echten genetischen Verbindungen festzustellen, die aber keineswegs mit morphologischen Ähnlichkeiten zusammenfallen müssen, da diese Ähnlichkeiten auch durch konvergente oder parallele Evolution entstehen können (Anagenese). Da wir aber kein sicheres Kriterium besitzen, um diese beiden Vorgänge voneinander zu trennen, so soll in jedem Falle die Ursache der entstandenen Ähnlichkeiten berücksichtigt werden. In der Morphologie sind die besten phylogenetischen Verbindungen gewöhnlich auf sogenannte indifferente Merkmale gebaut, d. h. auf solche, bei denen keine Anpassung an Umweltveränderungen ersichtlich ist und nötig erscheint, woraus der große Wert der Genitalstudien hervorgeht, wie schon DARWIN schrieb. Doch genügen oft die Genital- und sogar erschöpfende morphologische Studien nicht, die phylogenetischen Verbindungen endgültig zu klären, da die Ganzheit der Organismen die Lösung erschweren kann. Wir glauben jedoch, daß diese Lösung stets gefunden werden kann, wenn die entsprechende Gruppe eingehend genug in allen Richtungen, unter Beachtung ihrer Ökologie, Physiologie, Genetik, Biochemie usw. studiert worden ist. Leider sind wir in dieser Hinsicht für die *Lamellicornia* weit von diesem Ziel entfernt, deswegen können wir momentan nur eine vorläufige Lösung vorschlagen. Zu diesem Zwecke haben wir alle nützlichen Daten zusammengebracht und mit eigenen Untersuchungen ergänzt.

Diese Arbeit wurde aber nur durch die liebenswürdige Hilfe einiger Entomologen möglich, die uns kostbare Arten zusandten, und zwar der Herren J. BARAUD, Talence; P. BASILEWSKI, Tervuren; Mme. BONS und R. PAULIAN, Paris; G. MEDVEDEV, Leningrad; R. POPE, London. Hier sei ihnen unser bester Dank ausgesprochen. Auch die Sammlungen des Zoologischen Institutes in Erevan wurden gründlich bearbeitet. Dennoch wurden zahlreiche Gruppen wenig oder gar nicht untersucht, wie nachfolgend angegeben ist.

B. KLASSIFIKATION

Nach den grundlegenden Arbeiten von LATREILLE wurden die *Lamellicornia* entgültig abgesondert und eingehend studiert, besonders von ERICHSON (1848), BURMEISTER (1842–1855) und LACORDAIRE (1856), später wurde die Anzahl aller Taxa vergrößert. Die letzte vorgeschlagene, wohl doch „gewissermaßen provisorische" Einteilung der *Lamellicornia* (BALTHASAR 1963) enthält 2 Überfamilien und 18 Familien, darin werden aber die *Aulanocneminae* und *Pleocominae*, „deren Stellung in der Hierarchie vollkommen fraglich ist", nicht berücksichtigt. Auch scheinen darin die *Oncerinae* und *Belohininae* zu fehlen, die *Pachydeminae* sind ohne weiteres als eine Tribus der *Melolonthinae* eingeschaltet, offenbar in demselben Umfang wie im Weltkatalog von JUNK, ungeklärt blieb die Stellung von *Acoma*, die früher leichtfertig zu den *Pleocoma* gestellt wurden, von *Diphycerus, Podolasia, Achloa, Acylochirus* usw., die früher in eine besondere Familie – die *Leptopodidae*, untergebracht, aber im JUNKschen Katalog den *Pachydemini* zugezählt wurden, wo sie doch ein fremdes Element darstellen, sowie von *Termitotrox* usw. Leider war es auch uns nicht möglich, diese Gattungen zu bearbeiten.

Neulich hat MACHATSCHKE (1959) die *Glaphyrinae* in eine abgesonderte Superfamilie mit zwei Familien übertragen.

In unserer Arbeit wurde folgende Anordnung der Taxa angenommen:

I. Familie *Passalidae* – einige Unterfamilien und Tribus
II. Familie *Lucanidae* – dasselbe
III. Familie *Pleocomidae* – nur eine Gattung
IV. Familie *Acanthoceridae* – einige Gattungen ohne andere Einteilung
V. Familie *Trogidae* – 2 Unterfamilien *(Troginae* und *Glaresinae)*
VI. Familie *Scarabaeidae* – 21 Unterfamilien
Geotrupinae – 4 Tribus *(Bolbelasmini, Geotrupini, Lethrini, Taurocerastini)*
Scarabaeinae – 2 Tribus *(Scarabaeini, Coprini)*
Orphninae
Allidiostominae – 2 Tribus *(Allidiostomini, Dynamopini)*
Aegialiinae – 3 Tribus *(Chironini, Aegialiini, Eremazini)*
Aphodiinae – zahlreiche Tribus
Hybosorinae
Ochodaeinae – 4 Gattungen
Aclopinae – 2 Tribus *(Aclopini, Phaenognathini)*
Pachypodinae – eine Gattung mit 2 Arten
Glaphyrinae – 2 Tribus *(Lichniini, Glaphyrini)*
Euchirinae – 3 Gattungen
Cetoninae – 3 Tribus *(Trichiini, Cetonini, Valgini)*
Dynastinae – zahlreiche Tribus
Rutelinae – dasselbe
Hopliinae – 2 Tribus *(Hopliini, Pachycnemini)*
Phaenomerinae – 3 Gattungen
Macrodactylinae – einige Tribus
Chasmatopterinae
Melolonthinae – Umfang zu bestimmen
Sericinae – 4 Tribus *(Diphucephalini, Ablaberini (= Camentini), Phyllotocini, Sericini)*

Wie schon erwähnt, wurde eine Anzahl von Gattungen nicht studiert und in unserer Klassifikation nicht berücksichtigt. Die Phylogenie der angegebenen Taxa wird im folgenden besprochen. Doch wollen wir schon hier erinnern und betonen, daß keine Reihenfolge die richtigen Verhältnisse zu veranschaulichen vermag, das ist natürlich auch für die angegebene der Fall.

C. MORPHOLOGISCHE ANALYSE

Für die Phylogenie sind paläontologische Daten besonders wertvoll. Leider sind dieselben für die *Lamellicornia* sehr dürftig (BALTHASAR 1963). Als älteste Funde gelten Reste aus den Liasschichten von Aargau (Schweiz), woraus *Aphodiites prologaeus* HEER beschrieben ist, und aus den bayerischen Juraschichten bei Eichstätt, worin *Geotrupes lithographicus* DEICHMÜLLER gefunden wurde, doch ist die Familienzugehörigkeit dieser Reste fraglich. Deswegen mag *Protoscarabaeus yeni* GRABAU aus der unteren Kreideformation von China als der erste sichere *Lamellicornia*fund gelten, doch halten ihn einige Entomologen für einen Geotrupinen, andere für einen Scarabaeinen; uns scheint es wahrscheinlicher anzunehmen, daß er zu einer Gruppe gehört, die jetzt nicht mehr existiert.

Aus dem Tertiär sind aus Europa und Nordamerika etwa 80 Arten Scarabaeidae beschrieben, besonders aus der Gattung *Aphodius* (9 Arten), letztere aber nur aus Europa. Aus dem Oligozän sind Vertreter von *Scarabaeus, Ateuchites, Sisyphus, Onitis* (bestritten), *Onthophagus, Aphodius, Aegialia* und *Geotrupes* bekannt. Daraus folgt, daß am Anfang des Tertiärs die Laparosticti schon den gegenwärtigen nahestanden. Doch gibt uns das wenig Nützliches für die Phylogenie, die vor allem auf morphologische Studien begründet sein soll. In dieser Beziehung lassen sich die wichtigsten Merkmale folgendermaßen zusammenfassen:

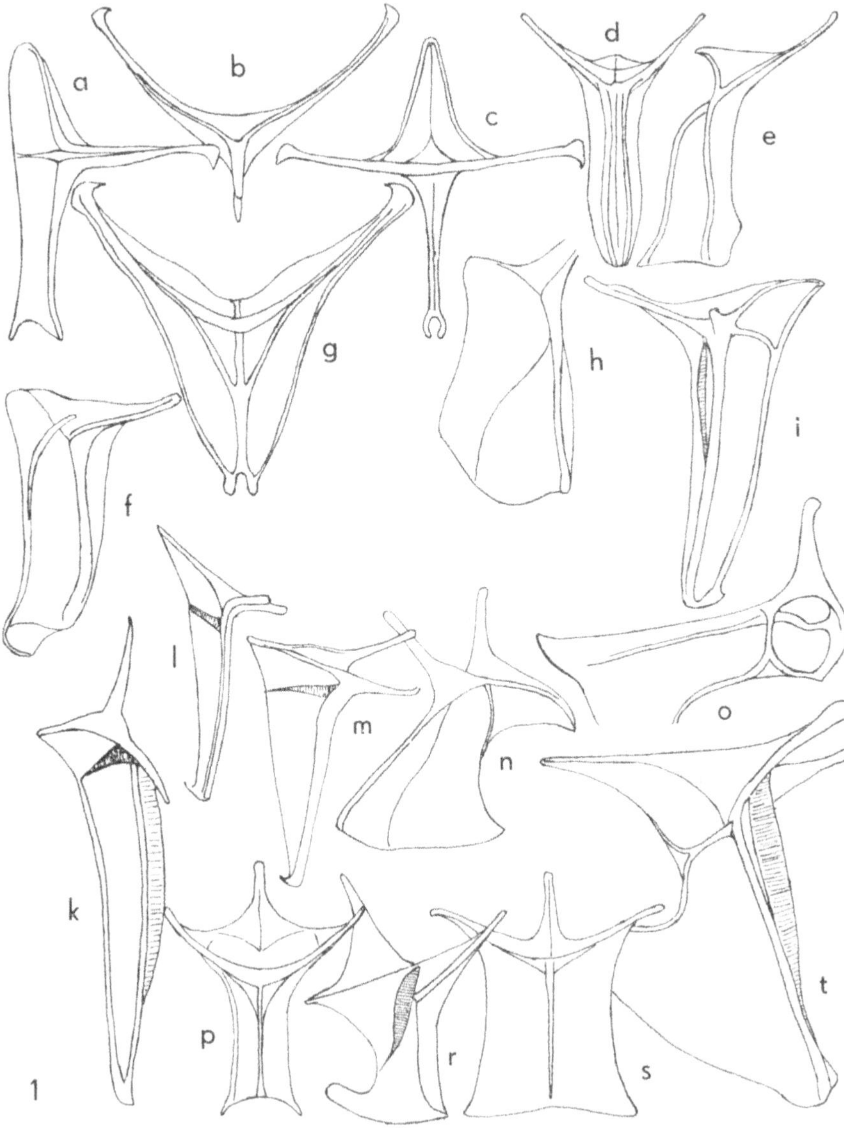

Abb. 1. Metendosternit einiger *Lamellicornia.*

a–c: *Odontolabis bellicosus* LAP. (4x) – d–e: *Glaresis oxiana* SEMEN. (32x) – f: *Hybosorus illigeri* REICHE (32x) – g–h: *Aegialia arenaria F.* (16x) – i: *Aphodius fossor* L. (16x) – k: *Scarabaeus sacer* L. (8x) – l: *Amphicoma psilotricha* FALD. (16x) – m: *Hoplia pollinosa* KRYN. (16x) – n: *Tanyproctus persicus* FALD. (8x) – o: *Homaloplia spireae* PALL. (16x) – p: *Gnorimus nobilis* L. (8x) – r–s: *Valgus hemipterus* L. (16x) – t: *Polyphylla olivieri* LAP. (6x).

a, e, f, h, i, k, l, m, n, o, p, t: Lateralansicht – b: Frontalansicht – c, d, g, r, s: Dorsalansicht.

Cr = crista metendosternalis

a) Kopf

Das Studium des Kopfes, besonders seiner Mundteile, wurde schon im letzten Jahrhundert durch ERICHSON, BURMEISTER und LACORDAIRE begonnen und in diesem fortgesetzt (ARROW 1909, OHAUS 1909, u. a.). Hier scheinen die phylogenetischen und anagenetischen Beziehungen besonders eng verschmolzen zu sein.

Bei allen *Lamellicornia* sind die Mandibeln weich und unfähig, harte Nahrung zu zerkleinern. Bei den primitiven Laparosticti ragen die Mundteile hervor, bei jüngeren Formen und allen Pleurosticti sind sie unter dem Clypeus verdeckt. Diese Rückverlagerung läßt sich bei verschiedenen Gruppen anagenetisch verfolgen, deswegen gibt die Bildung der Mundteile zuerst einen Hinweis auf die Evolutionstufe der entsprechenden Gruppe, die von ihrer Phylogenie unabhängig sein kann. Doch kann man in der Bildung der Mundteile auch echte phylogenetische Beziehungen feststellen.

Bei den primitiven Formen ragt das Labrum gewöhnlich waagerecht hervor, bei der Rückverlagerung der Mundteile unter den Clypeus kann es seine waagerechte Lage behalten oder sich umdrehen. In gewissen Fällen *(Phaenognatha, Sericinae)* verschmilzt es mit dem Clypeus. Bei den Pleurosticti erlaubt die Labrumbildung einige große Taxa abzusondern, z. B. die *Sericinae* von den *Melolonthinae* die *Rutelinae* von den *Dynastinae.* Ein nach unten gebogenes Labrum finden wir bei vielen *Lucanidae,* allen *Acanthoceridae,* den *Troginae* und *Pachypodinae.*

Die Mandibeln sind bei den Laparosticti gewöhnlich lappenförmig und oft mit einer Seitenmembrane versehen, die bei den Pleurosticti fehlt. Bei ihnen und den *Glaphyrinae* können sie eine verschiedene Anzahl von Zähnen tragen, doch dient dieses Merkmal hauptsächlich dazu, Gattungen abzusondern. Dagegen besitzen alle *Dynastinae* eine abweichende Mandibelbildung.

Die Maxillen sind ziemlich einheitlich gebaut, doch sind bei den Laparosticti Galea und Lacinia fast immer vorhanden und abgesondert, die Lacinia kann einen Endhakenzahn tragen. Bei den Pleurosticti verschwindet die Lacinia oder vereinigt sich mit der Galea, die Endzähne besitzen kann (auch ein Gattungsmerkmal).

Die Labiumbildung läßt sich in drei Typen einteilen:

1) *Laparosticti*-Typus: Zunge und Kinn abgesondert und normal entwickelt, Paraglossen gewöhnlich vorhanden.

2) *Anthophaga*-Typus: Zunge und Kinn zu einem großen, langen, behaarten und stark chitinisierten Sklerit verschmolzen, das oft an der Spitze zweilappig ist. Diese Bildung ist offenbar der Anthophagie angepaßt.

3) *Phyllophaga*-Typus: Dieser Typus scheint durch die Umbildung des zweiten entstanden zu sein, da eine Reihe von Zwischenstufen bekannt ist. Die Zunge bleibt mit dem Kinn verschmolzen, ist aber gewöhnlich durch eine Naht davon abgesondert, das Labium ist breiter als lang, Panaglossen fehlen.

Außer diesen drei Typen findet man auch andere, die im folgenden besprochen werden.

Im ganzen entspricht die Bildung der Mundteile der Haupteinteilung der *Lamellicornia* in Laparosticti und Pleurosticti, doch gibt es zahlreiche Ausnahmen davon.

Die Bildung des Clypeus wird auch in der Taxonomie als Merkmal benutzt. Bei den Laparosticti ist er gewöhnlich nahtlos verwachsen, bei den Pleurosticti ist diese Naht oft vorhanden. In den meisten Fällen sind Clypeus und Stirn in einer Flucht gebogen, oder er biegt sich etwas nach oben, doch kann der Clypeus auch schief nach unten gerichtet sein *(Acanthoceridae, Troginae).*

Viele *Scarabaeidae* tragen auf dem Kopf und (oder) Halsschild manchmal riesige Hörner oder andere Gebilde, die gewöhnlich geschlechtsverschieden sind. Wie bekannt, sind diese nur den Saprophagen eigen und erlauben dadurch, deren Ernährungsweise rückschließend zu erkennen, doch kann diese vermutliche Saprophagie auch Mycetophagie bedeuten, wie wir das im folgenden besprechen. Dagegen kann das Labrum Auswüchse bei beliebiger Ernährungsweise tragen.

Seit LATREILLE wird die Fühlerbildung der *Lamellicornia* als ihr Hauptmerkmal betrachtet. Es wird allgemein anerkannt, daß die Urform elf Glieder und eine dreigliedrige Endkeule besitzen sollte, doch sind im Lauf der Evolution einige Glieder verschwunden, andere miteinander verschmolzen, so daß endlich auch nur sieben Glieder bleiben können, die Endkeule aus 3–9 Gliedern bestehen kann. Elfgliedrige Fühler sind jetzt bei den *Pleocomidae, Geotrupinae* (außer den *Taurocerastini), Glaphyrus* (MACHATSCHKE 1959) und dem Männchen von *Phalangosoma mechovi* QUEDF. *(Pachydeminae,* nach PAULIAN 1959) bekannt. Bei *Rhizotrogus bellieri* REICHE wurden Käfer gefunden, die an jedem Fühler eine verschiedene Anzahl von Gliedern besaßen, obschon die Länge der beiden Fühler gleich blieb, was durch die Verschmelzung einzelner Glieder miteinander zu erklären ist. Ob verschmolzene Glieder sich (durch Mutation) wieder trennen können, wissen wir nicht.

Die Fühlerbildung einiger Taxa ist eigenartig und dient zu ihrer Absonderung, z. B. bei den *Lethrini, Hybosorinae* usw., doch treten ähnliche Eigenarten auch bei einzelnen Gattungen auf, die zu anderen Taxa gehören. Im allgemeinen sind bei den Laparosticti die Glieder der Endkeule tomentiert, bei den Pleurosticti nackt, wie auch bei den *Aclopinae, Glaphyrinae* und *Pachypodinae.* Außer bei diesen drei Unterfamilien sind die Glieder bei den Laparosticti stets klein, bei vielen Orthosticti und einigen Loxosticti groß, so daß die Endkeule einen Fächer bildet, der gewöhnlich geschlechtsverschieden ist.

b) Brust

Am wichtigsten ist die Lage der Hüften, besonders der Mittelhüften, die in fünf Typen eingeteilt werden können, und zwar:

1) Mittelhüften lang, senkrecht oder fast senkrecht zur Körperachse stehend und fast die Flügeldeckenepipleuren berührend. Es ist die primitive, aber auch die häufigste Bildung.

2) Mittelhüften verkürzt, umgedreht und zusammen einen geraden oder einen stumpfen Winkel bildend.

3) Mittelhüften parallel.

4) Mittelhüften fast rund und konvex.

5) Mittelhüften kurz, nur wenig länger als breit, platt, zusammen einen stumpen Winkel bildend.

In gewissen Gruppen *(Scarabaeinae, Aphodiinae, Sericinae)* kann man die Evolution der Lage der Mittelhüften vom ersten oder zweiten Typus zum dritten verfolgen.

Die Vorderhüften sind auch verschieden gebaut, doch scheinen die entsprechenden Unterschiede anagenetisch entstanden zu sein. Ihre Gelenkhöhlen sind stets geschlossen.

Die Bildung der Mesepimeren und Mesepisternen kann auch einen gewissen phylogenetischen Wert besitzen und erlaubt, z. B. die *Glaphyrinae* den *Hopliini* zu nähern und von anderen Scarabaeiden abzutrennen.

c) Hinterleib

Bei den *Lamellicornia* unterscheidet man den einfachen Hinterleib vom teleskopischen, bei dem die Sternite übereinander greifen. Die erste Bildung soll den primitiven Familien, die zweite den *Scarabaeidae* eigen sein, doch ist diese Einteilung kaum annehmbar. In vielen Fällen *(Ochodaeinae, Phaenomerinae, Cetoninae,* viele *Melolonthinae* etc.) sind die Sternite verschmolzen und sollten deswegen einen eigenen Typus darstellen. Bei den *Scarabaeidae* mit langem Hinterleib, z. B. bei den *Glaphyrinae,* greifen die Sternite überhaupt nicht übereinander. Im allgemeinen ist die Sternitteleskopierung desto ausgeprägter, je mehr der Hinterleib verkürzt ist, und von anagenetischem Ursprung.

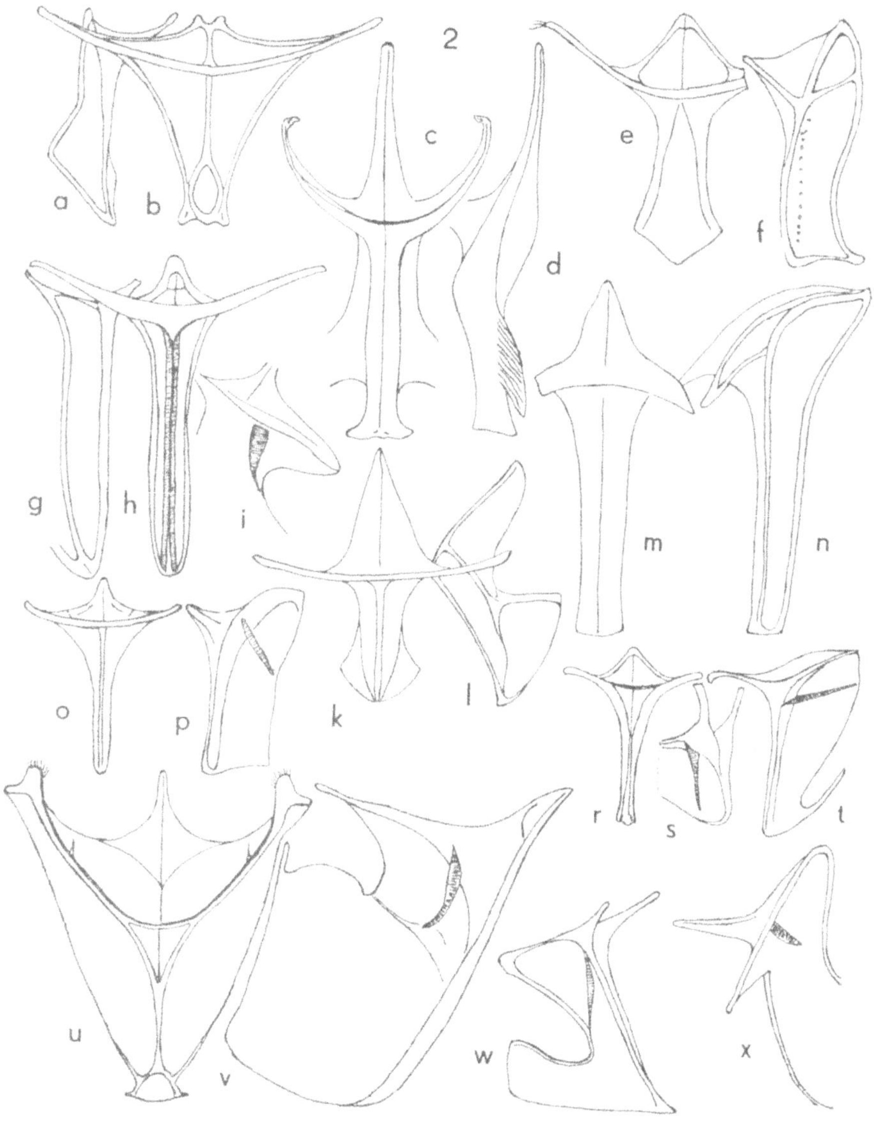

Abb. 2. Metendosternit einiger Lamellicornia.

a–b: *Lethrus tshaikalensis* PROTZ. (8x) – c–d: *Platycerus caraboides* L. (16x) – e–f: *Trox hispidus* PONTOPP. (16x) – g–h: *Heliocopris hamadryas* F. (4x) – i–l: *Oryctes latipennis* MOTSCH. (4x) – m–n: *Geotrupes stercorarius* L. (8x) – o–p: *Ochodaeus solskyi* SEMEN. (16x) – r–t: *Glaphyrus micans* FALD. (16x) – u–v: *Netocia cuprea* F. (8x) – w: *Anomala abchasica* MOTSCH. (8x) – x: *Cyclocephala maculata* BURM. (8x).

a, d, f, g, i, l, n, p, s, t, v, w, x: Lateralansicht – b, c, e, h, k, m, o, r, u: Dorsalansicht.

Es wurde oft geschrieben, daß bei den meisten primitiven Familien der *Lamellicornia* der Hinterleib fünf sichtbare Sternite, bei den *Pleocomidae* und *Scarabaeidae* (außer gewissen *Hybosorinae*) aber sechs besitzt, was aber nicht richtig ist. Nach JEANNEL (1955) sollen die *Lamellicornia* zu den Haplogastra gehören und ein verkümmertes zweites Urosternit besitzen, wovon nur zwei kleine Lateralteile noch bestehen. Jedoch wurde schon lange festgestellt (LACAZE-DUTHIERS 1853) und neulich mit dem Hinweis auf die Muskulaturbildung bestätigt (HIEKE 1966), daß bei der Gattung *Geotrupes* das zweite Urosternit vollkommen ausgebildet und pigmentiert ist. Tatsächlich scheint es, daß bei allen *Lamellicornia* die Lateralteile des zweiten Urosternits durch einen Halbring verbunden sind, der mehr oder weniger sichtbar vom dritten Urosternit abgesetzt ist, wobei die chitinisierte Struktur der Lateralteile sich auf diesem Halbring fortsetzt oder allmählich abnimmt. So ist das zweite Urosternit bei allen *Lamellicornia* vorhanden, wie es auch PAULIAN angibt (1959). Ein ganz chitinisiertes Sternit läßt sich bei *Pleocoma, Trox, Phaenomeris,* vielen anderen Pleurosticti, allen *Geotrupinae* usw. feststellen. Dagegen ist das achte Urosternit bald verborgen und bald sichtbar, jedoch stets in derselben Weise gebaut, chitinisiert, skulptiert und behaart. Daraus folgt, daß die *Lamellicornia* nicht in die Haplogastra sensu JEANNEL gehören können, sondern nach ihrem Hinterleibbau zu den Heterogastra.

Für die Phylogenie ist der Bau des neunten Urites des Männchens besonders wichtig. Bei den primitiven Käfern besteht es aus einem Sternit, einem Tergit und zwei Pleuriten, die ähnliche Form und Größe haben. Ein solches Urit findet man z. B. bei den *Silphidae,* primitiven *Catopidae, Staphylinidae* etc.

Bei *Pleocoma* bildet dieser Urit einen Sack, der den Aedeagus dicht umgreift und eine Endspalte trägt. Die Pleurite sind nach der Brust in zwei lange Äste ausgezogen, an ihrer Basis verschmelzen sie mit dem Tergitrand und miteinander (Fig. 9 d). Das Sternit ist löffelförmig, mit kurzem Stiel, der nach hinten gerichtet ist, an den Seiten ist er durch eine Membran mit den Pleuriten verbunden (Fig. 9 c), der Vorderrand ist glatt, bildet den Rand einer Spalte, durch welche der Aedeagus ausgestülpt werden kann. Da aber diese Spalte sich nicht genau an der Uritspitze befindet, sondern ein wenig seitlich davon, so muß der Aedeagus, der in Ruhelage an diese Spitze stößt, erst etwas eingezogen werden, um herauszutreten. Das ganze Urit ist schwarzbraun und stark chitinisiert.

Bei den *Lucanini* und anderen primitiven *Lucanidae* ist dieses Urit sehr ähnlich gebaut, nur sind die Pleuritspitzen nicht verbunden. Aber bei den jüngeren Lucaniden-Gruppen verschwinden die Trennungsnähte der Sklerite, bei *Aesalus* bleibt davon nur ein weicher, breit geöffneter Sack (Fig. 6 a). Bei den Männchen der *Passalidae* ist das neunte Urit (Fig. 8 c-d) kugelförmig, mit breiter Endspalte, die Pleurite sind in zwei abgesonderte eigentümliche Äste verlängert. Bei den Männchen der *Acanthoceridae* ist das neunte Urit sackförmig und kann aus dem Körper hervorragen, bei der Gattung *Trox* (Fig. 6 c) ist dieses Urit an der Basis stark verbreitert, sein Hinterrand trägt eine Härchenreihe (die den anderen obenerwähnten Gruppen fehlt). Das Tergit bildet eine platte, nicht chitinisierte Kalotte, die von den Pleuriten umgrenzt ist. Diese letzten sind in zwei lange Äste ausgezogen, die sich vorn vereinigen und durch eine Membran mit dem engen Sternit in einem Dreieck vereinigt sind, das an der ventralen Aedeagusseite haftet. Der Aedeagus kann durch eine breite Spalte des Urits herausgezogen werden. Bei der Kopulation kann dieses Urit, wie bei den *Acanthoceridae,* hervorragen.

Bei den *Scarabaeidae* (Fig. 6 d–k) ist das neunte Urit reduziert, bald bildet es einen Sack, der demselben von *Aesalus* ähnlich ist, oder dieser ist ventral sehr breit geöffnet, oder die Pleurite verbinden sich mit den Sterniten zu einem Dreieck, das in eine mehr oder weniger enge und lange Spitze ausgezogen sein kann (Spiculum gastrale), wobei das Tergit verschwindet. Bei den *Glaphyrinae* (Fig. 16) ist das Urit noch primitiv gebaut, das Tergit halbkugelig, ganz von den Pleuriten umgeben, das Sternit nadelförmig ausgezogen. Bei den *Hopliinae* ist das Tergit stark reduziert, die Pleurite sind eng, bei den *Trichiini* und *Pachydeminae (Tanyproctus)* ist die Endspitze noch sehr breit, bei *Anomala, Netocia, Anoxia* schon dünn und spitzig. Bei den *Dynastinae (Oryctus)* und *Rutelinae* hat das Urit oft einen weichen Anhang (Rest vom Tergit?), der mit dem Spiculum gastrale verbunden ist und die Aedeagusspitze umhüllt. Eine ähnliche Bildung findet man auch bei *Scarabaeus*, bei anderen *Scarabaeinae* ist das Urit gewöhnlich dem von *Trichius* ähnlich. Bei den *Geotrupinae, Hybosorinae* und *Aegialitinae* ist es sackförmig.

Bei dem Weibchen ist das neunte Urit wie bei den anderen Käfern gebaut, mehr oder weniger transversal. Das Tergit ist trapezförmig mit abgerundeten Ecken, an der Spitze trägt es das kleine ovale zehnte Tergit. Das Sternit bildet zwei breite Genitalplatten, die als Ovipositor dienen. Die Bildung dieses Urits wurde von TANNER (1927) studiert, aber ihm gelang es nicht, klare phylogenetische Beziehungen darin festzustellen. Doch ist sie etwas verschieden, bei den primitiven Formen sind die Genitalplatten länger und besser entwickelt als bei den *Scarabaeidae*. Zuweilen *(Valgus)* bildet das Pygidium eine Nadel mit gezähnelten Seiten, die bei der Eiablage benutzt wird, oder einen dünnen Vorsprung *(Melolontha)*.

Das zehnte Urit ist auch bei dem Männchen vorhanden (SNODGRASS 1935), es ist sehr klein, mit dem neunten verwachsen und steckt an der Rectum-Mündung.

d) Stigmen

Schon seit langem sind durch ERICHSON (1848) alle *Lamellicornia* sehr geistreich in zwei Hauptgruppen nach der Lage der Hinterleibstigmen unterteilt. Zu den Laparosticti gehören die Käfer, deren Hinterleibstigmen auf der Membrane liegen, die die Sternite mit den Tergiten verbindet (diese Lage nennen wir „laparostict"), zu den Pleurosticti diejenigen, bei denen einige Stigmen auf die Sternite gerückt sind.

Doch ist diese Einteilung nicht einwandfrei, wie schon ARROW (1909) hervorhob. Später wurde die Frage von HAYES (1922), MOHR (1930), ROBERTSON (1962) und neulich sehr gründlich von RITCHER (1969) besprochen, doch können wir seine Meinung, daß die Einteilung von ERICHSON veraltet wäre, nicht teilen. Schon LACORDAIRE (1856) hat auf das Vorhandensein von zwei Pleurostictitypen hingewiesen, ohne jedoch eine Benennung dafür vorzuschlagen, die uns notwendig erscheint und wofür wir die Einteilung in Loxosticti und Orthosticti vorschlagen. So entstehen drei Gruppen, die folgende Stigmenanordnungen besitzen:

1) Lamellicornia laparosticti

Sternit und Tergit des siebenten Urits durch eine Membrane getrennt. Gewöhnlich sind alle Stigmen laparostict, doch kann das achte, seltener auch das siebente Stigmenpaar auf die Tergite verschoben sein, bei einigen *Bolbocerutini* ist das erste, seltener auch das zweite Stigmenpaar auf den Sterniten gelegen. Im allgemeinem acht Stigmenpaare, selten sieben, dann bleibt eine Spur vom achten Paar sichtbar.

Die typische Bildung ist bei allen primitiven Formen bekannt. Die Verschiebung des achten Stigmenpaars ist für *Geotrupes*, die *Taurocerastini, Hybosorinae, Acanthoceridae, Ochodaeinae* und *Glaphyrinae* festgestellt worden.

Bei *Cratoscelis, Chnaunanthus* etc. fehlt das achte Stigmenpaar. Stigmenverschiebungen scheinen anagenetisch entstehen zu können.

2) Lamellicornia loxosticti

Das siebente Urit bildet durch Verschmelzung seines Sternits mit dem Tergit einen festen Ring. Längs der Verschmelzung kann eine Naht bleiben. Stets sieben Stigmenpaare, davon sind die ersten zwei, drei oder vier, auch ausnahmsweise fünf laparostict, die übrigen auf den Sterniten gelegen, wo sie eine schiefe Reihe bilden, die nach hinten divergiert (solche Stigmen nennen wir „loxostict"). Das siebente Paar liegt ungefähr auf der Scheide zwischen Tergit und Sternit.

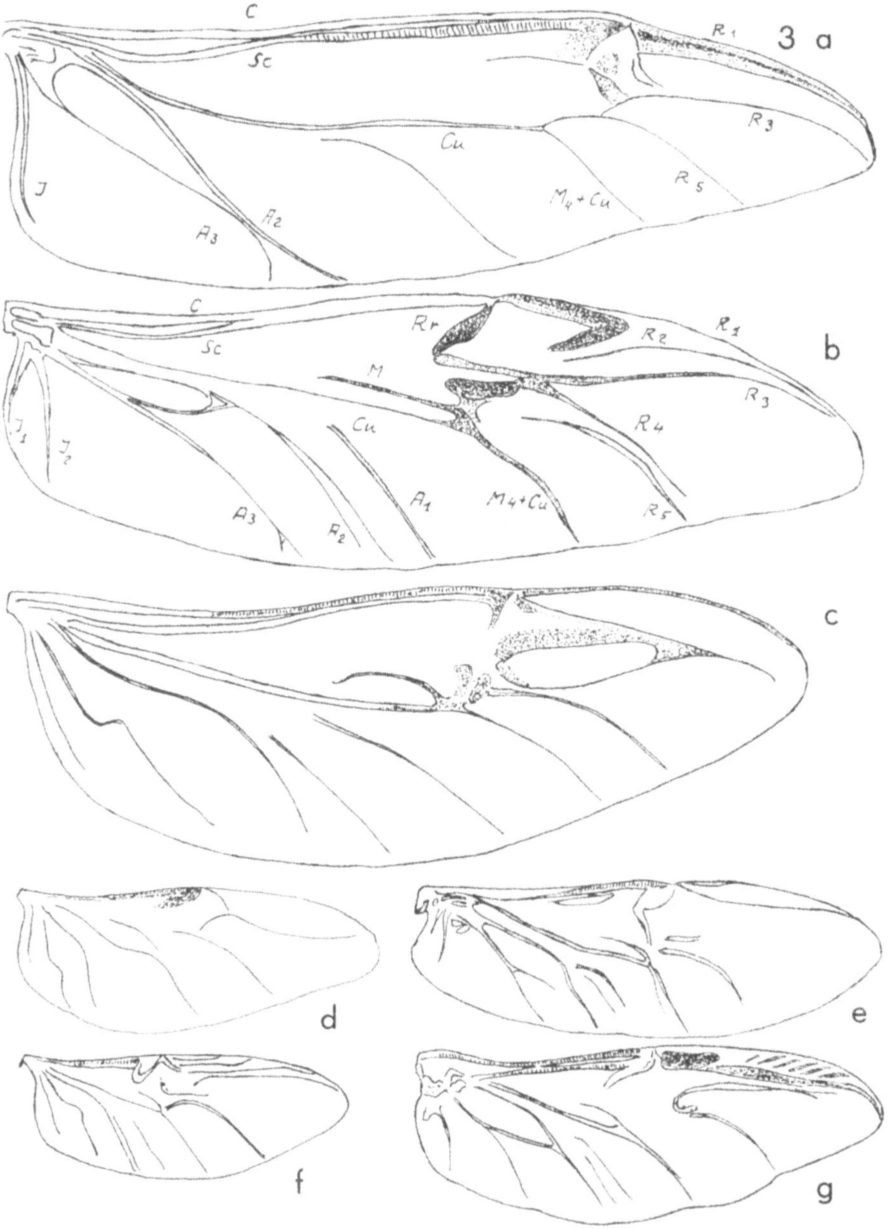

Abb. 3. Flügel einiger Lamellicornia (4,5x)

a: *Macrolinus rotundipennis* KAUP – b: *Platycerus caraboides* L. – c: *Ceratophyus polycerus* PALL. – d: *Hybosorus illigeri* REICHE – e: *Trox hispidus* PONTOPP. – f: *Ochodaeus solskyi* SEMEN. – g: *Odontaeus armiger* SCOP.

C = Costalader, Sc = Subcostalader, R = Radialader, Cu = Cubitalader, A = Analader, J = Jugalader, M = Recurrent-Medialader, M+Cu = Mediocubitalquerader.

3) Lamellicornia orthosticti

Das siebente Urit entweder wie bei den Laparosticti oder wie bei den Loxosticti gebildet. Normal sieben Stigmenpaare, davon sind die zwei ersten stets laparostict, die folgenden befinden sich auf der Membran, dem Sternit oder auf der Scheide. Die Lage der Stigmen variiert, ist aber niemals loxostict. Bei *Gymnopyge (Macrodactylinae)* nur fünf bis sechs Stigmenpaare. Stigmen, die in zwei parallelen Reihen auf den Sterniten liegen, nennen wir „orthostict".

Einen speziellen Fall bietet die Gattung *Aclopus,* die später besprochen wird.

Neulich wurde auch die Stigmenstruktur sorgfältig untersucht (RITCHER 1969). Bei den primitivsten Formen (in dieser Hinsicht) ist die Peritrema ringförmig und mit einem Haarkranz versehen, der das Atrium bedeckt *(Glaresis),* oder länglich und spaltförmig mit zwei Reihen von verästelten Traberkeln, die verschmelzen können und bei gewissen jüngeren Formen eine feste Wand bilden. Im ganzen hebt RITCHER sieben Typen hervor für den Hinterleib und ebensoviel für die Brust. Doch sind diese Typen offenbar anagenetisch entstanden, wie es auch RITCHER annimmt. Bemerkenswert ist der große Unterschied zwischen den Stigmen von *Trox* und *Glaresis* und den Stigmen, die derselben Art gehören, aber auf verschiedenen Segmenten gelegen sind. Primitive Bruststigmen findet man in allen primitiven Familien, den *Bolboceratini, Oncerinae,* gewissen *Glaphyrinae, Ochodaeinae,* aber mit den Hinterleibstigmen erhalten wir ein anderes Bild.

e) Metendosternit

Darüber sind wenige Angaben veröffentlicht worden, und zwar für *Passalus* sp., *Trox scaber* L. und *Sinodendron cylindricum* L. (CROWSON 1939, 1944). Doch scheint es wichtige phylogenetische Merkmale zu enthalten. Bei den *Lamellicornia* besteht das Metendosternit gewöhnlich aus einem Stiel und zwei Flügeln. Der Stil besitzt einen T-förmigen Querschnitt mit einer Lamelle in der sagittalen Achse des Körpers, die an der Brust zwischen den Hinterhüften befestigt ist und vorn schnabelförmig vorragt, einen dreiästigen Stern mit den Flügeln bildend. Unter den Flügeln trägt oft diese Lamelle eine Scheibe oder eine Rippe, die wir „Crista metendosternalis" nennen. Oben kann der Stiel auch eine Rippe tragen, die „Stielrippe". Das Metendosternit kann eine T-, U-, Y- oder Ankerform besitzen, seine Flügel können sich lyrenförmig umbiegen. Im ganzen kann man folgende Typen unterscheiden:

1) Metendosternit fast vollkommen reduziert: *Acanthoceridae*-Typus.

2) Stiel stark verkürzt, Crista fehlt, aber an ihrer Stelle ist eine Verdickung sichtbar (Fig. 8 a-b): *Passalidae*-Typus.

3) Lamelle sehr eng, vorn so verjüngt, daß für die Crista kein Platz mehr bleibt: *Hybalus*-Typus (Fig. 10 a).

4) Die Crista befindet sich gerade unter den Flügeln und setzt sich längs deren Unterseite ihrer ganzen Länge nach fort: *Lucanus*-Typus (Fig. 1 a-c).

5) Crista wie im vorhergehenden Fall, doch ist sie rippenförmig und stößt an die Flügel, ohne auf sie verlängert zu sein: *Scarabaeus*-Typus (Fig. 1 k).

6) Die Crista beinahe wie bei 5), doch nach hinten verschoben und scheibenförmig: *Glaphyrus*-Typus (Fig. 1 m, 2 r-t).

7) Crista rippenförmig, entspringt unter den Flügeln oder etwas dahinter, verzweigt sich an ihrem Ende und bildet einen Wulst längs des Lamellenunterrandes: *Melolontha*-Typus (Fig. 1 o, t).

8) Crista breit, scheibenförmig, kurz, stark nach vorn gerückt, liegt in einer Ebene, die der Flügelebene ungefähr parallel ist: *Loxosticti*-Typus (Fig. 1 p, r-s, 2 u-v).

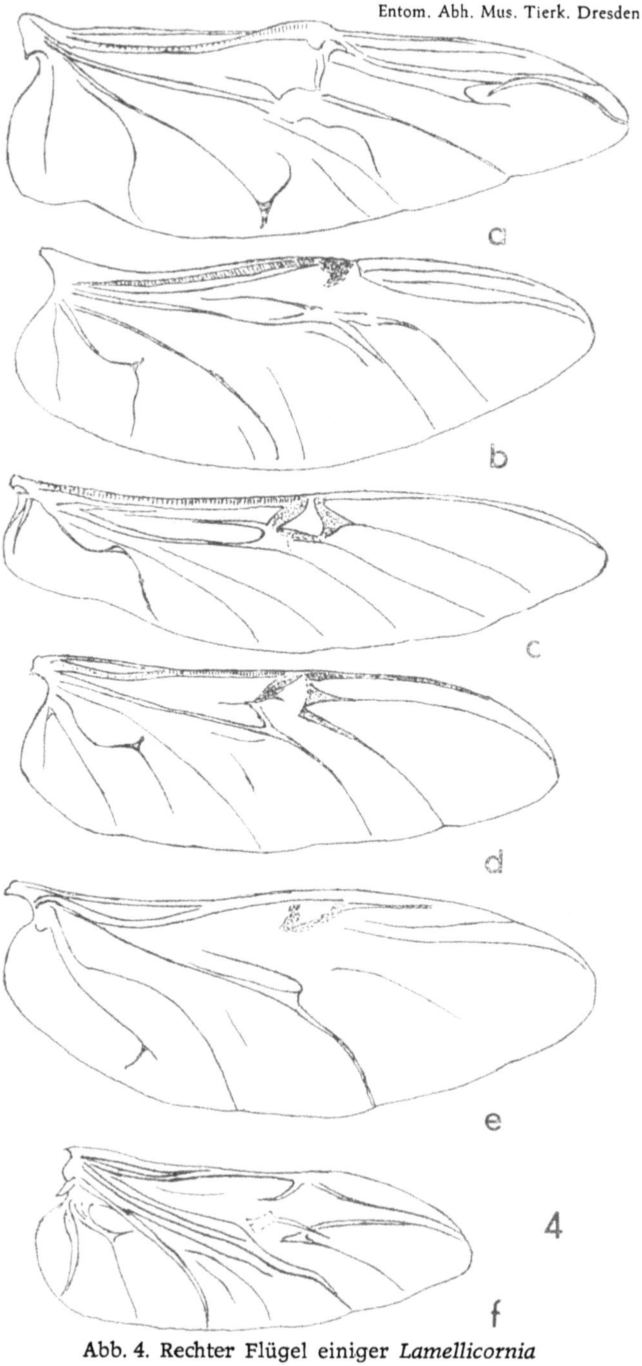

Abb. 4. Rechter Flügel einiger *Lamellicornia*

a: *Gymnopleurus flagellatus* HERBST (4x) – b: *Aphodius fossor* L. (7x) – c: *Glaphyrus micans* FALD. (5x) – d: *Anomala abchasica* MOTSCH. (5x) – e: *Glaresis oxiana* SEMEN. (15x) – f: *Odontolabis bellicosus* LAP. (1x).

9) Crista fehlt, was auch durch Anagenese bewirkt sein kann (Fig. 1 d-e, g-h, 2 c-d, g-h, m-n).

Die Stielrippen scheinen auch anagenetisch entstehen zu können. So ist diese Rippe bei *Scarabaeus, Polyphylla, Propomacrus* vorhanden (Fig. 1 k, t, 17 a), fehlt aber bei *Gymnopleurus, Melolontha* und den anderen von uns untersuchten Gattungen, darunter fast allen europäischen, bei *Aphodius* kann sie vorkommen, doch ist sie verkürzt (Fig. 1 i).

Einige andere Metendosternitbildungen werden im folgenden besprochen.

Außer dem neunten, scheinen die oben angegebenen Typen wirkliche phylogenetische Verhältnisse zu zeigen.

f) Flügel

Das Flügelgeäder wurde oft studiert, für die *Lamellicornia* hauptsächlich früher von BURMEISTER (1854), neulich von FORBES (1922), BERNET-KEMPERS (1923, 1924), BALTHASAR (1942), CROWSON (1950), MEDVEDEV (1949-1964) und anderen. Die genauesten Abbildungen sind bei MEDVEDEV, stark schematische bei BERNET-KEMPERS zu finden.

Bis jetzt gibt es für die Koleopterenflügel keine allgemein anerkannte Nomenklatur, deswegen benützen wir hier, ihrer großen Einfachkeit wegen, die Bezeichnungen von MEDVEDEV, obschon sie nicht bei allen Käfern anwendbar sind.

Im allgemeinen ist die Nervatur desto kräftiger, je schwerer der Körper ist; bei winzigen Tieren ist die Nervatur oft sehr vereinfacht. Wenn sie teilweise reduziert ist, so verschwinden zuerst die analen Adern, die Costa und Subcosta sind die beständigsten. Formen mit reduzierter Nervatur besprechen wir hier überhaupt nicht.

Die Nervatur der *Lamellicornia* ist vom Cantharoidentypus, die recurrente Medianader fehlt nur selten (gewisse *Passalidae, Acanthoceridae, Chiron*), R_1, R_3 und R_5 sind vorhanden, R_1 oft verkürzt, R_2 kann fehlen, doch in diesem Fall ist R_3 oft verstärkt und an der Basis gespalten, was auf ihre Verschmelzung mit R_2 deuten mag, nämlich bei *Hybosorus, Glaresis, Amphicoma, Hoplia, Osmoderma* usw., R_3 ist oft an der Spitze mit R_1 verbunden oder ihr genähert, R_4 ist bei den *Lucanidae* entwickelt, bei *Trox* bleibt davon eine Spur, die bei *Glaresis* fehlt, bei *Ochodaeus* ist sie verkürzt, bei *Odontaeus* R_3 genähert und an der Basis hakenförmig umgebogen, bei den *Geotrupini* ist sie vollständig und an der Spitze mit R_3 verbunden, eine große Zelle umgrenzend. Bei den *Scarabaeinae* ist sie nicht sichtbar, aber vielleicht mit der dicken R_3 verschmolzen. M_4+Cu sind stets vorhanden, aber bei *Chiron* stark verkürzt, zuweilen von einer kurzen Cubitalader begleitet. A_1 kann verschwinden *(Passalidae, Hybosorus, Valgus, Heptophyllini)* oder verkürzt sein, schief nach vorwärts oder rückwärts gerichtet, manchmal mit A_2 an der Spitze verbunden *(Gymnopleurus, Hoplia, Phaenomeris, Isoplia)*. Die Anlage von A_1 kann kaum von großer phylogenetischer Bedeutung sein, da sie oft bei benachbarten Gattungen verschieden, und bei entfernten identisch ist, aber mag doch in einigen Fällen verwertbar sein. A_2 ist gewöhnlich vorhanden, gekrümmt, oft mit A_3 durch eine Querader verbunden, die dann eine Zelle umschließt. A_3 ist in für die ganze Superfamilie charakteristischer Weise umgebogen, was jedoch fehlen kann *(Pleocoma, Passalidae* etc.). Gewöhnlich 1-2 Jugaladern, die oft schlecht sichtbar sind, davon die äußerste oft knapp am Flügelrand liegend (Fig. 3–5).

g) Beine

Bei allen Arten sind die Vorderbeine zu Grabbeinen geworden, die Tibien gewöhnlich seitlich gezähnt. Diese Bildung hat eine große Rolle in der Evolution der Superfamilie gespielt, doch ist in einigen Fällen *(Trox)* das Grabvermögen sehr gering. Die Vorderschenkel können zu drei Typen gehören:

1) Schenkel ohne Skluptur und Behaarung, oder dieselbe ist zerstreut („glatte Schenkel").

2) Auf der Innenseite der Schenkel eine behaarte oder beborstete Furche vorhanden („Schenkel gefurcht").

3) Schenkel an der Basis der Innenseite mit ovalem Feldchen, das dicht, gewöhnlich golden tomentiert und punktiert ist ("Schenkel gepolstert").

Zwischen den zwei letzten Typen sind Übergangsformen bekannt. Allerdings scheinen diese Typen keine zuverlässige phylogenetische Bedeutung zu besitzen.

Die Mittel- und Hinterbeine sind auch oft mehr oder weniger zu Grabbeinen ausgebildet, besonders stark bei den Psammophilen, bei den *Scarabaeini* sind sie aber schlank und dem Rollen von Pillen angepaßt. Die Tarsen sind meist fünfgliedrig, nämlich bei allen primitiven Formen. Die Klauen sind einfach bei fast allen Laparosticti, den meisten *Cetoninae* und *Dynastinae*, bei den übrigen Pleurosticti und den *Pachypodinae* sind sie bewehrt.

In der Systematik wurde seit langem die Beinbildung zur Klassifizierung benützt, besonders die Bildung der Hinterbeine, Form und Lage der Sporen usw., doch sind diese Anpassungsmerkmale von beschränktem phylogenetischem Wert, besonders die Sporenbildung, da die Sporen ja nur spezialisierte Borsten darstellen, in den Gattungsdiagnosen spielen sie dagegen eine bedeutende Rolle.

h) Männliche Genitalien

Schon STRAUSS-DURKHEIM (1828) hat die Genitalien des Maikäfers mit erstaunlicher Genauigkeit abgebildet, seitdem wurde hauptsächlich der Aedeagus studiert. Die wichtigste Arbeit darüber bleibt die von SHARP und MUIR (1912), zahlreiche Angaben kann man in verschiedenen Arbeiten finden, darunter in denen von MEDVEDEV (1960–1964) und IABLOKOFF-KHNZORIAN (1967).

Im Gegensatz zu vielen anderen Insekten bietet der Aedeagus der *Lamellicornia* nur wenige wichtige phylogenetische Merkmale. Die Hauptrichtung seiner Evolution drückt sich in der Umwandlung von einem dreilappigen Aedeagus mit langem Penis (Mittellobus) und symmetrischen Parameren zu einem Kapseltypus aus, bei dem der kaum sklerotisierte winzige Penis von dem röhrenförmigen Tegmen umschlossen ist (dem „Tambour" von STRAUSS-DURKHEIM). Die Parameren erleiden dabei eine mehr oder weniger starke Reduktion, können sogar ganz verschwinden, sind oft asymmetrisch und an der Basis und mit dem Tegmen verschmolzen (also unbeweglich), in einigen Fällen werden sie in zwei Äste zerspalten. Diese Evolution verläuft aber anagenetisch in verschiedenen Zweigen und bezeichnet zuerst die erreichte Evolutionsstufe.

Die Bewaffnung des inneren Sacks ist kaum studiert, doch wissen wir, daß er verschieden gebaut ist und für die Artdiagnosen benützt werden könnte. Für große Taxa ist er kaum von Bedeutung.

Über die Kopulation sind wir schlecht unterrichtet. Am besten wurde sie am Maikäfer studiert (LANDA 1959 u. a.). Hier wurde die Entstehung eines falschen Spermatophorus festgestellt, der sich in der Genitalkammer des Weibchens durch Sekretion von beiden Geschlechtern bildet. Dieser Kopulationstypus scheint wenigstens allen Pleurosticti eigen, was die Studien an *Phyllopertha horticola* und *Anomala aenea* gewissermaßen bestätigen (RITTERSHAUS 1927). Er ist sonst auch bei vielen anderen Käfern bekannt.

Bei einigen *Lucanidae* trägt der Aedeagus ein Flagellum, das bei *Lucanus*, *Odontolabis* und anderen benachbarten Gattungen außerordentlich lang ist, bei *Dorcus* ist es verkürzt, bei *Platycerus* und anderen fehlt es ganz. Es wird angenommen, daß bei Anwesenheit eines Flagellums kein Spermatophorus gebildet werden kann. Außer bei den *Lucanidae* ist kein Flagellum bei den *Lamellicornia* bekannt.

Den Ansichten von JEANNEL gemäß (1955) wird in der Kopulationsweise eine allgemeine Evolutionsrichtung bei allen Käfern beobachtet. Bei den primitiven Formen wird während der Kopulation der Aedeagus geradlinig und waagerecht in die Vagina (bzw. Bursa copulatrix) des Weibchens vorgeschoben, zu diesem Zweck muß sich der Hinterleib stark,

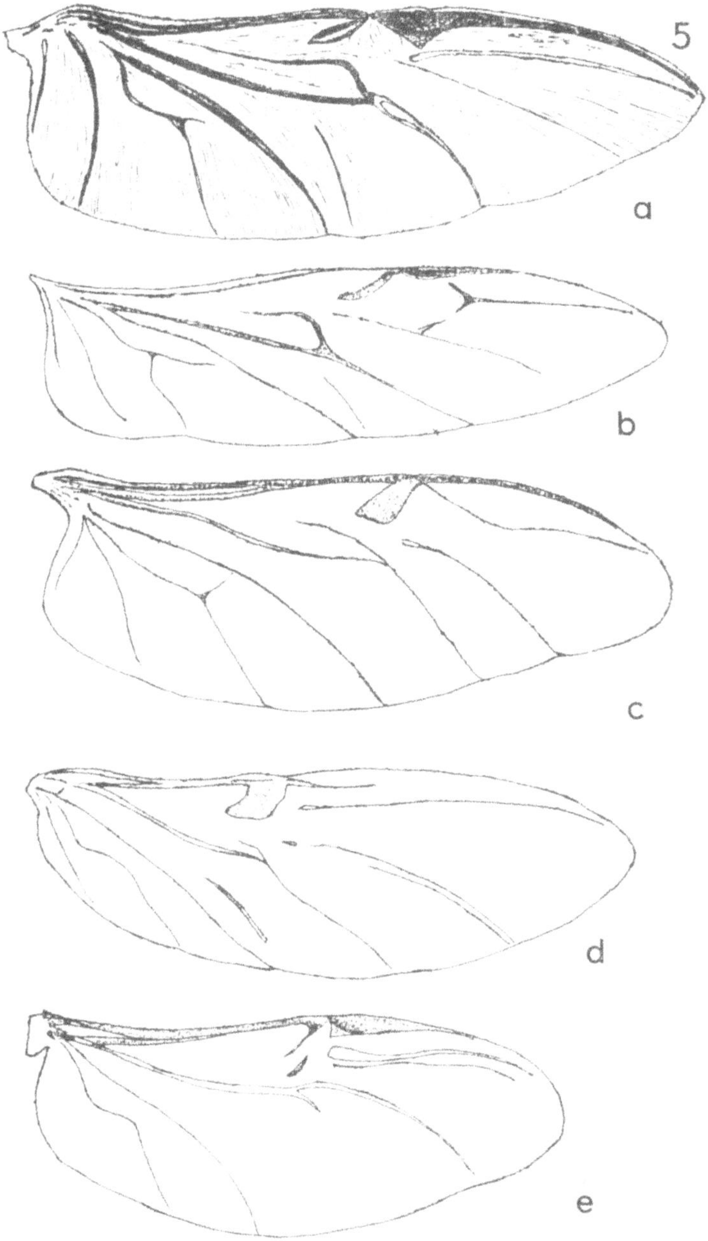

Abb. 5. Rechter Flügel einiger *Lamellicornia.*

a: *Propomacrus bimucronatus* PALL. (2x) – b: *Ceraspis brunneipennis* BATES (6x) – c: *Brenskea varentzovi* SEMEN. (7x) – d: *Cloeotus nitens* GUÉR. (8x) – e: *Chiron cylindricus* F. (10x).

beinahe halbkreisförmig umbiegen, was eine große Elastizität erfordert, besonders wenn der Körper hochgewölbt ist. Um diese Kopulation zu erleichtern, erhält der Aedeagus die Tendenz, sich mehr und mehr zu krümmen, bis er selbst halbkreisförmig wird. Die Endstufe dieser Evolution wird nach JEANNEL bei dem „Edéage barré" erreicht, der nicht mehr in die Vagina dringt, sondern an ihre Öffnung angepreßt wird, so daß nur der ausgestülpte Innensack des Penis in den Leib des Weibchens eingeführt wird.

Bei den *Lamellicornia* finden wir den primitiven Typus der Kopulation bei allen primitiven Familien, bei den *Lucanidae* ist sogar der Penis oft mit dem Tegmen verwachsen und unbeweglich. Dagegen läßt sich die von JEANNEL beschriebene Evolution nur stellenweise verfolgen, obschon viele Arten sehr konvex sind. Ziemlich stark gekrümmten Aedeagus finden wir nur bei den *Glaphyrinae* und *Macrodactylinae*. Dagegen bilden oft die Parameren eine Röhre, die mehr oder weniger stark zu der Tegmenachse geneigt ist, und diese Einrichtung kann gewissermaßen die Krümmung des Aedeagus ersetzen; doch werden oft im Lauf ihrer Evolution die Parameren verkürzt, und bei den *Adoretini* bilden sie eine gerade Röhre, was den Ansichten von JEANNEL widerspricht.

Die Follikelbildung wurde von VIRKKI (1957) studiert, der sieben Typen davon unterscheidet, einen für die *Geotrupinae*, andere für *Aphodiinae*, *Melolonthinae*, *Rutelinae*, *Cetoninae* (mit *Dynastinae*), *Trogidae* und *Scarabaeinae*. Diese Befunde sind interessant, leider wurden nur einige Taxa untersucht. VIRKKI fand große Ähnlichkeiten zwischen den *Geotrupinae* und *Melolonthinae*, die aber offenbar Konvergenzen darstellen.

Sonst sind die männlichen Genitalorgane wenig bekannt. Für *Passalus* wurden sie von VIRKKI (1961) abgebildet, für *Melolontha* schon von STRAUSS-DURKHEIM und anderen. Es können ein bis drei Paare von akzessorischen Drüsen vorhanden sein.

i) Weibliche Genitalien

Unser Wissen darüber ist leider sehr gering und beschränkt sich vorwiegend auf die Laparosticti (HEYMONS 1929, 1930, WILLIMZIK 1930). Am eigenartigsten sind die Genitalien der *Scarabaeinae*, bei denen ein einziges Ovarium mit einer einzigen Ovariole geblieben ist, was mit der sehr geringen Fertilität dieser Unterfamilie korreliert, der übrige Teil der Genitalien wird während der Zeit des Nestbaus reduziert. Die Vagina ist verschwunden, die Bursa copulatrix sehr klein und mit der Spermatheka durch einen kurzen Ductus verbunden. Die anderen *Lamellicornia* besitzen, soweit bekannt, stets ein Paar holoistischer Ovarien, jedes Ovarium besteht aus sechs Ovariolen. Bei *Aphodius* fehlen die akzessorischen Drüsen, die bei den Pleurosticti vorhanden sind. Spermatheka und Ductus sind verschieden gebaut. Bei dem Maikäfer (SCHWERTFEGER 1928) ist die Bursa copulatrix als ein lateraler Sack abgesondert, die Spermatheka sackförmig, mit der länglichen Vagina durch einen kurzen Ductus verbunden, der beinahe an derselben Stelle der Vagina mündet wie die akzessorischen Drüsen. Ein ähnlicher Bau ist für *Phyllopertha* und *Serica* bekannt (STEIN 1847), doch ist hier der Ductus länger als die Vagina. Außerdem hat STEIN auch *Dorcus* untersucht. Diese bescheidenen Angaben sind natürlich für die Phylogenie nicht auswertbar, sie zeigen aber die Möglichkeit, wichtige Merkmale in den weiblichen Genitalien zu finden.

j) Nervensystem bei Vollkerf und Larve

Dieses System wurde schon von SWAMMERDAM im Jahre 1737 studiert (für *Oryctes nasicornis* L.), später erschienen die Arbeiten von G. CUVIER, H. GAEDE, I. MÜLLER, H. STRAUSS-DURKHEIM (l.c.), I. ANDERSON, G. NEWPORT, L. DUFOUR, A. LABOULBENE, E. BLANCHARD, H. MICHELS und neuerdings von J. ORLOV (1924), H. JAWLOWSKI, CODY und GRAY (1938), AREEKUL (1957), CROWE (1957). Aber noch heute bleibt die Arbeit von BRANDT (1878) maßgebend, der 30 Käferarten und 7 Larven beschrieben und auch 3 Fälle der Metamorphose dieses Systems beobachtet hat. Die entsprechenden Daten lassen sich folgendermaßen zusammenfassen.

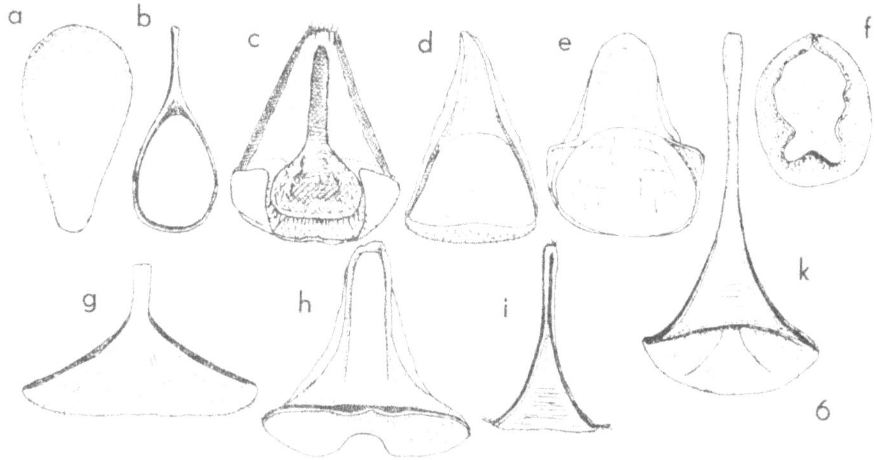

Abb. 6. Neuntes Urit einiger Lamellicornia.

a: *Aesalus ulanowskii* GNGLB. – b: *Aphodius subterraneus* L. – c: *Trox hispidus* PONTOPP. – d: *Hoplia pollinosa* KRYN. – e: *Tanyproctus ovatus* MOTSCH. – f: *Aegialia arenaria* F. – g: *Anomala abchasica* MOTSCH. – h: *Trichius fasciatus* L. – i: *Netocia hungarica* HERBST – k: *Anoxia pilosa* F.

Bei der Larve besitzt das Nervensystem ein stets abgesondertes Cerebrum (hypopharyngiales Ganglion) und ein Ganglion subintestinalis, 3 sternale und 8 abdominale Ganglien. Die Evolution neigt zur Vorverlagerung aller Ganglien, außer den ersten, diese Ganglien können zwar zusammenhängen, bleiben aber doch gesondert bestehen. Isolierte Ganglien, durch Komissuren verbunden, sind bei den *Passalidae, Lucanidae, Pleocomidae* und *Geotrupes* bekannt. Bei der Metamorphose vereinigen sich wenigstens die zwei vorderen sternalen Ganglien mit den hinteren (außer bei *Pleocoma)*. In den jüngeren Gruppen sind alle Ganglien genähert, bei *Lichnante (= Dasydera, Glaphyrinae), Dichelonyx (Melolonthinae)* bleiben sie voneinander abgeschnürt, bei *Polyphylla, Oryctes, Xyloryctes, Pelidnota (Rutelinae), Osmoderma,* nach BRANDT auch bei *Melolontha, Cetonia, Aphodius* und *Geotrupes,* sind sie in die Brust eingezogen und zusammen verschmolzen, doch stimmen seine Angaben über *Geotrupes* mit den neueren nicht überein. Nach BRANDT können sich die verschmolzenen Ganglien der Larve bei der Metamorphose wieder abschnüren.

Bei dem Vollkerf ist die einfachste Bildung des Nervensystems bei den *Lucanidae* beschrieben, es besteht aus 2 Kopf-, 3 Brust- und 6 Abdominalganglien, diese letzteren sind schon nach der Brust verschoben *(Lucanus, Dorcus, Platycerus)*; bei *Sinodendron* bleiben nur 5 abgesonderte Abdominalganglien, die stark vorwärts verschoben sind. Bei den *Passalidae (Passalus, Popilius)* sind schon alle Abdominalganglien mit den sternalen verschmolzen. Bei den *Glaphyrinae* sind noch 6 Abdominalganglien sichtbar, sie liegen alle in der Hinterbrust. Von den Sternalganglien ist das zweite mit dem dritten verschmolzen. Bei *Pleocoma* ist das System wie bei den *Lucanidae* gebaut, doch vereinigen sich das zweite und dritte Sternalganglion mit dem ersten abdominalen, das erste Abdominalganglion entspricht dem der Larve.

Bei den übrigen untersuchten *Lamellicornia* sind alle Abdominalganglien in die Brust verlagert und mit den sternalen verschmolzen. Bei den Laparosticti *(Geotrupes, Scarabaeus, Aphodius)* sind 2 Kopf- und 3 Brustganglien sichtbar, dabei sind das zweite und dritte

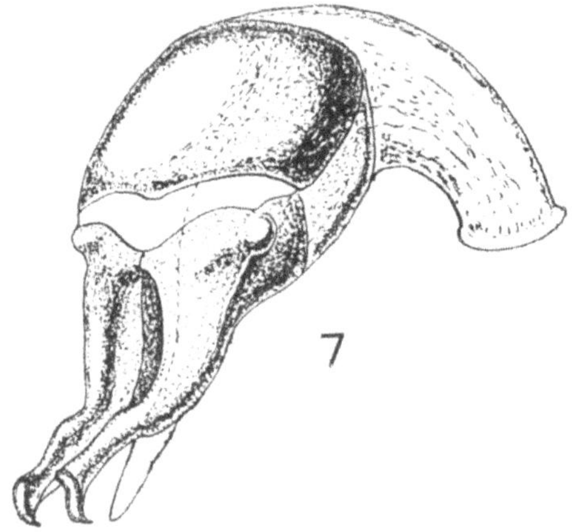

Abb. 7. Aedeagus von *Melolontha pectoralis* GERM., Ansicht schräg von vorn.

Ganglion bei *Geotrupes* – und nur bei ihm! – beinahe verschmolzen. Bei den Pleurosticti ist das Cerebrum stets isoliert, das Ganglion subintestinalis bleibt isoliert und bei *Serica, Melolontha, Trichius, Oxythyrea* und *Cetonia* auf seinem ursprünglichen Platz, bei *Phyllopertha* und *Anomala* ist es in die Brust verlagert, bei *Rhizotrogus* verschmilzt es mit allen Brustganglien zu einer Masse zusammen. Bei *Serica* sind alle Brustganglien vereinigt, bei *Melolontha, Phyllopertha, Cetonia, Oxythyrea* und *Trichius* bilden sie zwei Knoten, die bei *Trichius* mehr voneinander entfernt sind als bei den anderen erwähnten Gattungen.

Im ganzen bietet die Evolution des Nervensystems ein treffliches Beispiel eines anagenetischen Vorgangs, der sich in verschiedenen Zweigen parallel widerspiegelt. Bemerkenswert ist seine Ähnlichkeit bei den *Scarabaeinae* und *Aphodiinae*, woraus folgt, daß die wunderbare Vollkommenheit des Brutpflegeverhaltens der ersten keinen Einfluss auf die Morphologie ihres Nervensystems geübt hat, bemerkenswert auch seine primitive Bildung bei den *Glaphyrinae* und die bedeutenden Unterschiede in derselben Unterfamilie, z. B. bei *Dichelonyx* und *Polyphylla*. Auch kann man zahlreiche Unterschiede im Bau sonst ähnlicher Nervensysteme feststellen, z. B. bei den Larven von *Oryctes* (CROWE) und *Polyphylla* (AREEKUL).

k) Sinnesorgane

Für die *Lamellicornia* fehlen bis jetzt vergleichende morphologische Studien, obwohl sie interessante Daten liefern könnten, nämlich in der Bildung der Augen (MAZOCHIN-PORSHNIAKOV 1962), der Geruchsorgane (WARNKE 1934) usw.

l) Darmkanal (des Vollkerfs)

Außer den Angaben von STRAUSS-DURKHEIM (l. c.) ist nur wenig bekannt. Im Gegensatz zur Larve scheint beim Vollkerf der Darmkanal einheitlich gebildet zu sein, doch ist er – besonders der Mitteldarm – bei den Laparosticti etwa zweimal so lang wie bei den Pleurosticti, was von der Ernährungsweise abhängt. Gewöhnlich sind vier enge und lange Malpighische Gefäße vorhanden, die an der Grenze von Mittel- und Enddarm münden. Bei den *Cetonini* ist der Enddarm (Proctodaeum) auffallend breit, am Anfang verengt.

m) Karyologie

Die Karyologie der *Lamellicornia* ist besser bekannt als für alle anderen Käferfamilien. Ihr Studium wurde schon zeitig begonnen und besonders in den letzten Jahren gefördert (PROWAZEK 1902, STERNES 1906, SCHAFFER 1920, HAYDEN 1925, YOSHIDA 1949,

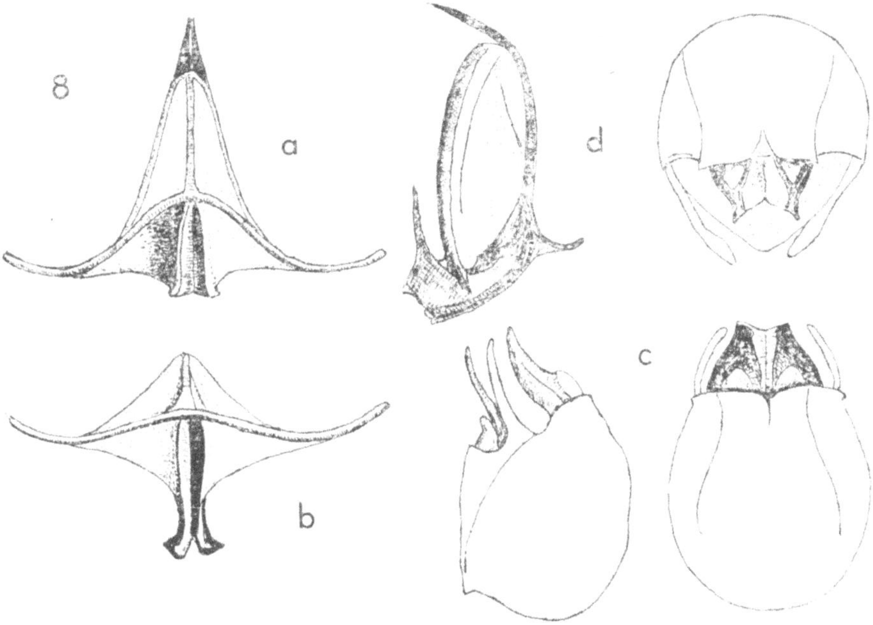

Abb. 8. *Macrolinus rotundipennis* KAUP.
a–b: Metendosternit (9x) – c–d: Aedeagus (18x).
a: Frontal- und Lateralansicht – b: Dorsalansicht – c: Lateral- und Dorsalansicht – d: Frontalansicht.

SMITH 1950, JONEGA 1961), aber die meisten und bedeutendsten Arbeiten stammen von N. VIRKKI (1951–1967 a, auch PURCELL und VIRKKI 1966). Die Chromosomenzahl ist für folgende Gattungen bekannt (in Klammern die Anzahl der untersuchten Arten):

Sinodendron (1), *Pleocoma* (1), *Trox* (5), *Geotrupes* (5), *Scarabaeus* (1), *Sisyphus* (1), *Phanaeus* (2), *Catharsius* (3), *Onitis* (1), *Copris* (2), *Oniticellus* (2), *Caccobius* (2), *Onthophagus* (11), *Aegialia* (1), *Aphodius* (14), *Lichnante* (= *Dasydera*, 8), *Serica* (1), *Autoserica* (1), *Phyllophaga* (*Lachnosterna*, 4), *Rhizotrogus* (1), *Melolontha* (2), *Trichius* (2), *Epicometis* (1), *Oxythyrea* (1), *Cetonia* (1), *Netocia* (2), *Glycyphana* (1), *Blitopertha* (1), *Pelidnota* (1), *Cotalpa* (1), *Adoretus* (1), *Euphoria* (1), *Oryctes* (1), *Pentodon* (2), *Anomala* (3), *Popillia* (1), *Mimula* (2) etc.

Im allgemeinen ist die Chromosomenzahl auffallend konstant und entspricht der Formel 2 x 9 Autosomen + XY bei den Männchen und XX bei den Weibchen. Y kann fehlen, dann bleiben 19 Chromosomen. Bei den Gattungen *Geotrupes* und *Adoretus* sind 2n = 22, bei *Copris tricatus* F. = 21 (JONEGA), bei *Sinodendron, Popillia, Anomala* = 18, bei *Oryctes* = 18 (VIRKKI) oder 12 (PROWAZEK), bei *Phanaeus* = 12 (HAYDEN). Leider sind diese Daten ohne phylogenetischen Wert.

n) Larvenbau

Die Larven wurden von HAYES (1920), VAN EMDEN (1935, 1942), KORSCHEFSKY (1940), GARDNER, MEDVEDEV (1952), PAULIAN (1959) und anderen studiert. Von den zahlreichen Unterscheidungsmerkmalen heben wir hier nur diejenigen hervor, denen phylogenetische Bedeutung zugeschrieben werden kann. Hierfür sind die Stridulationsorgane besonders interessant. Diese Organe sind bei Larve und Vollkerf vorhanden, doch scheinen sie beim Vollkerf von bescheidenem Wert zu sein. Bei ihm wird die Stridulation durch Reiben der Flügeldeckenränder am Pygidium oder Propygidium erzeugt oder durch Reiben der Hinterhüften am Hinterleib. Bei den Larven dienen diese Organe als wichtiges Merkmal zur Unterscheidung von großen Taxa. Hier kann man folgende Typen unterscheiden:

1) Die Hinterbeine (gewöhnlich die Trochanteren) besitzen Kämme, die an den Mittelhüften reiben, an deren Unterseite Zähnchen vorhanden sind.

2) *Passalidae*-Typus: Hinterbeine stark verkürzt, mit Stacheln bewehrt, reiben wie Violinbogen an gestrichelten Hinterhüftenfeldchen *(Passalus cornutus)*.

b) *Geotrupes*-Typus: Hinterbeine verkürzt, mit Kämmen bewehrt, reiben an den Mittelhüften, die zahlreiche (mehr als zehn) schiefe Körnchenreihen tragen. Bei *Lethrus* und *Odontaeus* fehlen diese Organe. Bei *Typhoeus* sollen sie fehlen (nach PAULIAN) oder vorhanden sein (nach MEDVEDEV).

c) *Platycerus*-Typus: Ganz wie bei *Geotrupes*, doch sind die Hinterbeine normal entwickelt, Kämme auf den Trochanteren.

d) *Lucanus*-Typus: Wie bei den vorigen, doch tragen die Mittelhüften nur eine Reihe von großen Körnchen *(Lucanus, Dorcus, Prismognathus)*.

e) *Sinodendron*-Typus: Mittelhüften mit zahlreichen Körnchen, auf einer breiten Fläche verstreut. Die Kämme der Trochanteren der Hinterbeine mit unregelmäßig zerstreuten Körnchen *(Sinodendron, Ceruchus)*. Nach MEDVEDEV besitzen diese Gattungen überhaupt keine Stridulationsorgane.

f) *Aesalus*-Typus: Wie der vorige, doch sind die Körnchen auf den Trochanteren in Reihen geordnet *(Aesalus)*.

2) Das Stridulationsorgan befindet sich auf den Vorderbeinen, die an den Mandibeln reiben *(Hybosorus)*.

3) Dieses Organ befindet sich auf dem Stipes, dieser reibt an der Mandibel.

Bei den *Scarabaeinae, Aphodiinae* und *Loxosticti* befindet sich auf der Unterseite der Mandibeln, gewöhnlich auf demselben Platz, ein feingestricheltes Feldchen. Dieses fehlt bei *Valgus* wie die Stipesstacheln. Bei den Orthosticti ist dieses Feldchen mit Körnchen bedeckt, die in verschiedener Weise auf den Mandibeln verteilt sein können. In allen Fällen trägt der Stipes Stacheln. Ähnliche Stacheln wurden auch für *Amphicoma* angegeben, doch scheint hier das gestrichelte Feldchen zu fehlen (wegen einer zu schwachen Optik?).

Die Funktion der beschriebenen Bildungen ist nicht mit Sicherheit festgestellt und einige Entomologen leugnen ihre Zugehörigkeit zu einem Stridulationsorgan. Doch liefern sie einen Unterschied zwischen den Orthosticti und Loxosticti. Leider sind nur wenige Larven untersucht. Nach PAULIAN soll auch die *Pachypus*-Larve ein Stridulationsorgan besitzen, auch die des Loxosticti-Typus, doch bemerkt er selbst, daß die Beschreibung der Larve schon alt und nicht sehr zuverlässig ist.

Die Form der Analöffnung wird seit langem in der Systematik benützt, bei den *Lamellicornia* kann sie helfen, die Tribus abzutrennen. Bei den *Lethrini* bildet sie einen sechszackigen Stern, bei den *Troginae, Hopliini, Sericinae, Rhizotrogini, Pachydemini* ist dieser Stern dreizackig, bei den *Geotrupinae, Coprini, Aphodiinae, Glaphyrinae, Melolonthini, Cetoninae, Dynastinae, Rutelinae, Passalidae* bildet sie einen Querspalt, bei den *Lucanidae* ist dieser Spalt in der Körperachse gelegen.

Larvenocellen sind bei einigen *Lucanidae (Platycerus), Glaphyrinae, Sericinae, Dynastinae* und *Cetoninae* bekannt. Nach CROWSON (1950) kann dieses primitive Merkmal, einmal verloren, nicht wieder auftauchen, was aber nicht bewiesen ist.

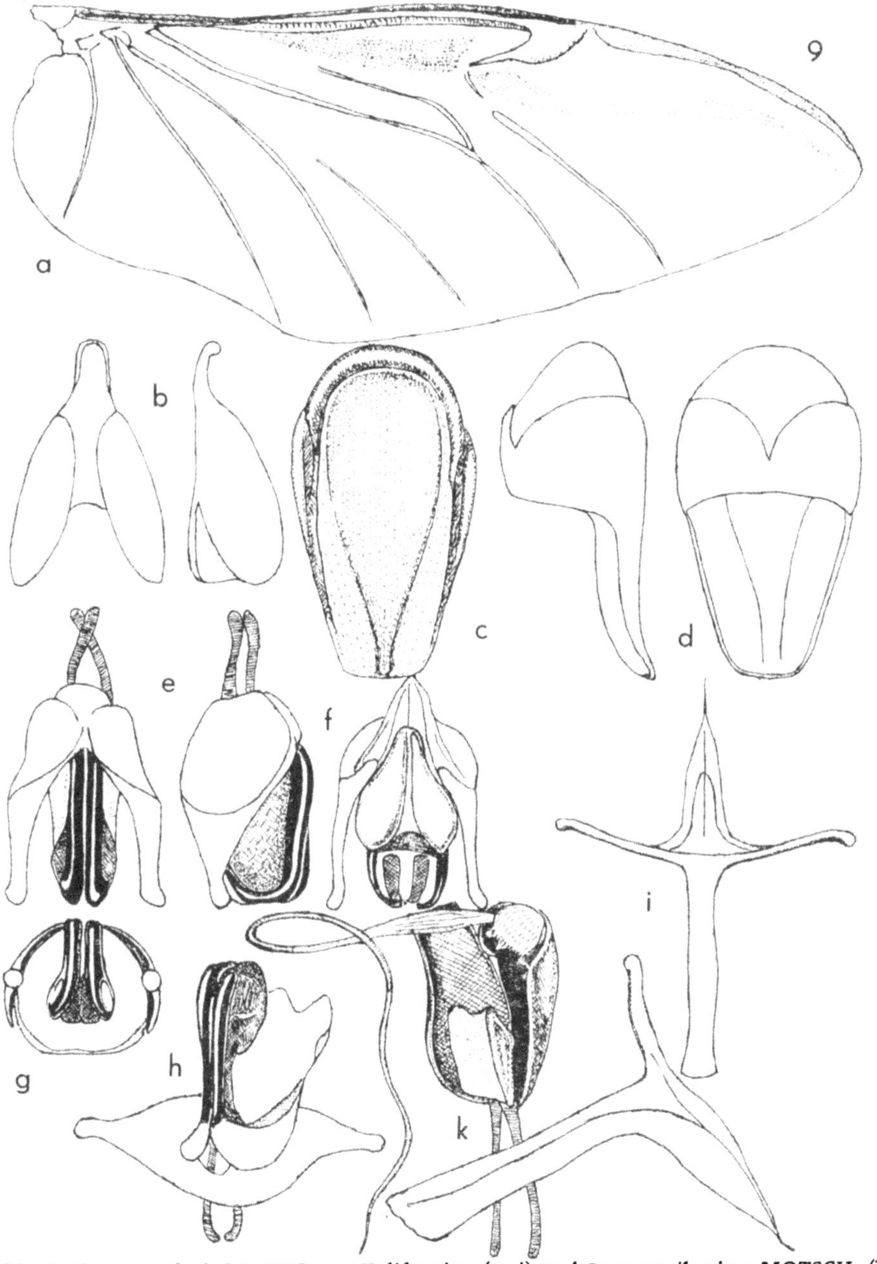

Abb. 9. *Pleocoma fimbriata* LEC. aus Kalifornien (a–i) und *Lucanus ibericus* MOTSCH. (k). a: rechter Flügel – b: Tegmen, Ventral- und Lateralansicht – c: neuntes Urit, Ventralansicht – d: neuntes Urit, Lateral- und Dorsalansicht – e: Penis und Parameren, Dorsal- und Lateralansicht – f: Penis und Parameren, Ventralansicht – g: Penis und Parameren, Frontalansicht – h: Penis schräg von der Seite, mit aufgeschlagenen Parameren – i: Metendosternit, Lateral- und Dorsalansicht – k: Penis schräg von der Seite, Tegmen und eine Paramere entfernt, die andere (gestrichelt) teilweise gezeichnet (ohne Spitze). Vergrößerung: a 4x, b–i 8x, k 12x.

Die Haupteinteilung der *Lamellicornia* findet sich auch bei den Larven wieder, wo drei Typen unterschieden werden können (nach MEDVEDEV):

1) Laparosticti-Typus: Fühler viergliedrig mit kleinem Endglied, das viel enger ist, als das vorhergehende, oder dreigliedrig *(Geotrupinae)*. Galea und Lacinia voneinander getrennt. Körper fast nackt.

2) *Glaphyrinae*-Typus: Fühler scheinbar dreigliedrig, das dritte Glied zu einem winzigen, schlecht sichtbaren Ring reduziert, das vierte lang und zylindrisch. Galea und Lacinia verschmolzen oder schlecht abgesondert. Körper dicht behaart.

3) Pleurosticti-Typus: Fühler viergliedrig, das letzte Glied nicht oder kaum länger als das zweite, wenig länger als das dritte und etwa so breit wie die zwei vorletzten, gewöhnlich oval. Galea und Lacinia wie bei dem vorigen. Wenigstens der Kopf ist nackt.

Beine gewöhnlich mit Klauen, die bei den *Coprini* und *Geotrupini* fehlen, bei den *Cetonini* und *Valgini* sind sie durch dicke Anhänge ersetzt.

Leider beziehen sich diese Angaben nur auf eine geringe Anzahl von Arten.

Im Gegensatz zu dem Vollkerf ist der Darmkanal der Larve sehr verschieden gebaut, doch sind unsere Kenntnisse darüber bescheiden trotz der bedeutenden Anzahl von Arbeiten (STRAUSS-DURKHEIM 1828, DUFOUR 1842, MINGAZZINI 1889, LEWIS 1926, WERNER 1926, HAYES 1920, BECTON 1930, FLETSCHER 1930, SWINGLE 1930, WIEDEMANN 1930, KOWALCZYK 1938, JONES 1940, RAPP 1947, WILDBOLZ 1954, ROESSLER 1955, AREEKUL 1957, CROWE 1957, MENECS 1958). Die Auswertung dieser Arbeiten wird dadurch erschwert, daß die Darmausbildung derselben Larve von ihrem Alter abhängt. So ändern sich bei der Onthogenese von *Pleocoma*-Larven (AREEKUL), die einen außerordentlich langen Lebenszyklus besitzen, nicht nur die relative Länge einzelner Darmteile, sondern auch der Mündungsplatz der Malpighischen Gefässe und die Ausbildung der Mitteldarmanhänge, die bei der erwachsenen Larve teilweise verschwinden und teilweise verkürzt sind. Diese Anhänge können einige Ringe bilden, ihre Anzahl soll als Gattungsmerkmal gelten. So tragen die *Melolontha*-Arten 3 Ringe (WILDBOLZ), *Phyllophaga* 2 (RAPP), *Popillia* 3, *Pelidnota* 2, *Oryctes* 2, *Ligyrodes (Dynastinae)* 3, *Xyloryctes* 3, *Osmoderma* 4, *Cetonia* 3 (DUFOUR), *Canthon* 0, *Popilius* 1.

Die Anzahl der Malpighischen Gefäße ist stets vier. Die Bildung des Hinterdarms variiert, er hat oft die Form einer S-förmigen Schlinge. Da die *Lamellicornia* keine Cellulase erzeugen, wird die Verdauung der verzehrten Cellulose durch Bakterien vollzogen, die ihrerseits als Nahrung verschiedener Protozoen – *Mastigophora, Sarcodina, Sporozoa* – dienen. Diese Larvensymbionten sollen spezifisch sein, da sie bei jeder Art an die Temperatur des Hinterdarms angepaßt sein müssen, die artverschieden ist (33–37^0 bei *Netocia cuprea* F., 23^0 bei *Osmoderma eremita* SCOP.). Bei den *Cetoninae* besitzt der Hinterdarm Erweiterungen – Fermentationskammern, deren Kutikularintima zahlreiche Ausstülpungen bildet, wo Zellulose zwei Monate lang verbleiben kann, bis sie von Bakterien verdaut wird. Ähnliche Einrichtungen sind bei *Oryctes* beschrieben. Die Nahrung der Larve scheint ausschließlich aus Bakterien und Protisten zu bestehen (WERNER 1926, 1926 a, WIEDEMANN 1930), obwohl ROESSLER (1955) das bezweifelt. Die Larven der *Scarabaeinae* sollen dagegen mycetophag sein und sich von artspezifischen Pilzen ernähren, die auf Düngerpillen aufwachsen und von dem Vollkerfe selbst gesät sind (TIPPMANN, 1959). Diese Pilze sollen ihre ausschließliche Nahrung sein, da in dem Magen der Larve kein anderes Futter gefunden wurde. Leider ist das Studium der Larventrophik schwierig und zeitraubend, so daß wir bis jetzt nur sehr wenig darüber wissen.

o) Brutpflege

Schon die alten Ägypter waren über die Fähigkeit der Pillendreher erstaunt, verglichen die Pillen mit der Sonne und hielten die *Scarabaeus-Arten* für heilig. Doch wußten sie nicht, wozu die Pillen dienten. Heute ist die Brutpflege bei vielen *Lamellicornia*-Arten bekannt.

Bei den *Passalidae* füttern die Eltern ihre Brut laut alten Beobachtungen per os mit schon zerkauter Nahrung, doch gelang es HEYMONS (1930) nicht, Ähnliches zu beobachten. Nach neueren Angaben (GRAY 1946) nähren sich die Larven von *Popilius disjunctus* ILLIG. vom morschen Holz, das Vollkerfe schon gefressen haben. In Brasilien (aber nicht in den USA) rufen die Vollkerfe durch Stridulation ihre Larven an sich, können sie aber auch verzehren. Die beiden Geschlechter von *Dorcus* (RATZEBURG 1839) graben im Holz gemeinsam Gruben, worin die ♀♀ Eier ablegen. Bei den *Geotrupini* (SPANEY 1910, TEICHERT 1955–1959) wird das Futter in unterirdischen Brutbauten durch beide Geschlechter gespeichert. Lange Zeit galten die Larven der *Geotrupini* als Koprophagen, doch ist jetzt ihre Polyphagie festgestellt worden. So speichert *Geotrupes stercorarius* SCRIBA nicht nur Mist, sondern auch Holzstückchen, Kiefernnadeln, Rindenteile, Blätter, Pilzmassen, sogar Papier. In Amerika bringt *G. ulkei* BLANCH. in seine Kammer trockene Blätter, *G. profundus* HOWDEN Blätter und Mist (RITCHER 1958). *Odontaeus armiger* KLUG speichert Humus, *Bolbelasmus gallicus* MULS. entwickelt sich in Trüffeln (BEGUIN 1906). Offenbar alle *Lethrini* speichern Blätter und Pflanzensprösslinge, die *Taurocerastini* Aas.

In allen Fällen wird die Nahrung in Kammern eingepreßt, an das Ende jeder Kotwurst oder in ihrer Nähe wird je ein Ei in die Erde abgelegt.

Über die Brutpflege der *Scarabaeinae* liegen zahlreiche Arbeiten vor (BURMEISTER 1930, 1936, HEYMONS und LENGERKEN 1929, LENGERKEN 1939 usw.). Bei ihnen kann man drei Typen der Brutpflege unterscheiden:

1) Die „Sphaerotektoren" bilden Mistpillen, die mit Hilfe der Hinterbeine gerollt, in die Brutkammer eingetragen und zu Brutbirnen umgeformt werden; das Ei wird in einer speziellen Eikammer in der halsartigen Verjüngung dieser Birne frei aufgehängt.

2) Die „Apionotektoren" rollen keine Pillen, sondern speichern den Mist unmittelbar in Brutkammern, wo Brutpillen wie bei den Sphaerotektoren gebildet werden.

3) Die „Amygdalotektoren" bringen den Mist in Nebenstollen ihrer Brutbauten und bilden im Mist Eikammern wie in den zwei vorigen Fällen, also nicht wie die *Geotrupes*.

Als Nahrung dient gewöhnlich nur Mist, gelegentlich auch Aas, wenigstens bei *Copris lunaris* L. (ABRAMOV 1968).

Bei anderen *Lamellicornia* ist im allgemeinen keine Brutpflege beobachtet worden, nur sucht das Weibchen günstige Plätze, um seine Eier abzulegen, doch wurden neulich auch einige echte Brutpflegehandlungen beschrieben.

So graben einige *Strategus*-Arten *(Dynastinae)* echte Brutbauten, die *S. antaeus* F. mit Pflanzenresten und Koniferennadeln füllt, *S. mormon* BURM. mit Dung (RITCHER 1958). Die Weibchen von *Scaptophilus (Dynastinae)* graben Dungvorräte rings um ihre abgelegten Eier in die Erde ein. Diese Angaben sind umso auffallender, als bei den zahlreichen anderen Vertretern der *Dynastinae* (auch bei den europäischen, deren Ökologie genügend bekannt ist) niemals über etwas berichtet wurde, das an eine Brutpflege erinnern könnte. Die große Verschiedenheit der benützten Nahrungsmittel bei den *Geotrupini* lässt vermuten, daß sie, wie die *Scarabaeinae*, mycetophag sind und deswegen jedes Substrat benützen, worauf ihre Pilze gedeihen. Wenn sich diese Vermutung als richtig erweise, könnte man vielleicht einen besonderen Zweig der *Lamellicornia* absondern, der nur aus Mycetophagen bestehen würde.

D. SYSTEMATISCHE ANALYSE

I. Familie **Passalidae**

Etwa fünfhundert Arten, gewöhnlich in sechs Unterfamilien eingeteilt.

Körper länglich, oft groß. Mundteile vorragend. Labrum sichtbar, senkrecht. Mandibel vor dem Molarzahn mit beweglichem Zahn. Fühler zehngliedrig, mit tomentiertem Kamm, von verschiedener Gliederzahl. Mittelhüften konvex, ein wenig transversal (fünfter Typus). Hinterleib von den gestreiften Flügeldecken ganz bedeckt, mit 6 sichtbaren Sterniten, das

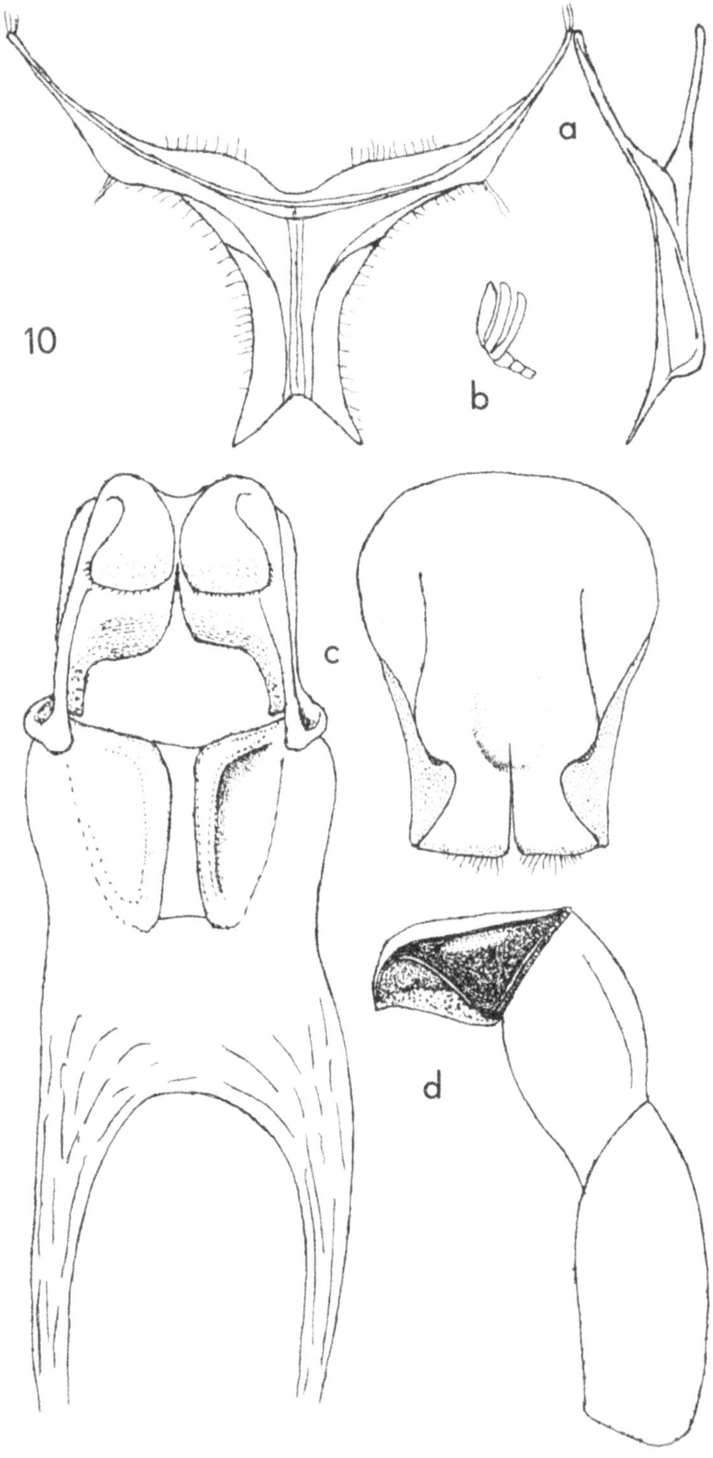
10
a
b
c
d

zweite Urosternit halbringförmig, teilweise verborgen, das achte eingezogen, 7 Stigmenpaare, oft auch die Spur des achten Paares, alle laparostict. Metendosternit vom zweiten Typus, eigenartig (Fig. 8 a–b). Flügel mit verhältnismäßig langem proximalen und kurzem distalen Teil, gewöhnlich ohne die Recurrent-Ader M (Fig. 3 a), A_3 einfach, sonst ist das Geäder lamellicorn. Bei dem Männchen ist das neunte Urit kugelförmig, mit breiter Vorderrandöffnung, umschließt den Aedeagus, daraus ragen der Aedeagus und die Pleuritenäste heraus (Fig. 8 c–d). Parameren kurz, verschieden gebaut, frei oder mit dem Tegmen verschmolzen (bei *Aulacocyclus* nach SHARP und MUIR 1912). Hinterdarm durch einen Sphincter geteilt, sein Hinterteil mit zahlreichen Säckchen, von *Phycometes enterobryus* erfüllt (BUCHNER 1953). VIRKKI (1961) hat einige Eigentümlichkeiten in der Follikelbildung gefunden.

Vollkerfe und Larven nähren sich vom morschen Holz, gewisse Brutpflege ist vorhanden (siehe oben). Alle Arten leben in Wäldern, hauptsächlich in der tropischen Zone. Verbreitungstypus gondwanisch.

Früher wurden die *Passalidae* mit den *Lucanidae* vereinigt, denen sie bestimmt am nächsten stehen, doch sind sie davon durch so wichtige Merkmale verschieden (in den Mundteilen, Mittelhüften, Metendosternit, Aedeagus usw.), daß sie seit langem zu Recht als eine selbständige Familie abgesondert wurden. Der Versuch von CROWSON (1950), sie von den *Figulinae* abzuleiten, ist bestimmt verfehlt, wie es schon aus ihren Genitalien hervorgeht.

II. Familie **Lucanidae**

Etwa achthundert Arten, die wir in fünf Unterfamilien einteilen (im JUNK-Catalogus 9, darunter die *Odontolabinae, Cladognathinae* und *Dorcinae,* die wir als Tribus der *Lucaninae* betrachten).

Körper länglich, oft ziemlich platt und groß. Mundteile vorragend. Gewöhnlich können die Mandibeln nicht zusammenstoßen, da sie voneinander durch den Vorsprung des Clypeus getrennt sind, der oft mit dem Labrum verschmolzen und nach unten gekrümmt ist. Doch sind sie bei den *Aesaliinae* normal. Mandibel ohne Molarzahn. Lacinia mitunter hakenförmig. Labium oft sehr groß und die Lippentaster bedeckend. Fühler mit einem Kamm von 3–7 unbeweglichen, gewöhnlich tomentierten Gliedern. Mittelhüften vom ersten Typus. Hinterleib von den Flügeldecken ganz bedeckt, gewöhnlich mit 6 Sterniten, das zweite Urosternit ausgebildet oder stark reduziert, das achte gewöhnlich verborgen, bei dem Männchen von *Platycerus* vorragend. 8 Stigmenpaare, alle laparostict. Metendosternit (Fig. 1 a–e, 12 e) vom vierten oder neunten Typus. Flügeldecken gewöhnlich glatt, seltener gestreift. Flügelgeäder lamellicorn, die Recurrent-Ader M fehlt nur selten, A_1 oft verdoppelt, A_3 gewöhnlich gebogen, selten gerade (Fig. 3 b, 4 f, 18 i). Das Geäder ist desto kräftiger, je größer der Käfer ist. Vorderschenkel gewöhnlich gepolstert, seltener gefurcht oder *(Chiasognathinae)* glatt.

Die Bildung des Aedeagus erfährt eine Evolution, die sich auch am neunten Urit widerspiegelt. Bei den *Chiasognathinae* (Fig. 12 g) und *Figulinae* bleibt es dreilappig, das neunte Urit (Fig. 12 f) hat ein zweiteiliges ringförmiges Tergit, woran zwei freie Pleurite befestigt sind, das Sternit ist groß, lang und durch eine Membrane mit den Pleuriten verbunden. Tegmen länglich, Parameren frei, gestreckt, unbeweglich, dazwischen ragt der gleichfalls unbewegliche Penis hervor. Bei *Sinodendron* verlängert sich das röhrenförmige

◄ Abb. 10. *Hybalus glabratus* F. von Medeah.

a: Metendosternit, Dorsal- und Lateralansicht (30x) – b: Endkeule (40x) – c: Aedeagus, Ventral- und Frontalansicht (20x) – d: Aedeagus, Lateralansicht (20x).

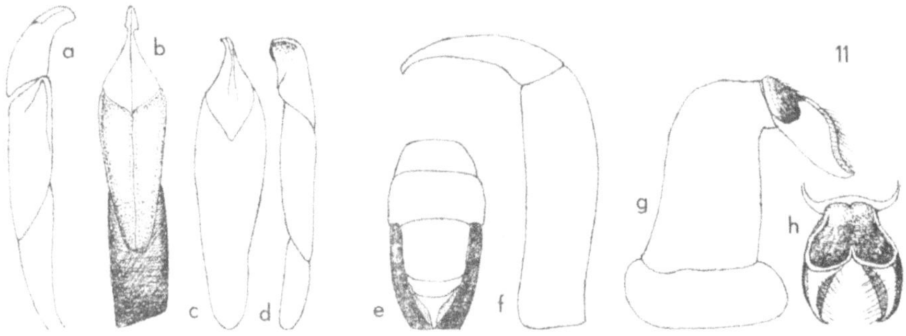

Abb. 11. Aedeagus einiger *Lamellicornia.*

a–b: *Brenskea varentzovi* SEMEN. (24x) – c–d: *Cloeotus nitens* GUÉR. (24x) – e–f: *Chiron cylindricus* F. (24x) – g–h: *Ceraspis brunneipennis* BATES (12x).
a, c, f, g: Lateralansicht – b, c: Dorsalansicht – e, h: Frontalansicht.

Tegmen, daraus ragen zwei freie winzige Parameren und die Penisspitze (IABLOKOFF-KHNZORIAN 1967). Bei *Aesalus* (Fig. daselbst) ist der Penis ganz eingezogen, die Parameren verschwunden, das Tegmen lang röhrenförmig, kaum gekrümmt. Diesen Aedeagus haben auch SHARP und MUIR (1912) beschrieben, aber ganz anders gedeutet, obschon sie selbst hervorheben, daß ihre Auffassung nur als eine provisorische gelten soll, da es ihnen an Material fehlte. Sie, betrachteten das, was wir als Tegmen bezeichnen, als Penis, und als Tegmen seinen Basalteil, der, wie gewöhnlich, davon abgesondert ist; an diesem Teil haften zwei laterale behaarte Zapfen, die sie als Parameren deuteten. Wenn diese Auffassung richtig wäre, so unterscheidet sich dieser Aedeagus nicht nur von denselben aller anderen bekannten *Lamellicornia,* sondern auch von dem aller anderen Käfer. Unserer Vorstellung nach ist er aber das natürliche Ergebnis einer Evolution, die allen *Lamellicornia* eigen ist und dem von *Geotrupes* und *Adoretus* ähnlich. Dabei bildet das neunte Urit einen breit geöffneten Sack, der keine Nähte mehr trägt – ebenfalls die Endstufe einer Evolution, die auch bei anderen *Lamellicornia* vorkommt.

Schon lange wurden die *Chiasognathinae* als die primitivsten gegenwärtigen *Lucanidae* betrachtet, was auch ihrer Genitalien – (Fig. 12 g) und – offenbar – Metendosternitbildung (Fig. 12 e) entspricht, doch ist ihr Penis bald einfach *(Lamprima),* bald mit einem dicken und aedeaguslangen Flagellum versehen *(Pholidotus).* Von diesem Aedeagustypus lassen sich leicht einerseits die Gruppe *Figulinus-Sinodendron* (ohne Flagellum) und andererseits die *Lucaninae* herleiten. In dieser Gruppe kann aber der Penis einen chitinisierten Überzug besitzen, der aus einer langen dorsalen und kurzen ventralen Platte besteht (Fig. 9 k) und dem Überzug von *Pleocoma* homolog sein soll. Sonst kann die Penisbildung in dieser Gruppe sehr kompliziert werden (Fig. bei IABLOKOFF-KHNZORIAN 1967).

Der Darmkanal ist durch das Fehlen des Ileum gekennzeichnet, Colon eng, manchmal *(Odontolabis, Eurytrachelus)* ist der Hinterteil des Mitteldarms stark angeschwollen, wie bei den *Scarabaeini.*

Die Larven besitzen oft ein Stridulationsorgan, das *(Platycerus)* dem von *Geotrupes* auffallend ähnlich sein kann (genauer darüber siehe oben).

Alle Arten leben in Wäldern und entwickeln sich im morschen Holz, in den Tropen sind sie ziemlich zahlreich, sonst recht selten.

Die Familie ist hauptsächlich mit den *Passalidae, Pleocomidae* und *Geotrupinae* verbunden, worüber noch gesprochen wird.

III. Familie **Pleocomidae**

Nur eine Gattung mit 9 Arten, die DAVIS (1934) revidiert hat.

Körper groß, plump und gedrungen. Mundteile vorragend (Fig. 14 d–g), Labrum als kurzes, dichtbehaartes Dreieck waagerecht unter dem Clypeus vorragend, Mandibeln lappenförmig, ohne Mola, ohne Membrane, sie können nicht zusammenstoßen, Maxillen mit abgesonderter Galea und Lacinia; Labium eng, mit abgesonderter lappenförmiger Zunge. Unsere Beschreibung ist auf *Pleocoma fimbriata* LEC. bezogen. Die Mundteile von *P. staff* SCHAUF. wurden von OHAUS (1909) abgebildet. Die Unterschiede in den Abbildungen besonders des Labiums, sind so bedeutend, daß, falls sie wirklich vorhanden sind, beide Arten kaum in derselben Gattung verbleiben können. Fühler elfgliedrig mit dreigliedriger Endkeule, deren Glieder beweglich, tomentiert und beinah gleich sind. Mittelhüften vom ersten Typus. Hinterleib mit acht sichtbaren Tergiten und sieben Sterniten, das zweite Urosternit verborgen, aber gut ausgebildet, das achte frei, 8 Stigmenpaare, alle laparostict. Metendosternit (Fig. 9 i) ohne Crista und ohne Stielrippe. Flügeldecken glatt, sie verdecken den Hinterleib. Flügelgeäder (Fig. 9 a) lamellicorn, doch ist A_3 nicht umgebogen. Flügel funktionstüchtig, doch etwas verkürzt, die Flugfähigkeit gering. Vorderschenkel gefurcht. Der neunte Urit des Männchens (Fig. 9 e–d) wurde schon oben beschrieben. Aedeagus (Fig. 9 e–h) sehr eigenartig. Tegmen mit tief eingeschnittenem Vorderrand, wodurch es in zwei Teile gespalten wird, läßt sich leicht von den haarlosen Parameren abtrennen, diese sind mit dem Tegmen gelenkig verbunden und können fächerartig aufschlagen, sie sind an der Basis miteinander verschmolzen und tragen eine gemeinsame runde Mittelöffnung (Lumen), wodurch sich der Ductus ejaculatorius und zwei chitinisierte Penisstäbchen ziehen, die sonst im Innensack stecken.

Solche Parameren passen keineswegs an die Haplogastra sensu JEANNEL und unterscheiden sich von denen aller anderen bekannten Käferarten durch ihre Basisbildung. Der Penis selbst besteht aus einem inneren Sack, der von oben durch zwei stark chitinisierte hakenförmige Stäbchen eingefaßt ist, die vorn nach unten gekrümmt sind, die Öffnung dieses Sacks liegt ventral, darunter befindet sich eine zweispitzige Platte, die ventral den Sack schützt und sich an der Basis krümmt. Mit den zwei hakenförmigen Stäbchen bildet sie einen Überzug, der dem von *Lucanus* homolog zu sein scheint. Bei der Kopulation muß der Aedeagus wie ein Kolben heraustreten, dann dringen die Parameren in die Vagina und schlagen auseinander. Flagellum fehlt.

Der Vollkerf soll aphag sein, doch scheinen seine Mundteile der Aufnahme von Flüssigkeiten angepaßt zu sein, die Larve ist rhizophag, ihre Entwicklung dauert mindestens acht Jahre, ihre Bildung und Anatomie wurden sorgfältig von AREEKUL (1957) beschrieben. Die Arten bewohnen die westlichen Küstenländer der Vereinigten Staaten.

Die richtige Stellung dieser Gattung in dem System bleibt bestritten. Doch scheint die Bildung des Aedeagus eindeutig auf eine Verwandschaft mit den *Lucaninae* zu weisen, denn sein Penisüberzug konnte kaum in konvergenter Weise entstehen. Die Gattung läßt sich jedoch nicht in die *Lucanidae* einzwängen, da sie schon viele typische *Scarabaeidae*-Merkmale besitzt, und ansonsten ist sie so eigenartig, daß sie leicht eine besondere Familie darstellen kann, die ein Bindeglied zwischen den *Lucanidae* und *Scarabaeidae* wäre.

ARROW hat sie mit der Gattung *Acoma* in einer Unterfamilie vereinigt; diese letzte Gattung kennen wir nicht, doch darf sie nach dem, was darüber veröffentlicht ist, kaum an dieser Stelle verbleiben.

IV. Familie **Acanthoceridae**

Zehn benachbarte Gattungen mit etwa 120 Arten. Der Körper ist einer Volvation fähig, bei einigen Gattungen kann er sogar zu einer Kugel werden, was seine Bildung stark beeinflußt. Von oben gesehen sieht der Kopf fünfeckig aus, der Clypeus verdeckt die Mundteile

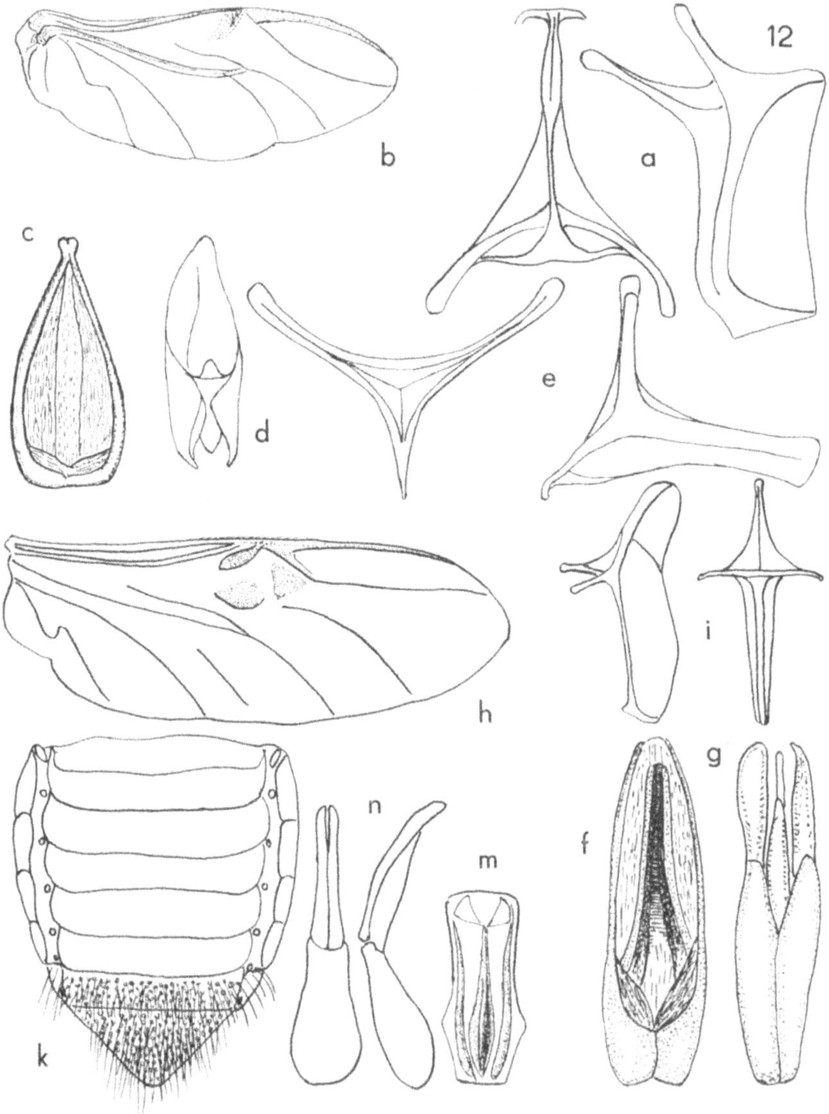

Abb. 12. *Dynamopus athleta* SEMEN. (a–d), *Lamprima varians* GERM. (e–g) und *Aclopus intermedius* BLANCH., Männchen (h–n).

a: Metendosternit, Ventral- und Lateralansicht (16x) – b: rechter Flügel (4x) – c: neuntes Urit, Dorsalansicht (16x) – d: Aedeagus, Ventralansicht (16x) – e: Metendosternit, Frontal- und Lateralansicht – f: neuntes Urit, Dorsalansicht (8x) – g: Aedeagus, Dorsalansicht (8x) – h: rechter Flügel (8x) – i: Metendosternit (6x) – k: Hinterleib, Dorsalansicht (16x) – m: neuntes Urit, Dorsalansicht (16x) – n: Aedeagus, Dorsal- und Lateralansicht.

vollständig, ragt dreieckig empor. Labrum groß, konkav, es steht senkrecht unter dem Clypeus. Mundteile liegen weit unten, Mandibeln schief nach außen gerichtet, vom Labrum nicht bedeckt, Taster lang und schlank, mit engem letzten Glied. Fühler 9–10 gliedrig, mit tomentierter dreigliedriger Endkeule, diese Glieder beweglich und gleich breit. Halsschild sehr konvex, wie bei den *Bolboceratini*. Scutellum sehr eigenartig, auffallend groß, seine Basalecken abgesondert. Mittelhüften platt, etwas länger als breit, zur Basis verengt, bilden zusammen eine stumpfe Ecke. Hinterleib wie bei den *Bolbelasmini* gebaut, 8 Stigmenpaare, das letzte auf dem Tergit, die anderen laparostict (von RITCHER für *Acanthocerus* und *Cloeotus* untersucht). Metendosternit fast vollkommen reduziert (vom ersten Typus). Flügeldecken bedecken den Hinterleib. Fühler mit verhältnismäßig kurzem proximalen und langem distalen Teil (Fig. 5 d), wodurch sie ein wenig an die der *Histeridae* erinnern. Die Recurrent-Ader M bei *Cloeotus* kurz, bei *Acanthocerus* fehlend (nach CROWSON 1950), sonst ist das Geäder lamellicorn, A_1 kurz, A_2 lang, A_3 gekrümmt. Vorderschenkel mit kurzer und langbeborsteter Furche *(Cloeotus)*. Tibien lamellenförmig, gebogen, mit feingezähneltem Außenrand. Bei dem Männchen kann das neunte Urit herausgezogen sein, wie bei den *Trox*-Arten, es ist sackförmig und ungefähr wie bei *Lucanus* gebildet, mit sichtbaren Nähten, doch sind die Pleuritenäste dick und kurz. Tegmen lang, die Parameren verschmolzen, zur Spitze verdickt und gebogen (Fig. 11 c–d).

Die Arten sind stellenweise in den Tropen verbreitet, leben im Baummulm, einige Arten sollen myrmekophil oder termitophil sein. Larve unbekannt. Verbreitungstypus gondwanisch.

Die *Acanthoceridae* wurden oft mit den *Trogidae* vereinigt auf Grund ihrer Labrumbildung, sind aber davon genügend verschieden, nämlich in der Bildung des Kopfes (und auch des Labrums), der Mittelhüften und besonders des Aedeagus. Obschon sie eine stark abgesonderte Gruppe bilden, scheinen sie doch – auch ihrem Aedeagus nach – den *Bolbelasmini* näher zu stehen als den anderen *Lamellicornia*.

V. Familie **Trogidae**

Zwei Unterfamilien, darunter die *Glaresinae* mit einer Gattung und die *Troginae* mit 2–3 Gattungen, im ganzen kaum 200 Arten.

Körper oft klein, länglich und gedrungen. Mundteile von dem nach unten gekrümmten Clypeus bedeckt, doch sind bei den *Glaresinae* die Mandibeln von oben sichtbar. Labrum schief nach unten gerichtet, liegt unter dem Clypeus, Mandibeln chitinisiert, mit einem Endzahn. Fühler zehngliedrig, mit tomentierter dreigliedriger Endkeule, die aus ähnlichen beweglichen Gliedern besteht. Mittelhüften konvex und kurzoval (etwa wie bei den *Passalidae)*. Hinterleib mit sechs sichtbaren Sterniten, das zweite Urosternit vorhanden, aber stark reduziert, das achte eingezogen. Gewöhnlich 8 Stigmenpaare, alle laparostict, vom achten Paar kann auch nur eine Spur übrigbleiben. Metendosternit bei *Glaresis* (Fig. 1 d–e) an *Platycerus* erinnernd, bei *Trox* (Fig. 2 e–f) etwa vom Typus 7. Die Flügeldecken von verschiedener, oft eigenartiger Skulptur, den Hinterleib ganz bedeckend. Das Flügelgeäder lamellicorn (Fig. 3 e, 4 e), mit entwickelter M-Ader, bei *Trox* sind zusätzliche Analadern vorhanden, R_3 verkürzt, bei *Glaresis* R_3 und die Analadern normal. *Glaresis* hat kräftige Grabbeine, bei *Trox* sind die Beine schlank. Vorderschenkel bei *Glaresis* glatt, bei *Trox* mit behaartem Feldchen. Mittel- und Hintertibien mit einem Paar langer Sporne. Bei dem Männchen ist das neunte Urit (Fig. 6 c) dreieckig, ziemlich weich und an dem Aedeagus schwach angeschlossen (sonst schon oben beschrieben). Tegmen ziemlich lang, trägt zwei lange isolierte und schwach bewegliche Parameren, dazwischen ragt der lange, an der Spitze oft vergrößerte Penis (IABLOKOFF-KHNZORIAN 1967), der hinten zwei Stäbchen trägt, die aus seinem Innensack herausragen. Bei der Kopulation wird der Penis herausgeschoben, die Parameren können nur als seine Hülle dienen.

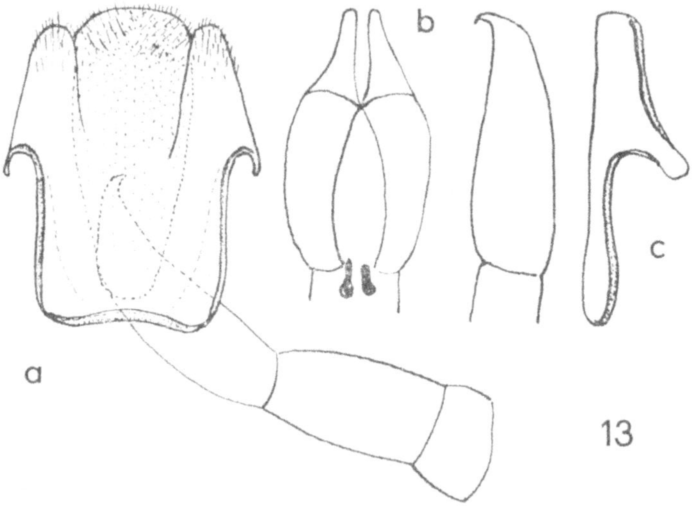

Abb. 13. *Ochodaeus solskyi* SEMEN. (40x).
a: neuntes Urit, Ventralansicht mit dem Aedeagus in Ruhelage – b: Parameren, Ventral- und Lateralansicht – c: neuntes Urit, Lateralansicht.

Die Larve hat kein Stridulationsorgan.

Die Familie ist weit verbreitet, besonders in Australien artenreich. Die *Glaresinae* haben ein Areal vom Tethys-Typus, besiedeln die Sandwüsten, fliegen stellenweise zahlreich an die Lichtquellen. Alle Arten der Familie scheinen an offene Landschaften mit leichtem Boden angepaßt zu sein. Die *Trox*-Arten sind keratophag und leben an Leichen. *Glaresis* kann saprophag sein, ihre Larven sind unbekannt. Viele Gattungen, die früher dieser Familie zugeschrieben wurden, sind jetzt in andere Gruppen, besonders in die *Hybosorinae*, eingegliedert.

Die *Trogidae* sind mit den *Scarabaeidae* sehr nahe verwandt, lassen sich davon hauptsächlich durch ihren primitiven Aedeagus, die Bildung der Oberlippe und der Mittelhüften absondern. Da sie eine gut abgegrenzte Gruppe darstellen, können sie ihren Familienrang behalten, um so mehr, weil keine *Scarabaeidae*-Gruppe von ihnen unmittelbar abgeleitet werden kann.

VI. Familie **Scarabaeidae**

Fast 20 000 Arten. Fühler mit asymmetrischer fächerartiger Endkeule aus beweglichen Gliedern gebildet. Flügelgeäder beständig, stets mit einer Recurrent-Ader M (Ausnahme: *Chiron*) und umgebogener A_3. Metendosternit T-förmig. Hinterleib mit mehr oder weniger deutlichem, oft verborgenem zweiten Urosternit und sichtbarem achten. Neuntes Urotergit beim Männchen verschmolzen oder fehlend. Penis oft weich und dann im Tegmen verborgen, selten ragt seine Spitze empor, Tegmen in eine Röhre ausgezogen, die unten oft offen bleibt, Parameren immer vorhanden, unbeweglich, oft an der Basis vereinigt, mitunter asymmetrisch oder stark reduziert.

Die Familie läßt sich in die Gruppe der Laparosticti, Loxosticti und Orthosticti gliedern, doch sind alle primitiven Formen laparostict, woraus dann die zwei anderen Gruppen entstanden.

A. Gruppe LAPAROSTICTI

Elf Unterfamilien. Mundteile vorragend oder eingezogen, Mandibeln lappenförmig, oft zahnlos und weich, Galea mitunter mit Endzähnen, von der Lacinia oft abgesondert. Fühlerkeule gewöhnlich behaart, fast stets dreigliedrig (Ausnahme *Pachypodinae)*. Stigmen hauptsächlich laparostict, doch können die ersten Abdominalpaare auf das Sternit, das letzte (wenn vorhanden) auf das Tergit (aber niemals auf das Sternit) verschoben sein. Larvenbildung charakteristisch (siehe oben).

1. Unterfamilie **Geotrupinae**

Vier Tribus mit 25 Gattungen und etwa fünfhundert Arten.

Körper oft groß, kurz und plump, alle Beine sind Grabbeine. Labrum sichtbar und waagerecht. Fühler gewöhnlich elfgliedrig, bei den *Taurocerastini* zehngliedrig, mit kompakter dreigliedriger Endkeule, deren Glieder behaart und gewöhnlich ziemlich ähnlich sind, bei *Odontaeus* ist das erste Glied groß, bei den *Lethrini* umfaßt es die zwei folgenden und ist haarlos. Mittelhüften vom ersten Typus. Hinterleib kurz, mit teleskopierten Sterniten, von den Flügeldecken ganz bedeckt. Abdominalstigmen gewöhnlich alle laparostict, doch können bei den *Bolbelasmini* die ersten 1–2 Paare auf das Sternit verschoben sein, vom achten Paar bleibt nur eine Spur. *Geotrupini* und *Lethrini* mit acht Stigmenpaaren, das große erste bald auf das Sternit, das achte mitunter auf das Tergit verschoben, *Taurocerastini* auch mit acht Paaren, das achte auf dem Tergit. Metendosternit bei den *Geotrupini* ankerförmig (Fig. 2 m–n), bei den *Lethrini* trapezförmig (Fig. 2 a–b), was mit ihrer Flügellosigkeit zusammenhängen mag. Das Flügelgeäder von *Odontaeus (= Bolboceras*, Fig. 3 d) ist verstärkt. R_2 mit R_3 verschmolzen, R_4 stark verkürzt (etwa wie bei *Ochodaeus)*, A_1 verdoppelt, A_2 mit A_3 verbunden und eine Zelle damit bildend. Bei den *Geotrupini* (Fig. 3 c) ist R_4 lang und an der Spitze mit den vereinigten R_2 und R_3 verbunden, wodurch eine kräftige Zelle entsteht, A_1 lang, A_2 verdoppelt, A_3 frei.

Bei den *Bolbelasmini* sind die Vorderschenkel glatt, bei den *Geotrupini* und *Lethrini* gepolstert. Das neunte Urit des Männchens (IABLOKOFF-KHNZORIAN 1967, Taf. 1) mit großem Sternit, das mit den dünnen Pleuriten zu einer Platte verschmolzen ist, Tergit reduziert, in der Form an *Pleocoma* erinnernd. Tegmen groß, breit, röhrenförmig, bei *Geotrupes* sind die Parameren damit verschmolzen und in dasselbe eingezogen, bei den anderen *Geotrupinae* sind sie ausgebildet, dreieckig, am Tegmen unbeweglich befestigt.

Die Larve von *Geotrupes* trägt ein Stridulationsorgan, das schon besprochen wurde und bei *Odontaeus, Lethrus* und *Typhoeus* (?) fehlt. Keine *Taurocerastini*-Larve ist beschrieben.

Die südamerikanischen *Taurocerastini* sind durch zwei Gattungen mit insgesamt drei Arten vertreten, die *Lethrini* (nur eine Gattung) sind rein paläarktisch, zählen etwa 90 Arten, die meisten aus Mittelasien, 6 Arten dringen nach Anatolien und auf den Balkan vor, eine nach dem Donaubecken. Die zwei übrigen Tribus sind weit verbreitet.

Die Beziehungen zwischen den *Geotrupinae*-Tribus sind ziemlich klar. Die primitiven Formen gehören zu den *Bolbelasmini*, woraus die *Geotrupini* und *Taurocerastini* leicht abgeleitet sein können. Die *Lethrini* scheinen die jüngste Gruppe davon vorzustellen, wie das schon aus ihrem Areal ersichtlich ist, die, vielleicht im Paläogen, aus den *Geotrupini* in Mittelasien entstanden sein mag.

Die Beziehungen der Unterfamilie zu den anderen *Lamellicornia* lassen sich folgendermaßen zusammenfassen: Die Ähnlichkeit in dem Stridulationsorgan von *Geotrupes* und *Platycerus* konnte kaum konvergent entstehen. Auch sind zahlreiche Beziehungen mit *Pleocoma* nicht zu leugnen, nämlich in der Bildung der Fühler, der Flügel, des Hinterleibes usw. Auch den *Scarabaeinae* stehen sie nahe, wie es die Bildung der Mundteile, des Metendosternits und besonders ihre Brutpflegeinstinkte beweisen. So kann man sie als ein Bindeglied zwischen den *Lucanidae* und den *Scarabaeinae* betrachten.

2. Unterfamilie **Scarabaeinae**

Mehr als hundert Gattungen und über dreitausend Arten. Nach BALTHASAR bildet sie eine Familie mit zwei Unterfamilien und 13 Tribus. Nach GILLET in JUNKS Catalogus) soll sie aus 5 Tribus und 11 Abteilungen bestehen. Wir unterscheiden darin zwei Tribus, die den zwei Unterfamilien von BALTHASAR entsprechen (seine Tribus betrachten wir als Subtribus).

Körper breit, oft groß. Mundteile mit dem eingezogenen Labrum vom Clypeus ganz bedeckt, sonst denen der *Geotrupinae* ziemlich ähnlich. Fühler 8–10gliedrig mit dreigliedriger behaarter Endkeule, die gewöhnlich aus ähnlichen Gliedern besteht (doch ist ihr erstes Glied bei einigen Arten wie bei *Odontaeus* vergrößert). Mittelhüften vom Typus 2 oder 3. Hinterleib sehr kurz, mit teleskopierten Sterniten und 7 Stigmenpaaren, alle laparostict. Pygidium groß, von den breiten Flügeldecken nicht bedeckt. Metendosternit vom fünften Typus (Fig. 1 k). Flügelgeäder (Fig. 4 a) einheitlich, mit dicken Adern (besonders die Radialadern), A_1 gewöhnlich verdoppelt, ihre Zweige können an der Spitze verbunden sein, auch A_2 oft verdoppelt, bei *Gymnopleurus* sind ihre Zweige an der Spitze verbunden, bei *Sisyphus* stark genähert, bei *Scarabaeus* und den meisten anderen Gattungen mehr oder weniger parallel. Mittel- und Hintertibien sind bei den Sphaerotektoren lang und schmal, sonst als Grabbeine gebildet, Vorderhüften gepolstert. Mitteltibien mit einem oder zwei *(Eucranium* und benachbarte Gattungen) Endspornen, Hintertibien fast immer nur mit einem Endsporn (Ausnahme: *Paraphytus* und einige *Canthon).* Die Vordertarsen und Dorne können verschwinden. Neuntes Urit mit mehr oder weniger spitzigem Spiculum gastrale. Penis winzig und verborgen, Tegmen groß, unten geöffnet (IABLOKOFF-KHNZORIAN 1967), Parameren mehr oder weniger miteinander verbunden, oft asymmetrisch, bei den *Scarabaeini* lang, bei den *Coprini* kurz und gekrümmt. Reife Weibchen nur mit einem Ovarium und einer Ovariole. Larve ohne Stridulationsorgan.

Alle Arten als Larve und Vollkerf koprophag, durch ihre Brutpflege ausgezeichnet, aus Sphaerotektoren, Apionotektoren oder Amygdalotektoren bestehend.

Die Unterfamilie ist fast überall vertreten, doch ausgesprochen thermophil, die primitiven Formen *(Anomiopsis, Eucranium, Glyphoderes)* mit zwei Spornen an den Mitteltibien, alle aus Südamerika (insgesamt etwa 15 Arten); ihr Körper ist kurz, erinnert etwas an den der *Bolbelasmini.*

Die Beziehungen zwischen den Gattungen lassen sich ziemlich leicht dank der Bildung ihrer Mittelhüften bestimmen. Bei der unbekannten Urform dürften sie zum ersten Typus gehören. Bei den *Scarabaeini* läßt sich ihre Umdrehung verfolgen, bei *Scarabaeus* sind sie noch vom Typus 2, bei *Sisyphus* und allen *Coprini* zueinander parallel. Alle *Scarabaeini* sind Sphaerotektoren, die primitiven *Coprini* Apionotektoren und die jüngsten Formen Amygdalotektoren, was schon ihre Mitteltibienbildung erkennen läßt.

3. Unterfamilie **Orphninae**

Zwölf ungenügend bekannte Gattungen mit etwa 80 Arten, wovon die Hälfte der Gattung *Orphnus* zukommt.

Körper kurz und konvex. Clypeus breit, wie bei den *Coprinae* gebildet, doch ragen die gezähnelten Mandibeln mehr oder weniger darunter hervor. Labrum sichtbar, Lacinia stachelförmig. Fühler zehngliedrig mit dreigliedriger behaarter Endkeule, ihr erstes Glied kann klein oder groß sein. Mittelhüften vom Typus 2 oder 3. Hinterleib wie bei den *Scarabaeinae,* mit 7 Stigmenpaaren, die alle laparostict sind. Pygidium groß, von den Flügeldecken nicht bedeckt. Metendosternit vom *Scarabaeus*-Typus *(Brenskea)* oder mit verjüngter Lamelle und ohne Crista *(Hybalus,* Fig. 10 a). Flügelgeäder von *Brenskea* (Fig. 5 c) lamellicorn, mit dicker R_1, die den Oberrand des Flügels begrenzt. $M_1 + Cu$ nach vorn verschoben, A_2 ganz und einfach. *Hybalus* ist flügellos. Die Flügelbildung der anderen Gattungen ist uns unbekannt. Vorderhüften gefurcht *(Brenskea)* oder mit einigen

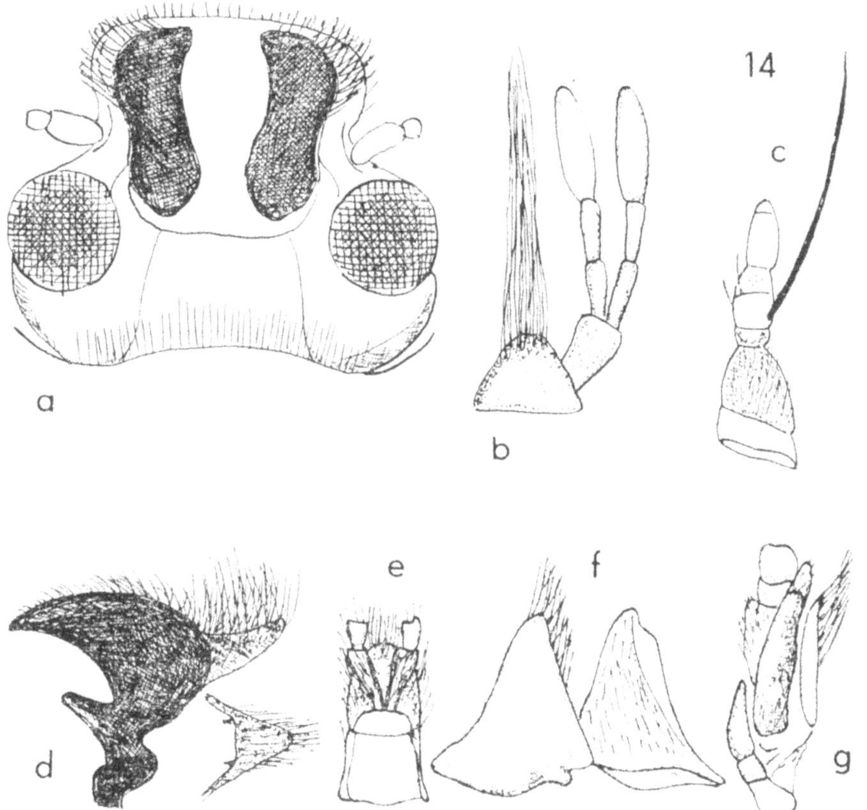

Abb. 14. *Aclopus intermedius* BLANCH. (a–c) und *Pleocoma fimbriata* LEC. (d–g).
a: Kopf, Ventralansicht, Labium und Maxillen entfernt (40x) – b: Labium (70x) – c: rechte Maxille, Ventralansicht (Taster abgebrochen) (70x) – d: Clypeus und Labrum, Lateralansicht, daneben Labrum, Ventralansicht (10x) – e: Labium, Dorsalansicht (letztes Tasterglied fehlt) (20x) – f: rechte Mandibel, Ventral- (links) und Dorsalansicht (rechts) (20x) – g: linke Maxille, Dorsalansicht, Taster abgebrochen.

Punkten und Haaren *(Hybalus).* Hinterschienen mit zwei langen Spornen. Aedeagus von *Brenskea* (Fig. 11 a) mit zusammengedrückten Parameren, Tegmen etwa wie bei den *Acanthocephalidae.* Bei *Hybalus* (Fig. 10 c–d) ist es symmetrisch, Tegmen groß, unten der Länge nach geöffnet, Parameren stark gekrümmt, im ganzen an die gewisser *Coprini* erinnernd. Larve und Ökologie unbekannt.

Die Unterfamilie ist stellenweise in warmen Gegenden vertreten und sieht wie eine Reliktgruppe aus. Wir haben davon nur zwei Gattungen untersucht, die Stellung der anderen erfordert eine spezielle Untersuchung. Doch scheint ihre Evolution dieselbe Richtung genommen zu haben wie bei den *Scarabaeinae,* mit Umdrehung der Mittelhüften, *Hybalus* soll die Endform davon vorstellen und sieht einem *Copris* ganz ähnlich. Die *Orphninae* scheinen in derselben Beziehung zu den *Scarabaeinae* zu stehen, wie die *Aegialitinae* zu den *Aphodiinae;* in beiden Fällen haben wir es mit einer Reliktengruppe zu tun, die nicht fähig war, eine günstige Nische zu finden, wie es den Mistfressern gelang, was ihren Untergang verursachte. Die Vereinigung der *Orphninae* mit den *Hybosorinae,* die oft vorgenommen wird, läßt sich nicht begründen.

4. Unterfamilie **Allidiostominae**

Der Bestand ist nicht klar. Wir zählen dazu die Gattung *Allidiostoma* (Tribus *Allidiostomini*) und *Dynamopus* (Tribus *Dynamopini* mit einer Gattung). Wahrscheinlich gehören noch einige andere Gattungen dazu.

Körper nicht groß, kurz, plump und gedrungen. Mundteile teilweise vom Clypeus bedeckt, doch bleibt das waagerechte Labrum von oben sichtbar. Fühler zehngliedrig mit dreigliedriger behaarter Endkeule, deren Glieder ähnlich sind. Mittelhüften ein wenig verkürzt, breit, schief zueinander stehend und zusammen einen stumpfen Winkel bildend. Hinterleib von den Flügeldecken bedeckt, mit nicht deutlichem zweiten und verborgenem achten Sternit, mit 8 Stigmenpaaren, die alle laparostict sind und von dem Sternitrand weit entfernt liegen, bei *Dynamopus* wenigstens vom dritten an (da die zwei ersten von uns nicht untersucht wurden). Metendosternit ohne Crista, bei *Dynamopus* (Fig. 12 a) dem der *Aegialitinae* recht ähnlich, doch sind seine Flügel gerade; bei *Allidiostoma* ist sein Endlappen spitzig. Flügelgeäder lamellicorn, bei *Dynamopus* (Fig. 12 b) A_1 ganz und zu $M_4 + Cu$ genähert, A_2 lang und einfach, R_3 dünn, R_2 fehlt; bei *Allidiostoma* (nach CROWSON 1950) A_2 (von CROWSON als D bezeichnet) sehr kurz und nach rückwärts verschoben. Beine mit sehr großem Grabvermögen, Vorderhüften lang und gekrümmt, Vorderschenkel gefurcht (*Dynamopus*) oder dicht beborstet, aber ohne Furche (*Allidiostoma*). Endsporne der Mittel- und Hinterhüften bei *Allidiostoma* ungleich und spitzig, bei *Dynamopus* gleich, platt, gekrümmt und an der Spitze stark beborstet (Anpassung zur Psammophilie).

Es gelang uns nicht, den Aedeagus von *Allidiostoma* zu untersuchen. Bei *Dynamopus* ist das neunte Urit (Fig. 12 c) mit einem großen Sternit versehen, das mit den beiden, an der Spitze vereinigten Pleuriten eine dreieckige Platte bildet, Tergit reduziert. Aedeagus (Fig. 12 d) gerade, mit großem Tegmen und zwei miteinander verschmolzenen Parameren, dazwischen ragt die Penisspitze vor.

Larve und Ökologie unbekannt. *Allidiostoma* lebt in Australien, offenbar xerophil. *Dynamopus* (3 Arten) ist den Sandküsten der Paläarktis eigen. Die Gruppe bildet ein Relikt, scheint den Vorfahren der *Aegialitinae* am nächsten zu stehen und von den *Hybosorinae* genügend entfernt zu sein (schon durch ihr Metendosternit).

5. Unterfamilie **Aegialitinae**

Vereinigt die Unterfamilien der *Aegialitinae* und *Chironinae* von A. SCHMIDT (in JUNKS Catalogus) und läßt sich in drei Tribus einteilen: *Chironini* (1 Gattung), *Aegialitini* (3–4 Gattungen) und *Eremazini* (1 Gattung), insgesamt kaum 40 Arten.

Körper klein, gestreckt. Mundteile vom Clypeus bedeckt, doch ragen die Mandibelspitzen darunter hervor, sonst sind sie etwa wie bei den *Aphodiinae* gebaut. Fühler neungliedrig mit einer kleinen behaarten Endkeule, die aus drei ähnlichen Gliedern besteht. Mittelhüften vom ersten Typus. Hinterleib von den Flügeldecken ganz bedeckt, mit 7 Stigmenpaaren, alle laparostict. Metendosternit von charakteristischer V-Form, mit breiter Lamelle und ohne Crista (Fig. 1 g–h, 17 c). Flügel oft mehr oder weniger reduziert mit spärlicher Nervatur, bei *Chiron* aber funktionell (Fig. 5 e), ohne Recurrent-Ader M, A_1 fehlt und A_2 ganz und einfach. Die Jugaladern gelang es uns nicht zu entdecken. Vorderschenkel gefurcht. Hintertibien mit zwei Spornen. Bei dem Männchen ist das neunte Urit in einen Sack umgebildet, der keine Spuren von Nähten aufweist (Fig. 6 d). Aedeagus symmetrisch, mit großem Tegmen und abgesonderten Parameren, die bei *Chiron* (Fig. 11 e–f) lang und schmal, bei *Aegialia* kurz sind. Larve unbekannt.

Bei den *Eremazini* ist das Metendosternit wie bei den *Aphodiinae* gebildet, denen sie viel näher stehen als die anderen *Aegialitinae*, auch ihrer Gesamtbildung nach. Auch haben wir *Eremazus unistriatus* MULS. im trockenen Mist in Gesellschaft von einigen *Aphodius*-Arten gefunden. Sonst scheinen die *Aegialitinae* saprophag zu sein und sich im leichten Boden zu entwickeln.

Die Unterfamilie ist zweifelsohne mit den *Aphodiinae* verwandt und mag als ein Bindeglied zwischen ihnen und den *Allidiostominae* gelten, sonst bildet sie offenbar eine Reliktgruppe.

6. Unterfamilie **Aphodiinae**

Nach A. SCHMIDT besteht die Unterfamilie aus 5 (JUNKS Catalogus), nach BALTHASAR (1963) aus 7 Tribus und mag etwa zweitausend Arten enthalten.

Meist kleine und längliche Arten. Mundteile vom Clypeus ganz bedeckt, Labrum membranös, waagerecht, ganz verborgen, Mandibeln lappenförmig, dicht beborstet, mit sehr breiter Basis. Stipes länglich, Galea oder Lacinia können mit Zähnen bewaffnet sein, Maxillentaster kurz und dünn. Labium breit, zweilappig, Zunge kurz, mit zwei Paraglossen, Lippentaster kurz und dünn. Fühler 8–9gliedrig mit dreigliedriger behaarter Endkeule, die stets aus ähnlichen Gliedern besteht. Mittelhüften vom ersten oder dritten Typus (ob auch nicht vom zweiten?). Hinterleib von den Flügeldecken ganz bedeckt, mit 7 Stigmenpaaren, die alle laparostict sind. Metendosternit (Fig. 1 i) vom *Scarabaeus*-Typus, mitunter mit verkürzter Stielrippe, auch das Flügelgeäder vom selben Typus, doch sind die zahlreichen Radialadern viel feiner, was mit der Größe des Körpers korreliert (Fig. 4 b). Vorderschenkel gewöhnlich gefurcht. Hintertibien normal mit zwei Dornen, die auch sehr klein sein können, selten mit einem *(Demarziellini)*, der bei *Sybacodes (Rhypariini)*, wie übrigens alle Tibiendorne, fehlen kann. Aedeagus mit großem und langen Tegmen und mehr oder weniger verkürzten, gewöhnlich mit dem Tegmen verbundenen, unbeweglichen, oft asymmetrischen Parameren (IABLOKOFF-KHNZORIAN 1967, Tafel. 2–3).

Larven, soweit bekannt, ohne Stridulationsorgan.

Bei den *Aphodiinae* hat die Lage der Mittelhüften dieselbe Evolution erfahren wie bei den *Scarabaeinae* und *Orphninae*, doch hat sie hier eine andere biologische Bedeutung. Die meisten Arten haben ihre primitive Hüftenbildung behalten, da sie nicht im festen Boden zu graben brauchten. Doch entwickeln sich die *Eupariini* (ob alle ?) im morschen Holz, weswegen sie offenbar mit der Umdrehung der Mittelhüften ihr Grabvermögen verstärkten. Jedoch hat sich diese Evolutionsrichtung bei den anderen *Aphodiinae* nicht durchgesetzt.

Alle Arten entwickeln sich in der Erde, viele sind saprophag, andere koprophag, einige sind Kräutern schädlich. Keine Brutpflege bekannt.

Die Arten besiedeln alle Erdteile, sind auch in der Tundra, in den Wüsten und im Hochgebirge nicht selten.

Zu dieser Unterfamilie und der Tribus *Eupariini* gehört auch die Gattung *Aulonocnemus* KLUG, die mehr Aufsehen erregt hat, als nötig war. ERICHSON (1848) stellt sie zu den *Coprini*, wegen ihrer Hinterleibbildung (mit verschmolzenen Sterniten), Brust (mit weit voneinander entfernten Mittelhüften vom dritten Typus) und der Hintertibien, die nur einen Enddorn besitzen sollten. Nun hat schon LACORDAIRE (1856) die Gattung richtig zu den *Aphodiinae* gestellt und dabei bemerkt, daß die Hintertibien zwei, wenn auch winzige, Enddorne tragen. Doch übersah er, daß bei den *Eupariini* die Brust genau wie bei *Aulonocnemus* gebildet ist, besonders bei der Gattung *Ataenius* (z. B. *A. horticola* HAR.). Verschmolzene Sternite besitzen auch viele *Aphodiinae*, nämlich bei den *Corythoderini*, *Demarziellini*, *Aphodiini* (z. B. *Didactyla)*. Dazu sind die Augen von *Aulonocnemus* auch von oben sichtbar, wenn auch schlecht, weder die Mundteile noch das Labrum ragen aus dem Clypeus hervor, und das Pygidium ist von oben nicht besser sichtbar als bei *Ataenius*, der sonst mit *Aulonocnemus* nahe verwandt zu sein scheint. Damit mag der richtige Platz der Gattung festgestellt sein (wir haben nur *A. opatrina* KLUG untersucht).

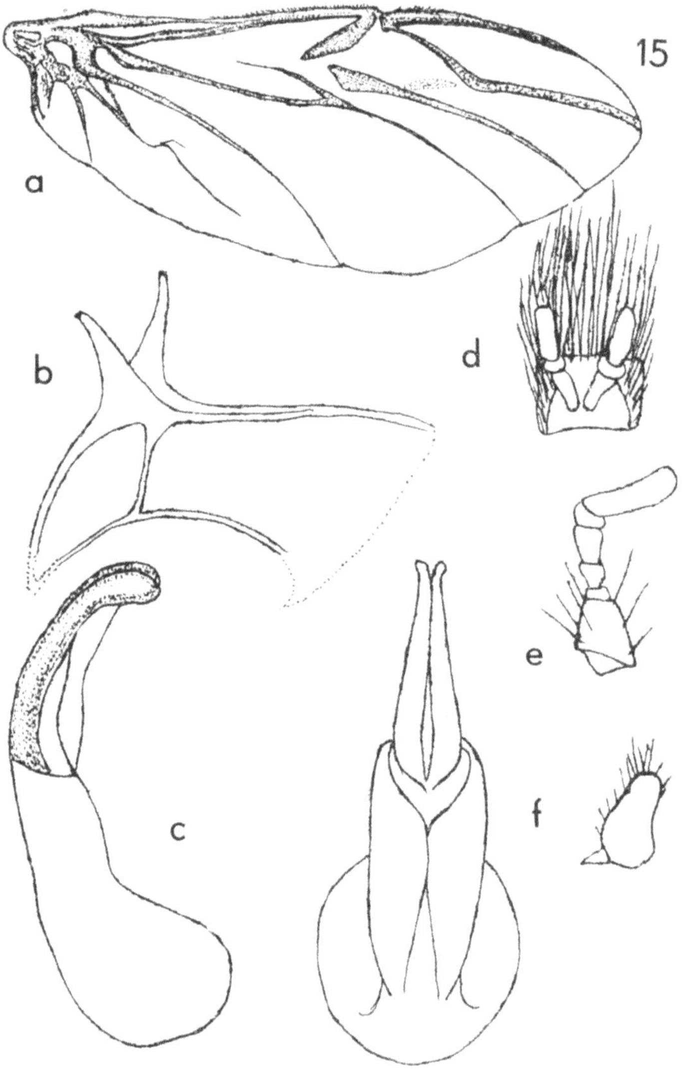

Abb. 15. *Pachypus candidae* PETAGNA.

a: rechter Flügel – b: Metendosternit, Lateralansicht – c: Aedeagus, Lateral- und Dorsalansicht – d: Labium, Dorsalansicht – e: rechte Maxille, Ventralansicht – f: rechte Mandibel, Dorsalansicht.

Vergrößerung: a 6x, b–f 20x.

Die Beziehungen der Tribus zueinander sind nicht klar und erfordern ein entsprechendes Studium, dagegen ist die Stellung der Unterfamilie leicht zu verstehen, da sie einen Endast der *Lamellicornia* vorstellen, deren Vorfahren den *Aegialitinae* nahe standen.

7. Unterfamilie **Hybosorinae**

Gattungsbestand unklar, nach ARROW (JUNKS Catalogus) 20 Gattungen mit etwa 160 Arten, wovon die meisten früher zu den *Trogidae* gestellt wurden. Unsere Diagnose ist hauptsächlich auf die Gattung *Hybosorus* begründet.

Körper konvex, klein bis mittelgroß, gewöhnlich plump und gedrungen. Mundteile mehr oder weniger aus dem Clypeus hervorragend. Fühler zehngliedrig mit dreigliedriger Endkeule, ihr erstes Glied gewöhnlich sehr groß und glatt, mit Endaushöhlung zur Aufnahme der folgenden Glieder, seltener nur ein wenig größer als die anderen. Mittelhüften vom ersten Typus. Hinterleib von den Flügeldecken ganz bedeckt, sein achtes Urosternit sichtbar oder verborgen, 8 Stigmenpaare, davon das achte auf dem Tergit, die anderen laparostict. Metendosternit (Fig. 1 f) vom *Cetonia*-Typus, doch sind seine Flügel gerade. Flügelgeäder (Fig. 3 d) lamellicorn, aber vereinfacht, bei *Hybosorus* fehlt R_1, R_3 verzweigt, offenbar mit R_2 verschmolzen, aber doch dünn, A_1 fehlt, A_2 lang und einfach; bei *Phaeochrus* (nach CROWSON 1950) ist das Geäder ähnlich, A_1 aber vorhanden, A_2 etwas verkürzt. Vorderschenkel ganz an der Basis gepolstert *(Hybosorus)*. Hintertibien mit zwei kräftigen Dornen. Neuntes Urit des Männchens sackförmig. Aedeagus von *Hybosorus* stark asymmetrisch (IABLOKOFF-KHNZORIAN 1967, Taf. 1), mit stark asymmetrischen Parameren, was PAULIAN veranlaßt hatte, eine Familie *Hybosoridae* abzusondern, deren Bestand aber nicht besprochen wurde. Penisspitze ragt hervor.

Larve von *Hybosorus* mit Stridulationsorgan auf den Vorderbeinen. Sie lebt in der Erde. Einige Arten sind rhizophag und schädlich. Entwicklung unbekannt.

Die Unterfamilie zeichnet sich durch einige primitive Merkmale aus, die Bildung des Metendosternits und des Aedeagus, sie scheint am nächsten mit den *Ochodaeinae* verwandt zu sein.

8. Unterfamilie **Ochodaeinae**

Vier benachbarte Gattungen mit insgesamt etwa 70 Arten, wovon fast alle zur Gattung *Ochodaeus* gehören.

Körper klein, kurz und platt. Mundteile ganz frei, vorragend, Labrum groß und waagerecht, Labium fast quadratisch. Augen im Gegensatz zu allen anderen Laparosticti (außer gewissen *Lucanidae)* rund, ohne Ausrandung. Fühler zehngliedrig mit behaarter dreigliedriger Endkeule, deren Glieder ähnlich sind (die zwei ersten jedoch konkav). Mittelhüften vom ersten Typus. Hinterleib mit sichtbarem zweiten und achten Urosternit, sein Pygidium von den kurzen Flügeldecken nicht bedeckt, sein siebentes und achtes Stigmenpaar auf dem Tergit, die anderen laparostict. Metendosternit dem von *Hybosorus* ähnlich (Fig. 2 o–p), das Flügelgeäder (Fig. 3 f) etwa wie bei *Aphodius*, einige Radialadern, R_4 verkürzt, R_5 lang, A_1 ziemlich lang, A_2 verdoppelt, eine Jugalader. Vorderschenkel glatt. Mitteltibien mit zwei Enddornen, wovon der innere lang und dicht gezähnelt ist, ein Merkmal, das sonst bei den *Lamellicornia* nicht vorkommt. Hintertibien mit zwei ungleichen starken Spornen. Das neunte Urit und der Aedeagus scheinen stets weich zu bleiben. Das neunte Urit auffallend scheibenförmig (Fig. 13 a, c), sein Mittelstück (auf unserer Zeichnung punktiert) scheint sein Sternit zu sein, das durch breite und beinahe ebenso stark chitinisierte Membranen mit den Pleuriten verbunden ist, diese letzteren tragen einen langen Nebenast und sind distal davon in dünne Spitzen ausgezogen, die an ihrem Ende verbreitert und miteinander verbunden sind. Am Außenrand bilden die Pleurite je einen abgerundeten Lappen, der dichter punktiert und behaart ist, dazwischen liegt ein ähnlich gebildeter breiter Mittellappen, der den Rest des Tergits darstellen mag. Das ganze Sklerit kann herausgezogen werden, wie aus seiner Behaarung hervorgeht. Auf unserer Figur (Fig. 13 a) ist der Aedeagus in seiner Ruhelage gezeichnet, er besitzt ein langes röhrenförmiges Tegmen, daran schliessen sich zwei verwachsene Parameren an, deren Spitze hakenförmig nach unten gekrümmt ist (Fig. 13 b), diese Spitzen halten in der Ruhelage am Urit fest. Im ganzen ist dieser Aedeagus eher vom Loxosticti-Typus.

Lebensweise und Larve unbekannt. Die Tiere werden oft beim Flug erbeutet, besonders an Lichtquellen, aber auch bei Tageslicht. *Ochodaeus*-Arten sind in Mittelasien stellenweise an Flußufern häufig.

Verwandtschaftsbeziehungen der *Ochodaeinae* sind besonders zu den *Aclopinae* leicht feststellbar, nämlich in der Bildung des neunten Urits und des Metendosternits, deswegen hat BALTHASAR sie sehr geistreich mit den *Aclopinae* in einer Familie vereinigt, aber keine Erläuterung dazu gegeben. Auch stehen sie, wegen ihrer Metendosternitbildung, den *Hybosorinae* nahe und können als ein Bindeglied zwischen ihnen und den Loxosticti betrachtet werden.

9. Unterfamilie **Aclopinae**

Nur zwei Gattungen *(Aclopus* und *Phaenognatha)* aus Südamerika und Australien mit insgesamt 14 Arten.

OHAUS (1909) hat die Gattung *Aclopus* studiert und die Mundteile abgebildet, doch stimmen seine Angaben mit den unsrigen nicht immer überein. Er hat auch etwas über den Aedeagus von *Pleocoma* geschrieben, das aber für uns so unverständlich ist, daß auch seine anderen Aussagen uns verdächtig erscheinen.

Mundteile vom großen Labrum ganz bedeckt (Fig. 14 a), von oben nicht sichtbar, obschon nach OHAUS die Mandibeln den Clypeusrand überragen in Übereinstimmung mit LACORDAIRE (1856): „Mandibules dépassant le chaperon et embrassant le labre". Labrum mit dem Clypeus durch eine Membrane verbunden. Mandibeln weich, ohne Membrane, mit Haarschopf (Fig. 14 a), nach OHAUS sollen sie zum Graben dienen. Maxillen sind zu Trägern ihrer Palpen umgeformt, mit langem Cardo und Stipes, nach OHAUS soll *A. intermedius* BLANCH. eine Galea und den Rest der Lacinia besitzen, die bei *A. brunneus* ER. verschwunden sind, bei unserer Art (als *A. intermedius* bestimmt) ist das auch der Fall (Fig. 14 c). Das Labium ist eigentümlich, das Kinn ist ein konisches Gebilde, mit auffallend langen und dicken Borsten bedeckt, die langen Taster sind an seiner Basis von hinten befestigt und zusammen verschmolzen (Fig. 14 b, die auch mit der entsprechenden Figur von OHAUS übereinstimmt). Augen mit Ausschnitt. Fühler neungliedrig mit kleiner dreigliedriger Endkeule, deren Glieder nackt und ähnlich sind. Mittelhüften vom ersten Typus. Hinterleib lang, Propygidium und Pygidium aus dem Flügeldeckenrand hervorragend, 8 Stigmenpaare, bei dem Männchen alle laparostict (Fig. 12 k). Metendosternit (Fig. 12 i) von *Cetonia*-Typus. Flügelgeäder lamellicorn (Fig. 12 h), R_1, R_3 und R_5 gut ausgebildet, A_1 kurz, A_2 isoliert und A_1 parallel. Vorderschenkel glatt. Hintertibien mit einem Paar langer Sporne. Krallen des Männchens mit kleinem Basalzahn, der bei dem Weibchen fehlen soll (OHAUS). Neuntes Urit des Männchens (Fig. 12 m) eigenartig, etwa wie bei *Ochodaeus* gebildet, doch sind das Tergit, das in eine lange Medianspitze ausgezogen ist, und die Pleurite auf das Sternit zurückgeschlagen und mit ihm verschmolzen. Aedeagus (Fig. 12 n) vom Loxosticti-Typus, mit langem Tegmen und langen Parameren.

In den Sammlungen scheint das Weibchen äußerst selten zu sein, weder ARROW (1904) noch uns gelang es, eines zu sehen, wohl aber OHAUS, der „ein einziges Weibchen am 20. IX. fand, das unter einem vermoderten Urwaldbaum ziemlich tief in der Erde steckte", dagegen fand er Männchen am Licht oder auf Waldwegen kriechend. Dieses Weibchen war pleurostict, bei ihm „liegen die vier letzten Stigmen mitten in den Sterniten, weit von dem Pleuralrand entfernt". Mit dieser Beschreibung ist nicht klar, ob die Anlage orthostict oder pleurostict sein mag. Einerseits scheint es, daß die Stigmen gleich entfernt waren, da sie aber weit vom Pleuralrand entfernt sind, passen sie auch schlecht zu den Orthosticti. Auch wissen wir nicht, ob dieses Weibchen wirklich zu *Aclopus* gehört und nicht zu einer noch unbekannten Gattung, deren Männchen auch pleurostict sein könnten und einfache Krallen besitzen.

Nach OHAUS soll *Phaenognatha* in vielen Beziehungen von *Aclopus* entfernt sein, die mächtig entwickelte Oberlippe überragt nämlich das Kopfschild nach vorn, sie ist voll-

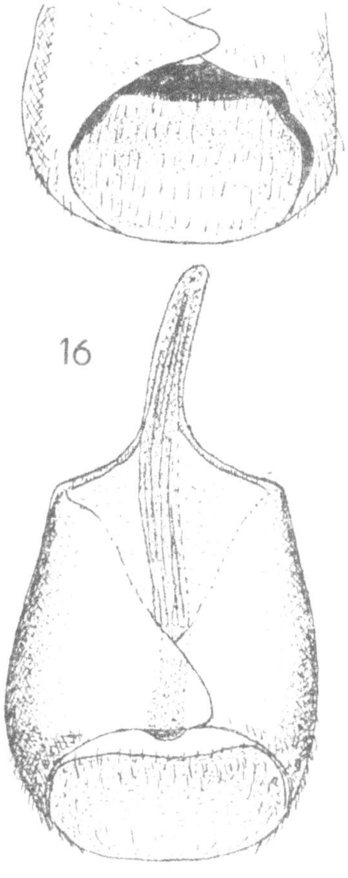

Abb. 16. *Glaphyrus micans* FALD., neuntes Urit in Ventral- (etwas schräg) und Apikalansicht (20x).

kommen hornig und mit dem Kopfschild unbeweglich verwachsen, die Maxillen haben Galea und Lacinia verloren, das zweite Tasterglied des Labiums ist auffällig kahnförmig erweitert (nach einem Männchen von *P. jenseni* HELLER beschrieben). Diese Gattung mag wohl in eine besondere Tribus gehören.

Die phylogenetischen Beziehungen der Unterfamilie wurden eingehend von OHAUS besprochen. Seiner Meinung nach soll sie in die *Anthobia* sensu BURMEISTER gehören und steht den *Pachypodinae* nahe. Er teilt auch die Meinung von JENSEN, daß die Gruppe *Aclopus-Phaenognatha-Pachypus* die Wurzelgruppe der Melolonthiden (worunter alle Pleurosticti gemeint sind) bildet, obschon er auf die Schwierigkeiten hinweist, die mit dieser Lösung verbunden sind; auch spricht er von den Beziehungen der *Aclopinae* zu den *Geotrupinae, Pleocomidae, Idiostoma, Ochodaeus, Anaides, Chaetodes* und *Cloeotus*, auch zu *Castanochilus* und *Acylochilus* (beide gehören zu den *Leptodinae*), den *Rutelinae, Mesystoechus, Oryctomorphus*, gewissen *Cyclocephala*, nicht aber zu *Calometopus (Trichiini)*, obwohl diese mit *Aclopus* nahe verwandt zu sein scheinen. Auch versucht er nicht die phylogenetischen Beziehungen von den anagenetischen zu trennen. Unseres Erachtens sind aber folgende Merkmale maßgebend:

1) Die Metendosternitbildung, die die *Aclopinae* einerseits mit den *Ochodaeinae* und andererseits mit den Loxosticti, besonders mit den *Trichiini* verbindet, was auch der Bildung der Aedeagi und einigen anderen Merkmalen entspricht.

2) Bildung des neunten Urits, die die Unterfamilie mit den *Ochodaeinae* verbindet und sie von allen anderen *Lamellicornia* absondert.

3) Bildung der Mundteile, die sie mit den *Pachypodinae* verbindet, womit sie auch andere gemeinsame Züge besitzt.

Durch diese Merkmale läßt sich der richtige Platz der Unterfamilie einwandfrei feststellen.

10. Unterfamilie **Pachypodinae**

Nur eine Gattung mit zwei Arten.

Körper kurz, gedrungen, einer Zwergform von *Phyllognathus* ähnlich. Clypeus groß, von der Stirne durch eine Naht getrennt, vorn mit einem schief nach unten abgeschlagenen Rand, das Labrum hängt daran und ist schief nach unten und hinten gerichtet, von außen nicht sichtbar. Mandibeln (Fig. 15 f) lappenförmig, Maxillen konisch, ohne Spur von Galea oder Lacinia, sie dienen als Tasterträger (Fig. 15 e). Labium (Fig. 15 d) kurz und breit, mit sehr langen und dichten Borsten bekleidet, von oben sichtbar, die Zunge eingezogen und mit dem buckeligen Kinn verschmolzen, ihre Taster an der Basis vereinigt und auf der Unterseite des Kinns befestigt. Die Mundwerkzeuge von *Pachypus coesus* ER. wurden von OHAUS (1909) beschrieben und abgebildet, sie scheinen von den oben beschriebenen bedeutend verschieden zu sein. Fühler achtgliedrig mit einem großen, nackten, fünfgliedrigen Fächer (etwa wie bei dem Maikäfer). Mittelhüften zueinander um einen rechten Winkel gedreht. Hinterleib mit 8 Stigmenpaaren, davon 7 laparostict, das achte auf dem Tergit. Metendosternit vom *Glaphyrus*-Typus (Fig. 15 b), seine Lamelle mit einem Unterrandwulst, etwa wie bei *Melolontha*, doch fehlt ihr die charakteristische Umbiegung der Crista. Flügelgeäder dem der *Glaphyrinae* ähnlich, doch vereinfacht, R_2 und R_3 verschmolzen und mit R_5 fast parallel, A_1 fehlt (Fig. 15 a), das Flugvermögen soll gering sein. Bei dem Weibchen fehlen Flügel und Flügeldecken. Klauen mit großem Basalzahn. Aedeagus (Fig. 15 e) mit langen, verschmolzenen, symmetrischen Parameren, vom Loxosticti-Typus.

Larve mit einem Stridulationsorgan auf den Mandibeln, der vom Loxosticti-Typus sein soll, doch ist die Larvenbeschreibung schon alt und nicht zuverlässig (PAULIAN 1959). Entwicklung in der Erde, Larve wahrscheinlich saprophag und rhizophag.

Die Gattung ist im Mittelmeergebiet verbreitet.

Die *Pachypodinae* wurden früher zu den *Dynastinae* gestellt, später wegen ihrer Stigmenbildung davon abgetrennt und den *Aclopinae* genähert. BALTHASAR (1963) stellt sie als eine selbständige Familie zwischen die *Geotrupinae* und *Glaphyrinae*, genügend weit von den *Aclopinae*, doch beweist die Bildung der Mundteile ihre enge Verwandtschaft. Sonst sind sie auch mit den *Glaphyrinae* und den *Orthosticti* durch ihre Metendosternitbildung und das Flügelgeäder zweifelsohne verbunden.

11. Unterfamilie **Glaphyrinae**

Zwei Tribus und 8 Gattungen, insgesamt etwa 80 Arten. Unlängst wurde diese Gruppe von MACHATSCHKE (1959) studiert und in den Rang einer Superfamilie mit zwei Familien erhoben, die unseren Tribus entsprechen.

Körper länglich und platt, mittelgroß, bunt gefärbt. Alle Arten scheinen Anthophagen zu sein, die *Lichniini* offenbar Nektarophagen. Mundteile sehr verschieden gebaut, Labrum liegt gewöhnlich waagerecht in der Verlängerung des Clypeus, nur von vorn sichtbar. Mandibeln lappenförmig oder mit Zähnen, Maxillen bei den *Lichniini* zu Saugorganen umgebildet, mit langer Galea, die in einen Ast, etwa wie bei der Meloidengattung *Nemognatha*, ausgezogen ist, die die Körperlänge erreichen kann *(Lichnia)*. Bei den *Glaphyrini* sind die Maxillen normal, Galea mehr oder weniger lappenförmig, ohne Zähne, Lacinia ausgebildet oder etwas reduziert. Labium variabel, bei den *Lichniini* sind Kinn und Zunge getrennt, bei den *Glaphyrini* vereinigt, lang ausgezogen, die Zunge zweilappig, die Paraglossen oft (bei *Amphicoma)* sehr lang, dünn und gezähnt. Fühler der *Lichniini* neungliedrig, sonst zehngliedrig, doch besitzen sie bei *Glaphyrus* noch ein elftes Glied, das im zehnten halb verborgen ist (MACHATSCHKE), Endkeule nicht tomentiert, stets dreigliedrig, die Glieder ähnlich, oft fächerartig. Mittelhüften vom ersten Typus. Hinterleib lang, zugespitzt, die Flügeldecken weit überragend, das siebente und achte Urosternit schließen ohne Membrane an ihre Tergite an. Gewöhnlich 8 Stigmenpaare, das achte und oft auch das siebente auf das Tergit verschoben, die anderen laparostict, bei *Lichnia* nur das achte Paar auf dem Tergit, bei *Cratoscelis* ist das achte Paar verschwunden (nach RITCHER 1969), nach MACHATSCHKE soll das siebente Paar bei *Lichnia* auch auf dem Tergit liegen und bei *Cratoscelis* auch das achte Paar. Bildung der Stigmen eigenartig (HINTON 1967). Metendosternit vom *Glaphyrus*-Typus (Fig. 1 e, 2 r–t), wenigstens bei dieser Gattung und *Amphicoma* (bei den anderen nicht untersucht). Flügelgeäder lamellicorn, doch durch den parallelen Verlauf von R_3 und R_5 von allen anderen *Lamellicornia* verschieden (Fig. 4 c), A_1 und A_2 lang und einfach, A_3 stark gekrümmt, Jugalzone vorhanden und mit Adern. Vorderschenkel glatt. Tibien mit Sporne, die verschieden ausgebildet sind (MACHATSCHKE l. c.). Neuntes Urit eigenartig (Fig. 16) und ausschiebbar. Tergit oval, transversal, behaart, von den Pleuriten ganz umschlossen, dieselben mit ihm und miteinander dorsal ganz verschmolzen, doch bleibt bei einigen Exemplaren die Spur der Nähte sichtbar. Dorsal greifen die Pleurite etwas übereinander und bilden zwei Lappen, die durch eine Membran mit einem dicken Stift verbunden sind, der der Rest vom Sternit sein mag. Längs seiner Ränder ist diese Membran bewulstet, diese Wülste scheinen von den Endästen der Pleurite gebildet zu sein. Aedeagus mit langem und gekrümmtem Tegmen, das eine geschlossene Röhre bildet und zwei kleine, voneinander weit entfernte unbewegliche Parameren trägt (IABLOKOFF-KHNZORIAN 1967). Nervensystem primitiv (siehe oben).

Larve mit Ocellen (ob bei allen Gattungen?), lang behaart, ohne Rasterung, ohne Stridulationsorgan (bestritten, siehe oben), vom zweiten Typus. Entwicklung in der Erde, Larve rhizophag, wahrscheinlich auch saprophag.

Die Arten sind in Amerika, im Mittelmeergebiet bis Mittelasien, in China und Japan verbreitet (Areal vom Tethys-Typus), die *Lichniini* sind nur aus Südamerika bekannt. Die große Mannigfaltigkeit vieler Merkmale bezeugt, daß wir jetzt nur zerstreute Reste eines früher blühenden Zweiges vor uns haben.

Die möglichen phylogenetischen Verwandtschaften lassen sich kurz folgendermaßen besprechen. Die Mundteile zeigen wohl die Anpassung an Anthophagie und können einen gewissen Übergang zwischen den Laparosticti und Pleurosticti darstellen, ohne jedoch bestimmte Verbindungen mit anderen Unterfamilien zu veranschaulichen, bei den *Lichniini* sind sie auffallend gebaut, doch von keinem phylogenetischen Wert. Die Fühler sind nackt, wie bei den Pleurosticti, und können einen Fächer tragen, was sonst bei den Laparosticti nur bei den *Pachypodinae* der Fall ist. Nach der Stigmenanordnung ist die Unterfamilie laparostict, einige Stigmen auf den letzten Tergiten tragen auch einige *Geotrupini, Taurocerastini, Hybosorinae, Acanthoceridae, Ochodaeinae, Hopliini.* Metendosternit sehr charakteristisch, doch dem der *Hopliini* und *Phaenomerinae* ähnlich, auch jenem von *Chasmatopterus* und *Pachypus,* das aber unten wulstig ist. Flügelgeäder eigenartig, doch auch bei *Pachypus* und einigen Loxosticti sind R_3 und R_5 beinahe parallel. Das neunte Urit des Männchens ist eigenartig, läßt sich aber von dem der *Ochodaeinae* ableiten, wenn wir annehmen, daß die Pleurite desselben sich umgeschlagen haben, ihre Seitenäste verkürzt wurden und das Sternit sich zum Stäbchen zusammengerollt hat. Auch der Aedeagus ist eigenartig, doch läßt er sich von einem beliebigen primitiven Typus ableiten, sonst finden wir eine ähnliche Bildung nur bei *Ceraspis (Macrodactylinae).*

MACHATSCHKE (1959) behauptet, daß bei den *Glaphyrinae* das achte Urosternit verschwunden ist, dazu gibt er die Zeichnung des Hinterleibs von *Glaphyrus.* Seiner Meinung können wir nicht beistimmen. Tatsächlich liegen alle Sternite ihren Tergiten gegenüber, und das siebente Urosternit nach MACHATSCHKE ist nichts anderes, als das achte. Auch finden wir in dem Körper keinen Rest eines eingezogenen Sternits. Das zweite Urosternit ist auch ausgebildet und von der Seite her sichtbar, wie es auch auf seiner Zeichnung richtig abgebildet ist, doch wurde es verkannt. Übrigens wäre kaum eine Verschiebung aller Sternite denkbar, die sich nicht in der Lage der Stigmen widerspiegelt haben würde.

B. Gruppe LOXOSTICTI

Besteht aus vier Unterfamilien.

Mundteile einheitlich, Labrum verborgen oder sichtbar, bei einigen *Rutelinae* eigenartig, unter dem Clypeus steil gelegen, oft mit gezähnten Seitenrändern, Mandibeln stets weich und lappenförmig, Maxillen mit abgerundeter Galea, die mitunter gezähnt ist, Lacinia nicht abgesondert. Labium bei den *Cetoninae* der Anthophagie angepaßt, bei anderen Unterfamilien verschieden gebildet, aber doch stets von dem *Cetonia-Typus* abzuleiten, die Zunge mit dem Kinn verwachsen. Fühler mit nackter Endkeule; die aus ähnlichen Gliedern besteht (doch kann das zweite Glied verengt sein). Mittelhüften stets vom ersten Typus. Hinterleib mit sichtbarem achten Urosternit, das siebente ist mit seinem Tergit zu einem Ring verschmolzen. Pygidium von den Flügeldecken nicht bedeckt. Die Sternite oft miteinander verschmolzen. Stigmenanordnung teilweise laparostict, teilweise loxostict, die letzten Stigmenpaare immer auf den Sterniten. Metendosternit vom *Cetonia*-Typus (bestes Merkmal dieses Taxons). Flügelgeäder sehr einheitlich und wie bei den Orthosticti, R_3 und R_5 lang und divergierend. Recurrentader M kurz, $M_4 + Cu$ lang, A_1 mehr oder weniger verkürzt, A_2 lang und abgesondert, A_3 gekrümmt, zwei Jugaladern. Zuweilen ist A_2 an der Spitze mit A_3 verbunden. Mittel- und Hintertibien mit zwei Spornen.

Die Larven (ob alle?) sollen ein Stridulationsorgan auf den Mundteilen tragen, das von dem der Orthosticti etwas verschieden ist (siehe oben), ihre Analöffnung hat die Form einer Querspalte (wie bei den *Melolonthini)*. Ocellen sind für einige *Dynastinae* und *Cetoninae* angegeben. Die Arten entwickeln sich im morschen Holz oder in der Erde, sind saprophag, rhizophag oder xylophag.

Eine sehr einheitliche Gruppe, sie in verschiedene Familien zu unterteilen ist kaum zu empfehlen.

12. Unterfamilie **Euchirinae**

Drei Gattungen mit 12 Arten.

Körper groß und langgestreckt (bis 78 mm). Kopf auffallend klein. Mundteile vom Clypeus ganz bedeckt, doch ist das Labrum sichtbar. Galea gezähnt. Fühler zehngliedrig. Metendosternit vom *Cetonia*-Typus (Fig. 17 a). Flügelgeäder loxostict (Fig. 5 a). Aedeagus eigenartig, mit dem von *Inca (Trichiini)* verwandt (SHARP und MUIR 1912). Bei dem Männchen sind die Vorderbeine oft riesig verlängert.

Die Arten entwickeln sich im morschen Holz.

Diese Gruppe wurde früher richtig neben die *Trichiini* gestellt, später (POUILLAUDE 1913) wurde sie auf Grund von Ähnlichkeiten im Bau des Clypeus und der Krallen zu den *Melolonthinae* gestellt, was jedoch leicht auf Anagenese zurückzuführen ist. Dagegen sind die echten Verwandtschaften einwandfrei durch die Bildung des Metendosternites und durch die Stigmenanordnung feststellbar (diese letztere typisch loxostict). Die Arten sind aus der Türkei und Südasien bekannt.

13. Unterfamilie **Cetoninae**

Etwa fünfhundert Gattungen und dreitausend Arten. Nach SCHENKLING (JUNKS Catalogus) zählt sie drei Unterfamilien, die unseren Tribus entsprechen, und 11 Tribus.

Körper kurz und abgeflacht, klein bis riesengroß. Mundteile vom Clypeus ganz bedeckt, Labium gewöhnlich von charakteristischer *Cetonia*-Gestalt (MEDVEDEV 1964), lang, zur

Spitze abgeschnürt und zweilappig verbreitert. Bei gewissen Gattungen, die Blumen nicht besuchen, kann das Labium bedeutend geändert sein, doch läßt es sich von demselben Typus ableiten (z. B. bei *Clintorocera*, vergl. MEDVEDEV, Fig. 799, 800). Stigmenanordnung variabel, gewöhnlich sind nur die drei ersten abdominalen Stigmenpaare laparostict, bei den *Trichiini* oft zwei oder fünf. Metendosternit mit eigenartigen lyrenförmigen Flügeln (Fig. 1 p, r–s, 2 u–v).

Aedeagus gekrümmt, Parameren lang und groß, gewöhnlich fast symmetrisch (IABLOKOFF-KHNZORIAN 1967, MEDVEDEV 1960, 1964), zur Tegmenachse geneigt oder senkrecht stehend. Neuntes Urit mit mehr oder weniger spitzigem Spiculum gastrale (Fig. 6 h, i).

Die meisten Arten besuchen Blumen. Larve in der Erde oder im Mulm. Die Unterfamilie ist auf der ganzen Erde, außer den kalten Ländern, verbreitet, auch in den Wüsten, doch nicht im Hochgebirge.

14. Unterfamilie **Dynastinae**

Nach ARROW (JUNKS Catalogus) fünf Tribus, 170 Gattungen und etwa 1500 Arten.

Körper groß, plump, kurz und konvex, oft riesengroß. Mundteile durch den blattartig verbreiterten und leicht aufgebogenen Oberkieferrand ausgezeichnet (Hauptmerkmal der Unterfamilie), der aus dem Clypeus hervorragt. Sonst sind die Mundteile vom Clypeus ganz verdeckt. Labium gewöhnlich dem der *Cetoninae* ähnlich oder in die Breite ausgezogen. Fühler gewöhnlich zehngliedrig, selten mit acht oder neun Gliedern. Vorderrand der Vorderbrust in der Mitte beulenförmig aufgetrieben und abstehend behaart. Auf dem Hinterleib sind die 2–4 ersten Stigmenpaare laparostict, die anderen loxostict, das siebente auf der Spur der Scheibe zwischen dem Sternit und Tergit gelegen. Metendosternit loxostict, mit geraden Flügeln (Fig. 2 i–l, x). Flügelgeäder (MEDVEDEV 1960) loxostict. Aedeagus wie bei den *Cetoninae* gebaut. Klauen nur sehr selten gezähnt.

Larven im Mulm oder in der Erde, gewisse Arten gelten als Schädlinge an Bäumen oder Kräutern, bei einigen Arten ist eine Brutpflege beschrieben (siehe oben). Die *Cyclocephalini* bilden eine primitive Tribus, die die *Dynastinae* mit den *Rutelinae* verbindet. Auch stehen sie den *Cetoninae* sehr nahe. Die Beziehungen zwischen den Tribus haben wir nicht untersucht.

Verbreitung vom gondwanischen Typus, die Arten sind besonders in Südamerika zahlreich.

15. Unterfamilie **Rutelinae**

Etwa 160 Gattungen und 3000 Arten, von OHAUS (JUNKS Catalogus) in 6 Tribus eingeteilt; die Gattung *Isoplia* wurde in die Tribus *Anomalini* gestellt, BALTHASAR (1963) hat sie in die Familie *Phaenomeridae* übertragen.

Körper klein bis groß. Labrum sichtbar, zuweilen eigenartig oder wie bei den *Melolonthini* gebildet. Galea oft gezähnt. Labium sehr verschieden gebaut, gewöhnlich aber wie bei den *Dynastinae*. Fühler 9–10gliedrig. Auf dem Hinterleib die vier ersten Stigmenpaare laparostict, die übrigen loxostict, das siebente auf dem Sternit. Metendosternit (Fig. 1 o, 2 w) und das Flügelgeäder (Fig. 4 d) loxostict. Klauen ungleich. Aedeagus etwa wie bei den *Dynastinae* gebaut, doch liegen oft die Parameren in der Verlängerung des Tegmens (wie bei den Orthosticti), bei den *Adoretini* sind sie zu einer Röhre verschmolzen. Spiculum gastrale (Fig. 6 g) verschieden gebaut, gewöhnlich mit spitziger Nadel.

Die meisten Arten entwickeln sich in der Erde, seltener im Mulm, keine Brutpflege bekannt. Die Arten sind – außer im Hochgebirge und in der Tundra – auf der ganzen Erde verbreitet.

Im Gegensatz zu den anderen Loxosticti sind die *Rutelinae* in vielen Merkmalen variabel und erinnern oft an die *Melolonthinae*. Zu dieser Unterfamilie gehört auch die Gattung

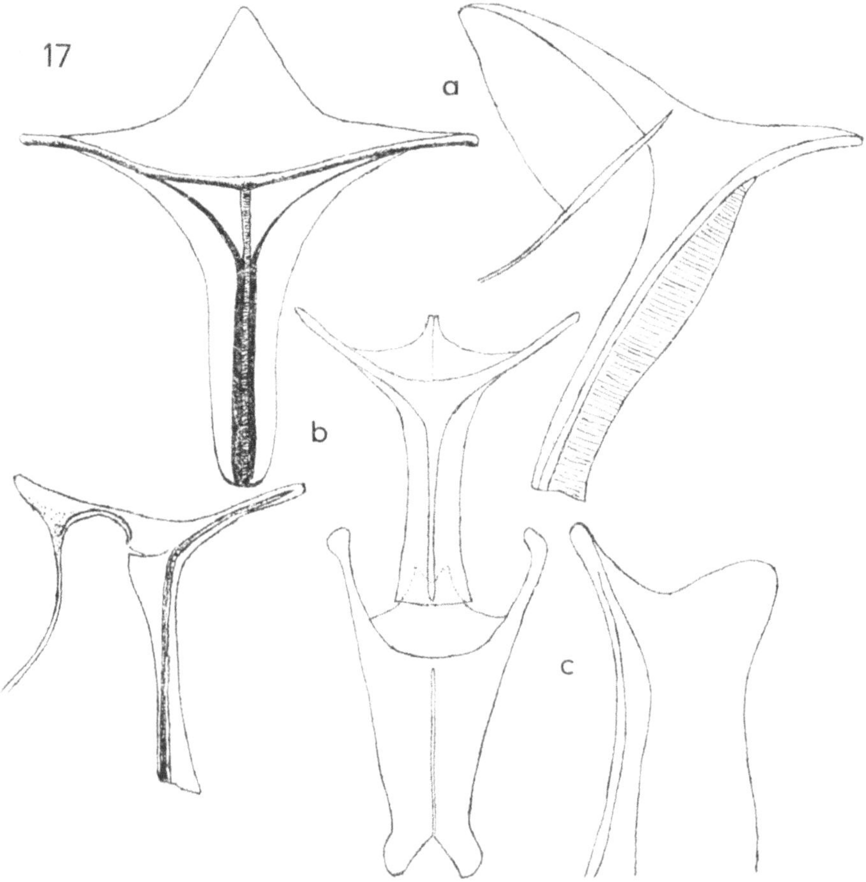

Abb. 17. Metendosternit einiger *Lamellicornia.*

a: *Propomacrus bimucronatus* PALL. (9x) – b: *Ceraspis brunneipennis* BATES (18x) – c: *Chiron cylindricus* F. (36x).

Dorsal- und Lateralansichten.

Isoplia (Tribus *Isopliini).* Hinterleib mit sehr großem und langem, zu einem Ring verschmolzenen sechsten und siebenten Segment, auch das achte sehr groß, wie das siebente von den kurzen und platten Flügeldecken nicht bedeckt. Sieben Stigmenpaare auf dem Hinterleib, davon die drei ersten laparostict, das siebente auf der verschwundenen Scheibe des siebenten Tergits und Sternits gelegen, die übrigen loxostict. Metendosternit (Fig. 18 f) loxostict, doch eigenartig. Flügelgeäder (Fig. 18 e) loxostict, aber R_1 und R_3 sehr breit, R_5 fehlt, A_1 nach rückwärts gerichtet und an der Spitze mit A_2 verbunden. Vorderschenkel beborstet.

Die Verbindungen der *Rutelinae* mit den *Dynastinae* sind genügend klar, doch bleibt festzustellen, ob alle die zahlreichen gemeinsamen Merkmale mit den *Melolonthinae* nur anagenetisch entstanden sind.

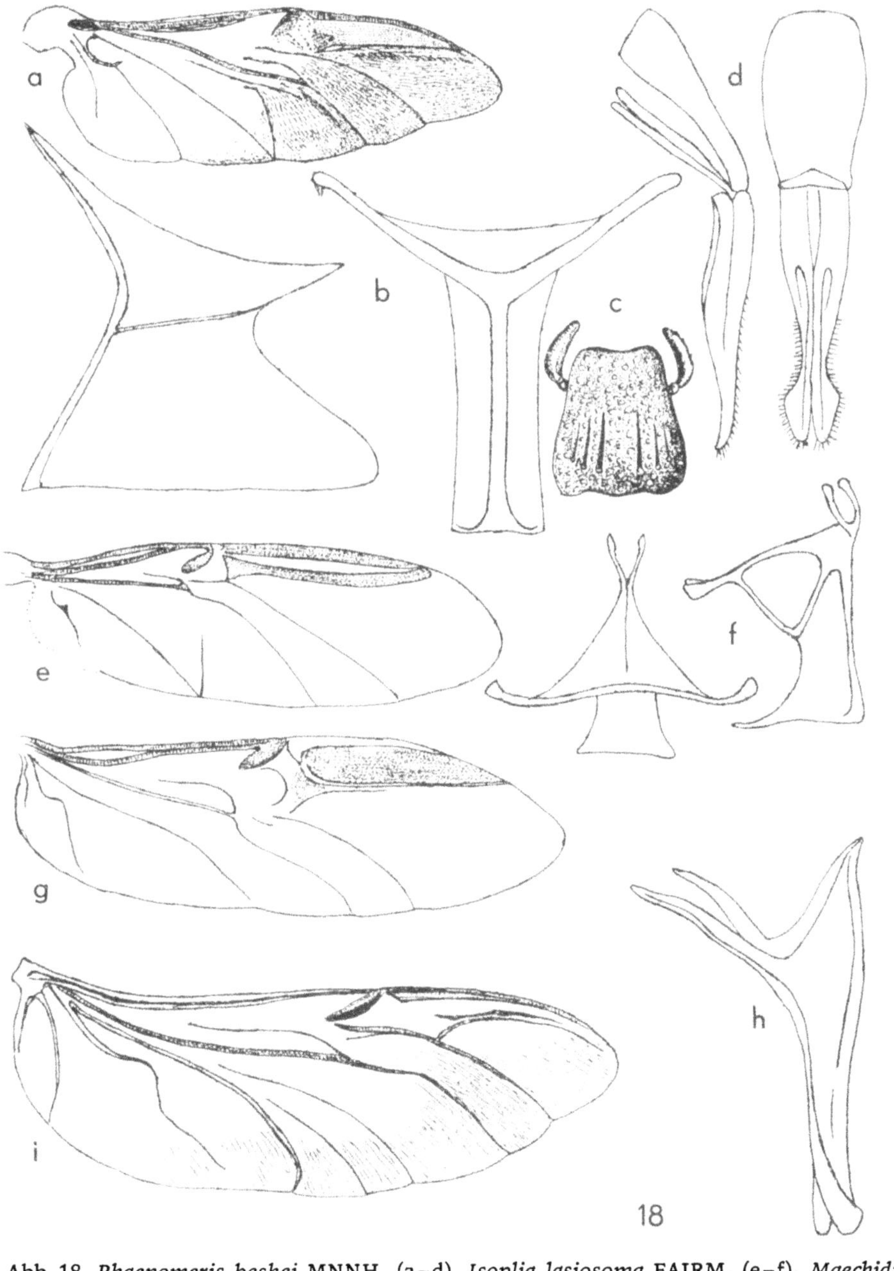

Abb. 18. *Phaenomeris beskei* MNNH. (a–d), *Isoplia lasiosoma* FAIRM. (e–f), *Maechidius bilobiceps* FAIRM. (g–h) und *Lamprima varians* GERM. (i).

a: rechter Flügel (3,2x) – b: Metendosternit, Lateral- und Dorsalansicht (12x) – c: Labium, Ventralansicht (16x) – d: Aedeagus, Lateral- und Dorsalansicht (8x) – e: rechter Flügel (8x) – f: Metendosternit, Frontal- (etwas schräg) und Lateralansicht (16x) – g: rechter Flügel (8x) – h: Metendosternit, Lateralansicht (36x) – i: rechter Flügel (4x).

C. Gruppe ORTHOSTICTI

Diese Abteilung ist eigentlich nur durch ihre Stigmenbildung gekennzeichnet, die jedoch verschieden genug sein kann, dazu kommt noch das Metendosternit, das von dem der anderen *Lamellicornia* stets verschieden ist. Auch wurden Unterschiede in dem Stridulationsorgan der Larve gefunden, doch ist die Zahl der unbekannten Larven so groß, daß dieses Merkmal jetzt kaum benützt werden kann.

Körper klein bis groß, niemals riesengroß, nur selten mit Metallglanz, oft beschuppt, Stirn und Halsschild niemals mit Hörnern oder Vorsprüngen geziert, ohne Geschlechtsauszeichnungen (wohl aber auf dem Clypeus oder Labrum). Mundteile verborgen, doch ragen oft die Mandibeln seitlich von dem Clypeus hervor, Labrum verschieden gebaut, Maxillen oft mit Zähnen auf der Galea, Lacinia nicht abgesondert. Labium mannigfaltig gestaltet, doch ist stets die Zunge mit dem Kinn verwachsen, von dem Loxosticti-Typus mehr oder weniger verschieden. Fühler oft geschlechtlich verschieden und mit nackter, fächerartiger Endkeule, die aber einzelne Haare tragen kann. Mittelhüften gewöhnlich vom ersten Typus, seltener gedreht, vom dritten Typus bei *Phyllotocus* und benachbarten Gattungen. Hinterleib mit sichtbarem achten Sternit (Ausnahme: einige *Hopliinae*). Stigmenanordnung variabel (unten besprochen). Metendosternit von *Glaphyrus*- oder *Melolontha-Typus*, auch kann die Crista fehlen. Flügelgeäder wie bei den Loxosticti. Sporn- und Krallenbildung sehr verschieden. Aedeagus variabel, Parameren stets vorhanden, gewöhnlich symmetrisch, voneinander abgesondert, oft gestreckt. Alle Arten entwickeln sich in der Erde, sind saprophag und rhizophag, viele sind große Schädlinge. Im Gegensatz zu den Loxosticti sind sie in der Wüste selten, in der Tundra und dem Hochgebirge fehlen sie ganz.

Die Verbindungen dieser Gruppe mit den *Glaphyrinae* und *Pachypodinae* wurden schon erwähnt. Sonst ist sie so wenig untersucht, daß die folgenden Einteilungen nur einen vorläufigen Wert haben können.

16. Unterfamilie **Hopliinae**

Etwa 70 Gattungen mit 900 Arten, die sich auf Tribus verteilen (mit der Gattung *Diphycerus).*

Körper im allgemeinen klein, kurz und platt, Beine lang. Alle Arten scheinen Anthophagen zu sein. Mundteile unter dem Clypeus verborgen, doch ist das dreieckige Labrum, das mit dem Clypeus durch eine Membran verbunden ist, darunter sichtbar (Fig. 19 f). Labium von der Zunge abgesondert *(Pachycnemini)* oder damit verschmolzen, länglich, konvex und distal abgeschnürt (Fig. 19 g). Fühler 8–10gliedrig, mit kleiner dreigliedriger Endkeule, die aus ähnlichen Gliedern besteht und bei dem Männchen zuweilen größer ist. Mittelhüften vom ersten Typus. Metepisternen und Metepimeren bei den *Hopliini* wie bei den *Glaphyrinae*, bei den *Pachycnemini* wie bei den *Melolonthinae* gebildet. Hinterleib kurz, sein Pygidium und Propygidium von den Flügeldecken nicht bedeckt, seine Stigmenanordnung veränderlich, bei *Hoplia* alle Stigmen vom zweiten bis zum sechsten Paar orthostict, am Rande der Sternite gelegen, das siebente Paar auf dem Tergit, das an sein Sternit grenzt, doch deutlich getrennt. Metendosternit vom *Glaphyrus*-Typus (Fig. 1 m). Flügelgeäder (MEDVEDEV 1952) lamellicorn, A_1 abgerückt und umgebogen, an der Spitze mit der langen A_2 vereinigt. Vorderschenkel glatt, nur mit einem Sporn, der oft fehlt. Tarsen nur mit einer Klaue oder einem Paar ungleicher Klauen. Aedeagus gewöhnlich mit zwei langen Parameren (IABLOKOFF-KHNZORIAN 1967).

Die uns unbekannte Gattung *Diphycerus* wurde von MEDVEDEV (1952) in einer speziellen Tribus isoliert, scheint aber doch den Hopliini anzugehören.

Die *Pachycnemini* stehen den *Hopliini* bestimmt sehr nahe, trotz der verschiedenen Labium- und Brustbildung (LACORDAIRE 1856) und der großen und eigenartigen Hinterbeine des Männchens.

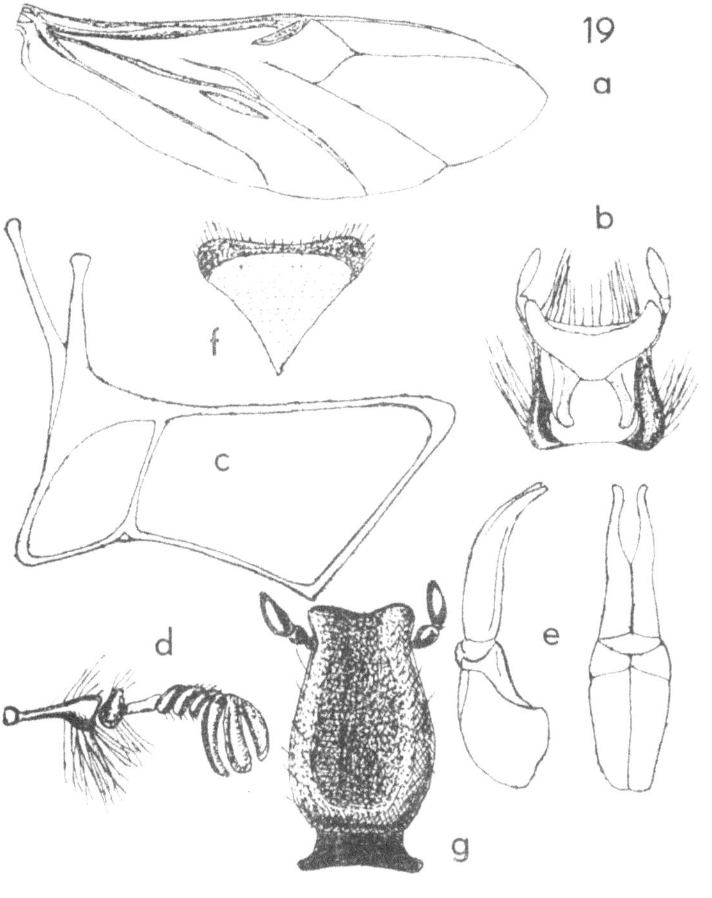

Abb. 19. *Chasmatopterus villosulus* ILLIG., ssp. *paroi BARAUD* (Paratypus (a–e) und *Hoplia pollinosa* KRYN. (f–g).

a: rechter Flügel (20x) – b: Labium, Dorsalansicht (40x) – c: Metendosternit, Lateralansicht (36x) – d: linker Fühler (36x) – e: Aedeagus, Lateral- und Dorsalansicht (20x) – f: Labrum, Dorsalansicht (40x) – g: Labium, Ventralansicht (40x).

Die Unterfamilie ist mit den *Glaphyrinae* genügend eng verbunden, auch steht sie den *Phaenomerinae* nahe (wegen ihres Labiums, Metendosternits, Aedeagus, Flügelgeäders). Die meisten Arten sind Südafrika und Madagaskar eigen, sonst ist die Unterfamilie in allen Erdteilen vertreten.

17. Unterfamilie **Phaenomerinae**

Drei Gattungen mit etwa 15 Arten. Wie schon angegeben, gehört *Isoplia* zu den *Rutelinae*.

Körper *Cetonia* ähnlich, bunt gefärbt. Anthophagen. Labrum hervorstehend, groß, vorn eingeschnitten, Mandibeln seitlich sichtbar. Labium spezialisiert (Fig. 18 c) wie bei gewissen *Rutelinae* gebaut. Fühler 9–10gliedrig mit kleiner dreigliedriger Endkeule in beiden Geschlechtern. Mittelbrust mit sehr großem Fortsatz, der die Vorderbrust bedeckt. Hinterleib mit verschmolzenen Sterniten, Pygidium groß und frei. Das siebente Urosternit an sein Tergit dicht angeschlossen, jedoch davon deutlich abgesondert. Auf dem Hinterleib 7 Stigmenpaare, die drei ersten laparostict, die vier folgenden orthostict dicht am Sternitrand liegend. Metendosternit (Fig. 18 b) ungefähr von dem *Glaphyrus*-Typus, die Crista aber mehr vorgerückt und rippenartig. Flügelgeäder etwa wie bei den *Hopliinae* (Fig. 18 a), A_1 an der Spitze mit der langen A_2 vereinigt. Vorderhüften zapfenförmig mit Querleiste (wie bei den *Melolonthinae*). Vorderschenkel glatt. Hintertibien mit zwei Spornen. Aedeagus (Fig. 18 d) etwa wie bei *Hoplia*, Parameren behaart.

Die Gattung *Pyronota* aus Neuseeland ist *Phaenomeris* recht ähnlich, doch ist die Oberlippe doppelbuchtig, der Mandibeloberrand von oben sichtbar, Metendosternit und Flügelgeäder wie bei *Phaenomeris*.

Die Gattung *Oxychirus* wurde nicht studiert, auch *Colymbomorpha* nicht nach LACORDAIRE gehört sie hierher.

Außer den *Phaenomerinae* besitzen viele Pleurosticti einen Fortsatz auf der Mittelbrust.

Diese Unterfamilie wurde von LACORDAIRE teilweise zu den *Rutelinae (Phaenomeris)*, teilweise zu den *Chasmatopterinae* gestellt, BALTHASAR hat eine Familie *Phaenomeridae* abgesondert, die den *Melolonthidae* genähert wurde, obschon ERICHSON (1848) seit langem ihren richtigen Platz angegeben hatte.

18. Unterfamilie **Macrodactylinae**

Nach DALLA TORRE (JUNKS Catalogus) etwa 50 Gattungen mit 500 Arten, seitdem wurden viele neue Arten beschrieben. Wir haben nur die Gattung *Ceraspis* studiert.

Körper klein und bunt. Mundteile vom Clypeus bedeckt, doch ist das Labrum ganz frei. Labium vom *Hoplia*-Typus. Mittelhüften vom ersten Typus, doch können sie auch schief zueinander liegen. Hinterleibstigmen nach RITCHER stets orthostict, gewöhnlich 7 Paare, bei *Gymnopyge* 5–6, das siebente Sternit mit seinem Tergit verschmolzen oder davon getrennt. Metendosternit (Fig. 5 b) bei *Ceraspis* ohne Crista, mit verdicktem Hinterrand seiner Lamelle, sonst dem von *Serica* ähnlich. Flügelgeäder (Fig. 5 b) orthostict, A_1 nach vorn gerichtet, distal A_2 genähert, A_3 verzweigt. Vorderschenkel glatt. Hintertibien mit zwei Spornen. Aedeagus (Fig. 11 g–h) mit langem röhrenförmigen, stark gekrümmtem Tegmen und kleinen, gebogenen, voneinander völlig getrennten Parameren, die auch asymmetrisch sein können.

Zu dieser Gruppe scheint auch *Maechidius* zu gehören, obschon DALLA TORRE sie zu den *Laparethrini* zählt. Leider haben wir nur ein Weibchen gesehen. Der Kopf ist dem Graben angepaßt, das große trapezförmige Labrum wird vom Clypeus umfaßt. Die Mittelhüften stehen etwas schief zueinander. Das Metendosternit (Fig. 18 h) hat weder Crista noch Unterrandwulst, läßt sich aber mit dem von *Ceraspis* vergleichen. Flügelgeäder (Fig. 18 g) vereinfacht, R_5 fehlt, A_1 lang, verläuft zu A_2 parallel, Flugvermögen gering. Vorderschenkel glatt. Hintertibien mit zwei langen Spornen. Nach FREY (1969) sind die Parameren mit dem Tegmen zu einer kurzen, geraden Röhre verwachsen, ähnlich der der *Adoretini*.

In dieser Gruppe wurden alle Orthosticti mit sichtbarem Labrum untergebracht, außer den *Phaenomerinae*. Ob sie natürlich ist, wissen wir nicht. Sie entspricht den *Sericoides* von LACORDAIRE (1856). Allerdings ist bei ihr der Aedeagus sehr verschieden gebaut.

19. Unterfamilie **Chasmatopterinae**

Nach DALLA TORRE (JUNKS Catalogus) 7 Gattungen mit etwa 14 Arten, dazwischen *Oncerus* und *Chnaunanthus*, die amerikanischen Arten wurden von SAYLOR (1937) studiert, doch blieb uns diese Arbeit unzugänglich. Von uns wurde nur die Gattung *Chasmatopterus* untersucht und danach die folgende Diagnose aufgestellt:

Körper mittelgroß, gestreckt, platt, oft bunt gefärbt. Anthophagen. Mundteile vom Clypeus bedeckt, doch bleiben die Mandibelränder sichtbar. Labrum eingezogen, mit dem Clypeus durch eine Membran verbunden, sein Außenrand von außen als feine Platte sichtbar. Labium zur Anthophagie etwas spezialisiert (Fig. 19 b), doch breiter als lang. Fühler (Fig, 19 d) wie bei *Hoplia*, neungliedrig, mit kleiner dreigliedriger Endkeule, ohne Geschlechtsauszeichnungen. Vorderhüften zapfenförmig, mit einer Querleiste. Mittelhüften vom ersten Typus. Hinterleib von den Flügeldecken nicht ganz bedeckt, das sichtbare achte Urosternit mit seinem Tergit verschmolzen, aber mit leistchenförmiger Scheide an seinem distalen Teil. Die zwei ersten Stigmenpaare laparostict, die vier folgenden orthostict, das siebente auf der Scheide des Segments. Metendosternit (Fig. 19 c) vom *Glaphyrus*-Typus und mit einem Unterrandwulst auf der Lamelle, der wie bei den Melolonthinae gebildet ist. Flügelgeäder (Fig. 19 a) lamellicorn, aber vereinfacht, A_1 und A_3 fehlen, A_2 sehr lang, Jugalzone eng. Vorderschenkel glatt. Tibien mit zwei Spornen. Tegmen ziemlich kurz, Parameren lang, an der Basis miteinander und mit dem Tegmen verwachsen, aber durch Nähte getrennt, an der Spitze nackt und gekrümmt (Fig. 19 e). Larve unbekannt.

Diese Gattung bildet ein ausgezeichnetes Bindeglied zwischen den *Hopliinae* und *Melolonthinae*, besonders im Bau des Metendosternits und der Mundteile.

Bei *Chnaunanthus* (RITCHER 1969) ist das achte Sternit von seinem Tergit durch eine Membran getrennt, die sechs ersten Hinterleibstigmenpaare sind laparostict, das siebente und die Spur des achten auf das Tergit verschoben, somit gehört die Gattung eigentlich zu den Laparosticti. Dasselbe mag auch für einige andere Gattungen gelten, die in dieser Unterfamilie untergebracht wurden also nicht dazu gehören. Ob das, was wirklich darin verbleiben kann, eine Unterfamilie bildet, ist fraglich, eher dürfte sie eine Tibus der *Melolonthinae* sein, wie es auch DALLA TORRE annahm.

20. Unterfamilie **Melolonthinae**

Der Bestand ist ganz besonders unklar. DALLA TORRE rechnet dazu acht Tribus, davon wurden drei von uns als Unterfamilien behandelt. BALTHASAR (1963) betrachtet die Tribus *Systellopini* als eine selbständige Familie *Systellopodidae* (10 Gattungen), die übrigen Gattungen wurden der Familie *Melolonthidae* zugeschrieben, mit zwei Unterfamilien und sieben Tribus, davon gehören die *Melolonthini*, *Liparetrini* und *Pachydemini*, offenbar im Sinne von DALLA TORRE, zu unserer Unterfamilie *Melolonthinae*, obschon die *Pachydemini* (etwa 60 Gattungen mit 400 Arten) eine künstliche und geheimnisvolle Gruppe bilden, die wahrscheinlich polyphyletisch ist und einer gründlichen Bearbeitung bedarf.

Von dieser „Tribus" haben wir nur zwei benachbarte Gattungen, *Tanyproctus* und *Hemictenius*, studiert. Ihre Bildung paßt ungefähr zu den *Melolonthinae*, die Fühler tragen einen vier- oder fünfgliedrigen Fächer, die Stigmenanordnung ist eher orthostict, obschon die letzten Stigmenpaare ein wenig divergieren. Das Metendosternit (Fig. 1 n) ist dagegen loxostict, doch ist die Crista rippenförmig. Die Vorderbrust ist etwa wie bei den *Dynastinae* gebildet, hinten mit Mittelkiel. Das Flügelgeäder (MEDVEDEV 1952) ist ganz wie bei *Serica* gebildet, die Mundteile mit sichtbarem, wenn auch eingezogenem Labrum, die Körperform wie bei den *Melolonthinae*. Vielleicht gehören die *Pachydemini* zu einem Nebenzweig, der sich zwischen den Orthosticti und Loxosticti weiterentwickelt.

Die *Systellopini* und *Liparetrini* untersuchten wir nicht. Die *Melolonthini* sensu DALLA TORRE wurden von MEDVEDEV (1951) in drei Tribus, die *Melolonthini*, *Heptophyllini* und *Rhizotrogini*, gespalten. Für diese drei letzten Tribus kann man folgende Diagnose annehmen:

Körper von mittlerer bis bedeutender Größe. Mundteile vom Clypeus bedeckt, doch bleibt das vorn ausgerandete Labrum von außen als feine Lamelle sichtbar und zuweilen asymmetrisch, der Clypeus ist damit durch eine Membran verbunden. Mandibeln von der Seite sichtbar, chitinisiert. Maxillen oft mit gezähnelter Galea und einer damit verbundenen Lacinia. Labium breiter als lang. Fühler 7–10gliedrig mit 3–7gliedriger Endkeule, die gewöhnlich sexualdimorph ist. Mittelhüften vom ersten Typus. Hinterleib mit verwachsenen Sterniten, seine Stigmen proximal laparostict, distal orthostict. Metendosternit (Fig. 1 t) vom *Melolontha*-Typus. Flügelgeäder (MEDVEDEV 1951) orthostict und sehr einheitlich. Vorderschenkel gefurcht. Hinterbeine mit zwei Spornen, die in verschiedener Weise gelagert sind, die Tarsen seitwärts davon befestigt. Aedeagus (IABLOKOFF-KHNZORIAN 1967) mit langen oder kurzen, gekrümmten oder geraden, freien oder verschmolzenen Parameren, oft eigenartig (Fig. 7).

Die Vollkerfe sind phytophag oder aphag, niemals anthophag, Larve hauptsächlich rhizophag, viele Arten sind sehr schädlich.

Die Unterfamilie ist auf der ganzen Erde verbreitet.

21. Unterfamilie **Sericinae**

Nach MACHATSCHKE (1959 a) mit drei Tribus und 162 Gattungen, seitdem wurden noch einige Gattungen beschrieben, im ganzen etwa anderthalbtausend Arten.

Körper klein bis mittelgroß, gestreckt. Labrum mit dem Clypeus verwachsen (nach MACHATSCHKE, Hauptmerkmal der Unterfamilie). Fühler 9–10gliedrig mit 3–5gliedriger Endkeule, die oft sexualdimorph ist und einen Fächer bildet. Vorderhüften zapfenförmig und glatt. Mittelhüften gewöhnlich vom ersten Typus, bei *Phyllotocus* und den benachbarten Gattungen vom dritten (ob Zwischenstufen existieren, wissen wir nicht). Siebentes Urosternit von seinem Tergit abgesondert oder damit verwachsen, doch bleibt in diesem Fall die Trennungsnaht sichtbar. Stigmenbildung variabel, zwei, vier, fünf, sechs und sogar sieben *(Serica)* Stigmenpaare des Hinterleibs können laparostict sein, die übrigen sind orthostict (RITCHER 1969). Metendosternit vom *Melolontha*-Typus (Fig. 1 o). Flügelgeäder (MEDVEDEV 1952) wie bei den *Melolonthinae*, A_1 kann aber etwas nach hinten gerichtet sein. Hintertibien mit zwei Spornen, ihr Spitzenrand hinten offen, die Tarsen zwischen den Spornen befestigt. Grabvermögen ziemlich gering (weswegen die Arten an leichten Boden angepaßt sind). Aedeagus mit großem Tegmen, langen oder kurzen, gestreckten oder gekrümmten, mitunter asymmetrischen, oft teilweise verschmolzenen Parameren (IABLOKOFF-KHNZORIAN 1967).

Die Arten sind besonders in den Tropen zahlreich, fast die Hälfte davon sind aus der Äthiopischen Region bekannt.

Soweit bekannt, entwickeln sich alle Arten in der Erde, die Vollkerfe sind niemals anthophag.

Die *Liparetrini* werden von BALTHASAR als eine Tribus der *Sericinae* betrachtet, MACHATSCHKE stellt sie zu den *Melolonthinae*, wie es auch wir angenommen haben. Allerdings scheinen sie die nächsten Nachbarn der *Sericinae* vorzustellen.

E. PHYLOGENETISCHE ANALYSE

Das Ziel dieser Arbeit ist, die phylogenetischen Beziehungen zwischen den Haupttaxa der *Lamellicornia* zu klären. Vorher haben wir die wichtigsten Tatsachen ihrer Morphologie zusammengestellt. Doch scheinen viele angegebene Merkmale nicht nur phylogenetische, sondern auch oft anagenetische Beziehungen darzustellen, da wir in vielen Fällen eine parallele Evolution bei verschiedenen Gruppen verfolgen konnten, wie es z. B. bei den Mundteilen, dem Aedeagus usw. leicht sichtbar ist. Offenbar ist die Variabilität der morphologischen Merkmale so groß, daß die phylogenetischen Verwandtschaften oft davon verdeckt werden, deswegen wollen wir versuchen, auch andere Mittel für unser Studium zu benutzen. Als bestes Mittel erscheint uns die Untersuchung der Wege, die

die Evolution der entsprechenden Gruppen sich bahnen mußte unter der wechselnden Einwirkung der Umwelt, denn letztlich ist die ganze Evolution auf die Notwendigkeit für alles Lebende zurückzuführen, sich an sich ändernde Lebensbedingungen in jedem Augenblick anzupassen.

Schon das Bewußtsein, daß in den von uns untersuchten Gruppen die Evolution sich in ähnlicher Richtung verfolgen läßt, erlaubt uns eine Vorstellung auch von solchen Formen zu gewinnen, die jetzt nicht mehr existieren oder uns noch nicht bekannt sind, wenn wir jüngere Formen kennen, die daraus entstanden sein mögen.

Unserer persönlichen Anschauung gemäß sind alle Käfer nur aus zwei Urformen entstanden, die offenbar beide an Flußufern lebten (Ochthobionten). Die erste Urform besaß kräftige Mandibeln, Laufbeine und konnte nach anderen Tieren jagen, die Larven waren campodeiform und lebten auch durch Raub. Die zweite Urform war wenig beweglich, hatte zarte Mandibeln und war auf weiche Nahrung angewiesen, die dazu in genügender Menge verfügbar sein mußte. Daraus entstanden die ersten Dendrobionten, die sich vom Mulm nährten, aber nicht vom Holz, das sie ja nicht verdauen konnten, sondern von den darin wimmelnden Organismen und Pilzen. Diese Urform war groß, plump und mehr oder weniger grabfähig. Ihre Larve sah etwa aus wie ein Engerling und besaß auch ein gewisses Grabvermögen (vielleicht etwa wie bei *Cupes)*. Aus dieser Urform entstand auch die erste *Lamellicornia*-Art. Wie schon erläutert wurde, gehörte sie weder zu den Haplogastra noch zu den Heterogastra sensu JEANNEL, denen sie aber näher stand. Aus ihr entstand ein Zweig, der sich schon lange von den anderen Käfern absonderte und eine Gruppe von demselben Rang gebildet hat wie z. B. die *Adephaga*. Dieser Urform kann man die folgende Diagnose zuschreiben:

Körper groß und plump. Mundteile vorragend, Mandibeln weich. Fühler elfgliedrig mit kompakter, behaarter, dreigliedriger Endkeule, deren Glieder unbeweglich waren und einander ähnlich. Mittelhüften vom ersten Typus. Hinterleib mit sieben sichtbaren Sterniten (vom zweiten bis zum achten Urosternit), acht Hinterleibstigmenpaare, alle laparostict. Flügeldecken gestreift, den Hinterleib bedeckend, ohne Nahtstreif (wie auch bei allen gegenwärtigen *Lamellicornia)*. Metendosternit und Flügel wie bei *Pleocoma* gebildet, das Geäder vom Cantharoiden-Typus, die Flugfähigkeit war gering. Vorderbeine dem Graben angepaßt, mit gezähnelten Tibien, was dem Weibchen erlaubte, seine Eier in festen Grund zu legen und es veranlaßte, schon einen gewissen Brutfürsorgeinstinkt in der Wahl des Platzes der Eiablage zu zeigen. Dadurch wurde aber auch die Fertilität des Weibchens beschränkt, da es nicht die notwendige Zeit finden konnte, um für eine große Anzahl von Eiern zu sorgen. Die geringe Fertilität ist seitdem ein Kennzeichen aller *Lamellicornia* geworden. Die Beweglichkeit des Vollkerfs war gering, seine Beine waren kurz und dick, alle mit fünfgliedrigen Tarsen versehen, die Klauen waren einfach. Die Vorderschenkel waren gefurcht. Das neunte Urit war primitiv, etwa wie bei *Necrophorus* gebaut, und bildete einen Ring, der vier ähnliche dreieckige Sklerite vereinigte. Dieses Urit war in den Leib eingezogen und an den Aedeagus dicht angeschlossen, der etwa wie bei der Gattung *Lamprima* gebildet gewesen sein dürfte, der Penis trug zwei chitinisierte Basalstäbchen, die mit entsprechender Muskulatur verbunden waren, was Ein- und Ausstülpung erlaubte. Die Parameren waren lang und konnten sich um ihre Basis gelenkig drehen. Diese Urform sah wahrscheinlich etwa wie eine *Pleocoma* aus, doch war sie nicht so stark gedrungen. Sie lebte in feuchten Wäldern, entwickelte sich in den gefallenen Stämmen alter Bäume, grub wie ihre Larve, Gänge im morschen Holz und nährte sich von Pilzen und Mikroorganismen, die sie selbst in ihrem Hinterdarm züchtete und mit Holz fütterte. Diese Trophie erlaubte der Larve, trotz ihrer begrenzten Beweglichkeit sich stets die notwendige Futtermenge zu verschaffen. Da die Tiere, und noch mehr die Larven, durch ihr verborgenes Leben von Räubern und Parasiten (falls Parasiten damals überhaupt vorhanden waren) gut geschützt war, konnten sie ihren Entwicklungszyklus gefahrlos verlängern, ein Zug, der auch für die *Lamellicornia* charakteristisch ist und oft zur Bildung von Riesenformen führt. Bei den rezenten *Lamellicornia* sind bis jetzt multivoltine Arten nur bei den Gattungen *Aphodius* und *Onthophagus* bekannt, sonst dauert dieser Zyklus mindestens ein Jahr, oft viel länger, bei *Pleocoma* mindestens acht Jahre.

Aus dieser Urform soll die ganze Masse der gegenwärtigen *Lamellicornia* entstanden sein, wodurch sich die Einheitlichkeit dieser Superfamilie trotz der außerordentlichen Mannigfaltigkeit vieler Bildungen erklären läßt. So haben alle ihre Vertreter vordere Grabbeine, weiche Mandibeln, eigenartige Fühlerkeule, Flügelgeäder, Metendosternitbildung usw. von der Urform behalten, auch sind die Larven wenig beweglich geblieben. Mit diesen morphologischen Merkmalen sind auch ökologische verbunden, die die Evolution der Gruppe stark beeinflußt haben, worüber schon gesprochen wurde. Da keine gefährlichen Feinde vorhanden waren, richtete sich die Evolution hauptsächlich nach der Erschließung neuer Biotope und neuer Futterquellen.

Die Eroberung von neuen Biotopen war durch das verborgene Larvenleben gewissermaßen erleichtert, da in der Erde (und im Holz) die Temperatur- und Feuchtigkeitsschwankungen gering sind, was z. B. den Maikäfern erlaubte, stellenweise den Polarkreis zu erreichen, doch sind die *Lamellicornia* in den Tropen viel reicher vertreten als in kalten Gegenden. Offenbar sind alle *Lamellicornia* im Grunde doch thermophil geblieben, wie das auch für die Urform anzunehmen ist. Auch war die Bodenstruktur von großer Bedeutung, da die meisten Arten noch jetzt auf leichten Boden angewiesen sind. Daher enthalten die *Lamellicornia* viele Wüstenbewohner, aber keine Wasserformen und auch nur wenige Hochgebirgsformen. Dazu kam, daß die beschränkte Beweglichkeit der Larven sie zwang, nur solches Futter zu nutzen, das in genügender Menge auf einem beschränkten Platz vorhanden sein konnte. Doch wurde diese Bedingung dadurch gemildert, daß einige Engerlinge eine größere Beweglichkeit erwarben (Orthosticti), bei anderen lernten die Imagines die notwendige Futtermenge zu speichern, und schließlich bildeten einige Mistkäfer Zwergformen, die nur wenig Futter brauchten. Allerdings blieb die ursprüngliche Anpassung an weiches Futter für alle *Lamellicornia* maßgebend, wie auch das verborgene Leben der Larven, das ja ihr bester Schutz blieb, und das Eingraben der Eier. Diesen Eigentümlichkeiten verdankt die Gruppe ihren Erfolg im Kampf um die Existenz.

JEANNEL hat mehrmals betont, daß alle seine phylogenetischen Studien zu zwei Evolutionszentren geführt haben, und zwar war das Zentrum gondwanisch, wenn die Entwicklung im Mesozoikum stattfand, und angarisch, wenn sie sich im Tertiär vollzog. Ob diese Regel für alle Käfer gültig ist, bleibt fraglich, aber für die *Lamellicornia* scheint die Herkunft aller Gruppen gondwanisch zu sein, was auf ihre Entstehung im Mesozoikum deutet, dagegen ist keine angarische Gruppe bekannt. Gewisse Gruppen sind aber regional begrenzt, die primitiven Formen sind besonders zahlreich in der Neotropischen Region, wie die *Taurocerastini, Eucraniides* sensu GILLET, *Lichniini*, andere zeigen ein „tethys'-sches" Verbreitungsmuster, wie die *Glaphyrini, Pachypodinae, Glaresini, Euchirinae*, aber sie sind offenbar ebenfalls gondwanischen Ursprungs, die *Systellopini* sind der Paläogea eigen. Dagegen finden wir in der Paläarktis (außer dem Mittelmeergebiet) keine alten Endemiker. Daraus folgt, daß die Hauptrichtung der Evolution der *Lamellicornia* in der südlichen Hemisphäre stattfand, und schon am Ende des Mesozoikums alle großen Taxa gebildet waren.

Wie wir schon hervorhoben (IABLOKOFF-KHNZORIAN 1963), fallen die Kreuzungspunkte der Evolution der verschiedensten Gruppen mit gewissen Perioden zusammen, die sich durch große Klimaschwankungen auszeichnen. Einen solchen Punkt finden wir am Anfang der Kreide, als die *Lamellicornia*, die bereits früher existierten, ihre Hauptzweige bildeten, die später die Unmenge der gegenwärtigen Taxa erzeugten. Von diesem Kreuzungspunkt an beginnt auch die intensive Entwicklung der Säugetiere, die dieselbe einiger *Lamellicornia* förderte. Einen anderen Wendepunkt mußte das massenhafte Auftreten der Blütenpflanzen (Angiospermen) bieten, die man (BAKER und HURD 1968) der Mitte der Kreide zuschreibt. Von da an mußten auch die ersten *Anthobia* auftreten. Einen dritten, aber viel schwächeren Wendepunkt kann man im Miozän feststellen, seine Bedeutung ist hauptsächlich für die Bildung der Steppenfauna wichtig, wie wir es schon erörtert haben (1961).

Wir glauben, daß die Evolution stets nach dem Grundsatz der adaptiven Radiation von OSBORN verläuft. So haben wir auch in unserem Schema der Evolution der *Lamellicornia* diesen Grundsatz angewandt.

Wie oben gesagt, war die Evolution der *Lamellicornia* auf die Erschließung neuer Futterquellen gerichtet, doch hat sie sich in verschiedenen Richtungen vollzogen.

Ein Teil der Gattungen behielt seine ursprüngliche Trophie, doch spezialisierten sich einige Arten auf die Ernährung nur durch Mikroorganismen, andere nur auf die Mycetophagie, viele Gruppen wurden saprophag oder rhizophag. Alle *Trox*-Arten sind keratophag. Die *Lethrini* nutzen nur grüne Pflanzen.

Als älteste spezialisierte Mycetophagen mögen die *Passalidae* gelten, doch bilden sie eine Sackgasse, die aus den Tropen kaum herauskam. Ob die *Lucanidae* auch mycetophag sind, wissen wir nicht, doch sind sie mit den *Passalidae* eng verwandt. Allerdings bilden sie eine gut abgesonderte Gruppe, deren Evolution sich schon morphologisch leicht verfolgen läßt. Doch haben sie alle ihre ursprüngliche Nahrung und ihren Biotop beibehalten. Da aber ihre Evolution sich auch an den Mundteilen widerspiegelt, so muß sich die Nahrung des Vollkerfs geändert haben, doch wissen wir darüber nichts Genaues.

Der richtige Platz von *Pleocoma* ist schwieriger festzustellen.

Wie schon erläutert, ist ihr Penis mit einer Platte versehen, die derselben von *Lucanus* homolog sein muß. Sonst finden wir bei den Käfern keine solche Platte, nur die *Cupedidae* besitzen etwas Ähnliches, das als der Rest des zehnten Urits gedeutet wird (JEANNEL 1955). In unserem Fall ist aber eine solche Deutung unmöglich, da diese Platte vom Tegmen umschlossen ist. Auch liegt bei vielen primitiven *Carabidae* der Innensack auf einer Platte, die sich später in die Penisröhre umbildet, und es können darin Stäbchen vorhanden sein, doch liegen diese nicht auf dem Innensack, sondern darinnen. Im ganzen scheint hier keine Homologie mit *Pleocoma* feststellbar. Von *Lucanus* entfernt sich *Pleocoma* durch viele Merkmale, wovon die wichtigsten zu den typischen Merkmalen der *Scarabaeidae gehören* (in den Fühlern, Mundteilen usw.). So bleibt uns die *Pleocoma* von primitiven *Lucanidae* abzuleiten, die doch verhältnismäßig einfache Mundteile besaßen. Auch bei *Pleocoma* können die Mandibeln nicht zusammenstoßen, und der Clypeus ist vorgequollen, was bei den *Scarabaeidae* nicht vorkommt und an die *Lucanidae* erinnert. Auch dadurch bilden sie ein Bindeglied zwischen den *Lucanidae* und *Scarabaeidae*. Sonst stellt *Pleocoma* offenbar das Endstadium einer sehr langen Evolution dar, deren Zwischenstufen verschwunden sind. Diese Evolution, die mit der Rhizophagie der *Pleocoma* verbunden sein dürfte, hat diese Gattung so weit von den *Lucanidae* entfernt, daß sie als eine eigene Familie gewertet werden muß.

Diese Betrachtungen erlauben, den natürlichen Platz von *Pleocoma* festzustellen, doch wird der Verlauf ihrer Entstehung nicht klar, denn entweder sind die *Lucaninae* von den *Chiasognathinae* herzuleiten, die keine Penisplatte besitzen, und dann ist dieselbe bei *Lucanus* und *Pleocoma* unabhängig entstanden, oder die *Lucaninae* bilden einen Nebenzweig, der alle seine Familienmerkmale, auch die Mundteile, unabhängig von anderen *Lucanidae* erworben hat, was doch unwahrscheinlich aussieht. So glauben wir, daß bei den ersten *Lucanidae* die vier Sklerite, woraus die Penisröhre aller Käfer gebildet ist, noch getrennt waren, bei *Pleocoma* und *Lucanus* sind sie paarweise verschmolzen, bei den anderen *Lamellicornia*, wie auch bei den rezenten *Chiasognathinae*, bilden sie schon eine echte Penisröhre.

Die Evolution der *Geotrupinae* kann auf Grund ihrer vermutlichen Mycetophagie erklärt werden. In dieser Unterfamilie bilden die *Bolbelasmini* die offenbar primitive Tribus, die aus *Bolbelasmus*-ähnlichen Formen entstanden sein könnte. *Bolbelasmus* entwickelt sich in Trüffeln. Seine Entstehung kann man sich folgendermaßen vorstellen: Die Urform lebte im morschen Holz, entwickelte sich in Pilzfruchtkörpern, die darauf wuchsen und deren Sporen der Vollkerf bei Entomoendochorie zerstreute, was die Verbreitung dieser Pilze förderte. Dabei verbesserte sich der Flug der Käfer, da sie Pilze aufsuchen mußten, was auch den Pilzen selbst nützlich war, verstärkte sich das Flügelgeäder und veränderte sich die Gestalt, bis sie sich an die Form der Pilze anpaßte.

So läßt sich das erste Stadium der Entstehung der *Geotrupinae* als die Wirkung des trophischen Faktors verstehen. Aber danach schienen die Klimafaktoren zu wirken. In gewissen Gegenden wurden die Pilze veranlaßt, ihre Fruchtkörper wegen der Aridisierung des Klimas tiefer und tiefer in die Erde zu verlegen. So entstanden die Trüffeln. Diese Evolution wurde aber nur deswegen möglich, weil die Pilzsporen durch Insekten, wahrscheinlich ausschließlich durch Käfer, verbreitet wurden. Natürlich wurden die Käfer gezwungen, nach den Pilzen Stollen zu graben. Später lernten die Käfer bei Trüffelmangel Stollen mit verschiedenen Nährstoffen zu füllen, worauf Pilze gedeihen konnten. Dabei entstanden allmählich die entsprechenden Brutpflegeinstinkte. Später benutzten die *Geotrupinae* für ihre Pilzkultur hauptsächlich Mist, aber auch anderes Futter, darunter auch grüne Pflanzen. So entstanden die *Lethrini*, die Länder bewohnten (Mongolei?), wo der Mist, den ihre Vorfahren brauchten, selten wurde, wahrscheinlich wegen Klimawechsels, der für die Wiederkäuer ungünstig ausfiel, vielleicht im Oligozän und allerdings vor der Ansiedlung der Hipparion-Fauna. Das veranlaßte die Käfer, Pflanzen zu benutzen, die ihre Vorfahren auch früher nicht verschmähten. Die *Lethrini* scheinen aus gewissen (ausgestorbenen) *Geotrupini*-unmittelbar entstanden zu sein.

Vom phylogenetischen Standpunkt aus stehen die *Geotrupinae* den *Pleocomidae* am nächsten. Die bedeutenden Trennungsmerkmale lassen sich dadurch erklären, daß die gemeinsame Urform der *Geotrupinae* und *Pleocomidae* einer primitiven Gruppe angehörte, die noch mycetophag war und einen einfachen Aedeagus besaß. Diese Form stand auch den *Lucanidae* nahe, was die auffallende Ähnlichkeit des Stridulationsorgans von *Platycerus*- und *Geotrupes*-Larven erklären kann.

Bei den *Scarabaeinae* erreichte der Brutpflegeinstinkt einen besonders hohen Grad der Vollkommenheit, und die Tiere formten aus Mist „künstliche Trüffeln" und schleppten sie in ihre Stollen ein. So sind diese Pillen keine Abbildung der Sonne, wie es die Ägypter glaubten, sondern ein Trüffelersatz. Dadurch lassen sich die *Scarabaeinae* von den *Bolbelasmini* ableiten. Leider sind die Zwischenstufen verschwunden, wahrscheinlich weil sie mit Säugetieren verbunden waren, die seit langem ausgestorben sind. Auch kann man vermuten, daß diese Tiere klein waren, so daß die Käfer den Mist erst sammeln mußten, um Pillen zu bilden. Leider wissen wir nichts über die Ökologie von *Eucranium* und den anderen benachbarten Gattungen, doch sind die Hauptunterschiede zwischen den *Geotrupinae* und *Scarabaeini* auf die Spezialisierung der letzteren zurückzuführen. Da die Mittel- und Hinterbeine sich dabei an das Rollen der Pillen anpaßten, wird der Kopf zum Graben benutzt. Zu diesem Zweck wird der Clypeus groß und gezähnt, die Mundteile verbergen sich darunter, doch behalten sie ihre primitive *Geotrupes*-Bildung. Die Erweiterung des Clypeus beobachtet man bei vielen *Scarabaeidae*. Sie scheint die notwendige Folge des Grabvermögens der Vorderbeine zu sein, sobald das Tier seine Grabfähigkeit verstärken muß. Bei den *Scarabaeini* ging dabei ein Teil der Grabfähigkeit der *Geotrupinae* verloren, was sie zwang, nur leichten Boden zu besiedeln.

Die Evolution der *Scarabaeinae* läßt sich folgendermaßen schildern.

Am Anfang der Kreide beginnen die Säugetiere sich intensiv zu vermehren und bilden eine reiche Waldfauna. Da diese Tiere große Massen von Kot ausscheiden, wurde diese neue Futterquelle von Insekten benutzt. Doch noch jetzt lockt sie nur einige Fliegen, *Scarabaeidae* und *Hydrophilidae* an, diese letzteren scheinen aber ihrem Artenbestand nach noch junge, wahrscheinlich tertiäre Eindringlinge zu sein.

Scarabaeinae sind offenbar in warmen Ländern mit dichter Vegetation und im Jahresverlauf wechselnden Regen- und Trockenperioden entstanden, also in Gegenden, die den gegenwärtigen Savannen entsprechen. Ihre tropische Herkunft läßt sich anhand ihrer Verbreitung leicht feststellen. Sie haben gelernt, nicht nur Kotpillen zu bilden, sondern sie auch schnell auf eine gewisse Strecke zu rollen. Die Zweckmäßigkeit dieser Instinkte zeigt sich in Gegenden mit dichtem Pflanzenwuchs, wo die Säugetiere sich längs enger Pfade bewegen und an Tränken und Ruhestellen aufhalten. Unter diesen Bedingungen kommt es für den Käfer darauf an, Pillen so schnell wie möglich zu bilden und wegzurollen, um von den Säugetieren nicht zertreten zu werden. So haben wir in der Kara-Kum-Wüste *Scarabaeus babori* BALTH. beobachtet, die um eine Kamelkarawane herumflogen. Sobald ein Stück Kot zu Boden fiel, drängten die *Scarabaeus*-Männchen heran, bildeten ihre Pillen, kämpften miteinander und brachten sie weg, ehe das nachfolgende Kamel, das nur 5–6 m weiter hinten schritt, herbeikam. Dabei vermieden die Käfer Sandgruben und zogen auf Hügel, als ob sie wüßten, daß die Kamele diese nicht besteigen. Obwohl die Vegetation in dieser Wüste gar nicht dicht war, existierten enge Pfade, und die Käfer würden, falls sie darauf verblieben, unvermeidlich zertreten. Sobald die Männchen sich von den Pfaden entfernten, kamen die Weibchen hinzu, setzten sich auf die Pillen und ließen sich mit ihnen davonrollen.

Die Verbreitung der *Scarabaeinae* wurde durch die der großen Säugetiere bestimmt, denen die Käfer folgten. Wie schon erwähnt, lebten die ersten Formen in feuchten Gegenden, dann zogen sie nach den trockenen Savannen und Steppen und sogar Wüsten, wo der Boden oft schwer und trocken war. Dort bildeten die Säugetiere Heere, die sich überall vermehrten und aufhielten; so wurde es nicht mehr nötig, Pillen zu rollen, dagegen mußte das Grabvermögen verbessert sein. Diese Evolution läßt sich leicht an der Reihenfolge der Sphaerotektoren, Apionotektoren und Amygdalotektoren verfolgen. Dabei wurden die Brutpflegeinstinkte nicht verbessert, sondern vereinfacht. So sind die Pillen von *Gymnopleurus* viel schlechter gestaltet als bei der älteren Gattung *Scarabaeus*, auch bleiben die Käfer oft lange Zeit auf den Misthaufen sitzen, was bei *Scarabaeus* niemals der Fall ist. Die Apionotektoren verzichten auf die Pillen und die Amygdalotektoren auch auf die Brutbirnen, doch behalten sie die Technik der Eikammern bei, die den *Geotrupinae* fremd ist.

Die Evolution der *Scarabaeinae* läßt sich auch morphologisch verfolgen. Die Verdrehung der Mitteltibien (vom zweiten zum dritten Typus) findet schon bei den Sphaerotektoren statt, doch ohne großen Nutzen, weil die anderen Beine schlank bleiben; bei den *Sisyphus*-Arten, die schon parallele Mittelhüften besitzen, ist das Grabvermögen gering, was einige Arten veranlaßt hat, ihre Pillen außen an Pflanzen zu befestigen. Natürlich ist das nur in feuchten Wäldern möglich. Dagegen wurde die Umbildung der Mittel- und Hinterfüße zu Grabbeinen sehr nützlich und erlaubte den Amygdalotektoren, in festen Böden zu graben, die sonst von keinen anderen *Lamellicornia* bewohnt sind.

Bei ihrem Aufbau wird die Brutbirne lange Zeit kräftig gepreßt, wahrscheinlich um kleine Mistkäfer zu zerdrücken, die in den Birnen schmarotzen. So wurde z. B. einmal in den Riesenbirnen von *Synapsis tmolus* SOLSKY eine *Copris-Art* gefunden. Der Käfer lebte noch, doch verlor er alle Bewegungsfähigkeit.

Obwohl die Brutbirne eine ausgezeichnete Nahrung bildet, kann sie doch nur in solchen Gegenden benutzt werden, wo eine Regenzeit vorhanden ist, da ihre Schale so hart sein muß, daß sie den Mist vor Austrocknung schützen, so daß sie nur von kräftigem Regen erweicht werden kann, wodurch dem erwachsenen Käfer das Verlassen der Birne möglich wird. Diese Bedingungen haben die Verbreitung der Sphaero- und Apionotektoren auf Steppen und Savannen beschränkt, obschon einige Arten auch Wüsten und andere Biotope besiedeln, wenn der Boden dort nämlich im Frühling erweicht wird, die Amygdalotektoren haben dagegen die ganze Welt besiedelt, doch sind sie auf Sandboden sehr selten.

Die *Orphninae* stehen den *Scarabaeinae* sehr nahe und mögen dieselben Vorfahren besitzen. Leider wissen wir nichts über ihre Trophie, außer daß sie niemals auf Mist gefunden worden sind. Offenbar sind sie auf eine ungünstige Nahrung spezialisiert, was ihre Ausbreitung hemmte.

Die *Acanthoceridae* scheinen den *Bolbelasmini* am nächsten zu stehen. Wären sie auch mycetophag, so wäre es verlockend, sie in einer Gruppe mit den *Passalidae, Lucanidae, Geotrupinae, Scarabaeinae* und *Orphninae* zu vereinigen. Sonst sind sie von allen anderen *Lamellicornia* so bedeutend verschieden, daß ihre Verbindung mit einer anderen Gruppe in einer Familie, z. B. mit den *Trogidae,* wie es oft getan wurde, uns nicht gerechtfertigt scheint. Auch kann man von einer Analogie mit den *Liodidae* sprechen. Auch in dieser Gruppe finden wir einerseits Arten, die an unterirdische Pilze, auch Trüffeln, gebunden sind, und andere, jüngere Formen, die auch mycetophag sind und ein Kugelvermögen besitzen.

Die *Trogidae* werden oft als die ältesten *Lamellicornia* betrachtet, doch spricht dagegen die Bildung ihres neunten Urits, auch haben gewisse *Lucanidae* einen ganz primitiven Aedeagus. Allerdings scheinen die gegenwärtigen Vertreter der Familie nur durch Spezialisation der Vernichtung entgangen zu sein, die *Troginae* durch ihre Keratophagie, die *Glaresinae* durch ihr Leben in Sandwüsten.

Obwohl einige *Scarabaeidae*-Gruppen den *Trogidae* nahe stehen, läßt sich keine davon unmittelbar ableiten, wie es besonders klar aus der Bildung des neunten Urits hervorgeht. Außer den oben besprochenen Unterfamilien *Scarabaeinae* und *Geotrupinae* kann man hier drei Richtungen absondern, die alle keine Brutpflegeinstinkte besitzen (abgesehen von einigen *Dynastinae)* und eine verhältnismäßig bedeutende Larvenbeweglichkeit erworben haben. Wohl sind aber viele Larven unbekannt, bei anderen bleibt die Beweglichkeit noch sehr bescheiden *(Cetoninae, Dynastinae).* Eine von diesen drei Richtungen entspricht den *Trogidae* und mag als eine Sackgasse gelten. Der zweiten kann man *Allidiostominae, Aegialitinae* und *Aphodiinae* zuschreiben. In dieser Gruppe sind die meisten Arten saprophag, daraus entstanden später einige Koprophagen, doch findet man sogar in der Riesengattung *Aphodius,* neben sehr zahlreichen Koprophagen auch Saprophagen und sogar Rhizophagen. Zwischen den *Aegialitinae* und *Aphodiinae* einerseits und *Orphninae* und *Scarabaeinae* andererseits läßt sich eine parallele Evolution beobachten. Sonst bilden die *Aegialitinae* ein gutes Bindeglied zwischen den *Allidiostominae (Dynamopus)* und *Aphodiinae* (durch *Eremazus).*

Die dritte Richtung ist mit dem Entstehen und der großartigen Entwicklung der Pleurosticti verbunden, dazu zählen wir auch die *Hybosorinae, Ochodaeinae, Aclopinae, Pachypodinae und Glaphyrinae,* wie es schon nach der Bildung des Metendosternits, des neunten Urits und anderer Merkmale festgestellt werden kann. Die drei ersten dieser Unterfamilien sind mit den Loxosticti, die zwei anderen mit den Orthosticti verbunden. Leider kennen wir kaum die Ökologie der entsprechenden Arten, doch scheinen dazwischen keine Dendrobionten vorhanden zu sein (nur für *Aclopinae* zweifelhaft), nichtdestotrotz waren ihre Vorfahren (für die drei ersten Unterfamilien) wahrscheinlich xylophag.

Um die richtigen Verhältnisse der *Scarabaeidae* zu verstehen, muß man zuerst die Frage beantworten, ob die bewegliche Fühlerkeule phylogenetisch oder anagenetisch entstanden ist. Da die Bildung der Fühlerkeule das auffallendste Merkmal der Familie darstellt und es sonst bei keiner anderen Familie vorkommt (außer den *Pleocomidae),* scheint es uns logisch, seine monophyletische Herkunft anzunehmen, was wir als Grundzug unseres phylogenetischen Schemas verwertet haben. Auch glauben wir in der Bildung der Crista metendosternalis und des neunten Urits echte phylogenetische Verwandtschaften gefunden zu haben. Dagegen scheint der Aedeagus keine beständigen Merkmale zu tragen, die die obenerwähnten Richtungen kennzeichnen.

Die *Aphodius*-Richtung läßt sich am besten durch die Metendosternitbildung charakterisieren, die derselben bei den *Scarabaeinae* ähnlich ist (und doch kann man kaum die Selbständigkeit der beiden Zweige bezweifeln), vielleicht kann diese Richtung auch trophisch bedingt sein, doch fehlen noch Beobachtungen hierfür. Auch die Loxosticti-Richtung läßt sich nach dem Metendosternit erkennen, sonst finden wir eine Reihe von guten Bindegliedern, besonders unter den *Ochodaeinae, Aclopinae* und Loxosticti. Unsere dritte Richtung, die alle Pleurosticti betrifft, scheint mit dem Aufblühen der Blütenpflanzen verbunden zu sein. Diese neue, reiche und leicht zugängliche Nahrung lockte viele Käfer, wovon einige, z. B. die *Nitidulidae,* seit langem daran angepaßt sind, andere änderten ihre Ökologie. Aber als diese Nische genügend besiedelt war, setzte sich die Evolution vieler Anthophagen in andere Richtungen fort. So kann man in vielen Familien ein anthophiles Stadium feststellen, das zur Entstehung von Blütenkäfern führt, offenbar mit der Mitte der Kreide zusammenfällt und sich nachdem weiterentwickelt, obschon die Hauptevolution dieser Familien in andere Richtungen verlief. Dieses Stadium läßt sich z. B. leicht bei den *Cerambycidae* verfolgen, wo die älteste Unterfamilie die *Prioninae,* die schon aus dem Jura bekannt ist, keine Anthophagen einschließt, dagegen werden sie zahlreich bei den jüngeren Tribus der *Lepturinae,* ein wenig seltener bei den *Cerambycinae,* um bei den *Lamiinae* zu verschwinden. Ein ähnliches Bild finden wir auch bei den *Buprestidae,* wo die älteste Gruppe, die *Sternocerini,* keine Anthophilen besitzt, wie auch die jüngsten, dagegen sind sie bei den *Polycestini* und *Anthaxiini* sehr zahlreich; bei den *Chrysomelidae* scheint dieses Stadium nur in der ältesten Unterfamilie *Orsodacninae* aufzutreten, usw. Bei den *Lamellicornia* ist dieser Vorgang leicht zu verfolgen und führt zur Entstehung der Anthobia im Sinne von BURMEISTER, dagegen enthalten die jüngsten Gruppen, die *Melolonthinae, Sericinae,* keine Anthophagen oder nur sehr selten *(Rutelinae).*

Unsere Vorstellungen über die Phylogenie der Pleurosticti wurzeln in der Einteilung derselben in zwei Gruppen, die von LACORDAIRE ausgeht (1856), doch hielt er diese Gruppen für zwei Teile eines Ganzen. RITCHER (1969) spricht die Meinung aus, daß die Orthosticti wegen ihrer variablen Stigmenbildung ein Bindeglied zwischen den Laparosticti und Loxosticti darstellen. Damit würde die Reihe dieser Evolution etwa folgendermaßen aussehen: *Orthosticti-Rutelinae-Dynastinae-Cetoninae* (die *Euchirinae* untersuchte er nicht). Dieser Standpunkt ist schon aus biologischen Gründen nicht annehmbar, denn Beispiele von Dendrobionten, die sich zu Pedobionten umformten, sind zahllos, z. B. bei *Tenebrionidae, Cerambycidae, Cicindelidae* usw., das Gegenteil ist uns nicht bekannt. Noch schwieriger ist es, sich vorzustellen, daß sich Dendrobionten in Pedobionten umformen und später wieder Dendrobionten werden. Auch ist es unwahrscheinlich, daß die primitiven Orthosticti alle dendrobiont waren, später aber ganz ausstarben. Dasselbe gilt auch für die Anthophagen. Auch hier ist kaum anzunehmen, daß der Übergang zur Anthophilie sich zweimal in zwei entgegengesetzten Richtungen vollziehen könnte, was auch sonst bei anderen Käfern niemals beobachtet wurde. Auch vom morphologischen Standpunkt aus ist nicht leicht zu verstehen, wie der *Cetonia*-Typus des Metendosternits zweimal entstehen könnte, wie auch einige oben besprochene Verbindungsmerkmale. Diese Betrachtungen scheinen einwandfrei auf das Vorhandensein von wenigstens zwei, vom Ursprung an getrennte, doch gewissermaßen parallel sich entwickelnde Zweige zu deuten, die wegen der ähnlichen Lebensbedingungen der zwei Endstufen, den *Rutelinae* und *Melolonthinae,* ähnliche Züge erhalten haben. Diese Zweige scheinen beide aus den *Ochodaeinae* entstanden zu sein, der eine mit den *Aclopinae,* der andere mit den *Pachypodinae.* Bei den Loxosticti sind die ältesten Formen, die *Euchirinae,* noch keine Anthophagen, diese treten aber sehr zahlreich bei den *Cetoninae* auf und auch schon bei den primitiven *Trichiini,* bei den anderen Unterfamilien werden sie viel seltener. Die Orthosticti scheinen von Anthophagen abzustammen, anthophag sind die primitiven Gruppen *(Hopliinae, Phaenomerinae,* die Gattung *Chasmatopterus),* die jüngsten entbehren der Anthophagen vollständig.

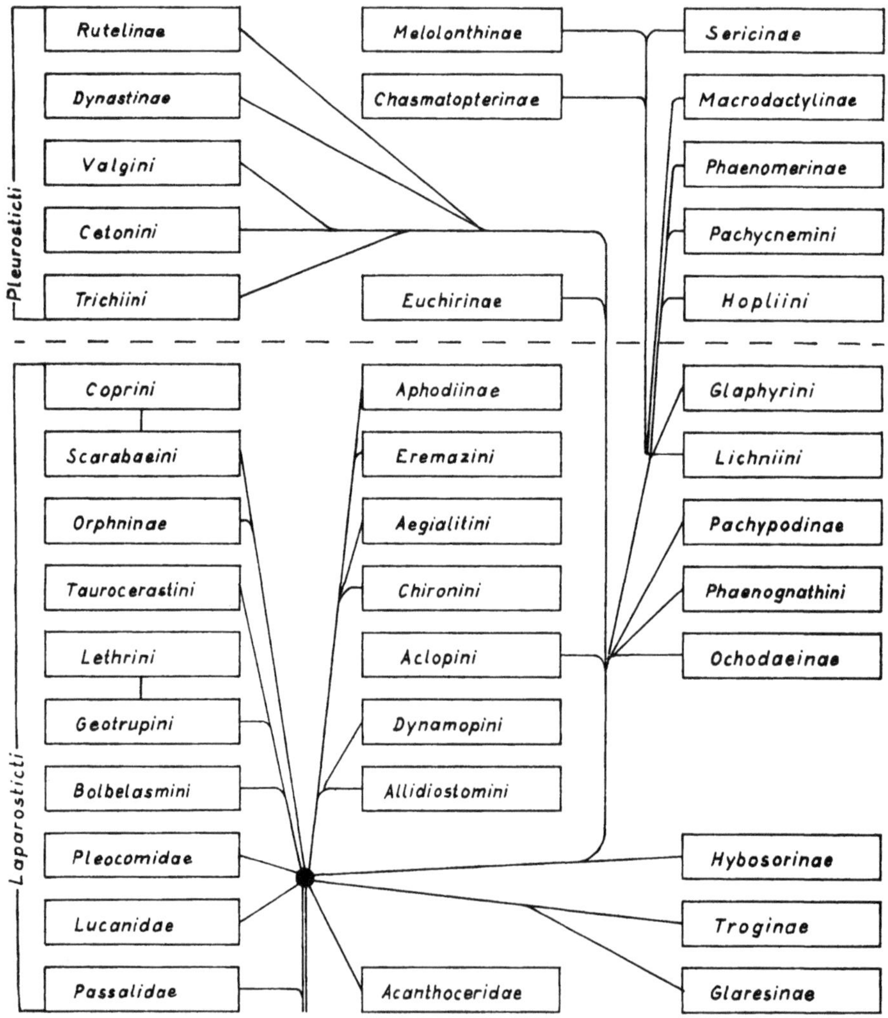

Abb. 20. Schema der Phylogenie der Lamellicornia.

Unsere Anschauungen sind in Fig. 20 schematisch dargestellt. Doch gelang es uns, nicht darin die letzte Entwicklungsstufe der *Lamellicornia* im Miozän zu veranschaulichen, weil diese Stufe, die mit der Entstehung der Steppenfauna verbunden ist, nur einige neue Gattungen bildete, ohne die großen Taxa zu beeinflussen. Auch gelang es nicht, die phylogenetische Entfernung verschiedener Gruppen voneinander zu veranschaulichen, da es dafür an Platz fehlte. Dagegen sind auf unserem Schema die zwei Wendepunkte der *Lamellicornia*-Evolution leicht kenntlich, der untere soll der unteren Kreide, der obere der mittleren Kreide entsprechen.

F. SCHLUSSWORT

Wir haben versucht, auf Grund der uns bekannten Tatsachen ein Bild der wahrscheinlichen phylogenetischen Verbindungen zwischen den Lamellicornia zu entwerfen. Da aber, wie schon betont wurde, viele Merkmale, besonders die anatomischen, nicht oder ungenügend bekannt sind, kann unser Schema nur eine vorläufige Lösung darstellen, die später noch ergänzt, vielleicht auch bedeutend verändert werden muß. Dennoch scheint es möglich, aus dieser Arbeit einige Folgerungen zu ziehen, die einen allgemeinen biologischen Wert haben können.

Das Auffälligste in der Phylogenie der Lamellicornia ist die Häufung der Parallelismen, die sich in der Evolution verschiedener Gruppen verfolgen lassen. So finden wir die Neigung, den primitiven ersten Typ der Lage der Mittelhüften durch den dritten Typ mit parallelen Hüften zu ersetzen, bei den *Scarabaeinae, Orphninae, Aphodiinae, Sericinae,* was ohne Zweifel voneinander unabhängig geschah, und doch ist diese Evolution bei anderen Käfergruppen unbekannt, auch bei den Loxosticti. In der Evolution des Aedeagus und des neunten Urits finden wir ähnliche Beispiele, doch nur bei den Laparosticti. Noch wunderbarer ist das Auftauchen von Brutpflegeinstinkten bei einigen *Dynastinae,* die doch sonst nur einigen Laparosticti eigen sind und bei keinen anderen Käfern vorkommen. So scheinen gewisse Taxa viel besser durch ihre Evolutionspotenzen charakterisiert als durch ihre beständigen Merkmale.

Diese Beispiele weisen darauf hin, daß wichtige phylogenetische Beziehungen nicht nur in sichtbaren Bildungen vorhanden sind, sondern in vielen Fällen versteckt bleiben und nur gelegentlich zum Ausdruck kommen. Solche Erscheinungen sind aber keineswegs nur für die besprochenen Gruppen gültig, sondern schon lange auf den verschiedensten Gebieten der Biologie beobachtet worden und haben vielen Systematikern Enttäuschungen bereitet. Die unvermeidlichen Folgerungen aus diesen Betrachtungen lauten, daß die Vorstellungen von GREGOR MENDEL über die Existenz von sichtbaren dominanten und versteckten rezessiven Merkmalen, welche seit langem in der Genetik anerkannt sind, auch für die Phylogenie gelten. Anders gesagt, im Laufe der Evolution überdauern gewisse rezessive Merkmale vielleicht Millionen Jahre, was aber bewiesen sein müßte. Das gilt um so mehr, da diese Annahme die Phylogenetiker entwaffnet, denn wie kann man eine Phylogenie schaffen auf Grund bald sichtbarer und bald verschwundener Merkmale? Und doch scheint es, daß dieser Vorgang in der Natur wirklich vorkommt. Aber sein Verständnis wird erst dann möglich, wenn es uns gelingt, nicht nur ein erschöpfendes Studium einer Gruppe durchzuführen, sondern auch ihre Evolution in der Natur unter der Wirkung des Wechsels der Umwelt zu verfolgen. Nun glauben wir, daß dieses Ziel erreichbar ist, doch erfordert es erschöpfende Untersuchungen auf allen notwendigen Gebieten, darunter auch der Paläogeographie, Biogeographie, Biochemie usw. Wenn die Forschung auf diesen Gebieten zu Ende geführt wird, muß auch die richtige Lösung unbedingt auftauchen.

Zusammenfassung

Es wird der Versuch unternommen, eine phylogenetische Analyse der *Lamellicornia* zu erarbeiten, welche auf der Grundlage des Studiums aller zugänglichen Daten (besonders über das Vollinsekt) basiert. Berücksichtigt wurden Kopf, Brust, Flügel, Metendosternit, Abdomen (hauptsächlich die letzten Segmente), Stigmen, Beine sowie männliche und weibliche Genitalien. Ebenso wurden die Anatomie des Verdauungsapparates, des Nervensystems und der Sinnesorgane, die Karyologie, die Metamorphose der Larven und ihres Stridulationsorganes sowie die Ökologie mit der Brutfürsorge berücksichtigt. Eine neue Klassifikation der *Lamellicornia* mit der Diagnose aller großen Taxa wird gegeben. Ein Schema der Evolution von den ancestralen Formen (unter Berücksichtigung ihrer vermutlichen Lebensverhältnisse) bis zu den gegenwärtig lebenden wird entworfen, die Richtungen ihrer Evolution werden besprochen. Die *Lamellicornia* werden in sechs Familien untergliedert: *Passalidae, Lucanidae, Pleocomidae, Acanthoceridae, Trogidae* und *Scarabaeidae.* Die letztere Familie entwickelte sich aus den *Pleocomidae* und bildete vier Zweige aus. Den ersten Zweig bilden die *Geotrupinae, Scarabaeinae* und *Orphninae,* den zweiten die *Allidiostominae, Aegialitinae* und *Aphodiinae,* den dritten die *Hybosorinae, Ochodaeinae, Aclopinae* und die „Loxosticti" *(Euchirinae, Cetoninae, Dynastinae* und *Rutelinae),* den vierten die *Pachypodinae, Glaphyrinae* und die „Orthosticti" *(Hopliinae, Phaenomerinae, Macrodactylinae, Chasmatopterinae, Melolonthinae* und *Sericinae).* Die Position einiger anderer Taxa bleibt fraglich. Zum Schluß wird auf die Möglichkeit einer dauernden Existenz verborgener rezessiver Merkmale hingewiesen.

Summary

ON THE PHYLOGENY OF LAMELLICORNIA

A phylogenetic analysis of the *Lamellicornia* is proposed on the basis of the study of all available data, especially for the imago morphology, including that of the head, breast, wings, metendosternite, abdomen, particularly its „terminalia", stigmates, legs, male and female genitalia, with numerous new data. The anatomy of the digestive tract, the nervous system, the organs of sense, the caryology, the larval structures with the organs of stridulation and the ecology with the care for the descendants are also considered. A new classification of *Lamellicornia* is proposed, with the diagnosis of all the big taxa. A tentative evolutionary scheme is sketched with considerations about the presumed conditions of life from the ancestral forms till the present ones, the trends of their evolution are discussed. Six families are admitted: *Passalidae, Lucanidae, Pleocomidae, Acanthoceridae, Trogidae* and *Scarabaeidae.* The last arose from the *Pleocomidae* and formed 4 branches, the first including the *Geotrupinae, Scarabaeinae* and *Orphninae,* the second – *Allidiostominae, Aegialitinae* and *Aphodiinae,* the third – *Hybosorinae, Ochodaeinae, Aclopinae* and the „Loxosticti" *(Euchirinae, Cetoninae, Dynastinae, Rutelinae),* the fourth – *Pachypodinae, Glaphyrinae* and the „Orthosticti" *(Hopliinae, Phaenomerinae, Macrodactylinae, Chasmatopterinae, Melolonthinae, Sericinae).* The position of some other taxa remains dubious. In the conclusion the possibility of conservation of hidden recessive characters is indicated.

Literatur

ABRAMOV, I. V., 1968: Über die Nekrophagie von *Copris lunaris* L. – Zool. Ž., **47** (8): 2247 (russ.).

AREEKUL, S., 1957: The comparative internal larval anatomy of several genera of *Scarabaeidae.* – Ann. Ent. Soc. Amer., **50**: 562–577, 59 fig.

ARROW, G. J., 1904: Sound production in the Lamellicorn beetles. – Trans. R. Ent. Soc. London, **50**: 709–750.

–, 1909: On the characters and relationships of the less-known groups of Lamellicorn Coleoptera, with description of new species of *Hybosorinae* etc. – Trans. R. Ent. Soc. London, **4**(?): 479–507.

BAKER, H. G., und HURDE, P. D., 1968: Intrafloral Ecology. – Ann. Rev. Ent., **13**: 385–414.

BALTHASAR, V., 1942: Über die Nervatur des Hinterflügels der *Lamellicornia.* – Vestn. Kral. Čs. Spol. Nauk: 1–44.

–, 1963–64: Monographie der *Scarabaeidae* und *Aphodiidae* der paläarktischen und orientalischen Region. *Coleoptera Lamellicornia.* I: 1–391; II: 1–627 (1963); III: 1–652 (1964).

BECTON, E. M., 1930: The alimentary tract of *Phanaeus vindex* McLeay. – Ohio J. Sci., **30**: 315–323.

BÉGUIN, L., 1906: Moeurs de *Bolboceras gallicus* Muls. – Bull. Soc. Ent. France: 93–94.

BERNET-KEMPERS, K. J. W., 1923: Abbildungen von Flügelgeäder der Coleoptera. – Ent. Mitteil., **12**(2): 533–553.

–, 1924: Das Flügelgeäder der Käfer. – Ent. Mitteil., **12**(2/3): 45–63, I t.

BORDAS, L., 1917: Nouvelles observations sur l'appareil digestif des *Cetoninae*. – Bull. Soc. Ent. France, **42**: 7–12.

BRANDT, E. K., 1878: Über das Nervensystem der *Lamellicornia*. – Horae Soc. Ent. Ross., Protokolle, **10**: 3–32, I t.

BUCHNER, P., 1953: Endosymbiose der Tiere mit pflanzlichen Mikroorganismen, p. 96–102. Basel/Stuttgart.

BURMEISTER, F., 1930: Die Brutfürsorge und das Bauprinzip der Gattung *Onthophagus* Latr. – Z. Morph. Ökol. Tiere, **16**: 559–647.

–, 1936: Bauten und Brutfürsorge der Mistkäfer. – Ent. Blätter, **32**: 24–30, 58–65.

BURMEISTER, H., 1842–1855: Handbuch der Entomologie, Bde. III–V. Berlin. III. Lamellicornia Melitophila: p. XX+828 (1842); IV, 1. Lamellicornia Anthobia et Phyllophaga systellochela: p X+587 (1844); IV, 2. Lamellicornia chaenochela: p. X+570 (1855); V. Lamellicornia Xylophila et Pectinicornia: p. VIII+584 (1847).

–, 1854: Untersuchungen über die Flügeltypen der Coleoptera. – Abh. Naturf. Ges. Halle, **2**: 125–140, 1 t.

CINOVSKIS, J., 1958: Biologische Grundlage für eine Prognosenstellung der Maikäferlarvenverpuppung. – Acad. Sci. Latv., Riga: 1–356, 370 fig. (russ.).

CODY, F. P., und GRAY, I. E., 1938: The changes in the central nervous system during the life-history of the beetle *Passalus cornutus* F. – J. Morphol., **62**: 503–521.

CROWE, W., 1957: Zur Morphologie und Anatomie der Larve von *Oryctes nasicornis* L. – Dtsch. Ent. Z., N.F., **4**: 228–262, 51 fig.

CROWSON, R. A., 1939: The met-endosternite in Coleoptera. A comparative study. – Trans. R. Ent. Soc. London, **87**: 397–416.

–; 1944: Further studies on the met-endosternite in Coleoptera. – Trans. R. Ent. Soc. London, **94**: 273–310.

–, 1950: The classification of the families of British Coleoptera. – Ent. month. Mag., **86**: no. 1038: 327–334.

DAVIS, C. A., 1934: A revision of the genus *Pleocoma*. – Bull. S. Calif. Acad. Sci., **33**(3): 123–130; **34**(1): 4–36.

DUFOUR, L., 1842: Histoire comparative des métamorphoses et de l'anatomie de *Cetonia aurata* et *Dorcus parallelopipedus*. – Ann. Soc. Nat. Zool., **18**: 162–181, t. IV–X.

EDWARDS, E. E., 1930: On the morphology of the larva of *Dorcus parallelopipedus* L. – J. Linn. Soc. London, **37**(251): 93–108, 7 fig.

EMDEN, F. VAN, 1935: Die Gattungsunterschiede der Hirschkäferlarven. – Stettin. Ent. Z., **96**: 178–200, 23 fig.

–, 1942: Larvae of British beetles. II. *Lamellicornia*. Ent. month. Mag., **77**: 117–127, 181–192.

ERICHSON, W. F., 1848: Naturgeschichte der Insekten Deutschlands, III (1): 1–968. Berlin.

FILDER, J.H., 1936: Some notes on the morphology of the immature stages of some British chafer beetles (particularly *Melolontha melolontha* L., *Amphimallon solstitialis* L. and *Serica brunnea* L.). – Ann. appl. Biol., **23**: 114–132, 409–427.

FLETCHER, F. W., 1930: The alimentary canal of *Phyllophaga gracilis* Burm. -- Ohio J. Sci., **30**: 109–112.

FORBES, W.T.M., 1922: The wing venation of the Coleoptera. – Ann. Ent. Soc. Amer. 7(5): 328–351, T. 29–35.

FREY, G., 1969: Revision der *Maechidius*-Arten Neu-Guineas. – Ent. Arb. Mus, Frey, **20**: 494–509, 7 fig.

GRANDI, G., 1924: Contributo alla conoscenza biologica e morphologica di alcune Lamellicornia fillofagi. – Boll. Lab. zool. gen. Agr. Portici, **18**: 159–224.

GRAY, I. E., 1946: Observations on the life history of the horned passalus. – Americ. Midland Naturalist, **35**: 728–746.

HAYDEN, M., 1925: Karyosphere formation in the beetle *Phanaeus*. – J. Morph., **40**: 261–299.

HAYES, W. P., 1920: Morphology, taxonomy and biology of larval Scarabaeoidae. – Illinois Biol. Monogr., **12**(2): 1–119, 15 T., 196 fig.

–; 1922: The external morphology of *Lachnosterna crassissima* Blanch. – Trans. Amer. Microsc. Soc., **41**(1): 1–28.

–; 1925: A comparative study of the history of certain phytophagous Scarabeid beetles. – Techn. Bull. agric. exp. stat. Kansas State Agric. College, 146 pp., 10 T.

HEYMONS, R., 1929: Die Zahl der Eiröhren bei den *Coprini*. – Zool. Anz., **85**(1/2): 35–38, 1 fig.

–; 1930: Über die Biologie der *Passalus*-Käfer. – Z. Morph. Ökol. Tiere, **16**: 74–101, 14 fig.

–; 1930: Über die Morphologie des weiblichen Geschlechtsapparates der Gattung *Scarabaeus*. – Z. Morph. Ökol. Tiere, **18**: 536–574, 18 fig.

HEYMONS, R., und LENGERKEN, H., 1929: Biologische Untersuchungen an coprophagen Lamellicorniern. I. Nahrungserwerb und Fortpflanzungsbiologie der Gattung *Scarabaeus*. – Z. Morph. Ökol. Tiere, **14**: 531–613.

HIEKE, F., 1966: Vergleichende funktionelle Anatomie der Abdominalmuskulatur einiger männlicher Coleopteren unter besonderer Berücksichtigung des Genitalkomplexes. – Dt. Ent. Z., N. F., **13**(1/3): 53–94, fig. 42–81.

HINTON, H. E., 1967: Structure and ecdysal process of the larvae spiracles of the Scarabaeoidea with special reference to those of *Lepidoderma*. – Austral. J. Zool., **15**: 947–953.

HOWDEN, H., 1955: Cases of interspecific „parasitism" in Scarabaeoidea. – J. Tennessee Acad. Sci., **30**(1): 64–66.

–; 1969: Speculations on some beetles, barriers and climats during the pleistocene and prepleistocene periods in some nonglaciated portions of North America. – Syst. Zool., **12**: 178–201.

IABLOKOFF-KHNZORIAN, S. M., 1961: Versuch der Wiederherstellung der Genese der armenischen Coleopterenfauna, 1–265, 1 Mappe (russ.). Erevan.

–; 1963: Über die Rhythmik der Evolution. – Zool. Ž., **42**(10): 1435–1445 (russ.).

–; 1967: Die Fauna von Sowjetarmenien. Insecta Coleoptera. IV. Lamellicornia, 1–225, 13 T., 7 fig. (russ.). Erevan.

JEANNEL, R., 1955: L'édéage, 1–155, 94 fig. Paris, éd. Museum.

JONEGA, M. G., 1961: Chromosome number and sex-determinating mechanism in twenty-five species of Indian Coleoptera. – Res. Punjab Univ. Chandigarh. Nid., **11**: 249–251 (1960).

JONES, C. R., 1940: The alimentary canal of *Diplotaxis liberta* Germ. – Ohio J. Sci., **40**: 94–103.

JUNK, K. W., und SCHENKLING, S., 1910 (in continuatio): Coleopterorum Catalogus. (G. J. ARROW 1912, 1937, A. BOUCOMONT 1912, A. BOUCOMONT und J. J. E. GILLET 1927, K. W. VON DALLA TORRE 1912, 1913, J. J. E. GILLET 1911, W. D. HINCKS und J. R. DIBB 1935, F. OHAUS 1918, G. VAN ROON 1910, A. SCHMIDT 1910, 1912, S. SCHENKLING 1921, 1922).

KORSCHEFSKY, R., 1940: Bestimmungstabelle der häufigsten Scarabaeiden-Larven. – Arb. Physiol. und angew. Ent. Berlin-Dahlem, **7**(1): 41–52.

KOWALCZYK, S. A., 1938: A report on the intestinal Protozoa of the larvae of the Japanese beetle (*Popillia japonica* Newm.). – Trans. Amer. microb. Soc., **57**: 229–244, 21 fig.

LACAZE-DUTHIERS, H., 1853: Recherches sur l'armure génitale femelle des Insectes Coléoptères. – Ann. Sci. nat. (3) XIX, Zool: 41–69 (215–237), T. III–IV.

LACORDAIRE, T., 1856: Genera des Coléoptères, III: 1–568. Paris.

LANDA, V., 1959: Development and function of imaginal male reproductive organs of the cockchafer *Melolontha melolontha* L. The Ontogeny of Insects, 111–114 Prague.

LANDIN, B. O., 1955: Zur Kenntnis der Morphologie und Ökologie der Entwicklungsstadien von *Geotrupes spiniger* Marsh. – Opusc. ent., **20**: 74–80, 13 fig.

–; 1961: Ecological studies on dung beetles. – Opusc. ent., Suppl., **19**: 1–228.

LEILER, T. E., 1950: Bestimmungstabelle der schwedischen Lucanidenlarven. – Opusc. ent., **15**(3): 117–160.

LENGERKEN, H. VON, 1939: Die Brutfürsorge und Brutpflegeinstinkte der Käfer. 1–285; 2. Aufl. 1954: 1–383. Leipzig.

LEWIS, H. C., 1926: The alimentary canal of *Passalus*. – Ohio J. Sci., **26**: 11–22, T. 1–2.

LOTZ, G., 1962: Vergleichende morphologische und histologische Untersuchungen an den Stigmen der Lamellicornier-Larven und Beiträge zur Entwicklungsgeschichte. – Z. Morph. Ökol. Tiere, **50**(6): 726–784.

LUPO, V., 1947: Studio morphologico, anatomico e istologico della *Anomalia ausonia* v. *neapolitana* Rtt. – Boll. Lab. Ent. Agr. Portici, **7**: 97–315.

MACHATSCHKE, J. W., 1959: Untersuchungen über die verwandtschaftlichen Beziehungen der Gattungen der bisherigen *Glaphyrinae*. – Beitr. z. Ent., **9**(5/6): 528–544.

–; 1959 a: Phylogenetische Untersuchungen über die *Sericinae*. – Beitr. z. Ent., **9**(7/8): 730–745.

MARCU, O., 1934: Zur Kenntnis der Stridulationsorgane bei einigen Scarabaeoidea. – Ent. Blätt., **30**: 150–154.

MAZOKHIN-PORSHNIAKOV, G. A., 1962: On color-vision in *Cetonia aurata* beetles. – Dokl. Akad. Nauk SSSR, **143**(5): 1208–1210, 1 fig. (russ.).

MEDVEDEV, S. M., 1949–1964: Faune de l'URSS. Insectes Coléoptères, X. *Scarabaeoidae*. Fasc. 3, *Rutelinae*: 1–372 (1949); fasc. 1, *Melolonthinae*, I: 1–513 (1951); II: 1–275 (1952); fasc. 4, *Euchirinae, Dynastinae, Trichiinae*: 1–398 (1960); fasc. 5, *Cetoninae, Valginae*: 1–375 (1964) (russ.).

–; 1952: Larves des Lamellicornes de l'URSS: 1–342 (russ.).

MENECS, J. H., 1958: The anatomy and histology of the larval alimentory canal of the European chafer *Amphimallon majalis* Razoum. – J. New York Ent. Soc., **66**: 78–86.

MINGAZZINI, P., 1889–1891: Richerche sul canalo digerenti dei Lamellicornia fitofagi. – Mitt. zool. Stat. Neapel, **9**: 1–112, 266–304, T. I–IV, IX–XI.

MOHR, C. O., 1930: Morphological comparisons of *Coprinae, Aphodiinae* and *Geotrupinae*. – Trans. Illin. State Acad. Sci., **22**: 263–284.

OLSOUFIEF, G., 1935: Note critique sur l'éssai d'une phylogénie des Lamellicornes coprophages. – Ent. Nachr.bl., **9**: 32–35.

OHAUS, F., 1909: Neue Coleoptera lamellicornia aus Argentinien. – Dtsch. Ent. Z., **53**: 425–447, 1 T.

ORLOV, J. A., 1924: Die Innervation des Darmes der Insekten (Larven von Lamellicorniern). – Z. wiss. Zool., **122**: 425–502.

PAULIAN, P., 1933: Essai d'une phylogénie des Lamellicornes coprophages, I. – Ent. Nachr.bl., **7**: 103–107.

–; 1935: Sur l'essai d'une phylogénie des Lamellicornes coprophages. – Ent. Nachr.bl., **9**: 179–180.

–; 1939: Les caractères larvaires des *Geotrupidae* et leur importance pour la position systématique du groupe. – Bull. Soc. ent. France, **64**: 351–361, 18 fig.

–; 1959: Faune de France, 63. Coléoptères, *Scarabaeidae*, 2e éd., 1–298, 445 fig. Paris.

POPOV, M. G., 1954: Le système des Angiospermes compte tenu de leurs rapports avec les problèmes de leur évolution. – Botan. Ž., **29**(9): 881 (russ.).

POUILLAUDE, I., 1913: Note sur les *Euchirinae*. – Insecta, **3**: 163–174. Rennes.

PUTCHKOVA, L. V., 1963: Rudiments of odoriferous glands in *Scarabaeidae* Pupae. Zool. Ž., **42**: 1266–1268, 5 fig. (russ.).

PROWAZEK, S., 1902: Spermatologische Studien. – Arb. zool. Inst. Wien, **13**: 197–236.

PURCEL, C. M., und VIRKKI, N., 1966: Two *Trox* karyotypes differing radically in the location of centromeres. – J. Agric. Univ. Puerto Rico, **50**: 158–160.

RAPP, W. T., 1947: The numbers of gastric coeca in some larval Scarabaeoidea. – Canad. Ent., **79**: 145–147, 1 fig.

RATZEBURG, J. T., 1839: Die Forstinsekten. 1–247. Berlin.

RIPPER, W., 1930: Zur Frage des Celluloseabbaues bei der Holzverdauung xylophager Insektenlarven. – Z. vergl. Physiol., **13**: 314–333.

RITCHER, P. O., 1958: Biology of *Scarabaeidae.* Annual rew. Ent. **3**: 311–334.

–; 1966: White grubs and their allies, a study of North American Scarabaeoid larvae. – Oregon State Univ. Stud. Ent., **4**: 1–219.

–; 1969: Spiracles of adult Scarabaeoidea and their phylogenetical significance. I. The abdominal spiracles. – Ann. Ent. Soc. Amer., **62**: 869–886, 29 fig.; II. Thoracic spiracles and adjacent sclerites: 1388–1397, 37 fig.

RITTERSHAUS, K., 1927: Studien zur Morphologie und Biologie von *Phyllopertha horticola* L. und *Anomala aenea* Geer. – Z. Morph. Ökol. Tiere, **8**: 271–408.

ROBERTSON, C. H. jr., 1962: The anatomy of the respiratory system of the Passalus beetle *Popilius disjunctus* (Illiger). – Amer. Midland Natur., **68**(2): 376–393.

ROESSLER, M., 1955: Über eine bakterielle Vorverdauung und eine proteolytische Hauptverdauung im Darm der Nasenhornkäferlarven *(Oryctes nasicornis* L.). – Experientia, **11**: 357–358, 1 fig.

ROMMEL, E., 1961: Ernährungsbiologie und Brutpflegeverhalten des Spanischen Mondhornkäfers *Copris hispanus* L. – Biol. Zentralbl., **80**(3): 327–346.

SAYLOR, L. W., 1937: The beetles of the subfamily *Chasmatopterinae* in the New World. – J. Washington Acad. Sci., **27**(12): 531–535.

SCHAFFER, E., 1920: A comparative study of the chromosomes of the *Lachnosterna.* – Biol. Bull., **38**.

SCHLOTTKE, E., 1945: Über die Verdauungsfermente in holzfressenden Käferlarven. – Zool. Jb., Zool., **61**: 179–287.

SCHNEIDER, F., 1952: Auftreten und Ovarienentwicklung des Maikäfers *Melolontha vulgaris* F., *M. hippocastani* F. und *M. hippocastani v. nigripes* Com. aus der alpinen Verbreitungsgrenze im Hinterrheintal. – Mitt. Schweiz. Ent. Ges., **25**: 111–130, 4 fig.

SCHWERTFEGER, F., 1928: Untersuchungen über die Entwicklung des weiblichen Geschlechtsorgans bei *Melolontha melolontha* L. während der Schwarmzeit. – Z. angew. Ent., **13**: 267–300.

SHARP, D., und MUIR, F., 1912: The comparative anatomy of the male genitalian tube in Coleoptera. – Trans. R. ent. Soc. London: 477–642, 36 T.

SMITH, S. G., 1950: The cytotaxonomy of Coleoptera. – Canad. Ent., **82**: 58–68, 20 fig.

SNODGRASS, R. E., 1935: Principles of insect morphology. 1–667, ill. New York, London.

SPANEY H., 1910: Beiträge zur Biologie unserer einheimischen Roßkäfer *(Geotrupes stercorarius).* – Dtsch. ent. Z., **54**: 625–639.

STEIN, F., 1847: Vergleichende Anatomie und Physiologie der Insekten. Über die Geschlechtsorgane und den Bau des Hinterleibs bei den weiblichen Käfern. 1–139, 9 T. Berlin.

STERNES, N., 1906: Studies in spermatogenesis, II. A. comparative study of the heterochromosomes in certain species of Coleoptera, Hemiptera and Lepidoptera with special reference to sex determination. – Carnegie Inst. Washington Publ., 36, II.

STRAUSS-DURKHEIM, H. E., 1828: Considérations générales sur l'anatomie comparée des animaux articulés, auxquelles ont a joint l'anatomie descriptive du hanneton vulgaire. 19+434 p., 20 t. Paris.

SUBKLEW, W., 1938: Zur Morphologie der Larven von *Melolontha hippocastani* F. – Arch. Naturgesch., N. F., **7**: 270–304.

SWINGLE, M. C., 1930: Anatomy and physiology of the digestive tract of the Japanese beetle. – J. agric. Res., **41**: 181–196.

TANNER, V. M., 1927: A preliminary study of the genitalia of femelle Coleoptera. – Trans. Amer. Ent. Soc., **53**: 5–50.

TEICHERT, M., 1955: Biologie und Brutfürsorgemaßnahmen von *Geotrupes mutator* Marsh. und *Geotrupes stercorarius* L. – Wiss. Z. Univ. Halle, **V**(2): 187–218.

–; 1956: Nahrungsspeicherung von *Geotrupes vernalis* L. und *Geotrupes stercorosus* Scriba. – Wiss. Z. Univ. Halle, **V**(4): 669–672.

–; 1957: Soziale Instinkthandlungen einheimischer Geotrupinen bei der Anlage ihrer Brutbauten. – Wiss. Z. Univ. Halle, **VI**(6): 1045–1048.

–; 1957a: Brutfürsorgeverhalten einheimischer *Geotrupini*. – Ber. 8. Wandervers. Dtsch. Ent., Tagungsberichte, Nr. **11**: 163–169.

–; 1959: Zum Brutfürsorgeverhalten des *Geotrupes vernalis* L. – Wiss. Z. Univ. Halle, **VIII**(6): 873–878.

1959a: Die bodenbiologische Bedeutung der coprophagen Lamellicornier. – Wiss. Z. Univ. Halle, VIII(6): 879–882.

TIPPMANN, F. F., 1959: Sind die Coprophagen in allen Lebensstadien coprophag? – Ent. Bl., **55**: 196–211.

THOMAS, W. P., 1960: Notes on a preliminary investigation into the habits and lifecycle of *Copris incertus* Say. – New. Zeal. J. Sci., **3**(1): 8–14.

TRAVIS, B. V., 1932: A discussion of synonymy in nomenclature of certain insect flagellates, with the description of a new flagellata from the larva of *Ligyrodes relictus* Say. – Iowa State Coll. J. Sci., **6**: 317–323.

TRAVIS, B. V., und BECKER, E. R., 1931: A preliminary report on the protozoa of white grubs (*Phyllophaga* sp.). – Iowa State Coll. J. Sci., **5**: 223–235.

VIRKKI, N., 1951: Zur Zytologie einiger *Scarabaeidae*. Studien an der Spermatogenese. – Ann. Zool. Soc. „Vanamo", **14**(3): 1–104.

–; 1954: Weitere Spermatogenesestudien an *Scarabaeidae*. – Biologica, 25. Ann. Acad. Sci. Fenn., A(4), Nr. **25**: 1–58, 128 fig.

–; 1954a: Akzessorische Chromosomen bei zwei Käfern, *Epicometis hirta* Poda und *Oryctes nasicornis* L. – Biologica, 26. Ann. Acad. Sci. Fenn., A(4), Nr. **26**: 3–19, 12 fig.

–; 1956: Zur Kenntnis der postmeiotischen Ereignisse der Samenentwicklung bei den Scarabaeiden. – Ztschr. Zellforsch., **44**: 644–665, 19 fig.

–; 1959: Structure of the testis follicle in relation to evolution in the *Scarabaeidae*. – Canad. J. Zool., **35**: 265–272, 29 fig.

–; 1959a: Neo-XY mechanisms in two Scarabaeoid beetles *Phanaeus vindex* McLeay and *Dorcus parallelopipedus* L. – Hereditas, **45**: 481–494.

–; 1960: Citologia de alguñes Escarabajas nearcticos. – Comm. Inst. trop. Invent. Cient. San Salvador, **8**(1/2): 41–49, 2 t. (1959).

–; 1960a: Cytology of some Nearctic *Scarabaeidae*. – Ann. Acad. Sci. Fenn., A(4) Nr. **48**: 1–12.

–; 1961: The passalid testis and its structural kinship with the testis of other Scarabaeoid beetles. – Arch. Soc. zool. bot. Fenn. „Vanamo", **16**(1): 19–22.

–; 1966: Observations on the spermatogenesis of some Scarabaeoid beetles. – J. Agr. Univ. Puerto Rico, **50**(4): 338–341.

–; 1967: Chromosome relationship in some North American Scarabaeoid beetles with special reference to *Pleocoma* and *Trox*. – Canad. J. Genet. Cytol., **9**(1): 107–125.

–; 1967a: Initiation and course of male meiosis in Scarabaeoid beetles, with special reference to *Pleocoma* and *Lichnante*. – Pan-Pacif. Ent., **43**(2): 99–112.

VOGEL, W., 1950: Eibildung und Embryonalentwicklung von *Melolontha vulgaris* F. und ihre Auswertung für die chemische Maikäferbekämpfung. – Z. ang. Ent., **31**: 537–587.

WARNKE, G., 1934: Die Geruchsorgane der Lamellicornier. – Zool. Anz., **108**: 207–224, 7 fig.

WERNER, E., 1926: Die Ernährung der Larve von *Potosia cuprea* F. – Z. Morph. Ökol. Tiere, **6**: 150–207.

–; 1926a: Die Erreger der Zelluloseverdauung der Rosenkäferlarve (*Potosia cuprea* F.) – Bacillus cellulosam fermentans n. sp. – Centralbl. Bakter., Abt. 2, **77**: 237–239.

WIEDEMANN, J. F., 1930: Die Zelluloseverdauung bei Lamellicornier-Larven. – Z. Morph. Ökol. Tiere, **19**: 228–258.

WILDBOLZ, T., 1954: Beitrag zur Anatomie, Histologie und Physiologie des Darmkanals der Larve von *Melolontha melolontha* L. – Mitt. Schweiz. Ent. Ges., **27**(3): 193–240, 25 fig.

WILLIAMS, J., 1945: The anatomy of the internal genitalia of some Coleoptera. – Proc. Ent. Soc. Washington, **47**(4): 73–91.

WILLIMZIK, E., 1930: Über den Bau der Ovarien verschiedener coprophager Lamellicornier und ihre Beziehung zur Brutpflege. – Z. Morph. Ökol. Tiere, **6**: 150–207.

YOSIDA, T., 1949: Chromosome studies in the Coleoptera, IV. Comparison of the chromosomes in five species of the *Scarabaeidae*. – Trans. Sapporo Nat. Hist. Soc., **18**: 43–48, 13 fig.

Anschrift des Autors:

Dr. S. M. Iablokoff-Khnzorian, Akademie der Wissenschaften der Armenischen SSR, Zoologisches Institut, Paruir-Sevac-Str. 7, 3750 44 Erevan 44, UdSSR.

ENTOMOLOGISCHE ABHANDLUNGEN

STAATLICHES MUSEUM FÜR TIERKUNDE IN DRESDEN

Bd. 41 | Ausgegeben: 28. Dezember 1977 | Nr. 6

Monographie der Dynastinae
VIII. Tribus: Phileurini

(Coleoptera, Lamellicornia)

Arten der äthiopischen Region

Mit 1 Tafel und 22 Figuren

SEBÖ ENDRÖDI
Budapest

Die Eigenschaften der *Phileurini* wurden bereits bei der Behandlung der paläarktischen und indoaustralischen Arten (Entom. Abh. Mus. Tierk. Dresden, 41, Nr. 4, 1977) besprochen; in diesem Teil werden die Arten der äthiopischen Region zusammengefaßt. Die verwendeten Abkürzungen für die einzelnen Institutionen und Museen sind in Teil I (Entom. Abh. Mus. Tierk. Dresden, 33, 1966, p. 2) erklärt. – Die entsprechend der Etikettierung verwendeten geographischen Namen und Bezeichnungen sind als historische Namen anzusehen, sie geben daher teilweise nicht die heutige Situation wieder.

Im Laufe der Revision der beschriebenen Formen konnten drei Arten als Synonyme und weitere fünf als Unterarten zu anderen Arten eingezogen werden, dagegen fand ich eine neue Gattung und vier neue Arten, die bisher unbekannt geblieben sind, diese werden untenstehend beschrieben. Somit bewohnen die äthiopische Region – nach meinem heutigen Wissen – 26 Arten der *Phileurini,* die in 12 Gattungen eingeteilt sind. Von diesen ist eine Gattung *(Hovophileurus)* mit vier Arten endemisch in Madagaskar. Eine Art der Gattung *Rhizoplatys (maintyi* FAIRM.) lebt ebenfalls in Madagaskar, die aber – wenn auch schon lange her – sicher vom Kontinent eingeschleppt wurde; die Form ist nämlich so nahe mit *Rh. mucronatus* BEAUV. verwandt, daß man sie fast als eine geographische Rasse auffassen könnte. Dasselbe gilt auch für *Rhizoplatodes castaneipennis foveiceps* FAIRM. von den Komoren, bei welcher aber die Verwandtschaft mit der kontinentalen Stammform noch enger zu sein scheint, so daß ich sie als eine Rasse eingestuft habe. Alle anderen Gattungen und Arten sind auf dem Festland heimisch.

Bestimmungstabelle der Gattungen

1 (22) Kontinental-afrikanische Gattungen.

2 (5) Schrägkiele der vier hinteren Schienen auf je zwei Dornen reduziert, der Spitzenrand ist an der Außenecke und in der Mitte der Außenseite mit je einem starken Zacken bewaffnet, ohne Borsten. Vorderschienen mit drei Zähnen.

3 (4) Mandibeln außen gewinkelt, der Vorderrand mehr oder weniger schräg abgestutzt, die Spitze dornförmig ausgezogen. Mentum an der Spitze sehr schwach eingedrückt, nicht ausgerandet. Stirn bei beiden Geschlechtern meist mit einem Tuberkel. 20–35 mm. 1. **Rhizoplatys** WESTW.

4 (3) Mandibeln normal, außen gerundet, einfach zugespitzt, Mentum an der Spitze eingedrückt und ausgerandet. Stirn der Männchen in der Regel mit einem Hörnchen. 18–30 mm. 2. **Rhizoplatodes** PÉR.

5 (2) An den hinteren Schienen sind die Schrägkiele und der Spitzenrand außen gezähnelt, in den Kerben meist mit je einer Borste.

6 (13) Vorderschienen außen mit vier Zähnen.

7 (8) Halsschild bei beiden Geschlechtern tief und sehr umfangreich ausgehöhlt, die Grube beiderseits durch je eine hohe, dreieckige Platte flankiert. Der Basalrand ist in der Mitte unterbrochen. Hierher eine sehr große Art, 36–44 mm.

3. **Archophanes** KOLBE

8 (7) Halsschild nur mit einer Längsrinne, die vorn oft grubenförmig erweitert ist, beiderseits der Grube sind die Ränder höchstens stumpf gekielt, selten mäßig stark erhöht.

9 (10) Hinterrand des Propygidiums bei beiden Geschlechtern deutlich bogenförmig ausgezogen, daher das Pygidium kurz; die Mitte des Propygidiums ist fein und dicht quergestrichelt, diese Stridulationsfläche ist längs der Mitte nicht geteilt. Halsschild in beiden Geschlechtern gleich geformt, in der Mitte des Vorderrandes mit einem Tuberkel, die Vorderseite breit vertieft, die Grube nach hinten in eine tiefe und breite Rinne auslaufend. Die Basis ist stark gerandet. Flügeldecken ohne lange rostrote Haare. 23–30 mm.

4. **Prosphileurus** KOLBE

10 (9) Hinterrand des Propygidiums gerade, das Pygidium nicht verkürzt; auch sonst mit den obigen Angaben nicht übereinstimmend.

11 (12) Die untere Seite der Vorderschenkel mit einer Längsreihe von Punkten. Halsschild bei beiden Geschlechtern breit gerinnt, bei den Männchen vorn umfangreich vertieft, am Vorderrand mit einem Horn, beim Weibchen am Vorderrand mit einem Tuberkel, hinter diesem ohne Grube. Stridulationsapparat am Propygidium nur durch verworrene, mäßig dichte querrissige Punkte angedeutet. Oberseite nur mit vereinzelten, fallweise ganz fehlenden, langen roten Haaren. 23–25 mm. 5. **Syrichthomorphus** PÉR.

12 (11) Die untere Seite der Vorderschenkel mit einer tiefen Längsfurche. Halsschild nur bei den Männchen mit einer vorderen Grube, hinten nicht oder kaum merklich gerinnt; bei den Weibchen einfach gewölbt. Propygidium sehr fein quergestrichelt und meist mit zwei schmalen, leicht erhöhten Stridulationsstreifen (die selten nur schwach angedeutet sind, wie bei der Type von meiner *S. hessei*). Oberseite mit zahlreichen, die Seiten mit dichten, langen roten Haaren. 13–20 mm. 6. **Syrichthodontus** PÉR.

13 (6) Vorderschienen mit drei Außenzähnen.

14 (15) Propygidium mit zwei Stridulationsstreifen. Die Oberseite ist auffallend grob gerunzelt-punktiert. Basalglied der hinteren Tarsen außen nicht dornförmig ausgezogen. 15–22 mm. 7. **Pseudosyrichthus** PÉR.

15 (14) Propygidium ohne Stridulationsapparat, oder ein solcher nur in Form von kleinen, verworrenen Raspelpunkten bzw. sehr feinen Querkielchen angedeutet.

16 (17) Spitze der Hinterschienen und das Basalglied der Hintertarsen außen lang dornförmig ausgezogen. Die Flügeldecken unregelmäßig und grob punktiert. 19 mm. 8. **Neosyrichthoschema** FERR.

17 (16) Spitze der Hinterschienen und das Basalglied der Hintertarsen außen nicht dornförmig ausgezogen.

18 (19) Clypeus an der Spitze abgerundet, in der Mitte mit einem kleinen Tuberkel. Die Stirn ist mit einem Horn oder einem starken Tuberkel bewaffnet. Halsschild einfach gewölbt. Vordertarsen der Männchen verdickt. 18–25 mm.

9. **Syrictes** PRELL

19 (18) Clypeus dreieckig, die Spitze scharf oder stumpf, mehr oder weniger stark aufgebogen.

20 (21) Mandibeln schmal, außen fast gerade. Halsschild hinter der vorderen Grube mit einer mehr oder weniger tiefen Längsfurche. Vordertarsen der Männchen einfach, dünn, alle Klauen gleichgeformt. 16–21 mm.
10. **Syrichthoschema** JANSS.

21 (20) Mandibeln breit, außen sehr stark gebogen. Halsschild (wenigstens beim Männchen, das Weibchen ist unbekannt) hinter der vorderen Grube ohne Längsfurche. Vordertarsen des Männchens deutlich verdickt, die innere Klaue stark gekrümmt, breiter als die äußere. 18,5 mm. 11. **Syrictoides gen. n.**

22 (1) Vertreter der madagassischen Fauna.

23 (24) Schrägkiele und Spitze der hinteren Schienen gezähnelt, in den Kerben mit je einer Borste. 15–22 mm. 12. **Hovophileurus** ARROW

24 (23) Schrägkiele und Spitze der hinteren Schienen auf je zwei Dorne reduziert, der Spitzenrand außen mit zwei starken Zacken bewaffnet. Hierher eine Art der Gattung *Rhizoplatys*, die in Madagaskar, und eine Rasse von *Rhizoplatodes castaneipennis*, die auf den Komoren heimisch ist.

1. Gattung: RHIZOPLATYS WESTWOOD

WESTWOOD, Proc. Ent. Soc. London, 1841, p. 38; Trans. Ent. Soc. London, 4, 1845, p. 23. – PÉRINGUEY, Trans. S. Afr. Phil. Soc. 12, 1901, p. 559. – JANSSENS, Explor. Miss. de Witte, 38, 1942, p. 34, 38. – BURGEON, Ann. Mus. Congo Belg., 3/2, Tom. 5, fasc. 4, 1947, p. 309, 311. – PAULIAN, Bull. Inst. fr. Afr. noire, 16, 1954, p. 1211. – ENDRÖDI, in BRINCK, S. Afr. Animal Life, VII, 1960, p. 48. – FERREIRA, Rev. Ent. Moçamb., 8, 1965, p. 215, 216.

Trionychus BURMEISTER, Handb. d. Ent., V, 1847, p. 140. – LACORDAIRE, Gen. Col., III, 1856, p. 459.

Der Clypeus ist dreieckig. Stirn mit einem Tuberkel, selten mit einem kurzen Hörnchen. Das Mentum ist sehr breit, an der Basis oft vertieft. Die Mandibeln sind breit, außen mit einer Ecke, die Spitze innen in einen scharfen Dorn ausgezogen. Halsschild vorn bei den Männchen mehr oder weniger stark vertieft, bei den Weibchen (und selten auch bei Männchen) mit zwei kleinen Tuberkeln hinter dem Vorderrand. Prosternalzapfen plattenartig abgeflacht. Propygidium ohne Stridulationsapparat. Vorderschienen dreizähnig; die Schrägkiele der hinteren Schienen auf je zwei starke Zähne reduziert, der Spitzenrand mit zwei scharfen Zacken bewaffnet. Die Vordertarsen sind – mit Ausnahme von einer Art – bei den Männchen leicht verdickt, bei diesen ist auch die innere Klaue verdickt und an der Spitze eingeschnitten.

Zur Zeit sind 5 Arten der Gattung bekannt, 4 leben im kontinentalen Afrika und eine in Madagaskar.

Type der Gattung: *Rhizoplatys cribrarius* WESTWOOD.

Bestimmungstabelle der Arten

1 (8) Kontinentalafrikanische Arten.

2 (3) Halsschild dicht und grob, in den Vorderecken gerunzelt punktiert. Kopf des Männchens mit einem kurzen, geraden Horn, beim Weibchen mit einem starken Tuberkel. Halsschild beim Männchen tief ausgehöhlt, beiderseits mit je einem stumpf zugespitzten, nach vorn und oben gerichteten Auswuchs, beim Weibchen fast einfach gewölbt, nur die mittlere Längsrinne ist sehr deutlich. Spitzenhälfte der Parameren (Fig. 1) dünn. 20–24 mm. – Westafrika, Sudan.
cribrarius WESTW.

3 (2) Halsschild fein punktiert.

4 (5) Die beiden Tuberkeln hinter dem Vorderrand des Halsschildes sind einander stets stark genähert und stets sehr klein, zwischen diesen fast nur furchenartig schmal vertieft, hinter dem Vorderrand der Quere nach nicht oder nur sehr schwach eingedrückt. Parameren (Fig. 2) breit, außen auch vor der Einschnürung mehr oder weniger stark konvex gebogen. 23–38 mm. – Im ganzen tropischen Afrika und auch in Südafrika. **mucronatus** BEAUV.

Variation:

1. Die Populationen von Kongo und nördlich bis Senegal und Sudan. Der Halsschild ist ziemlich stark punktiert, die Exemplare sind durchschnittlich kleiner, 23–34 mm. **mucronatus mucronatus** BEAUV.
2. Es kommen anscheinend überall unter der Stammform Exemplare vor, bei welchen die Punktierung des Halsschildes viel feiner ist. Man könnte diese Form auch als eine territorial nicht begrenzte Übergangsform zur nächsten Rasse auffassen. **m. mucronatus** ab. **laevicollis** PRELL
3. Die Populationen von Rhodesien und südlich bis zum Kapland. Der Halsschild ist noch feiner und etwas spärlicher punktiert als bei der ab. *laevicollis*. Die Exemplare sind durchschnittlich größer, 32–38 mm. **m. trituberculatus** BURM. **(comb. n.)**

5 (4) Der Halsschild ist bei großen Männchen tief ausgehöhlt, die Grube beiderseits durch einen mehr oder weniger starken Tuberkel flankiert; bei kleinen Männchen und bei den Weibchen sind die beiden Tuberkeln klein, stehen weiter voneinander entfernt als bei der vorigen Art; und hinter dem Vorderrand ist, zumindest bei den Männchen, eine seichte, aber meist deutliche Quervertiefung zu finden.

6 (7) Die innere Klaue der Vordertarsen ist bei den Männchen viel stärker als die äußere, an der Spitze gespalten. Der Kopf der starken Männchen trägt ein kurzes Horn, die kleinen Männchen und die Weibchen einen starken Tuberkel. Parameren (Fig. 3) breit, der Spitzenteil länger und weniger breit als bei *Rh. mucr. natus*. 26–35 mm. **auriculatus** BURM.

7 (6) Die beiden Klauen der Vordertarsen bei den Männchen einfach, gleichgeformt. Sonst äußerlich der vorigen Art sehr ähnlich. Die Parameren (Fig. 4) sind vom gleichen Typ, aber viel schlanker als bei der vorigen Art. 28–30 mm. **simplicitarsis** PRELL

8 (1) Eine Art aus Madagaskar, die dem *Rh. auriculatus* BURM. am nächsten steht, sie ist aber breiter gebaut, oben deutlich stärker abgeflacht. Die Parameren (Fig. 5) sind kaum breiter, der Spitzenteil ist sehr kurz und breit. 28–34 mm. **maintyi** FAIRM.

Rhizoplatys cribrarius WESTWOOD (Tafel, Abb. 1)

WESTWOOD, Proc. Ent. Soc. London, 1841, p. 38; Trans. Ent. Soc. London, 4, 1845, p. 23. (*Rhizoplatys*). – BURMEISTER, Handb. d. Ent., V, 1847, p. 142, nota. (*Trionychus*). – PAULIAN, Bull. Inst. fr. Afr. noire, 16, 1954, p. 1212. (*Rhizoplatys*). – FERREIRA, Rev. Ent. Moçamb., 8, 1965, p. 218, f. 261.

cribricollis BURMEISTER, Handb. d. Ent., V, 1847, p. 142. (*Trionychus*).

Mäßig glänzend schwarz bis braunschwarz. Oberseite kahl, das Pygidium sehr kurz und fein, die Brust länger goldgelb behaart.

♂: Der Clypeus ist stumpf zugespitzt und leicht aufgebogen, die Seiten bis zu den stark abgesetzten, breiten Augenkielen fast gerade. Auf der Stirn sitzt ein kurzes, gerades Horn. Die Oberseite ist sehr dicht und fein, stellenweise gerunzelt punktiert, nur der Scheitel ist fast glatt.

Der Halsschild ist breiter als lang (etwa 10:7), in der Mitte am breitesten, die Seiten sind regelmäßig gebogen, nach hinten zu fast so stark eingezogen wie nach vorn. Die Vorderecken sind stumpf spitzwinklig, die hinteren abgerundet. Alle vier Seiten sind gerandet. Hinter dem Vorderrand befindet sich eine tiefe Grube, die hinten die Mitte der Scheibe erreicht; die Grube ist beiderseits durch je einen starken Auswuchs flankiert, dessen Spitze nach oben und leicht nach vorn gerichtet ist. Hinter der Grube verläuft eine seichte Längsrinne bis zur kaum doppelbuchtigen Basis. Die Punktierung ist vorn sehr dicht, fein und gerunzelt, hinten sind die Punkte sehr groß, weniger dicht, freistehend; in der Grube sind die Punkte teilweise hufeisenförmig.

Die Flügeldecken sind länger als zusammen breit (etwa 14,5:11,5), nach hinten sehr schwach erweitert, die Seiten fast gerade. Die Punktierung ist sehr dicht, leicht gerunzelt, die Punkte sind viel kleiner als die größten Punkte des Halsschildes, an den Seiten und an der Spitze kleiner als auf der Scheibe. Doppelreihen sind nur in Spuren zu entdecken.

Das Pygidium ist ziemlich stark, fast regelmäßig gewölbt, an der Basis sehr fein und dicht gerunzelt-punktiert, auf der Scheibe sind die Punkte größer und stehen frei. Die innere Klaue der Vordertarsen ist nur wenig breiter, aber stärker gebogen als die äußere. Die Parameren (Fig. 1) sind schlank, der Spitzenteil ist dünn.

♀: Die Stirn ist mit einem starken Tuberkel bewaffnet. Der Halsschild ist einfach gewölbt, aber die mittlere Längsrinne ist sehr deutlich. Das Pygidium ist deutlich gewölbt, ähnlich wie beim Männchen skulptiert. Alle Klauen sind gleich geformt.

Länge: 20–24 mm. – Untersuchtes Material 8 Exemplare.

Typen: Die Holotype ♂ aus „Senegal" ist im BM in London aufbewahrt. Die Type von *Rh. cribricollis* BURMEISTER ist wahrscheinlich verschollen.

Verbreitung: Senegal (BM). Mauretanien: Nouakchott (E). Tschad: N'Gouri (E). Sudan: Wau (ZMB, E). Nigeria: Kaduna (E); Yola (AKM).

Rhizoplatys mucronatus BEAUVOIS (Tafel, Abb. 3)

BEAUVOIS, Ins. Afr. et Amer., 1805, p. 5, t. 1, f. 5–6. (*Scarabaeus*). – BURMEISTER, Handb. d. Ent., V, 1847, p. 141. (*Trionychus*). – JANSSENS, Expl. P. N. Albert, Miss. de Witte, 38, 1942, p. 38. (*Rhizoplatys*). – PAULIAN, Bull. Inst. fr. Afr. noire, 16, 1954, 1212, 1214, f. 118–123. – FERREIRA, Rev. Ent. Moçamb., 8, 1965, p. 219, f. 262.

ab. *laevicollis* PRELL, Ent. Blätter, 8, 1912, p. 183. (*Trionychus*). – JANSSENS, Explor. P. N. Albert, Miss. de Witte, 38, 1942, p. 38, t. 1, f. 1. (*Rhizoplatys*). – BURGEON, Ann. Mus. Congo Belg., 3/2, Tom. 5, fasc. 4. 1947, p. 311. – PAULIAN, Bull. Inst. fr. Afr. noire, 16, 1954, p. 1214.

subsp. *trituberculatus* BURMEISTER, Handb. d. Ent., V, 1947, p. 141. (*Trionychus*). – BOHEMAN, Ins. Caffr., II, 1857, p. 2. – PÉRINGUEY, Trans. S. Afr. Phil. Soc., 12, 1901, p. 560. (*Rhizoplatys*). – ENDRÖDI, in BRINCK, S. Afr. Animal Life, VII, 1960, p. 76. – FERREIRA, Rev. Ent. Moçamb., 8, 1965, p. 222, ff. 265–273.

Mäßig stark glänzend, schwarz. Die Oberseite ist kahl, das Pygidium sehr kurz, ziemlich dicht, aufstehend behaart, die rotbraune Behaarung der Brust ist länger und dichter.

♂: Die Spitze des Clypeus ist stumpfspitzig, aufgebogen, die Seiten gerade, die Augenkiele stark abgesetzt. Stirn mit einem konischen Tuberkel, der Scheitel nicht vertieft. Die Oberfläche ist sehr dicht, der Scheitel etwas lockerer gerunzelt punktiert.

Der Halsschild ist breiter als lang (etwa 10:8), in der Mitte am breitesten, die Seiten sind regelmäßig gebogen, zu den scharfen, rechteckigen Hinterecken fast so stark eingezogen wie zu den vorgezogenen, scharfwinkligen Vorderecken. Der Vorderrand ist leicht ausgerandet, die Basis leicht doppelbuchtig. Alle vier Seiten sind gerandet. Die Oberseite ist abgeflacht, hinter dem Vorderrand mit zwei stumpf-konischen Tuberkeln, die einander stark genähert sind (bei einem Exemplar von 26 mm sind die beiden voneinander 1,5 mm entfernt). Zwischen dem Vorderrand und den Tuberkeln ist die Oberfläche kaum eingedrückt; eine Längsrinne ist nur angedeutet. Die Vorderecken und die schmalen Seiten sind gerunzelt, die Runzelung geht nach hinten und nach innen zu in eine allmählich lockere, aber auch in der Mitte noch ziemlich dichte Punktierung über. Das Schildchen ist breit dreieckig, hinten stumpf zugespitzt.

Die schwach gewölbten Flügeldecken sind bedeutend länger als zusammen breit (etwa 17:11,5), nach hinten kaum erweitert, die Seiten sind fast gerade. Die Oberseite ist viel dichter und feiner punktiert als die Scheibe des Halsschildes, an den Seiten und an der Spitze ist die Punktierung noch feiner; sehr schwache Rippen deuten die Spuren von den Doppelreihen an.

Propygidium ohne Stridulationsapparat, aber in der hinteren Hälfte ist eine äußerst feine Querrunzelung zu beobachten. Das Pygidium ist stark, regelmäßig gewölbt, äußerst dicht quergerunzelt-punktiert, nur in der Mitte der Scheibe stehen die Punkte frei. Die Vordertarsen sind stark verdickt, die innere Klaue ist breit, stark gebogen, an der Spitze eingeschnitten. Die Parameren (Fig. 2) sind breit, die Mitte der Außenseiten ist mehr oder weniger stark gebogen, der Spitzenteil kurz und breit.

♀: Die Tuberkeln des Kopfes und des Halsschildes sind schwächer; das Pygidium ist der Länge nach sehr schwach gewölbt, auch in der Mitte quergerunzelt-punktiert. Die Vordertarsen sind einfach.

Die Variation ist in der Bestimmungstabelle angegeben.

Länge: 23–38 mm. – Untersuchtes Material 117 Exemplare.

Typen: Die Typen von *Rh. mucronatus* BEAUV. sind mir nicht bekannt. Lectotype ♂ (des. ENDRÖDI) und eine Paralectotype ♂ von *Rh. trituberculatus* BURMEISTER: auf dem blauen Etikett steht „Seneg. Chevr.", diese Fundortangabe ist aber vielleicht irrtümlich, da in der Diagnose „Süd-Afrika von Herrn Chevrolat" figuriert, man müßte daher das erste Exemplar eigentlich als Neotype auffassen. Sie befinden sich im UH in Halle. Lectotype ♂ (des. ENDRÖDI) von *Rh. laevicollis* PRELL: Kamerun, Mundame, R. ROHDE; Paralectotypen: Sankuru und Louloua; im ZMB in Berlin.

Verbreitung:

Rh. mucronatus mucronatus BEAUV.: Senegal (AKM, ZMB). Tschad: Distr. Kanem, N'Gouri (MRAC). Äthiopien: Lacus Abaja (MNM); ohne näheres (AKM). Sudan: Kayes (ZMB). Guinea: N'Zerekoré (E); ohne näheres (MF). Ghana: Accra (ZMB); Kete (ZMB); Tamale (E); Ambo (E). Dahome (ZMB). Nigeria: Kanklya (MRAC). Kamerun: Bibundi (ZMB); Victoria (ZMB); Tukan (ZMB); Mundame (ZMB). Kongo (Zaïre): Kibali-Ituri, Kilomines (MRAC); Nioka (MRAC); Tshuapa, Ikela (MRAC, E); Bamania (MRAC); Louloua (ZMB); Sankuru, Beni Bendi (ZMB); Djeka (MRAC); Kasai, Luebo (MRAC); Stanleyville, Yangambi (MRAC); Mayumbe, Kitadi (MRAC); Katanga, Kundelungu (MRAC); Kivu, Rwankwi (MRAC); Lukolela (MRAC, E); P. N. Upemba, Munoi (MRAC, E); Kondue (AKM). Tansania: Mpuapua (ZMB); Bagamoyo (ZMB); Usambara (ZMB); Nguela (ZMB); Ukerewe (ZMB), Manow (ZMB). „Brit. Ost Afrika" (ZMB). Njam-Njam: Semnio (ZMB).

Rh. mucronatus trituberculatus BURM.: Angola: Luanda (ZMB). Südwestafrika (Namibia): Keetnshoop (ZMB); Otjivarongo Distr., Abachaus (E). Südafrika: Zululand (ZMB); Bechuanaland, Maun (MF); Kapland, Sutterheim (ZMB); Natal, Durban (E), Port Natal (ZMB).

Rhizoplatys auriculatus BURMEISTER (Tafel, Abb. 2)

BURMEISTER, Handb. d. Ent., V, 1847, p. 142 *(Trionychus)*. – PAULIAN, Bull. Inst. fr. Afr. noire, 16, 1954, p. 1212, 1215. – FERREIRA, Rev. Ent. Moçamb., 8, 1965, p. 217, ff. 259 bis 260.

bituberculatus KLUG, Monatsber. Berl. Akad., 1855, p. 657. (*Trionychus*); PETERS, Reise Mosamb., 1862, p. 253. – PÉRINGUEY, Trans. S. Afr. Phil. Soc., 12, 1901, p. 561. (*Rhizo-*

platys). – ENDRÖDI, in BRINCK, S. Afr. Animal Life, VII, 1960, p. 76. – FERREIRA, Rev. Ent. Moçamb., 8, 1965, p. 217.

Glänzend schwarz bis dunkel rotbraun. Oberseite kahl, das Pygidium mikroskopisch fein behaart, meistens kahl erscheinend, die goldgelbe Behaarung der Brust kurz, ziemlich dicht.

♂: Der stumpf zugespitzte Clypeus ist leicht aufgebogen, die Seiten meist schwach konkav gebogen oder fast gerade; die breiten Augenkiele stark abgesetzt. Bei starken Männchen ist die Stirn kurz behörnt, bei den schwachen nur mit einem Tuberkel bewaffnet. Die Oberseite ist fein, hinten ein wenig gröber und dicht punktiert.

Der Halsschild ist viel breiter als lang (etwa 15:9), ein wenig hinter der Mitte am breitesten. Die Seiten sind stark gebogen, auch zur Basis stark eingezogen. Die Vorderecken sind spitzwinklig, die hinteren zähnchenartig vorspringend, rechteckig. Der Vorderrand ist in der Mitte leicht konvex gebogen, die Basis fast gerade, sehr leicht doppelbuchtig. Alle vier Seiten sind gerandet. Bei starken Männchen ist vorn mehr als die Hälfte grubenartig vertieft, die Grube beiderseits durch je einen starken, nach vorn gerichteten, stumpf zugespitzten Auswuchs flankiert, diese werden bei den schwächeren Exemplaren allmählich kleiner, bis bei den kleinsten nur zwei Tuberkeln übrig bleiben; diese sind ähnlich wie bei *Rh. mucronatus*, sie stehen aber weiter voneinander entfernt als bei der letzteren Art (bei ähnlich großen Exemplaren etwa 3 mm), auch bei den kleinsten ist die Fläche zwischen den Tuberkeln und dem Vorderrand deutlicher und breiter eingedrückt. Hinter den Tuberkeln bzw. hinter der Grube ist längs der Mitte eine seichte Depression zu beobachten. Die Grube ist äußerst dicht und fein gerunzelt, die Vorderecken dicht, die Scheibe spärlicher punktiert. Das Schildchen ist ein wenig breiter als lang, vorn dicht punktiert.

Die Flügeldecken sind länger als zusammen breit (etwa 21:17), nach hinten leicht erweitert. Die Punktierung ist sehr dicht, auch auf der Scheibe bedeutend feiner als die des Halsschildes, an den Seiten und an der Spitze noch feiner; sehr schwache Spuren von Doppelreihen sind nur schwer zu entnehmen.

Das Pygidium ist nur vor der Spitze stark gewölbt, sehr dicht und fein, an der Basis und in den Seitenecken gerunzelt punktiert. Die Parameren (Fig. 3) sind breit, der Spitzenteil ist länger und weniger breit als bei *Rh. mucronatus*.

♀: Die Tuberkeln des Halsschildes sind schwach, fallweise fast fehlend. Das Pygidium ist sehr schwach gewölbt, deutlicher behaart als beim Männchen.

L ä n g e : 26–35 mm. – Untersuchtes Material 47 Exemplare.

T y p e n : *Rh. auriculatus* beschrieb BURMEISTER aus der DUPONT-Sammlung, die Typen sind mir unbekannt. Lectotype ♂ (des. ENDRÖDI) und vier Paralectotypen von *Rh. bituberculatus* KLUG, mit Inventar-Nr. 12253 bezeichnet, sind im ZMB in Berlin vorzufinden.

V e r b r e i t u n g : Ä t h i o p i e n : Harrar (ZMB); Besetimo (ZMB). K e n i a : Nairobi (ZMB). T a n s a n i a : Ugogo (ZMB); Meru, Niederung (ZMB); Kilimandjaro (ZMB); Usambara, Nguela (ZMB). M o ç a m b i q u e : Inhambane (ZMB); Delagoa Bai (ZMB); Delagoa Bai, Sikumba (AKM); Tete (ZMB); Quilimane (ZMB); Lourenço Marques (E). S ü d a f r i k a : Skukuza (E). S ü d w e s t a f r i k a (Namibia): Windhoek (ZMB).

Rhizoplatys simplicitarsis PRELL

PRELL, Col. Rundschau, 1, 1912, p. 107. (*Trionychus*). – FERREIRA, Rev. Ent. Moçamb., 8, 1965, p. 221, ff. 263–264.

Diese Art ist mit *Rh. auriculatus* BURM. am nächsten verwandt. Sie unterscheidet sich von der Diagnose des letzteren nur in den folgenden Eigenschaften:

Der Stirntuberkel ist bei ähnlich großen Männchen größer als bei *Rh. auriculatus*. Das Schildchen ist viel breiter als lang. Die Punktierung der Flügeldecken ist ein wenig gröber. Die Parameren (Fig. 4) sind vom gleichen Typ, aber viel schlanker.

♀: Unbekannt, oder äußerlich nicht zu erkennen?

Länge: 28–30 mm. – Untersuchtes Material 2 Exemplare.

Typen: Holotype ♂: Oranje, DSWA; sowie Typenzettel von PRELL; im ZMB in Berlin.

Verbreitung: Südwestafrika (Namibia): Oranje (ZMB). Südafrika: 15 m NE Stinkfontein, Richtersveld (E).

Rhizoplatys maintyi FAIRMAIRE

FAIRMAIRE, Ann. Soc. Ent. Belge, 42, 1898, p. 401. (*Trionychus*).

Auch diese Art ist mit *Rh. auriculatus* BURM. eng verwandt und kann durch ihre wenigen abweichenden Eigenschaften von der Diagnose der letzteren charakterisiert werden:

Der Körper ist oben ausgesprochen abgeflacht. Die Parameren (Fig. 5) sind kaum breiter, aber der Spitzenteil ist sehr kurz und breit.

♀: Das Pygidium ist der Länge nach fast flach.

Länge: 28–34 mm. – Untersuchtes Material 4 Exemplare.

Typen: Holotype ♂: Suberbieville, H. PERRIER; im MP in Paris.

Verbreitung: Madagaskar: Suberbieville (MP); Nossibé (E); Pce. Tamatave, Ivoloina (E).

Die Type ist 30 mm lang. FAIRMAIRE schreibt in der Diagnose, daß der Kopf einen konischen Tuberkel besitzt und der Halsschild vorn tief eingedrückt ist, beiderseits „angulatis". Ich besitze ein noch größeres Männchen (34 mm), bei welchem zwar diese Feststellungen stimmen, ich möchte aber hinzufügen: „verhältnismäßig" oder „gegenüber von *Rh. mucronatus*". Die „anguli" sind nämlich eckige, nach vorn gerichtete Tuberkeln, die voneinander 4 mm weit entfernt sind; die Grube liegt zwischen diesen, und ihre hintere Kante verbindet nur halbkreisförmig die beiden Tuberkeln. Es schein also, daß die Halsschild-Bewaffnung der madagassischen Art bei ihren großen Exemplaren stets viel schwächer ist als bei *Rh. auriculatus*.

2. Gattung: RHIZOPLATODES PÉRINGUEY

PÉRINGUEY, Trans. S. Afr. Phil. Soc., 12, 1901, p. 561. – JANSSENS, Explor. P. N. Albert, Miss. de Witte, 38, 1942, p. 34, 38. – BURGEON, Ann. Mus. Congo Belg., 3/2, Tom. 5, fasc. 4, 1947, p. 309, 311. – ENDRÖDI, in BRINCK, S. Afr. Animal Life, VII, 1960, p. 48. – FERREIRA, Rev. Ent. Moçamb., 8, 1965, p. 215, 224.

Die Gattung ist weitgehend mit *Rhizoplatys* verwandt. Die meisten generischen Eigenschaften stimmen mit jenen der Vergleichsgattung überein. Sie unterscheidet sich von *Rhizoplatys* durch die folgenden Einzelheiten: Das Mentum ist vorn in der Mitte mehr oder weniger tief ausgerandet; der Scheitel ist bei den Männchen grubenartig vertieft; die Mandibeln sind außen nicht gewinkelt, sondern vorn leicht konkav, hinten leicht konvex gebogen, die Spitze ist nicht dornförmig ausgezogen, sondern einfach scharf zugespitzt.

Bisher wurden 4 Arten beschrieben, alle diese sind aber dermaßen nahe verwandt, daß sie als verschiedene Formen ein und derselben Art aufgefaßt werden müssen, und zwar der Art *Rh. castaneipennis* BOH. Diese Annahme wird dadurch unterstützt, daß die Parameren (ich sah nur diejenigen von *Rh. foveiceps* FAIRM. nicht) ganz gleich gebaut sind, daß unter den Männchen verschiedene Übergangsformen zu beobachten sind und daß die Weibchen kaum oder gar nicht auseinandergehalten werden können.

Somit verbleibt nur eine Art in der Gattung, die in den Tropen von Afrika weit verbreitet ist, aber auch in Südafrika vorkommt und auf den Komoren eine Rasse ausbildet.

Type der Gattung: *Trionychus castaneipennis* BOH.

Rhizoplatodes castaneipennis BOHEMAN (Tafel, Abb. 6)

BOHEMAN, Ins. Caffr., II, 1857, p. 2. *(Trionychus)*. – PÉRINGUEY, Trans. S. Afr. Phil. Soc., 12, 1901, p. 562. *(Rhizoplatodes)*. – JANSSENS, Explor. P. N. Albert, Miss. de Witte, 38, 1942, p. 38, T. 1, f. 10. – FERREIRA, Rev. Ent. Moçamb., 8, 1965, p. 225, ff. 274–282.

var. *ambiguus* GERSTÄCKER, Arch. Naturg., 1871, p. 46. *(Rhizoplatys)*; Decken's Reise Zanzibar, 1873, p. 105, T. 7, f. 2. – PÉRINGUEY, Trans. S. Afr. Phil. Soc., 12, 1901, p. 501 *(Rhizoplatodes)*. – PRELL, Ent. Blätter, 30, 1934, p. 55.

ab. *caviceps* PRELL, Ent. Blätter, 30, 1934, p. 55 *(Rhizoplatodes)*. – BURGEON, Ann. Mus. Congo Belg., 3/2, Tom. 5, fasc. 4, 1947, p. 312.

subsp. *foveiceps* FAIRMAIRE, Ann. Soc. Ent. Belg., 37, 1893, p. 530. *(Trionychus)*.

Glänzend, mehr oder weniger dunkel rotbraun. Oberseite und Pygidium kahl, die Brust dicht, aufstehend und goldgelb behaart.

♂: Die Spitze des dreieckigen Clypeus ist stumpf und leicht aufgebogen. Die Seiten sind schwach konvex gebogen oder fast gerade. Das Kopfhorn ist ziemlich lang, gerade, nur die Spitze ist plötzlich nach hinten gebogen, bei kleinen Exemplaren kürzer, sogar bis tuberkelförmig. Der Scheitel ist grubenförmig vertieft. Die Fühler sind 10gliedrig, die Fahne ist kurz.

Der Halsschild ist breiter als lang (etwa 10:7), dicht hinter der Mitte am breitesten. Die Seiten sind stark, regelmäßig gebogen, nur vor den scharfen, stumpfwinkligen Hinterecken leicht ausgerandet. Die Vorderecken sind mäßig stark vorgezogen, scharfwinklig. Die Spitze und die stark gerandete Basis sind fast gerade. Die Oberfläche ist hinter dem Vorderrand meistens sehr deutlich, oft aber nur schwach oder kaum eingedrückt, bei starken Männchen ist die Vertiefung hinten deutlich begrenzt und beiderseits der Mitte buckelig, selten fast tuberkelförmig erhoben; die Grube ist längs der Mitte bis zur Basis furchenartig verlängert. Bei kleinen Exemplaren sind diese Unebenheiten schwach oder fast fehlend. Die Punktierung ist ziemlich stark, vorn sehr dicht, stellenweise gerunzelt, auf der Scheibe allmählich lockerer, vor der Basis fast glatt.

Die Flügeldecken sind länger als zusammen breit (etwa 15:11,5), nach hinten schwach erweitert. Die Punktierung ist sehr dicht, verworren, die Punkte sind kleiner als die auf der Scheibe des Halsschildes, an den Seiten und an der Spitze noch kleiner. Der Nahtstreif ist nur an der Basis vertieft, sonst meist ganz fehlend. Die Stelle der Doppelreihen ist durch schwache Furchen angedeutet.

Der Prosternalzapfen ist an der Basis und vor der Mitte mit je einem Querkiel versehen, die Spitze ist stumpf kegelförmig. Propygidium ohne Stridulationsapparat. Das Pygidium ist der Länge nach in der basalen Hälfte fast flach, in der apikalen stark gewölbt, mäßig dicht punktiert, die Spitzengegend glatt. Die Beine sind wie bei den *Rhizoplatys*-Arten beschaffen. Die Vordertarsen sind mäßig stark verdickt, die innere Klaue ist tief gegabelt eingeschnitten. Die Parameren (Fig. 6) sind lang, an der Basis des langen, außen gebogenen Spitzenteiles mit je einem höckerartigen Vorsprung versehen.

♀: Die Stirn ist gehöckert. Der Halsschild nur mit einer meist schwachen Längsdepression, etwas dichter punktiert als beim Männchen. Das Pygidium ist der Länge nach fast flach, überall dicht punktiert. Die Vordertarsen sind nicht verdickt.

Variation:

1. Die oben beschriebene Form, mit deutlich entwickelten Unebenheiten am Halsschild des Männchens, ist die Stammform.
2. Kleinere oder auch größere Männchen, bei welchen die Unebenheiten des Halsschildes sehr schwach sind; diese Form kommt unter der Stammform überall vor.

   ab. **caviceps** PRELL **(comb. n.)**

3. Die Unebenheiten des Halsschildes sind stark entwickelt, die beiden Tuberkeln hinter der Grube stehen näher zueinander als bei der Stammform. Die Punktierung des Hals-

schildes ist bei den Weibchen etwas weniger dicht, auch hinter dem Vorderrand nicht gerunzelt. Bei zwei starken Männchen ist das Kopfhorn vor der Spitze nicht einfach, sondern „gebrochen" nach hinten gebogen. Die Natur der Unterkategorie wäre noch festzustellen, sie ist keine geographische Rasse, da sie sich in Ostafrika mit der Stammform überdeckt. var. **ambiguus** GERST. **(comb. n.)**

4. Die Population von den Komoren ist als eine geographische Rasse zu betrachten. subsp. **foveiceps** FAIRM. **(comb. n.)**

L ä n g e : 18–30 mm. – Untersuchtes Material 31 Exemplare.

T y p e n : Die Type von *Rh. castaneipennis* BOHEMAN befindet sich im BM in London; die Holotype ♂ von *Rh. caviceps* PRELL im ZMB in Berlin; die Holotype ♀ von *Rh. ambiguus* GERSTÄCKER ebenfalls im ZMB in Berlin; die Type von *Rh. foveiceps* FAIRMAIRE im MP in Paris.

V e r b r e i t u n g :

Rh. castaneipennis castaneipennis BOH.: T s c h a d : Chari-Tchad, Fort Sibut (AKM). G u i n e a : Fouta Diallon, Dalaba, 1200 m (MF). K a m e r u n : M'Balmayo (MRAC); Tina (ZMB); Bez. Obersanga, Uham (ZMB). K o n g o (Zaïre): Kakunda (MRAC, E); Kabwe sur Muye, 1300 m (MRAC, E); Stanleyville (MM); Elisabethville (AKM). T a n s a n i a : Uhehe (ZMB); Kigonsera (MF, E); S. Ufipa, Msamvia (E); N. Nyassa-See, Konde-Unyika (E); Usambara, Nguelo (E). U g a n d a : Gudong Forest (E). S ü d a f r i k a : Transvaal, Johannesburg (TM); Potchefstroom (TM); Klerkodorp (TM); Lydenburg (ZMB); Capland (E). S ü d w e s t a f r i k a (Namibia): Windhoek (E); Rehobot (ZMB).

ab. *caviceps* PRELL: E r y t h r e a (Äthiopien): Cheren (ZMB); Ukamu (ZMB). U g a n d a : Entebbe via Ruwenzori (E). T a n s a n i a : Usambara, Nguelo (E); N. Nyassa-See, Unyika (ZMB). A n g o l a : Huambo (E).

var. *ambiguus* GERST.: U g a n d a : Entebbe via Ruwenzori (ZMB); Trichilia (E). T a n s a n i a : Zanzibar (ZMB); Usambara, Nguelo (ZMB); Bagamoyo (ZMB); Kigonsera (E).

castaneipennis foveiceps FAIRM.: K o m o r e n : Comoro Ins. (MP).

3. Gattung: ARCHOPHANES KOLBE

KOLBE, Ark. Zool., 2, 1905, p. 19. – ARROW, Ann. Mag. Nat. Hist., 8 (VIII), 1911, p. 163. – JANSSENS, Explor. P. N. Albert, Miss. de Witte, 38, 1942, p. 34, 37. – BURGEON, Ann. Mus. Congo Belg., 3/2, Tom. 5, fasc. 4, 1947, p. 309. – PAULIAN, Bull. Inst. fr. Afr. noire, 16, 1954, p. 1207. – FERREIRA, Rev. Ent. Moçamb., 8, 1965, p. 215, 242.

Der Clypeus ist dreieckig, die Spitze stark, oft hörnchenförmig aufgebogen. Stirn mit einem kleinen Tuberkel. Die Mandibeln sind schmal, scharf zugespitzt, außen fast gerade. Das Mentum ist breit, die Spitze nicht ausgerandet, der Länge nach gefurcht, die Seiten nach vorn konvergierend. Die Fühler sind 10gliedrig, die Fahne ist kurz. Der Halsschild ist bei beiden Geschlechtern von der Spitze bis zur Basis breit ausgehöhlt, die Grube ist beiderseits durch je eine hohe, dreieckige Platte begrenzt, in der Mitte des Vorderrandes steht ein kleiner Tuberkel. Das Schildchen ist zungenförmig. Die Flügeldecken sind breit, stark gewölbt. Der Prosternalzapfen ist mäßig lang, abgeflacht, die Spitze bogenförmig abgerundet. Propygidium mit zwei breiten, zur Spitze verengten Stridulationsstreifen; der Hinterrand ist vorgezogen, darum ist das Pygidium kurz. Die Vorderschienen sind außen vierzähnig; die Schrägkiele der hinteren Schienen sind normal entwickelt, der Spitzenrand ist außen abgestutzt, sehr dicht und sehr kurz beborstet. Die Vordertarsen sind auch beim Männchen nicht verdickt. Das Basalglied der Hintertarsen ist außen dornförmig ausgezogen. Alle Klauen sind einfach, gleich geformt.

Ich untersuchte die Type von *A. canorus* PRELL und konnte feststellen, daß sie in allen wesentlichen Eigenschaften mit *A. cratericollis* FAIRM. übereinstimmt. Die Type ist ein kleines Männchen (36 mm), bei welchem die Seitenplatten des Halsschildes viel kürzer sind als bei den starken *A. cratericollis*-Weibchen. Die Skulptur der Flügeldecken ist zwar etwas dichter, aber durchaus von demselben Charakter. Ich sah zwei Weibchen (ZMB), die KOLBE als *A. adamantinus* (in litt.) bezeichnet hat; das eine ist klein (38 mm) und entspricht vollkommen der Type von *A. canorus;* das andere ist groß (44 mm) mit starker Halsschildbewaffnung, bei diesem steht die Skulptur in der Mitte zwischen *cratericollis* und *canorus.* So fand ich keine Eigenschaften, die die Artberechtigung von *A. canorus* unterstützen könnten. Daher muß ich annehmen, daß dieser das bisher unbekannte Männchen von *A. cratericollis* FAIRM. darstellt (**syn. n.**).

Somit verbleibt in der Gattung nur eine Art, die Type der Gattung: *Oryctes cratericollis* FAIRMAIRE.

Archophanes cratericollis FAIRMAIRE (Tafel, Abb. 8)

FAIRMAIRE, Ann. Soc. Ent. Belg., 38, 1894, p. 316. *(Oryctes).* – KOLBE, Ark. Zool., 2, 1905, p. 19. *(Archophanes).* – ARROW, Ann. Mag. Nat. Hist., (8) VIII, 1911, p. 163. – JANSSENS, Explor. P. N. Albert, Miss. de Witte, 38, 1942, p. 37, T. 1, f. 8. – BURGEON, Ann. Mus. Congo Belg., 3/2, Tom. 5, fasc. 4, 1947, p. 310. – PAULIAN, Bull. Inst. fr. Afr. noire, 16, 1954, p. 1208, f. 114. – FERREIRA, Rev. Ent. Moçamb., 8, 1965, p. 242, ff. 294–299.

canorus PRELL, Ent. Blätter, 8, 1912, p. 185 *(Archophanes).* – PAULIAN, Bull. Inst. fr. Afr. noire, 16, 1954, p. 1208, 1209.

Schwach glänzend schwarz. Die Oberseite ist kahl, das Pygidium, die Brust und die Schenkel sind lang und dicht rötlich behaart.

♂: Die Seiten des Kopfes sind bis zu den leicht abgesetzten Augenkielen fast gerade. Die Oberseite ist überall stark quergerunzelt.

Der Halsschild ist viel breiter als lang (etwa 19:11), die Seiten sind stark gebogen, nach vorn stärker eingezogen als nach hinten, vor den fast rechteckigen Hinterecken deutlich ausgerandet. Die Vorderecken sind spitzwinklig. Der Spitzenrand ist leicht doppelbuchtig, die Basis fast gerade, in der breiten Mitte ungerandet. Die Oberseite ist grob quergerunzelt, nur die gewölbten Seiten mit einfachen oder queren Punkten; die Grube ist sehr dicht quergerunzelt-punktiert.

Die Flügeldecken sind nur wenig länger als zusammen breit (etwa 21:19), nach hinten kaum erweitert, mit kleinen, hufeisenförmigen Punkten dicht besetzt, bei den großen Exemplaren sind auf der Scheibe meist ein bis zwei Doppelreihen und schmale, glatte Zwischenräume deutlich zu unterscheiden, bei kleinen fließt die Punktierung stärker zusammen. Die Punkte sind an den Seiten und an der Spitze viel kleiner als auf der Scheibe und stehen äußerst dicht, an der Spitze sogar gerunzelt.

Die beiden Stridulationsstreifen sind breit, nach hinten verengt, das spitzige Ende erreicht den Spitzenrand des Propygidiums, sie sind voneinander schmal getrennt, die Querkielchen sind überall gleich und dicht. Das Pygidium ist dicht punktiert, die Punkte sind auf der Scheibe groß, seicht, ringförmig, in den umfangreichen Seitenecken sehr fein und äußerst dicht. Die Vorderschenkel sind unten der Länge nach gefurcht, in der Furche mit dichten Haarpunkten. Die Parameren (Fig. 7) sind kompliziert gebaut, mäßig breit, die Spitzenhälfte parallelseitig, die Spitze zahnartig nach außen gebogen.

♀: Mit dem Männchen weitgehend übereinstimmend, die Bewaffnung oft noch stärker entwickelt.

L ä n g e : 36–44 mm. – Untersuchtes Material 6 Exemplare.

T y p e n : Holotype ♀ von *A. cratericollis* FAIRMAIRE aus Guinea im MP in Paris. Holotype ♂ von *A. canorus* PRELL aus Dahomey im ZMB in Berlin.

V e r b r e i t u n g : G u i n e a (MP). D a h o m e (ZMB). K a m e r u n : Joko (AKM); Mukonje (E); Komba G. (E).

4. Gattung: PROSPHILEURUS KOLBE

KOLBE, Ark. Zool., 2, 1905, p. 17. – ARROW, Ann. Mag. Nat. Hist., (8) VIII, 1911, p. 163. – JANSSENS, Explor. P. N. Albert, Miss. de Witte, 38, 1942, p. 34, 37. – BURGEON, Ann. Mus. Congo Belg., 3/2, Tom. 5, fasc. 4, 1947, p. 309. – PAULIAN, Bull. Inst. fr. Afr. noire, 16, 1954, p. 1209. – ENDRÖDI, in BRINCK, S. Afr. Animal Life, VII, 1960, p. 47. – FERREIRA, Rev. Ent. Moçamb., 8, 1965, p. 215, 244.

Der Clypeus ist dreieckig, die Spitze stark aufgebogen. Stirn nebeneinander mit zwei sehr kleinen Tuberkeln. Die Mandibeln sind schmal, zugespitzt, außen sehr schwach konvex gebogen. Mentum breit, rugulös, nach vorn verengt, die Spitze ausgerandet. Der Halsschild ist bei beiden Geschlechtern vorn breit vertieft, die Vertiefung hinter dem Spitzenrand mit einem starken Tuberkel bewaffnet und hinten als eine tiefe Furche bis zur Basis verlängert. Das Schildchen ist klein, zungenförmig. Die Flügeldecken sind punktiert-gestreift. Der Prosternalzapfen ist hoch, die Spitze abgeflacht, länglich-oval. Das Propygidium ist in der breiten Mitte äußerst fein quergestrichelt, diese Fläche längs der Mitte undeutlich getrennt. Die Vorderschienen sind außen vierzähnig; die Schrägleisten der hinteren Schienen sind stark entwickelt, der Spitzenrand außen mit 8–9 Kerben, in diesen je ein kurzes Börstchen. Die Vordertarsen der Männchen sind nicht verdickt; das Basalglied der Hintertarsen ist außen stark dornförmig ausgezogen. Die einzige Art der Gattung ist gleichzeitig die Type der Gattung: *Phileurus liberianus* DOHRN.

Prosphileurus liberianus DOHRN (Tafel, Abb. 4)

DOHRN, Stett. Ent. Zeit., 1875, p. 294. *(Phileurus)*. – KOLBE, Ark. Zool., 2, 1905, p. 17. *(Prosphileurus)*. – PRELL, Col. Rundschau, 1, 1912, p. 107. – JANSSENS, Explor. P. N. Albert, Miss. de Witte, 38, 1942, p. 37, T. 2, f. 6. – BURGEON, Ann. Mus. Congo Belg., 3/2, Tom. 5, fasc. 4, 1947, p. 311. – PAULIAN, Bull. Inst. fr. Afr. noire, 16, 1954, p. 1210, ff. 115–117. – FERREIRA, Rev. Ent. Moçamb., 8, 1965, p. 244, ff. 300–307.

poggei HAROLD, Mitt. Münch. Ent. Ges., 2, 1878, p. 102; Kol. Hefte, 16, 1879, p. 53. *(Phileurus)*. – KOLBE, Ark. Zool., 2, 1905, p. 14. *(Prosphileurus)*. – ARROW, Ann. Mag. Nat. Hist., (8) VIII, 1911, p. 163.

fissicollis FAIRMAIRE, Ann. Soc. Ent. France, 42, 1893, p. 138. *(Phileurus)*. – FERREIRA, Rev. Ent. Moçamb., 8, 1965, p. 244. *(Prosphileurus)*.

Glänzend schwarz. Die Stirn und die Vorderecken des Halsschildes sind spärlich und kurz behaart, die goldgelbe Behaarung am Pygidium und an der Brust ist dicht.

♂: Die Seiten des Clypeus sind bis zu den starken, stumpfeckig abgesetzten Augenkielen konkav gebogen. Die Oberseite des Kopfes ist quergerunzelt, nur zwischen den beiden Tuberkeln oft fast glatt. Die Fühler sind 10gliedrig, die Fahne ist kurz.

Der Halsschild ist breiter als lang (etwa 13:9), hinter der Mitte am breitesten, die Seiten sind stark gebogen, die Vorderecken rechteckig, die hinteren breit abgerundet. Die Basis ist gerandet. Die Grube ist hinten stumpfkantig begrenzt, die Kante beiderseits tuberkelförmig erhöht; die Randkante wird hinten durch die Längsfurche unterbrochen; bei kleineren Exemplaren ist die Bewaffnung mehr oder weniger stark reduziert. Die Grube, die Längsfurche und die Vorderecken sind grob quergerunzelt, sonst ist die Oberseite spärlich und ziemlich stark punktiert, hinten und beiderseits der Furche viel feiner.

Die Flügeldecken sind nicht viel länger als zusammen breit (etwa 15,5:14), nach hinten schwach erweitert. Die Punktierung ist fein, die Punkte sind kaum größer als jene an den Seiten des Halsschildes; die Doppelreihen sind regelmäßig und kaum gefurcht, an den Zwischenräumen sind zahlreiche ähnlich große Punkte zu finden, die Spitze ist dicht und verworren punktiert.

Der Hinterrand des Propygidiums ist stark nach hinten ausgezogen, darum ist das Pygidium sehr kurz, letzteres ist dicht und quergerunzelt punktiert. Die Parameren

(Fig. 9) sind an der Basis breit, der Spitzenteil ist von vorn gesehen schmal, nur die Spitze ist mehr oder weniger erweitert, von der Seite gesehen aber breit, flach gedrückt und leicht vertieft.

♀: Die Weibchen sind äußerlich den Männchen sehr ähnlich.

Länge: 23–30 mm. – Untersuchtes Material 69 Exemplare.

Typen: Die Type von *P. liberianus* DOHRN ist im letzten Weltkrieg vernichtet worden, ich designiere daher eine Neotype ♂ aus Ghana, Amedzofe, aus meiner Sammlung. Lectotype ♂ (des. ENDRÖDI) und drei Paralectotypen von *P. poggei* HAROLD: Regn. Lunda, sind im ZMB in Berlin aufbewahrt. Die Type von *P. fissicollis* FAIRMAIRE ist im MP in Paris vorzufinden.

Verbreitung: (Senegal/Gambia) Senegambia (ZMB). (Zentralafrika) Franz.-Äquatorial-Afrika: Mongoumba (AKM). Sierra Leone: O. N. (ZMB). (Elfenbeinküste) Cote d'Ivoire: Adiopodomué (E). Ghana: Amedzofe (ZMB, E). Togo: Bismarckburg (ZMB, E). (Guinea) Guineé Franc.: N'Zerekoré (MF, E). Kamerun: Joko (AKM); Bascho (AKM, E); Victoria (ZMB); Jangwa (ZMB); Wutschiri (ZMB); Joh. Albrechtshöhe (ZMB); Barombi (ZMB); Christibay (ZMB). Gabun: O. N. (ZMB); Libreville (HM). Kongo: (Zaire) Lulua, Kapanga (MRAC); Lulua, Tschibinda (MRAC); Lulua, Muteba (MRAC); Ubangi, Molegbwe (MRAC); Kibali-Ituri (MRAC, E); Tshuapa, Djeka (MRAC); Stanley Pool, Lukolele (ZMB); Bimbia (ZMB); Bas Congo, Kitadi (MRAC, E); Kivu, Lubile (MRAC). Angola: Luanda (ZMB); Mukenge (ZMB); Isubu (ZMB). Uganda: Bugoma Forest, Celtis (E).

5. Gattung: SYRICHTHOMORPHUS PÉRINGUEY

PÉRINGUEY, Trans. S. Afr. Phil. Soc., 12, 1901, p. 554. – JANSSENS, Explor. P. N. Albert, Miss. de Witte, 38, 1942, p. 8, 13. – FERREIRA, Rev. Ent. Moçamb., 8, 1965, p. 216.

Der Clypeus ist zugespitzt und stark aufgebogen. Die Stirn ist mit einem kurzen Querkiel versehen. Die Mandibeln sind zugespitzt, außen sehr schwach gebogen. Die Fühler sind 10gliedrig, die Fahne ist kurz. Der Halsschild ist beim Männchen breit vertieft, am Vorderrand mit einem Horn, beim Weibchen mit einem Tuberkel, bei beiden Geschlechtern bis zur Basis breit gefurcht. Das Schildchen ist breit zungenförmig. Die Flügeldecken sind fein punktiert-gestreift. Propygidium ohne Stridulationsapparat, nur mit feinen, verworrenen Rasselpunkten, der Hinterrand ist fast gerade. Die Vorderschienen haben vier Außenzähne; die Schrägkiele und der Spitzenrand der hinteren sind dicht gekerbt und kurz beborstet. Die Vorderschenkel sind unten der Länge nach gefurcht.

Da *S. hessei* ENDRÖDI in die Gattung *Syrichthodontus* überstellt werden mußte, blieb in dieser Gattung nur die Type der Gattung:

Syrichthomorphus termitophilus PÉRINGUEY (Tafel, Abb. 11)

PÉRINGUEY, Trans. S. Afr. Phil. Soc., 12, 1901, p. 555. *(Syrichthomorphus)*. – FERREIRA, Novos Taxa ent., 43, 1965, p. 6–9, ff. 5–15; Rev. Ent. Moçamb., 8, 1965, p. 235, ff. 312–318.

Glänzend schwarz, die Bauchseite dunkel rotbraun. Die Oberseite ist praktisch kahl, nur an den Seiten des Halsschildes und an der Basis der Flügeldecken sowie stellenweise am Pygidium sind vereinzelte lange rötliche Haare zu finden; die Brust ist ziemlich dicht behaart.

♂: Die Seiten des Kopfes sind leicht konkav gebogen, sie sind bei den stark abgesetzten Augenkielen deutlich, meist eckig erhöht. Die Oberseite ist spärlich, sehr seicht gerunzelt. Der Stirnkiel nimmt fast das mittlere Drittel ein.

Der Halsschild ist viel breiter als lang (etwa 12:8), hinter der Mitte am breitesten; die Seiten sind regelmäßig gebogen, zur Spitze stärker konvergierend als zur gerandeten,

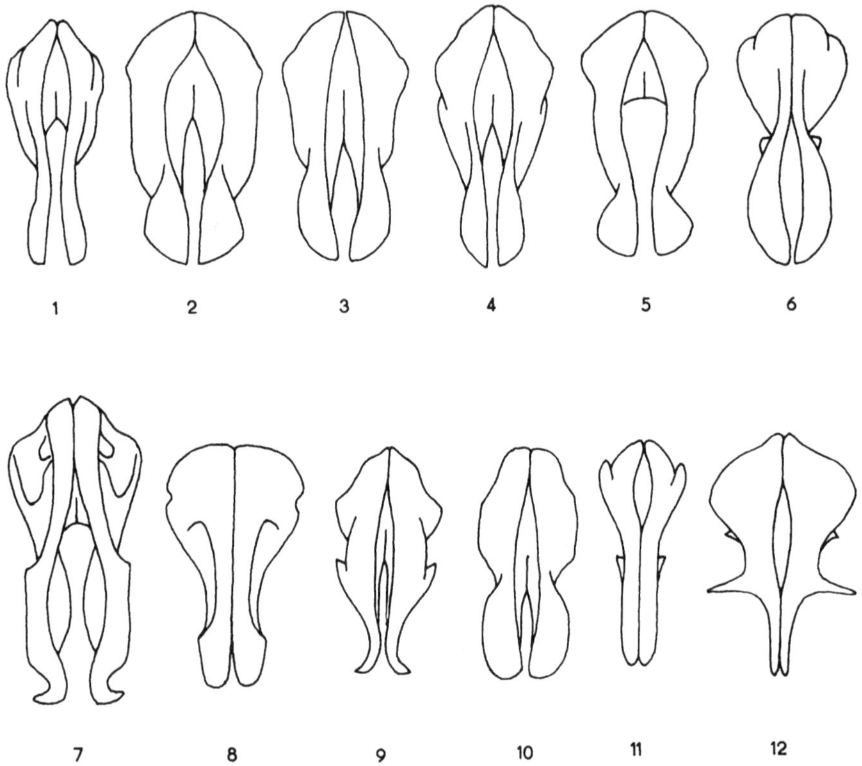

Fig. 1–12. Parameren (von vorn)

1: *Rhizoplatys cribrarius* WESTW. – 2: *Rh. mucronatus* BEAUV. – 3: *Rh. auriculatus* BURM. – 4: *Rh. simplicitarsis* PRELL – 5: *Rh. maintyi* FAIRM. – 6: *Rhizoplatodes castaneipennis* BOH. – 7: *Archophanes cratericollis* FAIRM. – 8: *Prosphileurus liberianus* DOHRN – 9: *Syrichthomorphus termitophilus* PÉR. – 10: *Syrichthodontus spurius* BURM. – 11: *S. cribratus* BOH. – 12: *Pseudosyrichthus clathratus* GERST.

leicht doppelbuchtigen Basis. Auch der Spitzenrand ist doppelbuchtig, in der Mitte erhebt sich ein starkes, beiderseits abgeflachtes Horn. Die Vorderecken sind spitzwinklig, die hinteren abgerundet. Die Oberseite ist mit großen, seichten, runden Punkten besetzt, die in den Vorderecken und in der Nähe der Seitenränder zusammenfließen und in der Längsfurche kleiner werden; die vordere Grube ist fast glatt. Das Schildchen ist quer, an der Basis wulstartig gerandet, glatt.

Die Flügeldecken sind nicht viel länger als zusammen breit (etwa 16:13), nach hinten schwach erweitert. Auf der Scheibe werden von kleinen Ringpunkten Reihen gebildet, die Punkte werden nach hinten und den Seiten zu kleiner; die Doppelreihen treten schwach hervor, da auch in den Zwischenräumen ähnliche, mäßig dichte Punkte zu finden sind; in der Spitzengegend ist die Punktierung sehr fein und sehr dicht, gerunzelt.

Der Prosternalzapfen ist hoch, beiderseits abgeflacht, die Spitze abgestutzt, gerade oder leicht konkav. Das Pygidium ist schwach gewölbt, auf der Scheibe undicht, in den Seiten-

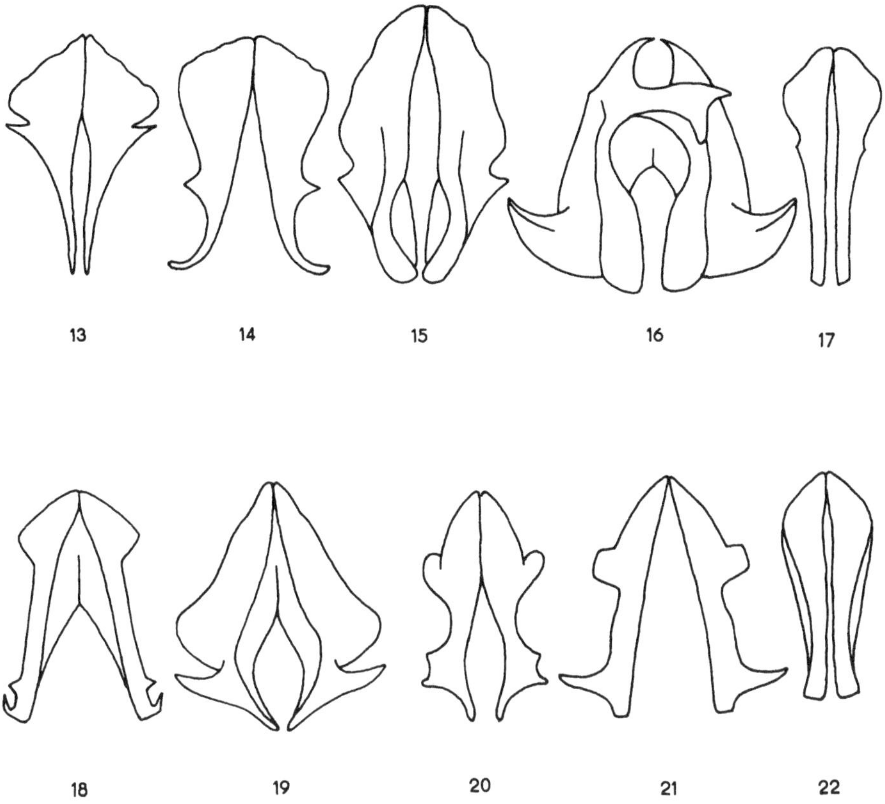

Fig. 13–22. Parameren (von vorn).

13: *Pseudosyrichthus gerstaeckeri* PRELL – 14: *P. senegalensis* CAST. – 15: *Neosyrichtschema popei* FERR. (nach FERREIRA) – 16: *Syrichtoschema burgeoni* JANSS. – 17: *S. katanganum* sp. n. (Holotype) – 18: *Syrictoides tarsalis* gen. et sp. n. (Holotype) – 19: *Syrictes syrichtus* FABR. – 20: *S. dentatus* PRELL – 21: *S. curvicornis* sp. n. (Holotype) – 22: *Hovophileurus strigipennis* FAIRM.

---

ecken viel dichter punktiert, die Punkte sind kleiner als die in der Nahtecke der Flügeldecken. Die Basalglieder der hinteren Tarsen sind an der Spitze nur schwach erweitert, außen nicht dornförmig ausgezogen. Die Vordertarsen sind nicht verdickt, alle Klauen sind einfach, gleichgeformt.

♀: Die Punktierung des Halsschildes ist gedrängt, überall fast gleichförmig. Am Pygidium ist eine quere Beule zu finden, die in der Mitte eingekerbt ist, hinter der Beule ist die Spitzenhälfte stark vertieft; die Punktierung ist gröber und dichter als beim Männchen.

Länge: 23–25 mm. – Untersuchtes Material 4 Exemplare.

Typen: Die Holotype ♀ aus Lydenburg ist im S. Afr. Mus. in Cape Town aufbewahrt.

Verbreitung: Südafrika: Transvaal, Lydenburg (Type); Johannesburg (TM); Oranje, Verwoerd Dam, Oranjekrag (E).

6. Gattung: SYRICHTHODONTUS PÉRINGUEY

PÉRINGUEY, Trans. S. Afr. Phil. Soc., 12, 1901, p. 553. – JANSSENS, Explor. P. N. Albert, Miss. de Witte, 38, 1942, p. 33, 36. – ENDRÖDI, in BRINCK, S. Afr. Animal Life, VII, 1960, p. 47. – FERREIRA, Rev. Ent. Moçamb., 8, 1965, p. 215, 231.

Der Clypeus ist zugespitzt. Das Mentum ist mäßig breit, aber die Wurzeln der Lippentaster bedeckend. Stirn mit einem Tuberkel. Die Mandibeln sind zugespitzt, außen ohne Zähne. Die Fühler sind 10gliedrig, die Fahne ist kurz. Der Prosternalzapfen ist hoch, die Spitze ist kolbenartig breit. Das Propygidium ist mit zwei Stridulationsstreifen versehen, die selten schwach ausgeprägt sind. Die Vorderschienen sind mit vier Zähnen bewaffnet, die Spitze der hinteren Schienen ist gerade abgestutzt, dicht gekerbt, in den Kerben mit kurzen Börstchen. Die Vordertarsen sind bei den Männchen nicht verdickt, alle Klauen sind einfach, gleichgeformt.

Die Type von *S. spurius* BURM. bewies, daß meine *S. hessei* mit diesem und nicht mit dem hier beschriebenen *S. lydenburgi* identisch ist **(syn. n.).**

Die Gattung enthält zur Zeit drei Arten, alle sind in Südafrika einheimisch.

Type der Gattung: *Syrichthus spurius* BURMEISTER.

Bestimmungstabelle der Arten

1 (2) Stirn mit einem konischen Tuberkel. Halsschild beim Männchen vorn mit tiefer, runder Grube, in dieser sitzt eine kolbenartige Beule, die den Vorderrand des Halsschildes nicht ganz erreicht. Die Stridulationsstreifen sind schwach, oft kaum zu unterscheiden. Die Parameren (Fig. 10) sind in der Mitte eingeengt, der wieder erweiterte Spitzenteil an der Spitze breit abgerundet. Halsschild des Weibchens ähnlich, nur ein wenig schwächer bewaffnet. 20 mm. **spurius** BURM.

2 (1) Stirn bei beiden Geschlechtern mit einem kurzen Querkiel. Die Halsschildgrube schwach oder tief, der Tuberkel sitzt direkt am Vorderrand. Die Stridulationsstreifen sind stets deutlich ausgeprägt.

3 (4) Die Grube des Halsschildes ist auch bei den stärksten Männchen schwach, der Tuberkel ist klein. Die Parameren sind sehr ähnlich denen von *S. spurius* (s. Fig. 10). Das Weibchen ist unbekannt. 14–17 mm. **lydenburgi sp. n.**

4 (3) Die Grube des Halsschildes ist tief, der Tuberkel am Vorderrand ist hoch, parallelseitig. Halsschild des Weibchens mit Spuren von einer Längsfurche und mit einem kleinen Tuberkel am Vorderrand. Die Parameren (Fig. 11) sind sehr schlank und lang, außen, fast in der Mitte, mit einer kleinen Ecke. 13–16 mm. **cribratus** BOH.

Syrichthodontus spurius BURMEISTER

BURMEISTER, Handb. d. Ent., V, 1847, p. 168. *(Syrichthus).* – PÉRINGUEY, Trans. S. Afr. Phil. Soc., 12, 1901, p. 554, T. 40, f. 29. *(Syrichthodontus).* – ENDRÖDI, in BRINCK, S. Afr. Animal Life, VII, 1960, p. 76. – FERREIRA, Rev. Ent. Moçamb., 8, 1965, p. 233, ff. 288, 329.

Tafel.

1: *Rhizoplatys cribrarius* WESTW. – 2: *Rh. auriculatus* BURM. – 3: *Rh. mucronatus* BEAUV. – 4: *Prosphileurus liberianus* DOHRN – 5: *Pseudosyrichthus clathratus* GERST. – 6: *Rhizoplatodes castaneipennis* BOH. – 7: *Syrictes syrichtus* FABR. – 8: *Archophanes cratericollis* FAIRM. – 9: *Syrichthoschema katanganum* sp. n. (Holotype) – 10: *Syrictoides tarsalis* gen. et. sp. n. (Holotype) – 11: *Syrichthomorphus termitophilus* PÉR. – 12: *Hovophileurus canaliculatus* ARROW – 13: *Syrictes curvicornis* sp. n. (Holotype). ➤

1
2
3
4
5
6
7
8
9
10
11
12
13

cribratus BOHEMAN, ♀, Ins. Caffr., II, 1857, p. 6. *(Syrichthus).*

hessei ENDRÖDI, Folia Ent. Hung., 26, 1973, p. 31. ff. 1–2. *(Syrichthomorphus).*

Clypeus dreieckig, die scharfe Spitze steil aufgebogen. Die Augenkiele sind vom Kopfrand durch ein Knötchen abgesetzt. Die Stirn trägt einen konischen Tuberkel, der leicht nach hinten ausgezogen ist.

Der Halsschild ist breiter als lang (etwa 9,5:7), in der Mitte am breitesten, die Seiten sind regelmäßig und stark gebogen, nach hinten fast so stark eingezogen wie zur Spitze, vor den fast rechteckigen Hinterecken leicht ausgerandet; die Vorderecken sind scharf. Etwa die Hälfte der Länge und der Breite wird von einer tiefen Grube eingenommen, aus welcher ein kolbenartiges Gebilde emporragt, dieses erreicht vorn nicht ganz den Vorderrand; die Seiten der Grube sind seitlich mäßig scharf, hinten ganz abgestumpft und hier mit der Basis durch eine unscheinbare Rinne verbunden. Die Grube ist fast glatt, die gewölbten Teile der Oberfläche sind mit sehr groben Kreispunkten dicht besetzt, nur hinten in der Mitte stehen die Punkte viel spärlicher; die meisten Abstände sind kleiner als der Durchmesser der Punkte, viele sind sogar kantenartig schmal; in den Vorderecken fließt die Punktierung in groben Runzeln zusammen. Das Schildchen ist dreieckig, die Spitze abgerundet.

Die Flügeldecken sind mäßig stark gewölbt, länger als an der breitesten Stelle zusammen breit (etwa 13:10,5), nach hinten leicht erweitert. Die Oberseite ist seicht, teilweise gerunzelt punktiert, die Doppelreihen sind kaum zu erkennen, da auch in den Zwischenräumen unregelmäßige Reihen von ähnlichen Punkten zu finden sind. Die spärlichen, abstehenden Haare entspringen aus größeren Punkten. Die Skulptur ist an den Seiten und an der Spitze ein wenig feiner; die Punktierung ist auch auf der Scheibe unvergleichbar feiner als die des Halsschildes.

Prosternalzapfen hoch, die Spitze kolbenförmig, hinten und unter der Spitze mit einer starken Beule. Das Pygidium ist regelmäßig und schwach gewölbt, überall dicht und stark punktiert, nur die schmale Basis und die Seitenecken sind sehr dicht und fein gerunzelt. Die Parameren (Fig. 10) sind in der Mitte eingeengt, der wieder erweiterte Spitzenteil ist an der Spitze breit abgerundet.

♀: Der Halsschild ist (bei der einzigen vorliegenden Type) ähnlich, nur ein wenig schwächer bewaffnet als beim Männchen, die hintere Furche ist deutlich. Das Pygidium ist der Länge nach sehr schwach gewölbt.

Länge: 19–20 mm. – Untersuchtes Material 4 Exemplare.

Typen: Lectotype ♀ (des. ENDRÖDI), da das Männchen anscheinend verschollen ist. Auf dem blauen Zettel steht „Caffraria Tuck.", im UH in Halle. Holotype ♂ von *S. hessei* ENDRÖDI: S. Afr., Port St. John, im S. Afr. Museum in Cape Town.

Verbreitung: Außer den obigen sah ich nur 1 Exemplar aus Natal (ZMB) und 1 Exemplar aus „Cafria" (E).

Syrichthodontus lydenburgi sp. n.

Diese Art ist mit *S. spurius* BURM. sehr nahe verwandt, sie unterscheidet sich von der obigen Diagnose des letzteren in den folgenden Eigenschaften:

♂: Das Pygidium ist sehr spärlich behaart. Die Seiten des Kopfes sind fast gerade, die Augenkiele nur schwach abgesetzt. Die Stirn trägt einen kurzen, niedrigen, in der Mitte deutlich unterbrochenen Querkiel. Der Halsschild ist hinter der Mitte am breitesten, die Seiten vor den stumpfeckigen Hinterecken sind nicht ausgerandet, die Basis ist stärker doppelbuchtig, ungerandet; die Grube ist seichter und kleiner, der Tuberkel sitzt am Vorderrand; die Punkte der Oberseite sind tiefer. Das Schildchen ist schmäler. Die Punktierung der Flügeldecken ist dichter, die Punkte tiefer. Der Prosternalzapfen ist ebenfalls hoch, kolbenförmig, am Hinterrand ist aber keine Beule zu finden. Das Pygidium ist stärker gewölbt. Die Parameren sind sehr ähnlich wie bei der Vergleichsart (s. Fig. 10) gebaut.

♀: Unbekannt.

Länge: 14,5 mm. – Untersuchtes Material 1 Exemplar.

Typen: Holotype ♂: Lydenburg Distr. 1896, P. A. KRANTZ; in meiner Sammlung.

Verbreitung: Südafrika: Lydenburg (E).

Syrichthodontus cribratus BOHEMAN

BOHEMAN, Ins. Caffr., II, 1857, p. 6. *(Syrichthus)*. – ENDRÖDI, in BRINCK, S. Afr. Animal Life, VII, 1960, p. 76. *(Syrichthodontus)*. – FERREIRA, Rev. Ent. Moçamb., 8, 1965, p. 231, ff. 285, 286, 288.

impressus PRELL, Ent. Blätter, 30, 1934, p. 56. *(Syrichthodontus)*. – FERREIRA, Rev. Ent. Moçamb., 8, 1965, p. 231.

Diese Art ist mit *S. lydenburgi* am nächsten verwandt, sie unterscheidet sich von ihm in den folgenden Eigenschaften:

♂: Die Grube des Halsschildes ist größer und sehr tief, der Tuberkel am Vorderrand hoch, parallelseitig, beiderseits abgeflacht (ich verglich zwei gleich große Exemplare), bei kleinen Männchen ist die Bewaffnung mehr oder weniger stark reduziert; die hintere Längsfurche ist deutlich. Die Parameren (Fig. 11) sind sehr schlank und lang, außen fast in der Mitte mit einer kleinen Ecke.

♀: Der Halsschild ist fast einfach gewölbt, nur am Vorderrand steht ein kleiner Tuberkel, und die Längsfurche ist nur in Spuren zu entnehmen. Das Pygidium ist der Länge nach sehr schwach gewölbt, ähnlich wie beim Männchen skulptiert.

Länge: 13–16 mm. – Untersuchtes Material 36 Exemplare.

Typen: Die Holotype ♀ aus der Gegend des Limpopo-Flusses wird im BM in London aufbewahrt.

Verbreitung: Südafrika: Natal (ZMB); Bechuanaland, Ngami (ZMB). Südwestafrika (Namibia): Windhoek (AKM, ZMB, E); Brandkanoss. Richtersveld (ZMB); Gr. Barmen (ZMB); Gobabeb (AKM, TM, E); Zoutpan Pta (E); Herero (ZMB, E); Saltrevier (AKM).

7. Gattung: PSEUDOSYRICHTHUS PÉRINGUEY

PÉRINGUEY, Trans. S. Afr. Phil. Soc., 12, 1901, p. 555. – BECK, Bull. Soc. Ent. France, 46, 1942, p. 132. – JANSSENS, Explor. P. N. Albert, Miss. de Witte, 38, 1942, p. 34, 37. – PAULIAN, Bull. Inst. fr. Afr. noire, 16, 1954, p. 1205. – ENDRÖDI, in BRINCK, S. Afr. Animal Life, VII, 1960, p. 47. – FERREIRA, Rev. Ent. Moçamb., 8, 1965, p. 215, 237.

Der Clypeus ist scharf zugespitzt, die kurze Spitze aufgebogen, die Seiten sind leicht konkav gebogen. Die Stirn ist mit einem konischen Tuberkel bewaffnet. Die Mandibeln sind schmal, scharf zugespitzt, außen fast gerade. Die Fühler sind 10gliedrig, die Fahne ist kurz. Der Halsschild ist bei beiden Geschlechtern fast einfach gewölbt, nur in der Mitte des Vorderrandes steht ein kleiner Tuberkel, und längs der Mitte verläuft eine seichte Furche. Die Flügeldecken sind sehr grob und dicht punktiert. Der Prosternalzapfen ist mäßig lang, hinten mehr oder weniger scharf gekielt, an der Basis mit einem, meist sehr deutlichen Zahn. Am Propygidium befinden sich zwei schwache, äußerst fein quergestichelte Stridulationsstreifen. Die Vorderschienen sind dreizähnig, die Schrägleisten und die außen gerade abgestutzte Spitze der hinteren Schienen sind dicht gekerbt, in den Kerben mit je einem kurzen, starken Börstchen. Die Vordertarsen der Männchen sind nicht verdickt.

Von den bisher beschriebenen sechs Formen ist *P. cariosus* BURM. zweifellos identisch mit *P. senegalensis* CAST. *P. variolosus* PRELL unterscheidet sich artlich ebenfalls nicht von *P. senegalensis;* die Untersuchung der Typen ergab, daß die beiden in der äußerst kurzen Diagnose angegebenen Unterschiede (zu *P. clathratus* GERST.!) gegenüber *P. senegalensis* nicht aufrecht zu erhalten sind; „Flügeldecken ..... mit einer deutlichen Längsrippe" kann höchstens bei seiner „♂-Type" angenommen werden, bei seiner „♀-Type" ist aber auch eine zweite Rippe deutlich. Da aber auch die Parameren von jenen des *P. senegalensis* nicht wesentlich abweichen, betrachte ich *P. variolosus* PRELL einstweilen als eine geographische Rasse des *P. senegalensis* CAST. in Erythrea **(comb. n.).** Ich untersuchte die Type, das einzige Weibchen von *P. kjellanderi* FERREIRA; die Form kann von *P. clathratus* GERST. nicht getrennt werden, da auch bei den meisten *P. clathratus* in vielen Grübchen längliche Punkte zu finden sind. Weitere Unterschiede fand ich nicht und sind auch in der Diagnose nicht angegeben: *P. clathratus* GERST. *(= kjellanderi* FERREIRA, **syn. n.**).

Die Gattung enthält somit 3 sehr nahe verwandte Arten und eine geographische Rasse. Type der Gattung: *Syrichthus clathratus* GERSTÄCKER.

Bestimmungstabelle der Arten

1 (2) Alle Zwischenräume der Flügeldecken gleich hoch. Parameren (Fig. 12) an der Basis breit, die Spitzenhälfte sehr dünn, etwa in der Mitte des Spitzenteiles mit je einem langen, dünnen, nach außen gerichteten Dorn. 17–19 mm.
clathratus GERST.

2 (1) Auf der Scheibe der Flügeldecken sind die paarigen Zwischenräume, oder nur der zweite, stärker erhöht als die übrigen. Hierher zwei sehr ähnliche Arten, die mit Sicherheit nur durch die Form der Parameren getrennt werden können.

3 (4) Der dünne Spitzenteil der Parameren (Fig. 13) ist gerade, der äußere Dorn entspringt dicht an der Basis des dünnen Spitzenteiles. 18–22 mm.
gerstaeckeri PRELL

4 (3) Der dünne Spitzenteil der Parameren (Fig. 14) ist an der Spitze stark nach außen gebogen, der äußere Dorn ist kurz, dreieckig und entspringt fast in der Mitte des Spitzenteiles. 15–22 mm.
senegalensis CAST.

Pseudosyrichthus clathratus GERSTÄCKER (Tafel, Abb. 5)

GERSTÄCKER, Arch. Naturg., 33 (1), 1866, p. 40. *(Syrichthus);* Decken's Reise, 1873, p. 105, T. 6, f. 7. – PÉRINGUEY, Trans. S. Afr. Phil. Soc., 12, 1901, p. 556. – JANSSENS, Explor. P. N. Albert, Miss. de Witte, 38, 1942, T. 1, f. 9. – PAULIAN, Bull. Inst. fr. Afr. noire, 16, 1954, p. 1205, 1206, f. 111. – FERREIRA, Rev. Ent. Moçamb., 8, 1965, p. 238, f. 290.

kjellanderi FERREIRA, Ark. Zool., 8 (17), 1965, p. 423, f. 23. *(Pseudosyrichthus).*

Wegen der dichten Skulptur ist die Oberseite fast matt, die Bauchseite glänzend. Die Oberseite und das Pygidium sind kahl, die Brust ist mäßig dicht rotbraun behaart.

♂: Die Augenkiele sind breit, abgerundet, vom Kopfrand kaum abgesetzt, die Oberseite des Kopfes ist dicht und stark gerunzelt.

Der Halsschild ist breiter als lang (etwa 8:6), hinter der Mitte am breitesten, die Seiten sind regelmäßig gebogen, zu den scharfen Vorderecken viel stärker konvergierend als zu den abgerundeten Hinterecken. Der Spitzenrand und die ungerandete Basis sind sehr schwach doppelbuchtig. Auf der Scheibe ist die Punktierung grob, nur hinten, beiderseits der Längsfurche, sind die Abstände größer als der Durchmesser der Punkte; nach den Seiten und nach vorn zu werden die Punkte kleiner, und die meisten Abstände werden kantenartig schmal. Das Schildchen ist klein, dreieckig, hinten scharf zugespitzt, die Seiten leicht konvex gebogen, oben mit vereinzelten Mikropunkten.

Die Flügeldecken sind wenig länger als zusammen breit (etwa 11,5:9), nach hinten schwach erweitert. Auf der Scheibe befinden sich dichte Reihen von großen, grübchenförmigen Punkten, die am Grunde noch eine weitere, scharf begrenzte, runde bis schmal ovale Vertiefung aufweisen; die Punkte werden nach den Seiten und nach der Spitze zu allmählich kleiner, und nur die kleinsten sind so groß wie die größten des Halsschildes, oder auch etwas kleiner. Die Zwischenräume sind überall kantenartig schmal und alle gleich hoch, auch die Reihenpunkte sind voneinander nur durch schmale Querkanten getrennt.

Das Pygidium ist ziemlich kurz und stark gewölbt, da der Spitzenrand des Propygidiums leicht bogenförmig ausgezogen ist, der basale Teil ist spärlich, der Spitzenteil und die Seitenecken sind dicht punktiert, die Punkte sind etwa so groß wie die kleinsten des Halsschildes. Die Parameren (Fig. 12) sind an der Basis breit, die Spitzenhälfte ist sehr dünn, etwa in der Mitte dieser mit je einem langen, dünnen, nach außen gerichteten Dorn.

♀: Das Weibchen ist äußerlich sehr ähnlich dem Männchen, nur das Pygidium ist der Länge nach fast flach.

Länge: 17–19 mm. – Untersuchtes Material 77 Exemplare.

Typen: Lectotype ♂ von *P. clathratus* GERSTÄCKER (des. ENDRÖDI): auf dem grünen Etikett steht „clathratus Gerst. ad lacum Jipe v. d. Deck", Inventar-Nr. 56367. Paralectotypen 2 ♀♀ (nicht etikettiert); im ZMB in Berlin. Holotype ♀: Kilimandjaro, Kenia, im Rijksmuseum Stockholm.

Verbreitung: Äthiopien: Adua (AKM). Somalia: Maid (ZMB). Uganda (AKM). Kenia: Mombasa (ZMB). Tansania: Meru Niederung, Ngare na Nyuki (ZMB); Tanga (ZMB); Victoria Nyanza, Shirati (ZMB); Kilimatinde (AKM, ZMB); Bagamoyo (ZMB); Langenburg (ZMB); Uhehe, Iringa (ZMB); Utengule (ZMB); Kibvezi (ZMB); Dar-es-Salam (ZMB); Ikutha (ZMB); Nyassa (ZMB); Kilimandjaro (ZMB); Unyamvezi (ZMB); Kivumba (ZMB); Zanzibar (ZMB); Lindi (AKM); Kigonsera (MF); Katesh, Contref. S du Mont Hanang (MRAC); Usa, 25 km E. Arusha (MRAC). Kongo (Zaïre): Elisabethville (MRAC); Lulua, Sandoa (MRAC, E); Lulua, Tshibinda (MRAC); Lualaba, Rume (MRAC); Lualaba, Kapolove (MRAC). Südrhodesien: Lochimvar (E). Rhodesien (AKM). Angola: Caconda (MM); ohne näheres (AKM).

Pseudosyrichthus gerstaeckeri PRELL

PRELL, Ent. Blätter, 30, 1934, p. 56. *(Pseudosyrichthus)*. – FERREIRA, Rev. Ent. Moçamb., 8, 1965, p. 240, f. 291.

Diese Art unterscheidet sich von der obigen Beschreibung des *P. clathratus* GERST. in den folgenden Eigenschaften:

Die Oberseite des Kopfes ist deutlich feiner gerunzelt, auch die Punktierung des Halsschildes ist ein wenig feiner. Die Hinterecken des Halsschildes sind weniger breit abgerundet, fallweise eher abgerundet stumpfeckig. Die grübchenförmigen Punkte der Flügeldecken sind am Grunde geringelt. Von den Zwischenräumen sind die 2., 4. und oft auch die 3. leicht erhöht und die 1., 3. und 5. niedriger, schwächer, oft nicht so gerade wie bei der Vergleichsart. Das ähnlich gebaute Pygidium ist in den Seitenecken und der Basis entlang sehr fein punktiert, auch sonst ist die Punktierung feiner und dichter als bei *P. clathratus*. Die Parameren (Fig. 13) sind an der Basis breit, der dünne Spitzenteil ist gerade, der äußere Dorn entspringt dicht an der Basis des Spitzenteiles.

Länge: 18–22 mm. – Untersuchtes Material 7 Exemplare.

Typen: Lectotype ♂ (des. ENDRÖDI) und Paralectotype ♀: D. O. Afr., Lindi; im ZMB in Berlin.

Verbreitung: Tansania: Lindi (ZMB); Nyassa-See, Langenburg (ZMB); Morogoro (E).

Pseudosyrichthus senegalensis CASTELNAU

CASTELNAU, Hist. Nat. Ins. Col., II, 1840, p. 116. *(Phileurus).* – ARROW, Ann. Mag. Nat. Hist., (8) XIV, 1914, p. 258. *(Pseudosyrichthus).* – PAULIAN, Bull. Inst. fr. Afr. noire, 16, 1954, p. 1205, 1206, ff. 112, 113. – FERREIRA, Rev. Ent. Moçamb., 8, 1965, p. 240, f. 292. *cariosus* BURMEISTER, Handb. d. Ent., V, 1847, p. 166. *(Phileurus).* – QUEDENFELDT, Berl. Ent. Zeit., 1884, p. 330.

subsp. *variolosus* PRELL, Ent. Blätter, 30, 1934, p. 56. *(Pseudosyrichthus).*

Die Art ist mit *P. gerstaeckeri* am nächsten verwandt, sie unterscheidet sich von ihm in den folgenden Eigenschaften:

Die Punktierung des Halsschildes ist ein wenig gröber, vorn meist stärker verrunzelt; der apikale Tuberkel ist sehr klein, bei den Weibchen oft nur in Spuren zu entdecken. Die Grübchen der Flügeldecken sind noch unregelmäßiger, es gibt unter diesen oft mehr oder weniger zahlreiche ovale, in solchen sind auch die geringelten Vertiefungen mehr oval; die Grübchen sind besonders auf der Scheibe verschieden groß. Das Pygidium ist weniger stark gewölbt, in den Seitenecken nicht gerunzelt, sondern fein punktiert. Die Parameren (Fig. 14) sind an der Basis ebenfalls breit, der dünne Spitzenteil ist stark nach außen gebogen, der äußere Dorn ist kurz, dreieckig und entspringt fast in der Mitte des Spitzenteiles.

Variation:

1. Die Populationen, die fast die ganzen Tropen und auch Südafrika bewohnen, bei welchen die Flügeldecken 2–3 Rippen aufweisen und die Parameren wie oben beschrieben aussehen. **senegalensis senegalensis** CAST.
2. Die Populationen von Erythrea, bei welchen die Flügeldecken meist nur eine Rippe aufweisen und die Spitzenhälfte der Parameren breiter, der seitliche Dorn noch kürzer ist. **senegalensis variolosus** PRELL

Länge: 15–22 mm. – Untersuchtes Material 45 Exemplare.

Typen: Die Type von *P. senegalensis* CASTELNAU ist mir unbekannt, sie ist wahrscheinlich verschollen. Lectotype ♂ von *P. variolosus* PRELL und 2 Paralectotypen: Erythrea, Adua, X bzw. XI; im ZMB in Berlin. *P. cariosus* BURMEISTER wurde aus der DUPONT-Sammlung beschrieben, die Type ist wahrscheinlich verschollen.

Verbreitung:

P. senegalensis senegalensis CAST: Nigeria: Maiduguri (E). Kamerun: Duala (ZMB). Kongo (Zaïre): Katanga, Kinda (ZMB); Katanga, Kolwezi (MRAC); Kivu, Kasenga (MRAC); Kabinda, Gandajika (MRAC); Quango (ZMB); P. N. Upemba, Mabwe (MRAC, E). Tansania: Morogoro (ZMB); Dar-es-Salam (ZMB). Südafrika: Caffraria (ZMB). Njam-Njam: Semnio (ZMB). Südwestafrika (Namibia): Ukami (ZMB).

P. senegalensis variolosus PRELL: Erythrea (Äthiopien): Adua (ZMB, E).

8. Gattung: NEOSYRICHTHOSCHEMA FERREIRA

FERREIRA, Novos taxa ent., 41, 1965, p. 3; Rev. Ent. Moçamb., 8, 1965, p. 215, 248.

Clypeus zugespitzt, die Spitze aufgebogen. Stirn breit vertieft, die Vertiefung beiderseits durch je einen Kiel begrenzt, die, nach vorn leicht gebogen, konvergierend die Spitze erreichen. Die Mandibeln sind schmal, scharf zugespitzt, außen fast gerade. Die Fühler sind 10gliedrig, die Fahne ist kurz. Das Mentum ist breit, in der Mitte des Vorderrandes seicht ausgerandet. Der Halsschild ist mit einer Längsfurche versehen, ohne Tuberkel und ohne Grube hinter dem Vorderrand. Die Flügeldecken sind mit grübchenartigen Punkten besetzt. Der Prosternalzapfen ist hoch, das Propygidium mit unregelmäßig verteilten Raspelpunkten. Vorderschienen mit drei Außenzähnen; die Spitze der hinteren Schienen sowie die ersten Tarsenglieder außen lang dornförmig ausgezogen.

Type der Gattung: *Neosyrichthoschema popei* FERR.

Neosyrichthoschema popei FERREIRA

FERREIRA, Novos taxa ent., 41, 1965, p. 4; Rev. Ent. Moçamb., 8, 1965, p. 249, ff. 324–331. (*Neosyrichthoschema*).

Glänzend schwarz. Oberseite und Pygidium kahl, die Brust rotbraun behaart.

♂: Die Kopfseiten sind bis zu den schwach abgesetzten Augenkielen schwach konkav gebogen, die Oberseite ist stark und nicht dicht punktiert.

Der Halsschild ist – mit Ausnahme einer Längsfurche – einfach gewölbt. Die Vorderecken sind scharf, spitzwinklig, die hinteren stumpf. Die gerandete Spitze ist ziemlich tief ausgerandet, in der Mitte fast gerade, der Rand der Basis ist in der Mitte unterbrochen; die Oberseite ist mit tiefen, unregelmäßig verteilten, mäßig großen Punkten besetzt. Das Schildchen ist dreieckig, hinten zugespitzt, glatt.

Die Flügeldecken sind leicht abgeflacht, mit grübchenartigen, geringelten Punkten, die teilweise in Reihen geordnet sind.

Das Pygidium ist gerandet, schwach gewölbt, mit groben Punkten dicht besetzt. Die Vordertarsen sind nicht verdickt, alle Klauen sind einfach, gleichgeformt. Die Parameren (Fig. 15) sind oval, etwa in der Mitte am breitesten, unter der breitesten Stelle mit je einem starken Außenzahn, die Spitzen sind abgerundet.

♀: Unbekannt.

L ä n g e : 19 mm. – Kein untersuchtes Material.

T y p e n : Holotype ♂: Senegambia, 1912; im BM in London.

V e r b r e i t u n g : Nur Senegambia (S e n e g a l / G a m b i a) bekannt.

9. Gattung: SYRICTES PRELL

PRELL, Ent. Blätter, 32, 1936, p. 152. – JANSSENS, Explor. P. N. Albert, Miss. de Witte, 38, 1942, p. 33, 37. – BURGEON Ann. Mus. Congo Belg., 3/2, Tom. 5, fasc. 4, 1947, p. 309, 310. – ENDRÖDI, in BRINCK, S. Afr. Animal Life, VII, 1960, p. 46. – FERREIRA, Rev. Ent. Moçamb., 8, 1965, p. 215, 227.

Syrichtus HOPE, Col. Man., I, 1837, p. 91. – PRELL, Ent. Blätter, 32, 1936, p. 152.

Syrichthus BURMEISTER, Handb. d. Ent., V, 1847, p. 140, 166. – LACORDAIRE, Gen. Col., III, 1856, p. 456. – PÉRINGUEY, Trans. S. Afr. Phil. Soc., 12, 1901, p. 552.

Der Clypeus ist breit abgerundet, in der Mitte mit einem sehr kleinen Tuberkel. Stirn bei den Männchen mit einem Horn, bei den Weibchen mit einem Tuberkel bewaffnet. Die Mandibeln sind breit, dreieckig, stumpf zugespitzt. Die Fühler sind 10gliedrig, die Fahne ist sehr klein. Der Halsschild ist einfach gewölbt. Die Flügeldecken sind mehr oder weniger fein und nie grübchenartig punktiert. Der Prosternalzapfen ist hoch, ziemlich dick. Propygidium ohne Stridulationsapparat. Vorderschienen mit drei Außenzähnen; der Außenrand der Hinterschienenspitze ist gerade abgestutzt, dicht gekerbt und kurz beborstet.

Mit der hier mitgeteilten neuen Art (*S. curvicornis* sp. n.) gehören heute drei Arten zu dieser Gattung, alle aus dem südlichen Afrika.

T y p e der Gattung: *Scarabaeus syrichtus* FABRICIUS.

B e s t i m m u n g s t a b e l l e d e r A r t e n

1 (2) Halsschild auf der Scheibe mit sehr feinen und spärlichen, in den Vorderecken etwas gröberen, dichter gestellten, leicht querrissigen bis einfachen Punkten, die höchstens in den Vorderecken in Runzeln übergehen. Kopfhorn des Männchens einfach, leicht nach hinten gebogen, zur Spitze allmählich verjüngt. Stirntuberkel des Weibchens stark, konisch. Flügeldecken mit spärlichen, die Brust mit sehr dichten und langen, rostroten Haaren bedeckt. 18–25 mm. **syrichtus** FABR.

2 (1) Halsschild auch auf der Scheibe mit großen Ringpunkten dicht besetzt. Flügeldekken kahl oder nur seitlich, in der basalen Hälfte behaart, die Behaarung ist auch auf der Brust spärlich.

3 (4) Flügeldecken mit einer sehr feinen und dichten Mikropunktierung bedeckt; auf der Scheibe sind die Doppelreihen von seichten, hufeisenförmigen Punkten deutlich zu erkennen, aber auch in den Zwischenräumen sind zahlreiche ähnliche oder ein wenig kleinere Punkte zu finden, an den Seiten ist nur die Mikroskulptur zu erkennen, und die Spitzen sind fein gerunzelt. Das Kopfhorn des Männchens ist gerade, an der Spitze knopfartig verdickt. Parameren (Fig. 20) in der Mitte des Außenrandes stark ausgerandet, der Spitzenteil wieder viereckig erweitert. Der Stirntuberkel des Weibchens sitzt auf einem starken Querkiel. 20–22 mm. **dentatus** PRELL

4 (3) Die Flügeldecken sind mit seichten Ringpunkten dicht besetzt, so daß die Doppelreihen nur schwach zu erkennen sind, nur an der Spitze ist die Punktierung bedeutend feiner. Die Punktierung des Halsschildes ist gröber als bei der vorigen Art. Das Kopfhorn des Männchens ist leicht gebogen, im Spitzendrittel wie geknickt, oben mit einem kleinen stumpfen Zahn. Die Parameren (Fig. 21) sind vor der Spitze lang dornförmig ausgezogen. 22,5 mm. **curvicornis sp. n.**

Syrictes syrichtus FABRICIUS (Tafel, Abb. 7)

FABRICIUS, Syst. Ent., I, 1775, p. 13. *(Scarabaeus)*; Spec. Ins., I, 1781, p. 13.; Mant. Ins., I, 1787, p. 7.; Ent. Syst., I, 2, 1792, p. 18.; Syst. Eleuth., I, 1801, p. 16. *(Geotrupes)*. – HERBST, Natursyst. Ins. Käfer, II, 1789, p. 90. *(Scarabaeus)*. – OLIVIER, Ent., I, 3, 1789, p. 50, T. 6, f. 48. – THUNBERG, Mém. Acad. Sci. Petersb., 6, 1813–14, p. 399. – FERREIRA, Rev. Ent. Moçamb., 8, 1965, p. 228, ff. 283–284. *(Syrichthus)*.

aries FABRICIUS, Spec. Ins., II, 1781, App. p. 495. *(Scarabaeus)*; Mant. Ins., I, 1787, p. 7.; Ent. Syst., I, 2, 1792, p. 18.; Syst. Eleuth., I, 1801, p. 17. *(Geotrupes)*. – HERBST, Natursyst. Ins. Käfer, II, 1789, p. 91, T. 10, f. 3. *(Scarabaeus)*. – THUNBERG, Mém. Acad. Sci. Petersb., 6, 1813–14, p. 400.

spinifer HERBST, Natursyst. Ins. Käfer, II, 1789, T. 11, f. 4. *(Scarabaeus)*.

verus BURMEISTER, Handb. d. Ent., V, 1847, p. 167. *(Syrichthus)*. – BOHEMAN, Ins. Caffr., II, 1857, p. 5. – PÉRINGUEY, Trans. S. Afr. Phil. Soc., 12, 1901, p. 553.

Glänzend schwarz, auch die Bauchseite kaum heller. Auf der Oberseite befinden sich vereinzelte lange, bräunlichrote Haare; das Pygidium des Männchens ist fast kahl, das des Weibchens dicht und aufstehend behaart; die Behaarung der Bauchseite ist dicht und lang, an den Seiten stark vorstehend.

♂: Die Seiten des Kopfes sind fast gerade, die Augenkiele vom Kopfrand abgesetzt und die Stelle hier durch einen kleinen Tuberkel markiert; die Augenkiele selbst sind kurz und breit, außen abgerundet, sie dringen sehr schwach in die Augen ein. Das Kopfhorn ist mäßig lang, leicht nach hinten gebogen, die Spitze nicht verdickt, höchstens – bei großen Exemplaren – abgestutzt. Hinter dem Horn ist der Scheitel breit vertieft, die Vertiefung längs der Mitte durch einen stumpfen Kiel zweigeteilt. Der Vorderkopf ist fein punktiert, der vertiefte Scheitel ist glatt.

Der Halsschild ist viel breiter als lang (etwa 13:8), in der Mitte am breitesten, die Seiten sind regelmäßig und stark gebogen, auch zur Basis stark eingezogen, vor den stumpfeckigen Hinterecken kurz und schwach ausgerandet. Der Vorderrand ist seicht ausgerandet, die Vorderecken kurz vorgezogen, spitzwinklig. Alle vier Seiten sind gerandet. Die Oberseite ist einfach gewölbt, seicht und fein punktiert, die nadelrissigen Punkte sind in der Gegend der Vorderecken am größten und am dichtesten, sie werden nach hinten und nach der Mitte zu etwas kleiner und spärlicher, nur in der Mitte vor der Basis sind sie sehr klein und stehen sehr spärlich. Das Schildchen ist dreieckig, die Spitze kurz abgerundet, die Scheibe glatt.

Die Flügeldecken sind nur wenig länger als zusammen breit (etwa 14:13), nach hinten kaum erweitert. Die spärliche Punktierung ist auf der Scheibe ein wenig gröber als die in den Vorderecken des Halsschildes; an den Seiten sind die Punkte kleiner, überall einfach, nicht nadelrissig, an der Spitze äußerst fein und gerunzelt. Auf der Scheibe sind die Doppelreihen deutlich, aber auch in den Zwischenräumen sind ähnlich große und ähnlich spärliche Punkte zu finden.

Der Prosternalzapfen ist hoch und dick, die Spitze schräg abgestutzt, lang behaart. Das Pygidium ist auch der Länge nach stark gewölbt, an der breiten Basis und in den Seitenecken fein gerunzelt, in der Spitzenhälfte spärlich, etwas feiner als die Flügeldecken punktiert. Die Parameren (Fig. 19) sind zur Spitze zu stark erweitert, vor den scharf zugespitzten Enden mit je einem langen, spitzigen Zahn.

♀: Stirn mit einem spitzigen Tuberkel; der ganze Kopf ist gerunzelt punktiert. Das Pygidium ist, von der Seite gesehen, an der Basis leicht gewölbt, in der Spitzenhälfte der Quere nach leicht vertieft; die Oberseite ist überall fein quergerunzelt.

Länge: 18–25 mm. – Untersuchtes Material 264 Exemplare.

Typen: Die Typen von *S. syrichtus* FABRICIUS, *S. aries* FABRICIUS und *S. spinifer* HERBST sind mir nicht bekannt. Lectotype ♂ (des. ENDRÖDI), Allolectotype und 2 Paralectotypen von *S. verus* BURMEISTER: „Pr. b. Sp., Drg." sind in der BURMEISTER-Sammlung im UH in Halle vorzufinden.

Verbreitung: Südafrika: Magaliesberg (AKM); Zoutpansberg, Mphome (ZMB); Lydenburg (TM, ZMB); Johannesburg (TM); Pretoria (TM); Waterkloof, Pretoria Distr. (TM); Mattaisburg (TM); Resolution, Albany Distr. (TM, E); Soebatsfontein (TM); Groenkloof (TM); Riversdale (ZMB); Bloemfontein (ZMB); Stellenbosch (TM); Darling (TM); Natal (ZMB, E); Graaff Reinet (Univ. Lund); Cookhouse (Univ. Lund); S. Middleton (Univ. Lund); Addo (Univ. Lund); Uitenhage, Amawsi Estate (Univ. Lund); De Hoop Vlei bei Bredasdorp (Univ. Lund); Willowmore (FM, ZMB, E); Port Elisabeth (TM); Algoa Bay (TM); Victoria West (TM); Garies (TM); Lekkersing bei Richtersveld (TM); Somerset Ves (TM); Clanwilliam (TM); Orange, Maghalleen, Zastron Distr. (TM); Bothaville (TM); Verwoerd Dam (TM); Zastron (TM); Smithfield (TM); Bechuanaland, Kuruman (TM); Kalahari (ZMB). Südwestafrika (Namibia): Herero (ZMB); Kubis (ZMB); Spitzkoppe (ZMB); Gobabeb (AKM, TM, ZMB, E); Keetmanshoop (ZMB, E); Rietfontein (ZMB); Windhoek (AKM, DEI, ZMB, E); Windhoek-Waterberg (ZMB); Okahandja (ZMB); Otjosondu-Kub (ZMB); Swakopmund (ZMB); Rehoboth (ZMB); Kubub (ZMB). Süd-rhodesien: Livingstone (Univ. Lund).

Syrictes dentatus PRELL

PRELL, Col. Rundschau, 1, 1912, p. 108. *(Syrichthus).*

depressus PRELL, Ent. Blätter, 30, 1934, p. 55. *(Syrichthus).*

Schwach glänzend, pechschwarz. Die Oberseite und das Pygidium sind kahl, nur an den Seiten des Halsschildes und neben der Schultergegend stehen die Wimperhaare der Bauchseite hervor, auch die Brust ist fast kahl.

♂: Das Kopfhorn entspringt aus einer breiten Basalplatte, die die beiden Seiten des Kopfes erreicht, von der Seite gesehen ist das Horn mäßig dick, gerade, nur die Spitze knopfförmig verdickt und leicht nach vorn geneigt. Hinter dem Horn ist der Scheitel breit vertieft, längs der Mitte durch einen stumpfen, kurzen Kiel geteilt. Der Vorderkopf ist sehr fein und sehr dicht, der Scheitel ähnlich, aber spärlicher punktiert.

Der Halsschild ist breiter als lang (etwa 9,5:7,5), in der Mitte am breitesten, die Seiten sind regelmäßig und stark gebogen, nach hinten fast so stark eingezogen wie nach vorn. Der Vorderrand ist ziemlich tief ausgerandet, sehr schwach gerandet, die ebenfalls fein gerandete Basis ist leicht konvex gebogen. Die Vorderecken sind scharf, die hinteren breit abgerundet. Die Oberseite ist einfach gewölbt. Die Scheibe ist mit sehr dichten, mäßig großen, hufeisenförmigen Punkten besetzt, die Punktierung wird nach allen vier Seiten bedeutend feiner, der Grund ist matt chagriniert. Das Schildchen ist breit dreieckig, die Spitze stumpf, die Scheibe fein punktiert.

Die Flügeldecken sind länger als zusammen breit (etwa 13,5:9), nach hinten kaum erweitert, die Punktierung ist feiner als in der Mitte des Halsschildes, die hufeisenförmigen Punkte sind seichter, kleiner, die Doppelreihen sind nur unter Vergrößerung deutlich zu erkennen, da auch in den Zwischenräumen zahlreiche ähnliche Punkte zu finden sind; die breiten Seiten und die Spitze sind – wie die Scheibe – chagriniert und äußerst dicht mit Mikropunkten besetzt.

Der Prosternalzapfen ist abgeflacht, die Spitze ist schmal. Das Pygidium ist schwach gewölbt, wie die Spitze der Flügeldecken skulptiert. Die Parameren (Fig. 20) sind in der Mitte stark ausgerandet, der Spitzenteil ist viereckig erweitert.

♀: Stirn mit einem spitzigen Tuberkel. Die Punktierung des Halsschildes ist dichter, und die Punkte sind in der Größe einheitlicher. Das Pygidium ist in der hinteren Hälfte der Quere nach stark vertieft, ähnlich wie beim Männchen skulptiert.

L ä n g e : 20–22 mm. – Untersuchtes Material 4 Exemplare.

T y p e n : Holotype ♂: Mahenge (Handschrift) und Typenzettel von PRELL; im ZMB in Berlin.

V e r b r e i t u n g : T a n s a n i a : Kiginsera (E); Mahenge (ZMB).

Syrictes curvicornis sp. n. (Tafel, Abb. 13)

Die neue Art ist mit *S. dentatus* PRELL sehr nahe verwandt, sie unterscheidet sich von der obigen Beschreibung in den folgenden Eigenschaften:

♂: Es ist deutlich breiter gebaut: Halsschild 12:7, die Flügeldecken 18,5:17,5. Das Kopfhorn ist leicht nach vorn gebogen, im Spitzendrittel geknickt, oben mit einem kleinen Zahn, das Spitzendrittel ist gerade. Der Vorderkopf und der vertiefte Scheitel sind glänzend, mit spärlichen Mikropunkten. Die Punktierung des Halsschildes ist ähnlich, aber auf der Scheibe bedeutend gröber; die Zwischenräume sind nicht chagriniert, daher glänzend. Auch die Flügeldecken sind stärker glänzend, da die dichte Mikroskulptur der vorigen Art fehlt und in den Zwischenräumen nur spärliche Mikropunkte vorhanden sind. Das Pygidium ist der Länge nach stark gewölbt, sehr fein gerunzelt-punktiert. Die Parameren (Fig. 21) sind an der Basis breit, die Mitte ist schlank, die Spitze lang dornförmig nach außen ausgezogen, die innere Kante ist in der Nähe der Spitze stumpf dreieckig erhöht.

♀: Unbekannt.

L ä n g e : 22,5 mm. – Untersuchtes Material 1 Exemplar.

T y p e n : Holotype ♂: Karagwe, I. 13; in meiner Sammlung.

V e r b r e i t u n g : Außer dem genannten (T a n s a n i a) sind bisher keine weiteren Fundorte bekanntgeworden.

10. Gattung: SYRICHTHOSCHEMA JANSSENS

JANSSENS, Explor. P. N. Albert, Miss. de Witte, 38, 1942, p. 35. – ENDRŐDI, in BRINCK, S. Afr. Animal Life, VII, 1960, p. 47. – FERREIRA, Rev. Ent. Moçamb., 8, 1965, p. 216, 246.

Der Clypeus ist stumpf zugespitzt. Das Mentum ist mäßig breit, nach vorn verjüngt, an der Spitze abgestutzt oder schwach ausgerandet. Stirn mit zwei Tuberkeln oder mit einem Querkiel. Die Mandibeln sind schmal, zugespitzt, außen gerade. Die Fühler sind 10gliedrig, die Fahne ist bei beiden Geschlechtern kurz. Der Prosternalzapfen ist hoch, die Spitze abgestutzt und leicht gewölbt. Propygidium ohne Stridulationsapparat. Die Vorderschienen sind außen mit drei Zähnen bewaffnet. Die Schrägkiele und der Spitzenrand der hinteren Schienen sind dicht gekerbt, die Kerben sind mit dicken, kurzen Borsten besetzt. Die Vordertarsen der Männchen sind nicht verdickt, alle Klauen sind einfach, gleichgebaut.

Mit der hier mitgeteilten neuen Art sind heute auch zwei äußerlich stark verschiedene Arten bekannt, beide aus dem zentralen Afrika.

Type der Gattung: *Syrichthoschema burgeoni* JANSSENS.

Bestimmungstabelle der Arten

1 (2) Körper abgeflacht. Die Mitte der Stirn vertieft, beiderseits mit je einem starken, queren Tuberkel. Parameren (Fig. 16) asymmetrisch, sehr breit, die stark erweiterten Spitzen sind nach außen gerichtet und aufgebogen. Das Weibchen ist unbekannt. 19 mm. **burgeoni** JANSS.

2 (1) Körper stark gewölbt. Stirn schwach vertieft, in der Mitte mit einem kurzen Querkiel. Parameren (Fig. 17) symmetrisch, sehr schlank, außen fast in der Mitte mit je einer kleinen Ecke, die schmalen Spitzen abgestutzt. Das Weibchen ähnlich wie das Männchen, nur schwächer bewaffnet. 16–21 mm. **katanganum sp. n.**

Syrichthoschema burgeoni JANSSENS

JANSSENS, Explor. P. N. Albert, Miss. de Witte, 38, 1942, p. 35, T. 1, f. 12. *(Syrichthoschema).* – FERREIRA, Rev. Ent. Moçamb., 8, 1965, p. 247, ff. 319–325.

Glänzend, dunkel rötlichschwarz. Oberseite und Pygidium kahl, die Brust ziemlich lang rötlichgelb behaart. Der Körper ist oben abgeflacht.

♂: Der Clypeus ist stumpf zugespitzt, die Spitze schwach aufgebogen. Die Seiten sind bis zu den leicht abgesetzten, kleinen Augenkielen schwach geschwungen. Die Stirn ist vertieft, beiderseits, dicht neben der Basis der Clypealseiten, mit je einem starken, stumpfen, kurz-queren Tuberkel. Die Oberseite des Kopfes ist fein quergerunzelt, nur die Mitte des Scheitels ist glatt.

Der Halsschild ist breiter als lang (etwa 8:6), weit hinter der Mitte am breitesten. Die Seiten sind regelmäßig gebogen, nach vorn stärker konvergierend als zu den stumpfeckigen Hinterecken. Die scharfen, spitzwinkligen Vorderecken sind stark vorgezogen. Der Vorderrand ist stark ausgerandet, in der Mitte aber praktisch gerade. Die gerandete Basis ist sehr seicht doppelbuchtig. Hinter dem Vorderrand steht in der Mitte ein kleiner, stumpfer Tuberkel und hinter diesem eine kleine Grube, die hinten eine bis zur Basis reichende Furche entsendet. Die Oberseite ist mäßig dicht und sehr fein punktiert, die Punktierung ist vorn und in den Vorderecken etwas dichter und weniger fein als weiter hinten, die Grube ist dicht quergerunzelt. Das Schildchen ist dreieckig, glatt.

Die Flügeldecken sind länger als an der breitesten Stelle zusammen breit (etwa 11,5:9), nach hinten schwach erweitert. Auf der Scheibe sind die aus feinen Punkten gebildeten Doppelreihen deutlich zu erkennen, obwohl auch in den Zwischenräumen ähnliche Punkte zu finden sind. Die Punktierung ist an den Seiten noch feiner, an der Spitze dagegen so stark wie auf der Scheibe.

Die abgestutzte Spitze des Prosternalzapfens ist dreieckig, kahl, nur die Seiten sind lang bewimpert. Das Pygidium ist gewölbt, in den Seitenecken fein gerunzelt, sonst fein und ziemlich dicht punktiert, nur in der Mitte und an der Spitze ist die Punktierung noch feiner und noch spärlicher. Die Parameren (Fig. 16) sind asymmetrisch, sehr breit, die stark erweiterten Spitzen sind nach außen gerichtet und leicht aufgebogen.

♀: Unbekannt

Länge: 19 mm. – Untersuchtes Material 1 Exemplar.

Typen: Holotype ♂: Kivu, Tshibinda; im MRAC in Tervuren.

Verbreitung: Kongo (Zaïre): Kivu, Tshibinda (MRAC).

Syrichthoschema katanganum sp. n. (Tafel, Abb. 9)

Mäßig stark glänzend, pechschwarz bis dunkel rotbraun. Die Oberseite und das Pygidium sind kahl, die Brust ist rotgelb behaart. Der Körper ist stark gewölbt.

♂: Der Clypeus ist dreieckig, die hörnchenförmig ausgezogene Spitze ist aufgebogen. Die Seiten sind bis zu den zahnartig vorspringenden Einlenkungsstellen der kleinen Augenkiele stark konkav gebogen. An der Stirn befindet sich in der Mitte ein kurzer, schwacher Querkiel. Die Spitze ist fast glatt, dann bis zu dem Querkiel feiner und spärlicher, hinter diesem gröber und dichter punktiert.

Der Halsschild ist breiter als lang (etwa 9:6), in der Mitte am breitesten. Die Seiten sind stark und regelmäßig gebogen, auch zur Basis stark konvergierend. Die rechteckigen Vorderecken sind schwach vorgezogen, die hinteren stumpf, kurz abgerundet. Die Spitze ist seicht ausgerandet, die undeutlich gerandete Basis ist sehr schwach doppelbuchtig. Hinter dem Vorderrand ist die Oberseite breit (zwischen den beiden Vorderecken) vertieft, in der Mitte der Vertiefung steht ein sehr starker Tuberkel, der mit dem Vorderrand stumpf kielartig verbunden ist; die hintere Furche ist breit und tief. Die Grube ist sehr fein und spärlich, die übrige Oberseite grob und sehr dicht punktiert, die Punkte sind stellenweise runzelig verbunden. Das Schildchen ist breiter als lang, kurz zungenförmig, mit wenigen Punkten.

Die Flügeldecken sind nur wenig länger als zusammen breit (etwa 13:12), nach hinten deutlich erweitert. Die Doppelreihen sind schwer zu erkennen, da auch die Zwischenräume ähnlich dicht und stark punktiert sind. Die Punktierung ist hinter der Schultergegend bis über die Mitte grob, die Punkte sind hufeisenförmig, sonst viel feiner mit einfach eingestochenen Punkten. Die Spitze des hohen Prosternalzapfens ist rundlich, deutlich gewölbt, kahl. Das Pygidium ist regelmäßig gewölbt, an der breiten Basis fast glatt, in der Spitzenhälfte stark und mäßig dicht punktiert, in den Seitenecken fein gerunzelt. Die Parameren (Fig. 17) sind symmetrisch, sehr schlank, außen fast in der Mitte mit je einer kleinen Ecke, die Spitzen sind schmal abgestutzt.

♀: Die Spitze des Clypeus ist kürzer. Die Vorderseite des Halsschildes ist fast nur gewölbt, der postapikale Tuberkel ist sehr klein, die hintere Längsfurche aber tief; die Punktierung der Oberseite ist gröber und mehr gerunzelt. Das Pygidium ist weniger stark gewölbt, auch die breite Basis fein gerunzelt, die Punktierung der Spitzenhälfte ist sehr seicht.

Länge: 16–21 mm. – Untersuchtes Material 4 Exemplare.

Typen: Holotype ♂ und Allotype ♀: Kongo (Zaïre), Katanga; in meiner Sammlung.

Verbreitung: Weitere Fundorte sind nicht bekannt.

11. Gattung: SYRICTOIDES gen. n.

Der Clypeus ist stumpf zugespitzt, die kurz abgerundete Spitze leicht aufgebogen. Die Augenkiele sind vom Kopfrand stark abgesetzt, sie sind fast viereckig, vom Kopfrand waagerecht abstehend. Die Stirn ist mit einem ziemlich langen Querkiel versehen, der in der Mitte fast unterbrochen ist. Die Mandibeln sind sehr breit, die Außenseite ist in der Mitte abgerundet-gewinkelt, sie stehen neben und vor dem Clypeus stark vor. Die Fühler sind 10gliedrig, die Fahne ist sehr klein. Das Mentum ist breit, die Basalglieder der Lippentaster bedeckend, an der Spitze stark, aber sehr kurz verjüngt. Der Halsschild ist in der Mitte des Vorderrandes mit einem Tuberkel und dahinter mit einer mäßig großen Grube versehen, hinter dieser ohne Furche. Der Prosternalzapfen ist kolumnar, an der Basis und an der abgestutzten Spitze leicht verdickt. Die Mitte des Propygidiums ist dicht quergerunzelt. Die Vorderschienen sind mit drei Außenzähnen bewaffnet; der Spitzenrand der hinteren Schienen ist außen abgestutzt, beim einzigen Exemplar nicht gekerbt, ohne Borsten (abgenützt?).

Type der Gattung: *Syrictoides tarsalis* sp. n.

Syrictoides tarsalis sp. n. (Tafel, Abb. 10)

Mäßig stark glänzend, schwarz, die Bauchseite dunkel rotbraun. Die Oberseite ist kahl, das Pygidium mit vereinzelten, die Brust mit dichten, langen, rotbraunen Haaren.

♂: Der Kopf ist nicht sehr fein, sehr dicht gerunzelt-punktiert, hinter dem Stirnkiel ein wenig gröber als vorn.

Der Halsschild ist breiter als lang (etwa 7,5:5,5), in der Mitte am breitesten, von hier nach vorn und nach hinten zu fast gerade, zur Spitze stärker konvergierend als zur Basis. Die Vorderecken sind rechteckig, sehr schwach vorgezogen, die hinteren sehr breit abgerundet. Der Spitzenrand ist regelmäßig konkav gebogen, mäßig tief ausgerandet, die fein gerandete Basis ist seicht doppelbuchtig. Hinter der vorderen Grube verläuft eine sehr schwache, glatte Längsrippe fast bis zur Basis. Die Punktierung ist ein wenig gröber als die am Scheitel, auf der Scheibe ziemlich spärlich, die Abstände sind mehrfach größer als die Punkte, diese werden nach den Seiten zu und nach vorn allmählich dichter und ein wenig kleiner, in den Vorderecken und in der Grube sind diese sehr dicht, gerunzelt. Das Schildchen ist sehr breit, zungenförmig, mit spärlichen kleinen Punkten.

Die Flügeldecken sind länger als hinter den Schultern zusammen breit (etwa 11,5:9), nach hinten nicht erweitert. Die Punktierung ist viel feiner als am Halsschild, auf der Scheibe spärlicher als an den Seiten, an der Spitze sehr fein und dicht; die Doppelreihen sind schwach zu erkennen.

Das Pygidium ist stark und regelmäßig gewölbt, überall äußerst dicht und fein gerunzelt-punktiert bzw. grob chagriniert. Die Vordertarsen sind leicht verdickt, die innere Klaue ist hakenförmig gebogen, nicht gespalten. Die Parameren (Fig. 18) sind lang und schlank, die Spitze und ein Zahn dicht vor der Spitze sind nach außen gerichtet.

♀: Unbekannt.

Länge: 18,5 mm. – Untersuchtes Material 1 Exemplar.

Typen: Holotype ♂: Grahamstown, Cape Colony, 1945, W. G. KOBROW; in meiner Sammlung.

Verbreitung: Keine weiteren Fundorte bekannt.

12. Gattung: HOVOPHILEURUS ARROW

ARROW, Ann. Mag. Nat. Hist., (8) VIII, 1911, p. 164.

Clypeus dreieckig, vorn zugespitzt und aufgebogen. Stirn mit einem Tuberkel. Mentum breit oval oder parabolisch, vorn ausgerandet. Mandibeln zugespitzt, außen sehr schwach doppelbuchtig. Die Fühler sind 10gliedrig, die Fahne kurz. Der Halsschild besitzt vorn eine Grube, die nach hinten in eine Längsfurche ausläuft; bei den Weibchen ist meist nur eine Längsfurche vorhanden. Der Prosternalzapfen ist hoch, die Spitze abgestutzt, die Basis zahnartig erweitert. Propygidium ohne Stridulationsapparat. Die Vorderschienen sind außen mit drei Zähnen bewaffnet, die Spitze der hinteren Schienen ist außen mäßig dicht gekerbt, in den Kerben mit kurzen, dünnen Borsten. Die Vordertarsen der Männchen sind leicht verdickt, die innere Klaue ist stärker, tief eingeschnitten.

Es wurden bisher vier Arten der Gattung beschrieben, alle aus Madagaskar, sie scheinen sehr selten zu sein.

Type der Gattung: *Trionychus sulcicollis* FAIRMAIRE.

Bestimmungstabelle der Arten

1 (2) Die Zwischenräume der Flügeldecken sind gewölbt, abwechselnd stärker erhöht. Der Untergrund der Decken ist glatt, glänzend, ohne dichte Mikropunktierung. 20 mm. **hovanus** FAIRM.

2 (1) Die Zwischenräume der Flügeldecken sind gleich hoch.

3 (4) Die Flügeldecken sind äußerst dicht mikropunktiert, darum fast matt; die Punktstreifen sind mäßig tief, mit kleinen einfachen Punkten besetzt; der zweite Zwischenraum an der Basis sowie der sechste und der achte bis zur Apikalbeule sind punktiert, die Punkte sind so groß wie die Streifenpunkte. Die Längsfurche des Halsschildes ist beim Weibchen breit und tief, vorn ohne Grube. 18–19 mm. Das Männchen ist unbekannt. **canaliculatus** ARROW

4 (3) Die Flügeldecken sind glänzend, ohne dichte Mikropunktierung.

5 (6) Halsschild bei beiden Geschlechtern mit einer vorderen Grube, die hintere Längsfurche ist seicht. Vom Stirntuberkel verläuft je eine sehr feine Furche bis zur Basis der Augenkiele. Die Zwischenräume der Flügeldecken sind gewölbt, der sechste und achte fast in der ganzen Länge grob punktiert. Pygidium stark gewölbt, matt chagriniert. Parameren (Fig. 22) lang, schlank, zur Spitze zu verjüngt, die abgestutzte Spitze schwach erweitert. 15–22 mm. **strigipennis** FAIRM.

6 (5) Eine mir unbekannte Art, deren Eigenschaften mit jenen der obigen Art nicht übereinstimmen, und welche der Diagnose (von *sulcicollis*) nicht widerspricht. 15–20 mm. **sulcicollis** FAIRM.

Hovophileurus canaliculatus ARROW (Tafel, Abb. 12)

ARROW, Ann. Mag. Nat. Hist., (8) VIII, 1911, p. 165. *(Hovophileurus).*

Glänzend schwarz, Oberseite und Pygidium kahl, die Brust mäßig lang rotbraun behaart.

♀: Der Clypeus ist zugespitzt, die Spitze aufgebogen; die Seiten sind bis zu den deutlich abgesetzten Augenkielen schwach konkav gebogen. Der Stirntuberkel ist konisch, eine Stirnnaht ist nur neben den Augen sichtbar. Die Oberseite ist äußerst fein quergerunzelt.

Der Halsschild ist nur wenig breiter als lang (etwa 7,5:6,5), in der Mitte am breitesten, die Seiten sind mäßig stark gebogen, vor den stumpfwinkligen Hinterecken sehr leicht ausgerandet. Die Vorderecken sind stark vorgezogen, spitzwinklig, darum erscheint der gerandete Vorderrand als tief ausgerandet. Die ebenfalls gerandete Basis ist schwach doppelbuchtig. Längs der Mitte verläuft von der Spitze bis zur Basis eine tiefe und breite Furche, die vorn nicht erweitert, sondern verschmälert ist, am Spitzenrand ohne Spur von einem Tuberkel. Die Punktierung ist am glatten Grunde sehr fein und dicht, nur in der Längsfurche gröber und quergerunzelt, beiderseits der Furche am feinsten. Das Schildchen ist dreieckig, an der Basis gerunzelt-punktiert.

Die Flügeldecken sind länger als zusammen breit (etwa 11:8,5), nach hinten sehr schwach erweitert. Die Punktstreifen sind mäßig tief, dicht und ziemlich stark punktiert, sie sind nicht gepaart. Die Zwischenräume sind auf der Scheibe schwach gewölbt, gleich hoch, an den Seiten viel schmäler und flach. Die ganze Oberfläche ist sehr dicht mit Mikropunkten besetzt, der zweite Zwischenraum ist an der Basis, der sechste und der achte fast in der ganzen Länge etwa so grob wie die Streifen punktiert.

Das Pygidium ist schwach gewölbt, überall fein und sehr dicht gerunzelt-punktiert.

♂: Mir unbekannt.

Länge: 18–19 mm. – Untersuchtes Material 2 Exemplare.

Typen: Holotype ♀: Diego Suarez; im BM in London.

Verbreitung: Madagaskar: Diego Suarez (BM, E).

Hovophileurus strigipennis FAIRMAIRE

FAIRMAIRE, Ann. Soc. Ent. Belg., 49, 1905, p. 119. *(Trionychus).*

sulcipennis ARROW, Ann. Mag. Nat. Hist., (8) VIII, 1911, p. 164. *(Hovophileurus);* (8) XIV, 1914, p. 258.

Schwarz glänzend, die Flügeldecken äußerst fein chagriniert, darum ein wenig schwächer glänzend als der Halsschild. Oberseite und Pygidium kahl, die Brust mäßig lang und dicht rotbraun behaart.

♂: Der Clypeus ist zugespitzt, die Spitze stark aufgebogen, die kantenartig gerandeten Seiten sind bis zu den deutlich abgesetzten Augenkielen fast gerade, der Seitenrand ist vor den Augenkielen bogenförmig erhöht. Auf der Stirn sitzt ein Tuberkel, von welchem bis zur Basis der Augenkiele je eine sehr seichte Furche verläuft. Der Vorderkopf ist sehr fein, der Hinterkopf etwas stärker und seicht gerunzelt-punktiert.

Der Halsschild ist breiter als lang (etwa 7,8:5,5), in der Mitte am breitesten. Die Seiten sind leicht und regelmäßig gebogen, auch zur Basis deutlich konvergierend. Die Spitze ist konkav, die Basis doppelbuchtig gebogen. Alle vier Seiten sind gerandet. Eine tiefe Grube nimmt mehr als die Hälfte der Länge ein, sie ist beiderseits durch einen stumpfen Höcker flankiert, die beide näher zur Spitze als zum Ende der Grube stehen. Die Grube ist hinten durch eine seichte Vertiefung fast bis zur Basis verlängert. Die Grube ist fein gerunzelt, die hintere Vertiefung stärker und dichter, die übrige Oberseite ist fein, in den Vorderecken sehr dicht und vor der Basis ein wenig lockerer punktiert. Das Schildchen ist breit dreieckig, dicht gerunzelt-punktiert, nur die Ränder sind glatt.

Die Flügeldecken sind länger als zusammen breit (etwa 11:9), nach hinten schwach erweitert, auf der Scheibe tief, an den Seiten viel seichter gefurcht, die Streifenpunkte sind auf der Scheibe klein, deutlich geringelt, sehr dicht gestellt, um das Schildchen sind diese etwas größer, verworren; die sich in den seitlichen Furchen befindenden und die verworrenen Streifenpunkte in der Spitzengegend sind kleiner, fast nur einfach eingestochen. Die Zwischenräume sind gewölbt, der sechste und der achte sind fast in der ganzen Länge stark punktiert.

Der Prosternalzapfen ist mäßig hoch, die Spitze ist abgestutzt, dreieckig, leicht gewölbt, kahl. Das Pygidium ist stark gewölbt, chagriniert und fein gerunzelt, matt. Die Parameren (Fig. 22) sind lang, schlank, hinter der Mitte leicht verjüngt, die abgestutzte Spitze ist wieder leicht erweitert.

♀: Der Halsschild ist ähnlich wie beim Männchen. Das Pygidium ist nur schwach gewölbt. Die Vordertarsen sind einfach, dünn.

L ä n g e : 15–22 mm. – Untersuchtes Material 2 Exemplare.

T y p e n : Holotype ♂ von *H. sulcipennis* ARROW: Diego Suarez, 1904–28; im BM in London. Die Type von *H. strigipennis* FAIRMAIRE, ebenfalls von Diego Suarez, ist im MP in Paris vorzufinden.

V e r b r e i t u n g : M a d a g a s k a r : Diego Suarez (BM, E).

Hovophileurus hovanus FAIRMAIRE

FAIRMAIRE, Bull. Ent. Soc. France, 1903, p. 68. *(Phileurus).*

Die Originaldiagnose dieser mir unbekannt gebliebenen Art lautet folgendermaßen:

Long. 20 mm. – Oblongus, convexus, fusconiger, nitidus, glaber, pectore subtiliter fulvopubescente; capte sat minuto, antice angustato, clypeo antice breviter recurvo-acuminato; prothorace transverso, elytris haud angustiore, lateribus a medio rotundatis, dorso subtiliter coriaceo, disco medio oblonge sat profunde excavato, antice profundius, marginibus haud acute elevatis, antice leviter bituberosis, tuberculis anticis ad marginem sitis et valde approximatis, basi marginata, utrinque transversim valde impressa, angulis fere rectis, anticis brevibus, deflexis; scutello punctato, obtuse ogivali; elytris sat brevibus, parallelis, apice rotundatis, grosso punctato-substriatis, intervallis convexis, alternatim magis elevatis, costis discoidalibus et externis apice obliteratis, callis posticis laevibus, parte apicali rugoso-punctata; pygidio piceo, dense subtiliter strigosulo, transversim fere bigibbosulo; pectore subtiliter rugosulo et breviter fulvo-pubescente; abdomine brevi, nitido, pedibus sat validis, femoribus sat latis, compressiusculis, laevibus, linea punctata excepta. – Madagascar: ma collection.

Ressemble au *P. vervex* BURM., du Bresil, en differe par la tete sans cretes transversales, avec un tubercule au sommet du front, le corselet assez largement et fortement excavé au milieu, les tibias plus greles, les posterieurs plus fortement dentés au milieu et plus sinués ensuite.

Il est curieux de trouver a Madagascar une espece d'un genre americain, bien que quelques unes soient indiquées de la Chine; mais ces derniers ont un facies assez special tandis que celle trouvée a Madagascar a tout a fait le facies des espéces americaines.

Hovophileurus sulcicollis FAIRMAIRE

FAIRMAIRE, Ann. Soc. Ent. Belg., 43, 1899, p. 521. *(Trionychus)*. – ARROW, Ann. Mag. Nat. Hist., (8) VIII, 1911, p. 164. *(Hovophileurus)*.

Long. 15 a 20 mm. – Oblongo-ovatus, valde convexus, subparallelus, piceo-fuscus, nitidus; capite antice triangulariter angustato, subtiliter rugosulo, ad oculos striolato, clypeo antice paulo obtuse elevato, fronte medio tuberculo instructa; prothorace transverso, elytris haud angustiore, antice a medio arcuatim angustato, dorso sat subtiliter, parum dense punctato, medio canaliculato, sulco antice latiore, dorso undique marginato, basi fortius, margine postico fere recto, angulis obtusiusculis, anticis parum obtusis, scutello ogivali, polito; elytris ovatis, basi fere recte truncatis, ad humeros recte angulatis, apice conjunctim rotundatis, dorso striatulo-punctatis, punctis sat grossis, ante apicem obliteratis callo postico laevi, parte apicali punctato-rugosa, intervallis laevibus, convexiusculis, 2° basi latiore et punctato, striis lateralibus magis densatis et paulo confusis; pygidio densissime subtiliter asperulo-punctato; subtus laevis, lateribus punctato, pectore rufo-villoso, pygidio apice rufosetoso, pedibus validis, femoribus latis, tibiis 4 posticis extus profunde emarginatis. – Suberbieville (H. PERRIER).

Ressemble assez au *T. chinensis*, mais plus court, plus convexe, avec le tubercule frontal peu saillant et le dernier article des tarses simple, ainsi que les crochets, mais peut-etre n'ai je vu que des ♀. En outre, le prosternum n'est pas caréné en avant, seulement il se termine par une saillie dentiforme.

Summary

MONOGRAPH OF DYNASTINAE (VIIIth TRIBE: PHILEURINI)
SPECIES OF THE ETHIOPIAN REGION

In the course of the author's "Monograph of Dynastinae" in this article the Ethiopian species of tribe VIII (*Phileurini*) are treated. The following species have to be regarded now as synonyms: *Archophanes canorus* PRELL (to *A. cratericollis* FAIRM., as the male); *Syrichthomorphus hessei* ENDR. (to *Syrichthodontus spurius* BURM.); *Pseudosyrichthus kjellanderi* FERR. (to *P. clathratus* GERST.). The taxonomic status of following units was changed: *Rhizoplatys trituberculatus* BURM. = subspecies of *Rh. mucronatus* BEAUV.; *Rhizoplatodes ambiguus* GERST. = variety of *Rh. castaneipennis* BOH.; *Rhizoplatodes caviceps* PRELL = aberratio of *Rh. castaneipennis* BOH.; *Rhizoplatodes foveiceps* FAIRM. = subspecies of *Rh. castaneipennis* BOH.; *Pseudosyrichthus variolosus* PRELL = subspecies of *P. senegalensis* CAST. As new the following species were described: *Syrichthodontus lydenburgi* sp. n. from South Africa; *Syrictes curvicornis* sp. n. from Tanzania; *Syrichthoschema katanganum* sp. n. from Zaïre; and *Syrictoides* gen. n. *tarsalis* sp. n. from South Africa, for the latter one also the mentioned new genus was established.

Namensverzeichnis

Synonyme sind *kursiv*, Neubeschreibungen sind **halbfett** gesetzt

Gattungen:

Archophanes KOLBE 202, 210
Hovophileurus ARROW 203, 229
Neosyrichthoschema FERR. 202, 222
Prosphileurus KOLBE 202, 212
Pseudosyrichthus PÉR. 202, 219
Rhizoplatodes PÉR. 201, 208
Rhizoplatys WESTW. 201, 203
Syrichthodontus PÉR. 202, 216
Syrichthomorphus PÉR. 202, 213
Syrichthoschema JANSS. 203, 226
Syrichthus BURM. 223
Syrichtus HOPE 223
Syrictes PRELL 202, 223
Syrictoides gen. n. 203, 228
Trionychus BURM. 203

Arten, Unterarten:

ambiguus GERST. 209, 210
aries FABR. 224
auriculatus BURM. 204, 206
bituberculatus KLUG 206
burgeoni JANSS. 227
canaliculatus ARROW 230
canorus PRELL 211
cariosus BURM. 222
castaneipennis BOH. 209
caviceps PRELL 209
clathratus GERST. 220
cratericollis FAIRM. 211
cribrarius WESTW. 203, 204
cribratus BOH. 216, 219
cribratus ♀ BOH. 218
cribricollis BURM. 204
curvicornis sp. n. 224, 226
dentatus PRELL 224, 225
depressus PRELL 225
fissicollis FAIRM. 212
foveiceps FAIRM. 209, 210
gerstaeckeri PRELL 220, 221
hessei ENDR. 216, 218
hovanus FAIRM. 230, 231
impressus PRELL 219
katanganum sp. n. 227, 228
kjellanderi FERR. 220
laevicollis PRELL 204, 205
liberianus DOHRN 212
lydenburgi sp. n. 216, 218
maintyi FAIRM. 204, 208
mucronatus BEAUV. 204, 205
poggei HAROLD 212
popei FERR. 223
senegalensis CAST. 220, 222
simplicitarsis PRELL 204, 207
spinifer HERBST 224
spurius BURM. 216
strigipennis FAIRM. 230, 231
sulcicollis FAIRM. 230, 232
sulcipennis ARROW 231
syrichtus FABR. 223, 224
tarsalis sp. n. 229
termitophilus PÉR. 213
trituberculatus BURM. 204, 205
variolosus PRELL 222
verus BURM. 224

Anschrift des Autors:

Dr. S. Endrödi, Ungarisches Naturwissenschaftliches Museum, Zoologische Abteilung, H – 1088 Budapest, VIII., Baross u. 13; Ungarn.

ENTOMOLOGISCHE ABHANDLUNGEN
STAATLICHES MUSEUM FÜR TIERKUNDE IN DRESDEN

Band 41 Ausgegeben: 28. Februar 1978 Nr. 7

Revision der Gattung Ischiopsopha GEST.

(Coleoptera, Scarabaeidae)

(91. Beitrag zur Kenntnis der Scarabaeidae)

Mit 29 Figuren

RENÉ MIKŠIC
Sarajevo

Die Gattung *Ischiopsopha* GESTRO wurde – abgesehen von den sehr unvollkommenen und heute bereits ganz veralteten Bestimmungstabellen von HELLER (1894–1895) und SCHOCH (1898), der neuen, aber nur eine kleine Artengruppe umfassenden Übersichtstabelle von WILLEMSTEIN (1971) und einer Bestimmungstabelle der schwarzen Arten von mir (1976) – keiner zusammenfassenden und eingehenderen Bearbeitung unterzogen. Eine Folge dieses Zustandes sind viele Fehldeterminationen in den Musealsammlungen dieser schönen, doch systematisch oft sehr schwierigen Käfer. Mit dieser meiner Arbeit, welche aber unvermeidlich doch manche Fragen offen lassen wird, hoffe ich, eine Grundlage zu weiteren Studien der Gattung *Ischiopsopha* zu legen.

Bei meiner Arbeit verfügte ich über ein reichliches Material, darunter auch über eine Reihe von Typen. Für die Verleihung des Materials erlaube ich mir, folgenden Herren meinen verbindlichsten Dank auszusprechen: Prof. C. CONCI (Museo Civico di Storia Naturale, Milano), Dr. F. HIEKE (Museum für Naturkunde an der Humboldt-Universität, Berlin), Dr. F. JANCZYK (Naturhistorisches Museum, Wien), Dr. D. H. KAVANAUGH (Department of Entomology, California Academy of Sciences, San Francisco), Prof. Dr. G. MORGE (Institut für Pflanzenschutzforschung, Eberswalde), Dr. H. ROER (Zoologisches Forschungsinstitut und Museum Alexander Koenig, Bonn), Dr. R. ZUR STRASSEN (Naturmuseum und Forschungsinstitut Senckenberg, Frankfurt a. M.) und Dr. M. UHLIG, (Museum für Naturkunde an der Humboldt-Universität, Berlin). Wichtige Typen wurden mir zur Untersuchung gefälligerweise auch von den Herren Dr. h. c. G. FREY † (Museum G. Frey, Tutzing) und Dr. J. KRIKKEN (Rijksmuseum van Natuurlijke Historie, Leiden) zugesandt. Einige der genannten Herren und Herr M. TÜRKAY (Frankfurt a. M.) unterstützten meine Arbeit auch mit Literatur, wofür ich besonders danken möchte. Die Abbildungen zu dieser Arbeit wurden von meiner Frau Dr. S. MIKŠIC und Frau L. JANKOVIC angefertigt.

Gattung **ISCHIOPSOPHA** GEST.

Ischiopsopha GESTRO, 1874, Ann. Mus. Genova, VI, p. 494. – KRAATZ, 1880, Deutsche Ent. Zeitschr., XXIV, p. 209. – V. D. POLL, 1886, Tijdschr. Ent., XXIX, pp. 146, 149, 151, tab. 7, f. 2, 2a–c. – HELLER, 1894–1895, Abh. Mus. Dresden, V, No. 16, p. 7. – SCHOCH, 1895, Gen. u. Spec. Ceton. I, pp. 35, 36. – SCHOCH, 1898, Mitteil. Schweiz. Ent. Gesell. X, p. 157. – BOURGOIN, 1933, Mem. Mus. roy. Hist. Nat. Belg., p. 9.

Typische Art: *Cetonia bifasciata* QUOY & GAIMARD, 1824, Voy. Urania, Zool., p. 548, tab. 82, fig. 5.[1])

[1]) GESTRO (l. c.) bezeichnet keinen Typus seiner Gattung, führt aber als erste Art derselben die allerdings recht markante, doch in den Sammlungen seltene *Cetonia bifasciata* QUOY-GAIM. an.

Aphonia SCHOCH, 1895, Gen. u. Spec. Ceton. I, p. 37

Erstangeführte Art: *Lomaptera pulchripes* J. THOMSON, 1877, Bull. Soc. Ent. France, p. LXXXIX.

Stenolomaptera KRAATZ, 1898, Deutsche Ent. Zeitschr., p. 95.

Typische Art: *Stenolomaptera aurora* KRAATZ, 1898, Deutsche Ent. Zeitschr., p. 98.

Systematische Stellung und Definition der Gattung

Die Gattung *Ischiopsopha* GESTRO gehört in den Subtribus *Lomapterina* des Tribus *Gymnetini* der Unterfamilie *Cetoniinae* (MIKŠIC, 1976).

Eine zeitgemäße Definition der Gattung und ihre Differenzierung in einer Bestimmungstabelle gegenüber den übrigen Gattungen der *Lomapterina* gab VALCK LUCASSEN (1961, pp. 2, 4–5). Aus einer Analyse seiner Angaben ergibt sich folgende Definition:

Der Vorderrand des Clypeus tief und winkelig ausgeschnitten, seine Seitenränder mit je einer innen von einer Längsimpression begrenzten Randleiste. Die Schildchenspitze frei sichtbar. Das Pygidium fast halbkreisförmig, mit namentlich bei den ♀♀ deutlich kantenförmigem Hinterrand. Die Unterseite des Körpers fast kahl. Der Mesosternalprocessus flach, an der Basis ziemlich breit, mit (außer bei einigen Ausnahmen) zur Spitze gerade konvergierenden Seitenrändern, vor der Spitze ohne Vorsprung. Das Abdomen mit einem Stridulationsorgan. Die Hinterschienen außen ohne Querleiste. Anschließend muß ich aber gleich bemerken, daß bei einigen Arten die Stridulationsflächen an den Seiten des Abdomens stark reduziert sind oder ganz fehlen.

Aphonia SCHOCH bildet eine wohl natürliche, aber gegenüber den übrigen Arten morphologisch kaum scharf definierbare Artengruppe, welche daher noch nicht den Rang einer Untergattung haben kann. Mit ihr fällt *Stenolomaptera* KRAATZ zusammen.

Eidonomie der Imagines

Mittelgroße bis größere, meist mäßig gestreckte und auf der Oberseite höchstens nur leicht gewölbte *Cetoniinae*. Stark oder sehr stark glasartig oder mehr fettig und zuweilen stark metallisch glänzend. Meist grün in verschiedenen Tönen, zuweilen schwarz oder auf den Flügeldecken mehrfarbig. Die Oberseite des Körpers ganz, die Unterseite fast ganz kahl, nur der Vorderrand des Prosternums mit dichtem und langem Wimpersaum und die Vorderhüften vorn reichlich und lang beborstet. Der Kopf flach. Der Clypeus seitlich gerundet, vorn zu den spitz lappig vortretenden Vorderecken gerundet-verengt, der Vorderrand zwischen denselben sehr tief ausgeschnitten, dahinter mit einer Impression. Die Seitenrandleisten des Clypeus parallel oder nach vorn divergent, mehr oder minder stumpf, aber sehr deutlich ausgebildet, innen meist von einer leichten Längsimpression begrenzt, die schrägen Seitenrandflächen von oben meist sichtbar. Die Stirn mit feiner, aber scharfer und zerstreuter bis reichlicher und kräftiger Punktur. Die Punktur des Clypeus dichter, vorn gegen die Spitzen nur recht fein und dicht. Die Fühlerfahne bei den ♂♂ nicht verlängert. Der Halsschild stark quer, hinten auf der Scheibe flach oder nur sehr schwach, vorn aber stärker querüber gewölbt; von den mehr oder minder rechteckigen Hinterecken zur Mitte (die Seitenränder hier mehr oder minder stumpfwinkelig gerundet) nicht oder nur leicht, dann zu den Vorderecken stark verengt oder von den Hinterecken zu den Vorderecken mehr im Bogen gerundet verengt. Die Seitenränder leistenförmig gerandet, bei einigen Arten in den Vorderecken schwindend. Der Skutellarlappen sehr stark nach hinten vortretend, an der Spitze abgestutzt oder ausgebuchtet oder dreieckig, zuweilen sogar tief, aber schmal und fast spaltenförmig ausgeschnitten und die Schildchenspitze stets frei sichtbar. Der Halsschild kann fast ganz glatt sein, oder seitlich mit einer nur feinen und zerstreuten bis groben und reichlichen

Punktur bedeckt, welche bei den meisten Arten seitlich innerhalb der Seitenrandleisten in eine dichte und scharfe oder grobe, irregulär querwellenkritzelige Skulptur verwandelt ist. Die Mesoepimeren („Schulterblätter") von oben nur wenig oder undeutlich sichtbar. Die Flügeldecken nach hinten leicht verengt, auf der Scheibe fast flach oder höchstens sanft gewölbt, am Seitenrand herabgewölbt oder tief und steil abfallend und über demselben zuweilen sogar mit einer stumpfen, innen von einer flachen und breiten Impression begrenzten, von der kräftigen Schulter- zur Anteapikalbeule verlaufenden Sublateralrippe. Die Flügeldecken sonst ohne Impressionen, auf der Scheibe zuweilen mit je zwei als schwach erhabene Längslinien angedeuteten Diskalrippen. Der Subhumeralausschnitt der Flügeldecken mehr oder minder bis recht kräftig. Die Nahtintervalle zum Ende wulstig oder dachartig erhaben, im Endteil beiderseits von einer eingedrückten Linie begrenzt, die Nahtspitzen einfach oder zähnchenförmig vortretend. Die Flügeldecken seitlich im hinteren Teil immer mit einer scharfen und kräftigen bis groben und dichten, irregulären, etwas schräg querwellenkritzeligen Skulptur, welche sich, meist feiner werdend, über die Anteapikalbeule bis zum Nahtintervall fortsetzt und neben diesem (nach vorn zu in Bogenkritzeln aufgelöst) auch etwas nach vorn reicht. Sonst können die Flügeldecken fast ganz glatt oder im mittleren und hinteren Teil der Scheibe mit einer feineren, aber scharf eingeritzten, mehr oder minder dichten und zusammenhängenden, irregulär querwellenkritzeligen Skulptur bedeckt sein, welche nach vorn zu Bogenkritzeln aufgelöst ist und schwindet, zur Basis mehr oder minder glatt, ebenso vor der Anteapikalbeule mit einer glatteren Stelle. Diese Wellenkritzelskulptur kann auch im mittleren und hinteren Teil zu Bogenkritzeln aufgelöst sein. Das Pygidium breit, von oben meist frei sichtbar, bei beiden Geschlechtern in der ganzen Breite über die Mitte einen sehr kräftigen, meist mehr oder minder scharfen Wulst oder Kante bildend, wodurch das Pygidium in eine Dorsal- und eine Ventralfläche scharf gesondert erscheint; in Ventralansicht ist dieser Apikalrand oft breit und flach abgesetzt. Das Pygidium auf der Oberseite immer mit dichter, mehr oder minder grober, irregulär querwellenkritzeliger Skulptur; diese ist auf der Unterseite in der Regel weniger dicht und feiner bis mehr oder minder geschwunden. Der Mesosternalprocessus sehr stark lanzettförmig oder zapfenförmig vortretend, bis über die Vorderhüften reichend, an der Basis weit vor der Spitze mit feiner doppelbuchtiger Quernaht. Die Metasternalplatte breit und flach, mit fein eingeritzter medialer Längslinie; beiderseits der Metasternalplatte das Metasternum meist mehr oder minder beulig aufgewölbt. Das Metasternum beiderseits am Hinterrand mit einer breiten und tiefen, scharf begrenzten und in der Regel kritzelig skulptierten Querimpression. Auch der seitliche Teil des Vorderrandes des Metasternums nur schmal bis breit mit grober, irregulär querwellenkritzeliger Skulptur, welche auch den ganzen Seitenteil des Metasternums umfassen kann. Das Abdomen seitlich meist teilweise und vielfach scharf kiel- oder leistenförmig gerandet; seitlich am 2. und 3. oder auch am 4. Sternit mit einer außen breiten (namentlich am 3. Sternit) und nach innen am Hinterrand der Sternite schmäler verlängerten Stridulationsfläche, welche aus sehr dicht gestellten, feinen, schrägen Riefen besteht, aber auch reduziert sein kann oder sogar schwindet. Bei den ♀♀ ist das Abdomen einfach gewölbt und am hinteren Teil des 5. Sternites mit reichlicher, lange und kräftige, nach hinten geneigte Borsten tragender Punktur bestreut; bei den ♂♂ am 2.–4. oder auch im Basalteil des 5. Sternits mit meist kräftiger und längs der Mitte gefurchter Bauchimpression und am 5. Sternit mit viel spärlicheren und kleineren Borstenpunkten oder fast ohne diese. Die Hinterhüften sehr deutlich auseinandergerückt, dazwischen das Fragment eines (sonst verdeckten und nicht mitgezählten) Sternits sichtbar, außen nicht gerandet, die seitlichen Hinterecken nach hinten hakig vortretend. Die kräftigen Beine mit kompakt gegliederten, etwas kurzen und dicken Tarsen. Die Vorderschienen außen bei den ♂♂ mit 2 oder 3 Zähnen, bei den ♀♀ breiter und mit 3 starken und spitzen Zähnen (der 1. und 2. Zahn groß, der 3. kleiner). Die vier hinteren Schienen außen ohne Zahn oder Querleiste; der äußere Apikalrand der Hinterschienen sehr lang und spitz zweizähnig.

Der Aedoeagus

Der Aedoeagus besitzt einen voluminösen, fest chitinisierten, langen und großen Pars basalis secunda und kurze, breite, symmetrische, meist mehr oder minder im rechten Winkel gegen den Pars basalis secunda nach unten gerichtete Parameren. Die Parameren zeigen oft einen Metallglanz und bilden eigentlich fast nur fest chitinisierte und an der Spitze verbundene Arme um die sehr große, fast die ganze Oberseite einnehmende dorsale Öffnung. Auf der Unterseite sind die Parameren von einer hellgelblichen Membrane geschlossen. Obwohl der Aedoeagus-Bau einen sehr einheitlichen Typus zeigt, geben die einfach gebauten Parameren doch in manchen Fällen bei genauem Vergleich gute Unterscheidungsmerkmale.

Präimaginale Stadien und Bionomie

Die präimaginalen Stadien sind meines Wissens noch unbekannt. Ebenso verfüge ich über keine näheren bionomischen Angaben. Doch dürfte sich die Lebensweise kaum von jener der anderen *Cetoniinae* unterscheiden, und die Imagines sind wohl sicher sonnenliebende Tagtiere, welche Blumen und süße Früchte aufsuchen. Auf die wenigen Literaturangaben über das Vorkommen einiger Arten werde ich bei denselben verweisen.

Allgemeine Verbreitung und Artenbestand

Die Gattung *Ischiopsopha* GEST. ist der Melanesischen Subregion der Australischen Region eigen und in dieser wahrscheinlich fast überall verbreitet. Eine Transgredierung der Gattung in die östlichsten Teile der Malayischen Subregion der Orientalischen Region ist allerdings möglich, aber noch nicht (außer in einem Fall) sicher nachgewiesen. Im SCHENKLING-Katalog (1921: pp. 125, 126) wurden *I. latreillei* (GORY & PERCH.) und *I. virens* (BLANCH.) auch für Java angeführt (letztere Art jedoch mit einem Fragezeichen). Ich selbst sah wiederholt Stücke der *I. latreillei* mit dem Fundortzettel „Java", doch stets ohne nähere Fundortangabe, und das Vorkommen beider Arten auf dieser Insel ist sehr unwahrscheinlich. Hingegen erscheint die Angabe von HELLER über das Vorkommen der *I. ritsemae* V. D. POLL auf Ost-Celebes glaubwürdig. Manche der bisher bekannten Arten sind auf gewisse Inseln beschränkt, andere, namentlich jene von Neuguinea, bewohnen größere Areale, doch sind wir gerade über die Verbreitung dieser Arten noch äußerst wenig unterrichtet.

Im SCHENKLING-Katalog (1921: pp. 122–127) wurden 45 *Ischiopsopha*-Arten angeführt. Doch gehören von diesen laut VALCK-LUCASSEN (1961) *papua* GUER., *pygidialis* J. THOMS. und *subarouensis* J. THOMS. in die Gattung *Lomaptera* GORY-PERCH., ebenso *pusilla* KRAATZ, welche von HELLER (1894/1895: p. 8) in die Gattung *Ischiopsopha* gestellt wurde, was aber SCHENKLING (l. c.) nicht befolgte. In die später aufgestellte Gattung *Homoeopsopha* SCHÜRH. gehört *I. castaneipennis* MOS. und wohl auch *I. castanea* MOS. Andererseits bewies in neuerer Zeit WILLEMSTEIN (1971), daß die Art *Lomaptera cambodjensis* WALL., deren wahre Heimat leider unbekannt ist und welche im SCHENKLING-Katalog in die Gattung *Thaumastopeus* KRAATZ versetzt wurde, in die Gattung *Ischiopsopha* gehört.

Nach dem Erscheinen des SCHENKLING-Kataloges wurden folgende weitere *Ischiopsopha*-Arten beschrieben: *castanoptera* MOS., *cupreopyga* MOS., *gigantea* SCHÜRH., *keyensis* SCHÜRH., *meraukiana* SCHÜRH., *salomonensis* SCHÜRH., *scheini* SCHÜRH., *superba* HELL. und *tomiensis* SCHÜRH. Von diesen Arten gehört *I. castanoptera* in die Gattung *Homoeopsopha* SCHÜRH., und von den übrigen sind einige Arten mit bereits bekannten identisch und verfallen in die Synonymie. Zwei weitere Arten wurden von mir – eine von diesen in dieser Arbeit – beschrieben.

Über die systematische Einteilung der Gattung *Ischiopsopha*

Eine gute systematische Einteilung der Arten der Gattung *Ischiopsopha* ist wegen Mangels entsprechender morphologischer Merkmale für eine Begrenzung von Artengruppen vorläufig kaum möglich.

Eine wohl natürliche, doch morphologisch nicht genügend scharf gegenüber den übrigen Arten definierbare Artengruppe, welche daher noch nicht den Rang einer Untergattung haben kann, bildet ohne Zweifel *Aphonia* SCHOCH, mit welcher *Stenolomaptera* KR. zusammenfällt. Diese Gruppe umfaßt kleinere Arten (eine Art ausgenommen) mit stark metallisch oder glasartig glänzendem und auf der Oberseite (außer bei *I. nigroloba*) einfarbigem Körper. Die schrägen Seitenrandflächen des Clypeus von oben meist nur schmal sichtbar. Der Skutellarlappen des Halsschildes an der Spitze mit kleinem, aber scharfem, dreieckigem oder sogar schmalem und spaltenförmigem Ausschnitt. Die Flügeldecken stets ohne Spur von Dorsal- oder Sublateralrippen. Abdomen immer mit vollkommen ausgebildeten, scharf begrenzten und dicht gerieften Stridulationsflächen. Die *Aphonia*-Arten sind – mit Ausnahme einer Art von Aru und zwei Arten (oder Rassen?) aus Nordaustralien – auf Neuguinea beschränkt.

Den größten Teil der Arten muß man aber – nach Ausscheidung von noch drei Arten – als *Ischiopsopha* „im engeren Sinn" zusammenfassen. Es handelt sich um mittelgroße bis große Tiere. Die schrägen Seitenrandflächen des Clypeus sind von oben mehr oder minder breit sichtbar. Der Ausschnitt an der Spitze des Skutellarlappens des Halsschildes ist nur bei einer Art scharf dreieckig, sonst mehr oder minder schwächer, zuweilen nur auf eine Abstutzung reduziert. Die Stridulationsflächen des Abdomens sind verschiedenartig ausgebildet und schwinden in manchen Fällen ganz. Bei einigen Arten bestehen auf den Flügeldecken stumpfe Sublateralrippen oder als leicht erhabene Linien angedeutete Diskalrippen. Die *Ischiopsopha* in sp.-Arten sind über das ganze Areal der Gattung verbreitet und umfassen die schönsten Vertreter.

Die folgende Bestimmungstabelle hat den Zweck, eine möglichst leichte und sichere Determination zu ermöglichen, wobei nicht immer auf die Verwandtschaft der Arten Rücksicht genommen wurde. Im speziellen Teil werden zuerst die *Ischiopsopha* in sp.-Arten, dann die *Aphonia*-Arten, nach diesen drei Arten von unsicherer systematischer Stellung, und am Ende die Arten, welche ich nicht selbst untersuchen konnte, behandelt.

Besondere Schwierigkeiten bereitet eine befriedigende und annähernd die wahre Verwandtschaft widerspiegelnde Anordnung der *Ischiopsopha* in sp.-Arten wegen der vielfach wenig ausgeprägten morphologischen Differenzen. Die hier gebrauchte Reihenfolge erhebt durchaus nicht den Anspruch auf ein natürliches Artensystem. Die Arten wurden in folgender Weise gruppiert:

I) Metallisch glänzende, mittelgroße Arten mit einfarbiger Oberseite. Die Flügeldecken ohne Spur von Diskalrippen. Die Stridulationsflächen des Abdomens nie besonders scharf begrenzt, bei einer Art mehr oder minder geschwunden. Die Pubeszenz der Unterseite bei zwei Arten dunkel, bei einer Art hell. Drei Arten von den Inseln westlich von Neuguinea.

II) Glasartig oder fettig glänzende, auf der Oberseite einfarbige, mittelgroße bis große Arten, welche sich nach ihrer Verbreitung in drei Gruppen zusammenfassen lassen:

a) Arten von den Inseln westlich von Neuguinea. Die Flügeldecken ohne Spur von Diskalrippen. Abdomen mit gut ausgebildeten Stridulationsflächen. Die Pubeszenz der Unterseite außer bei einer Art dunkel.

b) Tiere von Neuguinea und aus Nordaustralien. Diesem Gebiet ist nur eine Art eigen und eine andere von Aru ist durch eine geographische Rasse vertreten.

c) Arten von den Inseln östlich von Neuguinea. Flügeldecken bei zwei Arten mit als leicht erhabene Längslinien angedeuteten Diskalrippen. Die Stridulationsflächen des

Abdomens zuweilen wenig ausgebildet oder schwindend. Die Pubeszenz der Unterseite mehr oder minder hell, nur bei einer schwärzlichen Art und zuweilen auch bei einer grünen Art dunkel.

III) Stark, meist glasartig glänzende, auf der Oberseite zwei- oder dreifarbige, große Arten mit vollkommen ausgebildeten Stridulationsflächen des Abdomens und schwärzlicher Pubeszenz (außer einer sehr seltenen Ausnahme) auf der Unterseite. Hierher die schönsten Arten, welche auf Neuguinea, den westlich davor liegenden Inseln (Waigeoe, Misool) und Neubritannien (New Britain) beschränkt sind.

Bestimmungstabelle der Arten und Rassen

1 (10) Ganz schwarze oder violettschwarze Tiere.

2 (3) Abdomen seitlich nicht gekielt. Seitenrandleisten des Clypeus abgestumpft und die schrägen Seitenrandflächen von oben breit sichtbar. Das Metasternum auf der breit und grob querkritzelig skulptierten Querimpression vor dem Hinterrand, die Metaepisternen und der seitliche Teil des Abdomens in den Querkritzeln lang beborstet. Flügeldecken auf der Scheibe glatt. Große, rein tiefschwarze Art mit seitlich dicht und grob punktiertem Halsschild. – Ehemaliges Deutsch-Neuguinea.[2]) **I. gigantea** SCHÜRH.

3 (2) Abdomen seitlich gekielt. Seitenrandleisten des Clypeus deutlich bis stark ausgeprägt. Metasternum, Metaepisternen und Abdomen (außer den zahlreichen, lang beborsteten Punkten am Endteil des 5. Sternites bei den ♀♀) kahl.

4 (9) Die tiefste Stelle des Subhumeralausschnittes der Flügeldecken über der Basis der Hinterhüften gelegen. Die Metaepisternen von normaler Form, die Metaepimeren ganz frei sichtbar. Abdomen mit vollkommen ausgebildeten, dicht gerieften Stridulationsflächen.

5 (8) Tiefschwarze Arten (zuweilen stellenweise etwas dunkelbräunlich aufgehellt). Flügeldecken auf der Scheibe glatt oder nur teilweise mit nicht zusammenhängenden Querbogenkritzeln bestreut, ohne angedeutete Subhumeralrippe und im hinteren Teil innerhalb dieser ohne Spur einer Längsimpression.

6 (7) Die Seitenrandleisten des Clypeus stumpf, die schrägen Seitenrandflächen von oben nur schmal sichtbar. Halsschild seitlich mit kräftiger Punktur bestreut, doch ohne Querkritzeln. Skutellarlappen an der Spitze mit schmalem und tiefem, spaltförmigem Ausschnitt. Flügeldecken auf der Scheibe (namentlich bei dem ♀) glatt. Pygidium auf der Oberseite längs der Mitte nicht wulstig aufgewölbt, auf der Unterseite bei dem ♀ ohne Impression. – Ehemaliges Britisch-Neuguinea (südöstlicher Teil der Insel Neuguinea). **I. gagatina** HELL.

7 (6) Die Seitenrandleisten des Clypeus scharf erhaben, die schrägen Seitenrandflächen von oben breit sichtbar. Halsschild seitlich mit dichter, irregulär querwellenkritzeliger Skulptur. Der Skutellarlappen an der Spitze abgestutzt, ohne Ausschnitt. Flügeldecken auf der Scheibe teilweise mit Querbogenkritzeln bestreut. Pygidium auf der Oberseite längs der Mitte stumpfschwielig aufgewölbt, auf der Unterseite bei dem ♀ in der Mitte mit deutlicher, querer Impression. – Obi. **I. obiensis** MIKŠIC

---

[2]) Für die Verbreitung der Arten verwendete ich die alten, auf den Fundortetiketten angegebenen Bezeichnungen, als „Deutsch-Neuguinea" für den nordöstlichen Teil der Insel Neuguinea etc., was mir für eine rasche Orientierung geeignet erscheint. Diese Bezeichnungen sind daher nur als historische Namen zu betrachten und geben nicht die heutige Situation wieder.

8 (5) Oberseite schwarz mit leichtem dunkelviolettem Schimmer, Unterseite tief schwärzlich violett. Flügeldecken im mittleren und hinteren Teil der Scheibe mit zusammenhängender querwellenkritzeliger Skulptur, mit stumpf angedeuteter Subhumeralrippe und innerhalb derselben im hinteren Teil mit deutlicher leichter Längsimpression (fast wie bei *I. virens)*. Die schrägen Seitenrandflächen des Clypeus neben den kräftigen Seitenrandleisten von oben breit sichtbar. Halsschild seitlich ohne Querkritzeln (außer in den Vorderecken), nur mit zerstreuter Punktur. – Insel Rossel. **I. violacea** JANS.

9 (4) Die tiefste Stelle des Subhumeralausschnittes der Flügeldecken über der Mitte des Seitenrandes der Hinterhüften gelegen. Die Metaepisternen auffallend lang und schmal, der seitliche Teil der Metaepimeren von den Flügeldecken bedeckt, diese im mittleren und hinteren Teil der Scheibe mit zusammenhängender querwellenkritzeliger Skulptur. Seiten des Abdomens mit meist nur fragmentären Stridulationsflächen. Schwarz, mit leichten metallischen Reflexen. Die schrägen Seitenrandflächen des Clypeus von oben breit sichtbar. Halsschild seitlich mit dichter, irregulär querwellenkritzeliger Skulptur. **I. durvillei** (BURM.)

10 (1) Grüne, erzgrüne, goldgrüne, rotgoldige oder erzkupferige Tiere. Falls die Grundfarbe schwarz oder dunkelblau ist, dann die Flügeldecken mit umfangreicher grüner oder roter Zeichnung.

11 (30) Flügeldecken ausgesprochen zwei- oder dreifarbig (auf den Basalrand achten!).

12 (21) Flügeldecken im vorderen Teil mit gemeinsamer, sehr breiter und großer, jedoch den abfallenden Seitenteil nicht umfassender roter (bei grünen oder blaugrünen Flügeldecken) oder grüner Querbinde (bei schwarzen Flügeldecken).

13 (14) Grundfarbe schwarz. Flügeldecken im vorderen Teil mit sehr breiter, gemeinsamer, grüner und schmal rot gesäumter Querbinde. – Ehemaliges Neu-Pommern (New Britain). **I. bennigseni** MOS.

14 (13) Grundfarbe grün oder blaugrün, die Flügeldeckenbinde rot.

15 (20) Die gemeinsame, sehr breite, rote Querbinde der Flügeldecken scharf begrenzt, hinten an der Naht etwas nach hinten verlängert. Schulterbeulen mit schwärzlichen Fleckchen. Größere Tiere.

16 (19) Grundfarbe der Oberseite grün.

17 (18) Oberseite saftgrün bis dunkler grün, die Querbinde der Flügeldecken feuerrot. – Ehemaliges Britisch-Neuguinea. **I. jamesi** (WATERH.)

18 (17) Oberseite dunkler olivgrün, die Querbinde der Flügeldecken dunkel karminrot. – Süd-Neuguinea (Kabadi). **I. jamesi** ?ssp. **olivaceicolor nom. n.**

19 (16) Grundfarbe der Oberseite dunkel blaugrün. – Süd-Neuguinea (Milne Bay). **I. jamesi** ?ssp. **coerulea** HELL.

20 (15) Flügeldecken mit verschwommener roter, nach hinten nicht scharf begrenzter Querbinde. Die Schulterbeulen grün. Kleinere Tiere. – Neuguinea, Yule. **I. ignipennis** GEST.

21 (12) Flügeldecken grün bis olivbräunlichgrün (nie schwarz), im vorderen Teil ohne rote Querbinde.

22 (25) Flügeldecken in der Mitte mit einer gemeinsamen schwarzen Querbinde, welche den abfallenden Seitenrand freiläßt. Schienen und Tarsen schwarz.

23 (24) Der Halsschild stärker quer und sein Skutellarlappen am Ende breiter gerundet und schwächer ausgebuchtet als bei der folgenden Art. Die schwarze Querbinde der Flügeldecken schmäler. – West-Neuguinea, Waigeoe.

I. bifasciata (QUOY-GAIM.)

24 (23) Der Halsschild weniger quer und sein Skutellarlappen am Ende weniger gerundet und an der Spitze stärker ausgebuchtet als bei der vorhergehenden Art. Die schwarze Querbinde der Flügeldecken breiter. – Salwatty. **I. dives** GEST.

25 (22) Flügeldecken in der Mitte ohne gemeinsame schwarze Querbinde, hier aber oft mit leicht angedeuteter und verwaschener, etwas anders grün getönter Querbinde. Schienen und Tarsen grün.

26 (29) Schulterbeulen mit einem schwarzen Tüpfel. Schulterblätter von oben kaum sichtbar. Pygidium auf der Unterseite bei den ♀♀ ohne Impression. Der Paramerenbau von jenem der Art unter Nr. 29 abweichend. Flügeldecken ohne Spur einer anders getönten Querbinde.

27 (28) Die Beborstung der Unterseite schwarz. Die Schwärzung der Flügeldeckenbasis sehr verschiedenartig ausgebildet, oft kaum und nur unter bestimmtem Lichteinfall kenntlich. – Ehemaliges Deutsch-Neuguinea. **I. lucivorax** KR.

28 (27) Die Beborstung der Vorderhüften rostrot. Die schwarze Farbe am Basalrand der Flügeldecken breit. – Astrolabe Bay. **I. lucivorax** ?var. **rufopilosa** HELL.

29 (26) Schulterbeulen ohne schwarzen Tüpfel. Schulterblätter von oben deutlich sichtbar. Pygidium auf der Unterseite bei den ♀♀ in der Mitte mit großer, flacher, querovaler Impression. Der Paramerenbau von der vorhergehenden Art abweichend. Flügeldecken in der Mitte vielfach mit einer leichten Spur einer verwaschenen, anders grün getönten Querbinde. – Ehemaliges Deutsch-Neuguinea. **I. hyla** HELL.

30 (11) Flügeldecken einfarbig, höchstens am Basalrand oder am Apex und seitlich hinten mit leichtem schwärzlichem Schimmer.

31 (42) Der Körper stark metallisch (nicht glasartig oder fettig!) glänzend, intensiv metallgrün (zuweilen mit bläulichem Schimmer), erz- oder goldgrün bis intensiv kupferrot oder erzkupferig, nie olivgrün. Halsschild seitlich mehr oder minder mit querwellenkritzeliger Skulptur. – Arten aus Neuguinea und den westlich davon gelagerten Inseln.

32 (39) Die schrägen Seitenrandflächen des Clypeus von oben breit sichtbar.

33 (34) Abdomen seitlich mit höchstens fragmentären und nicht scharf begrenzten Stridulationsflächen und mit, von oben gesehen, scharf leistenförmig abgesetzten Seitenrändern. Gestreckte, erzgrüne Art mit mehr oder minder starkem rotgoldigem Glanz und meist rostgelblicher Beborstung der Unterseite und einem Wimpersaum am Innenrand der Hinterschienen. – Ceram.

I. ceramensis (WALL.)

34 (33) Abdomen seitlich am 2. und 3. und mehr oder minder auch am 4. Sternit mit vollkommen ausgebildeten Stridulationsflächen, der Seitenrand stumpf- oder scharfkantig, aber, von oben gesehen, nicht leistenartig abgesetzt.

35 (38) Intensiv dunkel metallgrüne (mit oder ohne bläulichem Schimmer) oder erzgrüne Tiere von den Inseln westlich von Neuguinea. Die Beborstung der Unterseite und der Wimpersaum am Innenrand der Hinterschienen schwarz. Skutellarlappen des Halsschildes an der Spitze mit höchstens mäßig tiefem, dreieckigem Ausschnitt. Die Stridulationsflächen seitlich am Abdomen nicht scharf begrenzt.

36 (37) Intensiv metallisch dunkelgrün, mit oder ohne violettblauem Schimmer. Die Stigmen des 4. und namentlich des 3. Sternites stark von dem bei den ♀♀ scharfkantigen Seitenrand des Abdomens abgerückt. Apikalrand des Pygidiums auf der Unterseite bei den ♀♀ nicht abgesetzt. – Toekan Besi, Ins. Tomia.

I. tomiensis SCHÜRH.

37 (36) Dunkel erzgrün, mit oder ohne Kupferreflexen. Die Stigmen des 4. Sternites an die stumpfe Seitenrandkante des Abdomens gerückt, jene des 3. Sternites nur wenig abgerückt. Apikalrand des Pygidiums bei den ♀♀, von unten gesehen, mehr oder minder abgesetzt. **I. arouensis** THOMS.

38 (35) Feurig kupferrote Tiere mit teilweise grünlichem Goldglanz aus Neuguinea. Die Beborstung der Unterseite und der Wimpersaum am Innenrand der Hinterschienen rostgelblich. Skutellarlappen des Halsschildes an der Spitze tief und schmal ausgeschnitten. Die Stridulationsflächen seitlich am Abdomen scharf begrenzt und dicht gerieft. – Neuguinea. **I. laglaizei** LANSB.

39 (32) Die schrägen Seitenrandflächen des Clypeus von oben nur wenig sichtbar. Tiere von Neuguinea mit scharf begrenzten und dicht gerieften Stridulationsflächen seitlich am Abdomen.

40 (41) Die Beborstung der Unterseite und der Wimpersaum am Innenrand der Hinterschienen schwarz. Skutellarlappen des Halsschildes an der Spitze schmal und tief spaltenförmig ausgeschnitten. Pygidium auf der Oberseite längs der Mitte nicht aufgewölbt. Erzkupferig. – Ehemaliges Deutsch-Neuguinea.

I. cuprea MOS.

41 (40) Die Beborstung der Unterseite und der Wimpersaum am Innenrand der Hinterschienen rostgelblich. Skutellarlappen des Halsschildes an der Spitze scharf und dreieckig (nicht spaltförmig) ausgeschnitten. Pygidium auf der Oberseite längs der Mitte leicht stumpfschwielig aufgewölbt. Hell und lebhaft goldgrün bis stark rotgoldig. – Neuguinea. **I. aurora** (KR.)

42 (31) Der Körper mehr oder minder stark glasartig oder mehr fettig (doch nicht metallisch) glänzend, verschieden grün getönt.

43 (68) Die Beborstung der Unterseite und der Wimpersaum am Innenrand der Hinterschienen schwärzlich oder schwarz.

44 (49) Die schrägen Seitenrandflächen des Clypeus neben den leicht gebogenen Seitenrandleisten von oben nicht oder kaum sichtbar. Kleinere Arten mit vollkommen ausgebildeten, dicht gerieften und scharf begrenzten Stridulationsflächen am Abdomen. Skutellarlappen des Halsschildes an der Spitze scharf dreieckig ausgeschnitten.

45 (46) Der Skutellarlappen des Halsschildes geschwärzt. Schienen und Tarsen ganz schwarz. Flügeldecken auf der Scheibe ganz oder größtenteils glatt. – Ehemaliges Deutsch-Neuguinea. **I. nigroloba** RITS.

46 (45) Der Skutellarlappen des Halsschildes nicht geschwärzt. Wenigstens teilweise die Schienen nicht schwarz.

47 (48) Die Tarsen schwarz, ebenso die Schienen an der Spitze oder im Endteil. Der Basalteil der vier hinteren Schienen grünlich und kupferig. Flügeldecken auf der Scheibe größtenteils glatt. – Neuguinea. **I. emarginata** RITS.

48 (47) Die Tarsen und Schienen ganz grün. Flügeldecken auf dem hinteren Teil der Scheibe mit reichlicher, unregelmäßiger, bogenkritzeliger Punktur bestreut. – Ehemaliges Deutsch-Neuguinea. **I. helleri** MOS.

49 (44) Die schrägen Seitenrandflächen des Clypeus von oben breit sichtbar. Durchschnittlich größere und große Arten.

50 (61) Halsschild ganz glatt oder seitlich nur mit zerstreuter und feiner bis reichlicher und grober Punktur, doch ohne oder höchstens mit einzelnen Querwellenkritzeln.

51 (60) Schienen und Tarsen grün, oder letztere blaugrün.

52 (59) Flügeldecken auf der Scheibe glatt oder fast glatt. Abdomen mit vollkommen ausgebildeten, dicht gerieften und scharf begrenzten Stridulationsflächen.

53 (54) Die Seitenränder der Flügeldecken im größeren hinteren Teil tief und senkrecht abfallend, in der Mitte mit einer leichten Längsfurche. Pygidium auf der Oberseite längs der Mitte leicht aufgewölbt. Vergl. *I. lucivorax* KR.

54 (53) Die Seitenränder der Flügeldecken normal herabgewölbt, in der Mitte ohne Spur einer Längsfurche. Pygidium auf der Oberseite längs der Mitte nicht aufgewölbt.

55 (56) Vorderschienen auf der Oberseite ohne längskritzelige Skulptur. Prächtig hellgrün. – Insel Aru. **I. wallacei** J. THOMS.

56 (55) Vorderschienen auf der Oberseite mit längskritzeliger Skulptur.

57 (58) Hellgrün, seltener dunkler bläulichgrün. – Queensland, Neuguinea. **I. wallacei** ssp. **wallisiana** J. THOMS.

58 (57) Dunkelgrün. – Molukken. **I. wallacei** ?ssp. **exasperata** KR.

59 (52) Flügeldecken im mittleren und hinteren Teil der Scheibe mit querbogen- und wellenkritzeliger Skulptur. Abdomen höchstens mit rudimentären Stridulationsflächen. – Solomon Archipelago. **I. salomonensis** SCHÜRH.

60 (51) Tarsen und Schienen schwarz, letztere zur Basis mit Kupferschimmer oder außer der schwärzlichen Spitze düster kupferig. Dunkel olivgrün. Flügeldecken auf der Scheibe bei den ♂♂ mit reichlicher und scharfer, bei den ♀♀ mit sehr reichlicher, grober und großer Bogenpunktur. Abdomen mit ausgebildeten, aber nicht scharf begrenzten Stridulationsflächen. – Insel Buru. **I. gestroi** V. D. POLL

61 (50) Halsschild am Seitenrand wenigstens teilweise mit irregulär querwellenkritzeliger Skulptur. Dunkelgrüne bis bräunlichgrüne Tiere.

62 (67) Flügeldecken ohne ausgesprochene Sublateralrippe, oder, falls eine solche angedeutet ist, ist diese dann am hinteren Teil innen von keiner Längsimpression begrenzt.

63 (66) Die Stigmen des 4. und namentlich des 3. Sternits stark von der Seitenrandkante des Abdomens abgerückt. Die Stridulationsflächen des Abdomens dicht gerieft und scharf begrenzt. Das Metasternum in der Mitte des seitlichen Teiles meist nur mehr oder minder mit Punkten bestreut. – Tiere von den Molukken.

64 (65) Flügeldecken in Profilansicht in der Längsrichtung ausgesprochen gewölbt. Sehr seltene Art. **I. anomala** (MOHN.)

65 (64) Flügeldecken in Profilansicht in der Längsrichtung auf der Scheibe flach, nur im Endteil herabgewölbt. Häufige Art. **I. olivacea** (J. THOMS.)

66 (63) Die Stigmen des 4. Sternites auf oder an der Seitenrandkante des Abdomens liegend, jene am 3. Sternit von dieser nur wenig abgerückt. Die Stridulationsflächen des Abdomens groß, aber nicht scharf begrenzt. Meist der ganze Seitenteil des Metasternums mit querwellenkritzeliger Skulptur. – Art von der Insel Soela Besi. **I. ritsemae** V. D. POLL

67 (62) Flügeldecken mit stumpfer, aber ausgesprochener, von der Schulterbeule bis zur Anteapikalbeule verlaufender und im hinteren Teil innen von einer breiten Längsimpression begrenzter Sublateralrippe. – Art von Amboina.
I. virens (BLANCH.)

68 (43) Die Beborstung der Unterseite (am besten auf den Vorderhüften und am Vorderrand des Prosternums zu sehen) und meist auch der Wimpersaum am Innenrand der Hinterschienen rostbräunlich bis rostgelblich.

69 (94) Der Apikalrand der Flügeldecken nicht oder wenigstens nicht scharf abgesetzt, oder, falls abgesetzt, dann die Flügeldecken auf der Scheibe glatt. Pygidium normal und von oben frei sichtbar, nie von den Flügeldecken bedeckt.

70 (77) Kleine Arten mit an der Spitze scharf und tief dreieckig ausgeschnittenem Skutellarlappen des Halsschildes und stark ausgebildeten, sehr dicht gerieften und scharf begrenzten Stridulationsflächen des Abdomens.

71 (76) Pygidium, Analsternit und Beine vom übrigen Körper abweichend gefärbt, rotgoldig bis purpurrotbraun.

72 (73) Pygidium, Analsternit und Beine tief purpurrotbraun. – Art von der Insel Aru.
I. concinna (WALL.)

73 (72) Pygidium, Analsternit und Beine mehr oder minder intensiv rotgoldig. – Tiere aus Queensland und von Neuguinea.

74 (75) Tiere aus Queensland. Bei den ♂♂ die Vorderschienen außen nur mit 2 Zähnen und das Pygidium auf der Unterseite ohne Impression. Der Paramerenbau von der folgenden Art abweichend. **I. pulchripes** (J. THOMS.)

75 (74) Tiere aus Neuguinea. Bei den ♂♂ die Vorderschienen außen mit 3 Zähnen und das Pygidium auf der Unterseite in der Mitte mit deutlicher Impression.
I. macfarlanei HELL.

76 (71) Pygidium, Analsternit und Beine mit dem übrigen Körper gleichfarbig grün. – Tiere aus Queensland. **I. pulchripes** ?ssp. **scheini** SCHÜR.

77 (70) Größere Arten mit an der Spitze höchstens schwach dreieckig ausgebuchtetem (außer bei *I. vicina)* oder nur abgestutztem Skutellarlappen des Halsschildes und weniger scharf begrenzten, zuweilen stark reduzierten Stridulationsflächen des Abdomens. Pygidium, Analsternit und Schenkel grün wie der Körper.

78 (85) Die Tarsen kupferig, die Schienen ebenfalls mehr oder minder mit Kupferschimmer oder wie die Tarsen kupferig purpurbraun.

79 (82) Pygidium auf der Oberseite längs der Mitte wulstig aufgewölbt. Halsschild seitlich ohne oder nur mit feiner Kritzelskulptur. – Dunkelgrüne Arten von den Admiralitäts- und Hermiti-Inseln.

80 (81) Apikalrand der auf der Scheibe glatten Flügeldecken scharf abgesetzt. Skutellarlappen des Halsschildes an der Spitze fast nur abgestutzt. – Admiralitäts-Inseln.
I. similis KR.

81 (80) Apikalrand und Flügeldecken nicht scharf abgesetzt, die Scheibe im mittleren und hinteren Teil mit querwellenkritzeliger Skulptur. Skutellarlappen des Halsschildes an der Spitze dreieckig ausgeschnitten. – Hermiti- und Admiralitäts-Inseln. **I. vicina** MOS.

82 (79) Pygidium auf der Oberseite längs der Mitte nicht wulstig aufgewölbt. Halsschild seitlich mit grober querwellenkritzeliger Skulptur. – Arten von den Salomonen und vom ehemaligen Neu-Pommern (New Britain).

83 (84) Abdomen seitlich sehr scharf gekielt. Flügeldecken auf der Scheibe mit je zwei mehr oder minder deutlich als erhabene Linien ausgedrückten Diskalrippen. Schienen mehr oder minder kupferig. – Häufige Art von den Salomonen.
I. tibialis KR.

84 (83) Abdomen seitlich nur ganz stumpf gekantet. Flügeldecken auf der Scheibe ohne Spur von erhabenen Linien. Schienen und Tarsen kupferig purpurbraun. – Sehr seltene Art vom ehemaligen Neu-Pommern (New Britain).
I. purpureitarsis MOS.

85 (78) Schienen und Tarsen grün, höchstens mit leichtem kupferigem Schimmer.

86 (87) Halsschild seitlich onne deutliche querwellenkritzelige Skulptur. Die Stridulationsflächen des Abdomens reduziert bis geschwunden. Vergl. *I. salomonica* SCHÜR.

87 (86) Halsschild seitlich wenigstens teilweise mit dichter und kräftiger oder grober querwellenkritzeliger Skulptur. Die Stridulationsflächen des Abdomens meist gut ausgebildet.

88 (93) Halsschild im hinteren Teil der Scheibe nur mit zerstreuter, feiner oder sehr feiner Punktur. Flügeldecken ebenso stark glasartig oder mehr fettig glänzend wie der Halsschild, nicht auffallend flach und auf der Scheibe ohne je zwei leicht erhabene Längslinien. Die Stridulationsflächen auf dem Abdomen vollkommen ausgebildet.

89 (90) Die Seitenrandleisten des Clypeus ganz parallel und die schrägen Seitenrandflächen von oben recht breit sichtbar. Der Mesosternalprocessus gerade nach vorn gerichtet. – Große, dunkel olivgrüne, gemeine Art von den Molukken.
I. latreillei (GORY-PERCH.)

90 (89) Die Seitenrandleisten des Clypeus nach vorn deutlich leicht divergierend, die schrägen Seitenrandflächen, von oben gesehen, weniger breit. Der Unterrand des Mesosternalprocessus in Profilansicht mehr oder minder ausgesprochen im Bogen gekrümmt. – Arten aus Nordaustralien und von den Salomonen.

91 (92) Dunkelgrüne Art aus Nordaustralien. Der Unterrand des Mesosternalprocessus in Profilansicht nur sanft gebogen. **I. deyrollei** THOMS.

92 (91) Hell olivgrüne Art von den Salomonen. Der Unterrand des Mesosternalprocessus in Profilansicht stark bogenförmig gekrümmt. **I. esmeralda** (WALL.)

93 (88) Halsschild im hinteren Teil der Scheibe mit scharfer und kräftiger Punktur. Flügeldecken auffallend flach, deutlich matter als das glänzende Halsschild, auf der Scheibe mit je zwei leicht erhabenen Längslinien. Die Stridulationsflächen am Abdomen wenig ausgebildet. **I. asperipennis n. sp.**

94 (69) Der Apikalrand der Flügeldecken zu den Nahtspitzen meist stark schräg verlaufend; der Apikalrand breit und scharf abgesetzt und leicht aufgebogen. Das Pygidium von oben nicht oder kaum sichtbar oder sogar von den Flügeldecken überragt, diese im mittleren und hinteren Teil der Scheibe querwellenkritzelig skulptiert. – Gemeine Art von den Salomonen. **I. rugata** (BLANCH.)

Anmerkung

In der vorhergehenden Tabelle wurden folgende Arten, welche ich nicht selbst untersuchen konnte, unberücksichtigt gelassen:

Ischiopsopha bourkei BLACKB. aus Nord-Queensland,
Ischiopsopha bruyni LANSB. aus Neuguinea,
Ischiopsopha cambodjensis (WALL.), Patria unbekannt, und
Ischiopsopha cupreopyga MOS. aus Neuguinea.

Die Originalbeschreibungen dieser Arten werden im Anhang wiedergegeben.

Ischiopsopha ceramensis (WALLACE)

Lomaptera ceramensis WALLACE, 1867, Proc. Ent. Soc. Lond., p. XCIV. – WALLACE, 1868, Trans. Ent. Soc. Lond., (3), IV, p. 541.

Ischiopsopha ceramensis (WALL.), HELLER, 1894–1895, Abh. u. Ber. d. Zool. Mus. Dresden, V, p. 7. – WILLEMSTEIN, 1971, Zool. Mededel., XLV, 17, p. 182, fig. 3.

Der *I. arouensis* (THOMS.) ähnlich und nahestehend, doch durchschnittlich größer und gestreckter. Stark metallisch glänzend, etwas heller erzgrün mit mehr oder minder ausgesprochenem Messing- oder Kupferschimmer, auf der Unterseite zuweilen stark kupferig. Die Beborstung der Unterseite und der Wimpersaum am Innenrand der Hinterschienen rostgelblich. Halsschild am Seitenrand zuweilen nur mit feiner, keine Wellenkritzeln bildender bogenkritzeliger Punktur. Flügeldecken im hinteren Teil der Scheibe mit mehr oder minder reichlicher, zuweilen dichter oder aber weniger zahlreicher bis spärlicher, querbogenkritzeliger Skulptur. Abdomen seitlich scharf leistenförmig gekielt, ohne deutliche oder mit nur wenig merklichen Stridulationsflächen. Vorderschienen außen mit 3 Zähnen, der 2. und 3. kleiner, letzterer auch stärker abgerückt. Sonst im Bau und Skulptur sehr mit *arouensis* übereinstimmend.

L ä n g e : 23–28 mm.

V e r b r e i t u n g : Ceram, Nord-Amboina.

U n t e r s u c h t e s M a t e r i a l : Ceram, 2 ♂♂. – Ost-Ceram, 36 ♂♂, 19 ♀♀.

Ischiopsopha arouensis (J. THOMSON)

Lomaptera arouensis J. THOMSON, 1857, Arch. Ent., I, p. 428, tab. 16, fig. 4. – WALLACE, 1868, Trans. Ent. Soc. Lond., (3), IV, p. 541.

Ischiopsopha arouensis (J. THOMS.) HELLER, 1894–1895, Abh. u. Ber. d. Zool. Mus. Dresden, V, p. 7. – SCHOCH, 1896, Mitt. Schweiz. Ent. Gesell., IX, p. 370. – SCHOCH, 1898, Mitt. Schweiz. Ent. Gesell., X, pp. 160, 161. – WILLEMSTEIN, 1971, Zool. Mededel., XLV, 17, p. 182, fig. 2.

Ischiopsopha keyensis SCHÜRHOFF, 1934, Ent. Nachrichtenblatt, VIII, 2, p. 56.

Kleinere, gestreckte Art. Dunkel erzgrün, stark metallisch glänzend, auf der Unterseite stellenweise mit oder ohne Kupferreflexen, selten auch der Kopf und der Halsschild mit leichtem Kupferschimmer. Palpen und Fühler rostbraun, das 1. Fühlerglied metallgrün. Die Beborstung der Unterseite schwarz. Clypeus mit scharfer und reichlicher, vorn dichterer und bedeutend feinerer Punktur. Stirn und Scheitel bei den ♂♂ nur zerstreut und mehr oder minder fein bis kräftig, bei den ♀♀ gröber punktiert. Die schrägen Seitenrandflächen des Clypeus von oben breit sichtbar. Halsschild in der Gegend der Vorderecken mit Bogenkritzeln, welche am hinteren Teil des Seitenrandes in eine irregulär querwellenkritzelige Skulptur verwandelt sind; bei den ♀♀ zuweilen die ganzen Seiten breiter mit solcher Skulptur. Halsschild sonst mit zerstreuter, auf der Scheibe bis sehr feiner (hier zuweilen fast glatt), seitlich mehr oder minder kräftigerer Punktur. Skutellarlappen an der Spitze dreieckig ausgebuchtet. Flügeldecken flach gewölbt, mit kräftigem Subhumeralausschnitt, ohne Sublateralrippen; der Apikalrand abgesetzt, aber nicht aufgebogen, die Nahtspitzen kurz spitz vortretend. Flügeldecken seitlich im hinteren Teil und am Hinterrand der Anteapikalbeule mit grober und dichter, irregulär querwellenkritzeliger Skulptur; diese setzt sich, jedoch feiner, am inneren hinteren Teil der Scheibe neben dem Nahtintervall nach vorn fort. Flügeldecken im hinteren Teil der Scheibe mit zerstreuter oder nur sparsamer und teilweise obliterierter Bogenkritzelpunktur, im vorderen Teil glatt. Im Extremfall können die Flügeldecken auf der Scheibe ganz glatt sein oder im Gegensatz dazu auch im vorderen Teil mit sehr ausgesprochener, etwas gereihter Punktur. Pygidium von oben frei sichtbar, mit grober, irregulär querwellenkritzeliger Skulptur, der Apikalrand von unten bei den ♂♂ nicht deutlich, bei den ♀♀ mehr oder minder abgesetzt. Mesosternalprocessus gerade nach vorn gerichtet. Metasternum am

Vorderrand mit grober und dichter, irregulär querkritzeliger Skulptur, seitlich mit ebensolcher, aber spärlicherer Skulptur oder nur mit Bogenpunkten bestreut. Abdomen seitlich nur ganz stumpf gekielt, mit dicht gerieften Stridulationsflächen und bei den ♀♀ mit kräftiger und breiter, am Grund gefurchter Bauchimpression. Die Vorderschienen bei den ♂♂ dreizähnig, der 2. Zahn kleiner, der 3. stark abgerückt und meist nur angedeutet, zuweilen undeutlich.

Länge: 21–27 mm.

WALLACE (l. c.) hatte ein purpur-bronzefarbenes ♂.

Verbreitung: Aru, Key und Buru. Gemeine Art.

Untersuchtes Material: Aru, 3 ♂♂, 1 ♀. – Key (teilweise leg. V. M. DUCHON, SCHWARZER und GLAUBITZ), 57 ♂♂, 40 ♀♀. – Little Key, 1 ♀. – Buru, 1 ♂.

Ischiopsopha keyensis SCHÜRH. ist mit *I. arouensis* (THOMS.) identisch und synonym. Die Käfer finden sich laut WALLACE (l. c.) auf den Blüten der Kokospalmen.

Ischiopsopha tomiensis SCHÜRHOFF

Ischiopsopha tomiensis SCHÜRHOFF, 1934, Ent. Nachrichtenblatt, VIII, 2, p. 55.

Etwas gedrungenere Art. Sehr stark metallisch glänzend dunkelgrün, mit oder ohne leichtem blauviolettem Schimmer. Bei den ♀♀ die Ränder der Sternite schmal kupferig, bei einem der vorliegenden Tiere auch sonst die Unterseite stellenweise mit Kupferreflexen. Spitzen der Clypeallappen namentlich bei den ♀♀ schwärzlich, davor mehr kupferig. Die Fühler dunkel rostbraun mit grünlichem oder kupferigem 1. Glied. Die Beborstung der Unterseite schwarz. Clypeus mit reichlicher, scharfer und grober, vorn viel kleinerer Punktur. Stirn mit spärlicher, grober und scharfer Punktur bestreut. Bei den ♀♀ ist die Kopfpunktur noch etwas gröber. Die schrägen Seitenrandflächen des Clypeus von oben breit sichtbar. Halsschild auf der Scheibe mit feiner und zerstreuter, am Seitenteil mit reichlicherer und gröberer Punktur, seitlich breit mit grober und dichter, irregulär querkritzeliger Skulptur. Skutellarlappen an der Spitze dreieckig ausgebuchtet. Flügeldecken sanft gewölbt, ohne Sublateralrippen, der Apikalrand nicht abgesetzt. Die das Nahtintervall begrenzende Linie nach vorn in eine Bogenpunktreihe verwandelt. Flügeldecken auf der Scheibe mit teilweise annähernd gereihter, nicht dichter, scharfer Bogenpunktur, hinten seitlich mit grober querwellenkritzeliger Skulptur. Das Pygidium frei sichtbar, oben und unten mit dichter und grober, irregulär querwellenkritzeliger Skulptur, der Apikalrand, von unten gesehen, nicht abgesetzt. Der kegelförmige Mesosternalprocessus gerade vortretend oder an der Spitze leicht gegen den Körper gekrümmt. Metasternum am Seitenteil mit grober und dichter, irregulär querkritzeliger Skulptur. Abdomen beim ♂ mit kräftiger und breiter Bauchfurche, bei diesem seitlich stumpf, bei den ♀♀ scharfkantig, aber nicht leistenförmig abgesetzt; mit gut ausgebildeten Stridulationsflächen. Vorderschienen auch bei dem ♂ außen scharf dreizähnig.

Länge: 26–27 mm.

Verbreitung und untersuchtes Material: Die Art wurde von Toetan, Besi-Inseln, Tomia, beschrieben. Von diesem Fundort untersuchte ich 1 ♂ und 2 ♀♀.

Ischiopsopha gestroi V. D. POLL

Ischiopsopha gestroi V. D. POLL, 1886, Not. Leyden Mus., VIII, p. 184. – HELLER, 1899, Abh. Mus. Dresden, VIII, p. 2.

Dunkel olivgrün, fettig glänzend, zuweilen auf der Unterseite stellenweise mit Kupferschimmer oder die Flügeldecken mehr erzgrünlich. Clypeuslappen zum Ende kupferig, an der Spitze schwärzlich. Fühler schwarzbraun, das 1. Glied schwärzlich. Tarsen und Schienen schwarz, letztere zur Basis mit Kupferschimmer oder außer der schwärzlichen Spitze düster kupferig oder grünlichkupferig. Zuweilen auch die Tarsen schwärzlich kupferig. Die Pubeszenz der Unterseite und der Wimpersaum innen auf den Hinter-

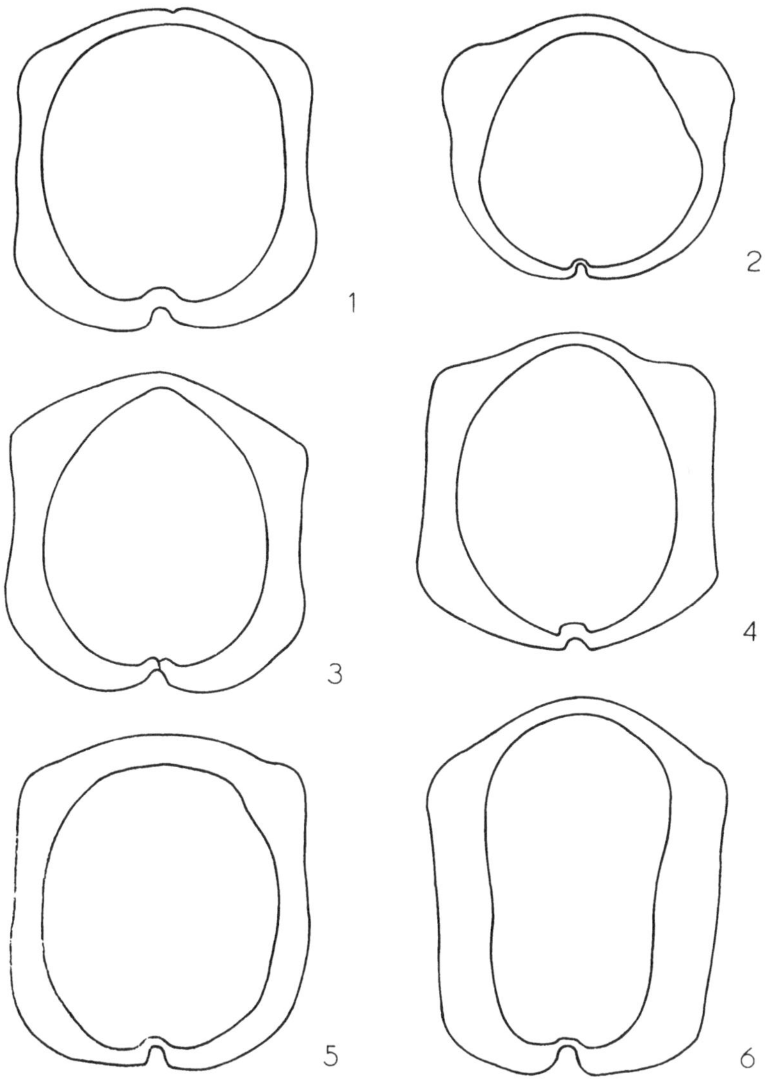

Fig. 1–6. Parameren von
1: *Ischiopsopha violacea* JANS. – 2: *I. durvillei* (BURM.) – 3: *I. bennigseni* MOS. – 4: *I. jamesi* (WATERH.) – 5: *I. bifasciata* (QUOY-GAIM.) – 6: *I. lucivorax* KR. Original

schienen schwärzlich. Die Oberseite am Grund äußerst fein und dicht mikroretikuliert, außerdem mit am Halsschild etwas kräftigerer, auf den Flügeldecken äußerst feiner Mikropunktulation. Clypeus mit reichlicher und scharfer, aber nicht grober, vorn schwächerer, die Stirn mit etwas spärlicherer und gröberer Punktur. Die schrägen Seitenrandflächen des Clypeus von oben breit sichtbar. Halsschild auf der Scheibe mit zerstreuter, feiner bis sehr feiner, gegen die Seitenrandleisten mit reichlicherer und etwas kräftigerer, auch etwas bogiger Punktur, doch ohne Querkritzel. Skutellarlappen an der Spitze dreieckig ausgebuchtet. Flügeldecken ohne Subhumeralrippen, mäßig gewölbt, mit abgesetztem, doch nicht aufgebogenem Apikalrand, dieser einzeln leicht gerundet. Flügeldecken seitlich hinten mit dichter und scharfer, irregulär querwellenkritzeliger Skulptur; mit ebensolcher, aber feinerer Skulptur auch am Apex oder am Hinterrand der Anteapikalbeulen. Diese Skulptur kann sich auch zwischen den Anteapikalbeulen und dem Nahtintervall etwas nach vorn fortsetzen. Flügeldecken bei den ♂♂ auf der Scheibe mit reichlicher und scharfer Bogenpunktur, zur Basis glatt, ebenso die Anteapikalbeulen und eine Fläche vor diesen mehr oder minder glatt. Bei den ♀♀ ist die Punktur seitlich am Halsschild meist gröber, größer und reichlicher, zuweilen einige Wellenkritzeln bildend; die Flügeldecken auf der Scheibe mit sehr reichlicher, grober, scharfer und großer, ungleichmäßiger Bogenpunktur, mit einzelnen, beigemengten, feinen Punkten, zur Basis und den Anteapikalbeulen glatter. Pygidium mit reichlicher, scharfer und irregulär querwellenkritzeliger Skulptur, der Apikalrand, von unten gesehen, nicht abgesetzt, auf der Unterseite in der Mitte bei den ♀♀ meist mit breiter Impression. Mesosternalprocessus gerade vortretend. Der seitliche Teil des Vorderrandes des Metasternums mit dichter und grober, irregulär querwellenkritzeliger Skulptur; Metasternum seitlich mit Querbogenkritzeln bestreut. Abdomen mit sehr scharfen Seitenrandleisten und vollkommen ausgebildeten, dicht gerieften, aber nicht scharf begrenzten Stridulationsflächen. Bei den ♂♂ die Vorderschienen außen mit einem kaum stumpf angedeuteten 3. Zahn.

Länge: 24–29 mm.

Verbreitung: Insel Buru.

Untersuchtes Material: Buru, ohne nähere Angabe, 2 ♂♂, 4 ♀♀. – Station 4 (leg. TOXOPEUS, 29.–31. 1. 1922), 1 ♂. – Station 6 (leg. L. J. TOXOPEUS 1921), 1 ♀. – Station 9 (leg. L. J. TOXOPEUS, 2. VII. 1921), 1 ♀. – Station 12 (leg. L. J. TOXOPEUS, 4.–7. II. 1922), 2 ♂♂. – Station 13, Mt. Efrarat, 1300 m (leg. L. J. TOXOPEUS, III. 1922), 1 ♂, 1 ♀.

Die Art wurde nach einem vermutlich aus Neuguinea stammenden ♀ beschrieben. Die wahre Heimat und beide Geschlechter der Art wurden erst von HELLER (l. c.) entdeckt.

Ischiopsopha ritsemae V. D. POLL

Ischiopsopha ritsemae V. D. POLL, 1886, Not. Leyden Mus., VIII, p. 182. – HELLER, 1894 – 1895, Abh. u. Ber. d. Zool. Mus. Dresden, V, p. 7.

Flüchtig betrachtet der *I. virens* (BLANCH.) ähnlich, doch etwas gestreckter. Stark fettig-glasartig glänzend, die Farbe der *virens* sehr ähnlich, dunkelgrün, mit oder ohne leichtem erzbräunlichem Schimmer. Die Pubeszenz der Unterseite und der Wimpersaum am Innenrand der Hinterschienen schwärzlich. Die Oberseite mit äußerst feiner und dichter Mikroretikulation, am Kopf und Halsschild auch sehr fein mikropunktuliert. Clypeus mit dichter und scharfer (vorn viel feinerer) Punktur, Stirn mit ebensolcher, aber spärlicherer, nach hinten auch feinerer Punktur. Bei den ♀♀ ist die Kopfpunktur etwas gröber. Die schrägen Seitenrandflächen des Clypeus von oben breit sichtbar. Halsschild seitlich innerhalb der Randleisten mit dichter und scharfer querwellenkritzeliger Skulptur, innerhalb dieser und meist auch im vorderen Teil der Scheibe mit mehr oder minder reichlicher, scharfer, aber nicht grober, teilweise bogenkritzeliger Punktur bestreut, in der Mitte und hinten auf der Scheibe glatt oder fast glatt. Skutellarlappen an der Spitze dreieckig ausgebuchtet. Flügeldecken auf der Scheibe flach gewölbt, seitlich stark steil abfallend, daher mit stumpf angedeuteter Sublateralrippe; der Apikalrand breit verflacht, aber nicht abgesetzt, mit kräftigem Subhumeralausschnitt. Die Nahtspitzen zähnchenförmig vortretend. Flügeldecken seitlich im hinteren Teil und auf den Anteapikalbeulen mit grober und dichter, irregulär querwellenkritzeliger Skulptur, welche sich aber feiner zwischen den Anteapikalbeulen und dem Nahtintervall etwas nach vorn fortsetzt. Flügeldecken auf der Scheibe mit mehr oder minder reichlichen, scharf eingeschnittenen, jedoch feinen

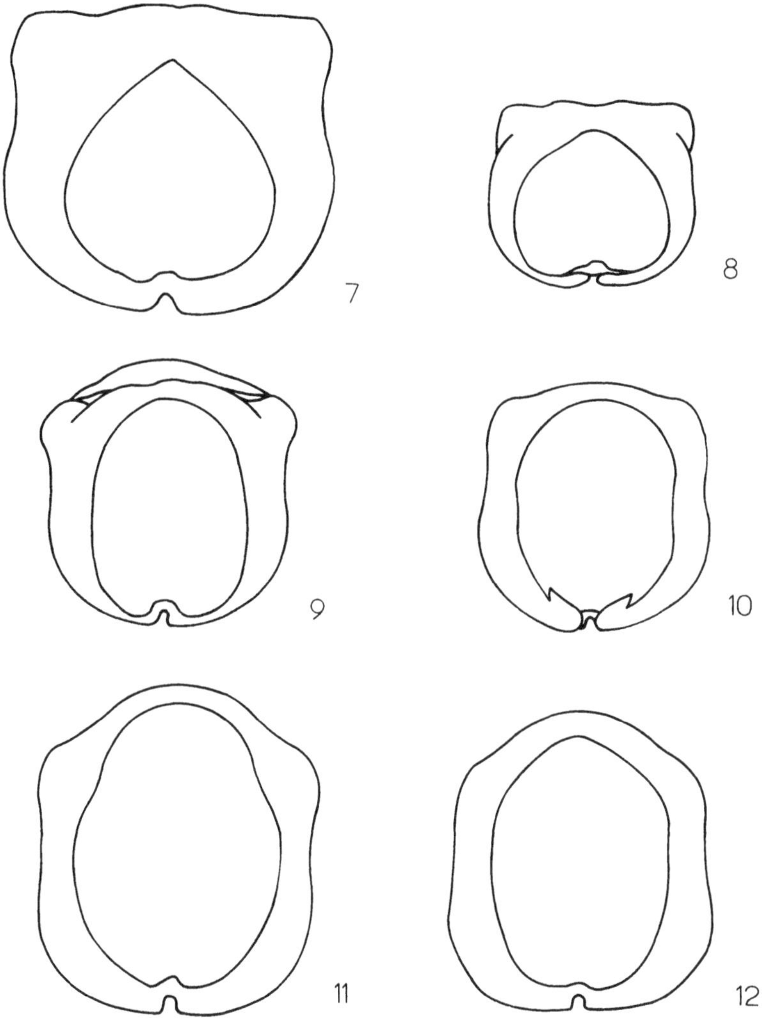

Fig. 7–12. Parameren von
7: *Ischiopsopha hyla* HELL. – 8: *I. aurora* (KR.) – 9: *I. nigroloba* RITS. – 10: *I. helleri* MOS. – 11: *I. wallacei* (J. THOMS.) – 12: *I. olivacea* (J. THOMS.) Original

Querbogenkritzeln bestreut, gegen die Basis glatt, ebenso eine Fläche vor der Anteapikalbeule. Pygidium von oben frei sichtbar, oben mit dichter, unten mit schütterer querkritzeliger Skulptur, der Apikalrand bei den ♀♀ flach abgesetzt. Der Unterrand des Mesosternalprocessus in sanftem Bogen gekrümmt. Metasternum am Seitenteil mit querwellenkritzeliger, zur Querimpression am Hinterrand zuweilen in Bogenkritzeln aufgelöster Skulptur. Auch die Metaepisternen mit Bogenkritzeln. Abdomen seitlich scharf gekielt, mit vollkommen ausgebildeten, aber nicht besonders scharf begrenzten Stridulationsflächen, bei den ♂♂ mit kräftiger Bauchfurche. Vorderschienen außen auch bei den ♂♂ dreizähnig, doch der 3. Zahn kleiner.

Länge: 28–30 mm.

Verbreitung: Sula-Inseln. Die Art wurde nach einem ♀ von Soela Besi beschrieben. HELLER (Abh. u. Ber. Zool. Anthr.-Ethn. Mus. Dresden, 1899, No. 4, p. 2) gibt die Art auch für Ost-Celebes (Tumbugu, leg. H. KÜHN 1885) an.

Untersuchtes Material: Sula-Ins., 2 ♂♂, 4 ♀♀. – Neuguinea, 2 ♂♂ (wohl falscher Fundort!).

Ischiopsopha virens (BLANCHARD)

Lomaptera virens BLANCHARD, 1853, Voy. Pôle Sud, Ins., p. 134, tab. 9, fig. 6. – WALLACE, 1868, Trans. Ent. Soc. Lond., (3) IV, p. 538. – MOHNIKE, 1871, Arch. Naturgesch., XXXVII, p. 258. Beide letztgenannten Autoren zitieren als Autoren der Art „Hambron and Jacquinot".

Cetonia plana PAYKULL, 1817, in Schönh. Syn. Ins., I, 3, Append., p. 67.

Lomaptera valida GORY-PERCHERON, 1833, Mon. Céton., p. 308, tab. 60, fig. 2.

Lomaptera plana (PAYK.) BURMEISTER, 1842, Handb. Entom., III, p. 316.

Ischiopsopha virens (BLANCH.) GESTRO, 1874, Ann. Mus. Genova, VI, p. 495. – SCHOCH, 1895, Gen. u. Spec., Cet. I, p. 36. – HELLER, 1894–1895, Abh. u. Ber. d. Zool. Mus. Dresden, V, p. 7. – SCHOCH, 1898, Mitt. Schweiz. Ent. Gesell., X, p. 159. – BOURGOIN, 1933, Mém. Mus. Roy. Hist. Nat. Belg., p. 9.

Glänzend düster dunkelgrün, auf der Unterseite meist teilweise mit mehr oder minder (zuweilen starkem) erz- oder olivbraunem Überguß. Tarsen erzfarben oder grünlich-schwärzlich. Fühler rostbraun mit dunkel metallischem Basalglied. Die Beborstung der Unterseite und der Wimpersaum am Innenrand der Hinterschienen schwarz. Die Oberseite am Grund mit äußerst feiner und dichter Mikroretikulation, an Kopf und Halsschild auch mit sehr feiner Mikropunktulation. Stirn mit scharfer, kräftiger und reichlicher Punktur bestreut. Die Clypeuspunktur etwas schwächer, viel dichter, vorn fein und dicht. Bei den ♀♀ kann die Kopfpunktur gröber sein. Die schrägen Seitenrandflächen des Clypeus von oben breit sichtbar. Halsschild auf der Scheibe mit zerstreuter und sehr feiner bis kräftigerer Punktur, im seitlichen Teil ist diese etwas kräftiger und mehr bogenkritzelig; seitlich mit dichter, irregulär querwellenkritzeliger Skulptur. Der Skutellarlappen an der Spitze abgestumpft oder leicht ausgebuchtet. Flügeldecken nach hinten leicht verengt, auf der Scheibe ganz flach, seitlich mit einer kräftigen, aber stumpfen, von der Schulterbeule zur Anteapikalbeule verlaufenden, innen (namentlich im hinteren Teil) von einer breiten und flachen Längsimpression begrenzten Sublateralrippe, von dieser zum Seitenrand senkrecht und tief abfallend. Die Flügeldecken im hinteren Seitenteil mit meist grober, irregulär schräg-wellenkritzeliger Skulptur; auf der Scheibe mit scharf eingeritzter, aber nicht grober, reichlicher, irregulär querwellenkritzeliger zusammenhängender Skulptur, welche im vorderen Teil oder auf der breiten Skutellarfläche in eine reichliche, ungleichmäßige, große Bogenpunktur aufgelöst ist, zur Basis mehr oder minder glatt. Pygidium von oben sichtbar, mit grober, auf der Oberseite dichter, auf der Unterseite spärlicherer, irregulär-querkritzeliger Skulptur. Seitenteil des Metasternums und Metaepisternen mit dichter, irregulär querwellenkritzeliger und bogenkritzeliger Skulptur. Abdomen seitlich scharf gekielt, mit ausgebildeten, aber wegen der seitlich meist dicht schrägkritzeligen Skulptur nicht scharf begrenzten Stridulationsflächen; bei den ♂♂ mit kräftiger Bauchfurche. Vorderschienen außen auch bei den ♂♂ mit 3 scharfen Zähnen, oder der 3. Zahn ist nur angedeutet.

Länge: 29–33 mm.

Verbreitung: Amboina. Die Fundortangabe „Java" in der Literatur und auch bei manchen mir vorliegenden Tieren ist ohne Zweifel falsch. Sehr häufige Art. MOHNIKE (l. c.) gibt als Heimat auch Ceram an.

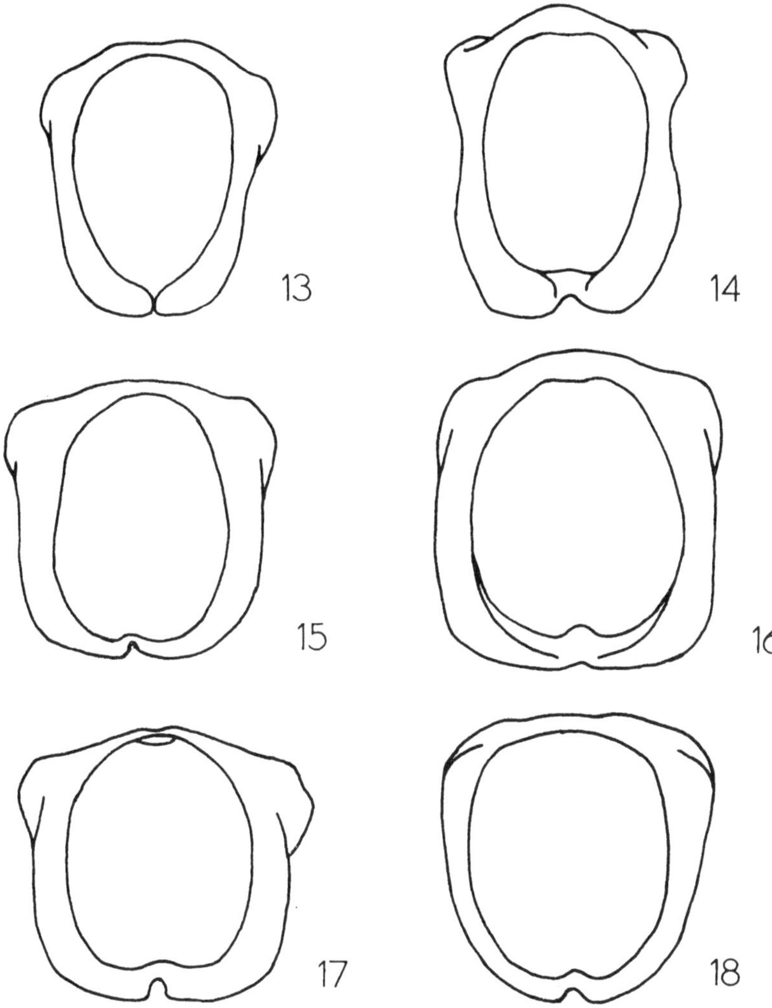

Fig. 13–18. Parameren von
13: *Ischiopsopha cambodiensis* (WALL.) – 14: *I. arouensis* (J. THOMS.) – 15: *I. ceramensis* (WALL.) – 16: *I. cuprea* MOS. – 17: *I. laglaizei* LANSB. – 18: *I. gestroi* V. D. POLL Nach WILLEMSTEIN

Untersuchtes Material: Molukken (wohl Amboina), 1 ♂. – Amboina, 28 ♂♂, 23 ♀♀. – Ambon Isl., 30–70 met. (leg. A. M. R. WAGNER, 29. XII. 1960; 6. und 28. II. und 16. IV. 1961), 3 ♂♂, 2 ♀♀.

Ischiopsopha obiensis MIKŠIC

Ischiopsopha obiensis MIKŠIC, 1976, Bull. scient., Sect. A (Zagreb), XXI, 10–12, p. 223.

Tiefschwarz, stark glänzend, ohne Metallschimmer. Fühler schwärzlich rostbraun. Die Pubeszenz der Unterseite schwarz. Die Kopfpunktur reichlicher und viel gröber als bei der ähnlichen *I. gagatina* HELL. Stirn mit zerstreuter, aber reichlicher, kräftiger und scharfer Punktur, der Clypeus im hinteren Teil mit ebensolcher, doch noch reichlicherer und etwas längskritzelig ausgezogener, gegen die Seitenrandleisten dichter und teilweise etwas kritzelig zusammenhängender, vorn aber viel kleinerer Punktur. Die schrägen Seitenrandflächen des Clypeus von oben breit sichtbar. Halsschild und Flügeldecken am Grund mit sehr feiner Mikropunktur. Halsschild seitlich innerhalb der Randleisten breit mit dichter und scharfer, irregulär querwellenkritzeliger Skulptur, welche nach innen in eine zerstreute, ungleichmäßige und teilweise bogige Punktur aufgelöst ist. Auch vorn in der Mitte mit ebensolcher reichlicher Punktur bestreut, im hinteren Teil der Scheibe nur mit sehr feiner und spärlicher Punktur. Der Skutellarlappen an der Spitze ohne Ausschnitt, nur breit abgestumpft. Die Flügeldecken sanft gewölbt, ohne Spur von Diskal- und Sublateralrippen, der Apikalrand etwas abgeflacht, aber nicht deutlich abgesetzt, mit kurz zahnförmig vortretenden Nahtspitzen. Die Flügeldecken im hinteren Seitenteil mit scharf eingeritzter, irregulär schräg wellenkritzeliger Skulptur; im hinteren inneren Teil neben dem Nahtintervall mit reichlichen ungleichmäßigen Querbogenkritzeln bestreut, welche nach hinten (zwischen Anteapikalbeule und Nahtintervall) zu Querwellenkritzeln zusammenfließen. Im mittleren Teil der Scheibe nur mit feineren Bogenkritzeln bestreut, sonst die Flügeldecken glatt. Das Pygidium mit dichter und grober, irregulär querwellenrissiger Skulptur, auf der Oberseite längs der Mitte stumpfschwielig erhaben, auf der Unterseite in der Mitte mit deutlicher, aber nicht begrenzter, breiter, querer Impression. Mesosternalprocessus gerade vortretend. Metasternum im seitlichen Vorderteil breit und dicht mit grober, irregulärer, schräger Kritzelskulptur bedeckt; mit reichlicher Kritzelskulptur auch in den breiten Querimpressionen vor dem Hinterrand. Seitlich in der Mitte das Metasternum nur mit wenigen Bogenkritzeln bestreut. Abdomen seitlich stumpf gekantet, mit vollkommen ausgebildeten und dicht gerieften Stridulationsflächen. Vorderschienen außen dreizähnig.

L ä n g e : 27 mm.

F u n d o r t und u n t e r s u c h t e s M a t e r i a l : Insel Obi (Molukken), 1914, ein ♀ (Holotypus, in der Sammlung des Instituts für Pflanzenschutzforschung in Eberswalde). Das ♂ dieser wahrscheinlich sehr seltenen Art ist noch unbekannt.

Ischiopsopha anomala (MOHNIKE)

Lomaptera anomala MOHNIKE, 1871, Arch. Naturgesch., XXXVII, p. 265, tab. 6, f. 2.

Von dieser wohl äußerst seltenen Art konnte ich nur den Holotypus (ein ♀ im Mus. Senckenberg, Frankfurt a. M.) untersuchen. Das ♂ ist noch unbekannt.

Gedrungener als *I. olivacea* (J. THOMS.) und *I. latreillei* (GORY-PERCH.), auf der Oberseite in der Längsrichtung bedeutend gewölbter. Rein dunkelgrün, stark glasartig glänzend, die Beine von derselben Farbe. Fühler dunkel rostbraun, mit grünlichem Metallschimmer und metallgrünem 1. Glied. Die Beborstung der Unterseite und der Wimpersaum am Innenrand der Hinterschienen schwarz. Die Oberseite des Körpers am Grund äußerst fein mikropunktuliert. Clypeus mit reichlicher und kräftiger, vorn viel kleinerer und dichterer Punktur. Stirn mit grober und etwas spärlicherer Punktur als der Clypeus. Die schrägen Seitenrandflächen des Clypeus von oben breit sichtbar. Halsschild seitlich innerhalb der Randleisten mit grober und reichlicher (innerhalb der Vorderecken dichter), irregulär querwellenkritzeliger Skulptur, welche nach innen in eine ungleichmäßige Bogenpunktur aufgelöst ist; vorn auf der Scheibe mit zahlreichen kleineren Punkten bestreut, sonst die Scheibe fast ganz glatt, nur mit sehr feinen und schütteren Punkten besetzt, am hinteren Teil der Mittellinie mit einigen kräftigeren Punkten. Skutellarlappen an der Spitze abgestumpft. Die Flügeldecken gewölbt, mit kräftigem Subhumeralausschnitt; die Nahtspitzen nicht vortretend, der Apikalrand einzeln stark abgerundet und nicht deutlich abgesetzt. Flügeldecken seitlich im hinteren Teil und hinten auf den Anteapikalbeulen mit grober, irregulär schräg wellenkritzeliger Skulptur; im vorderen Teil der

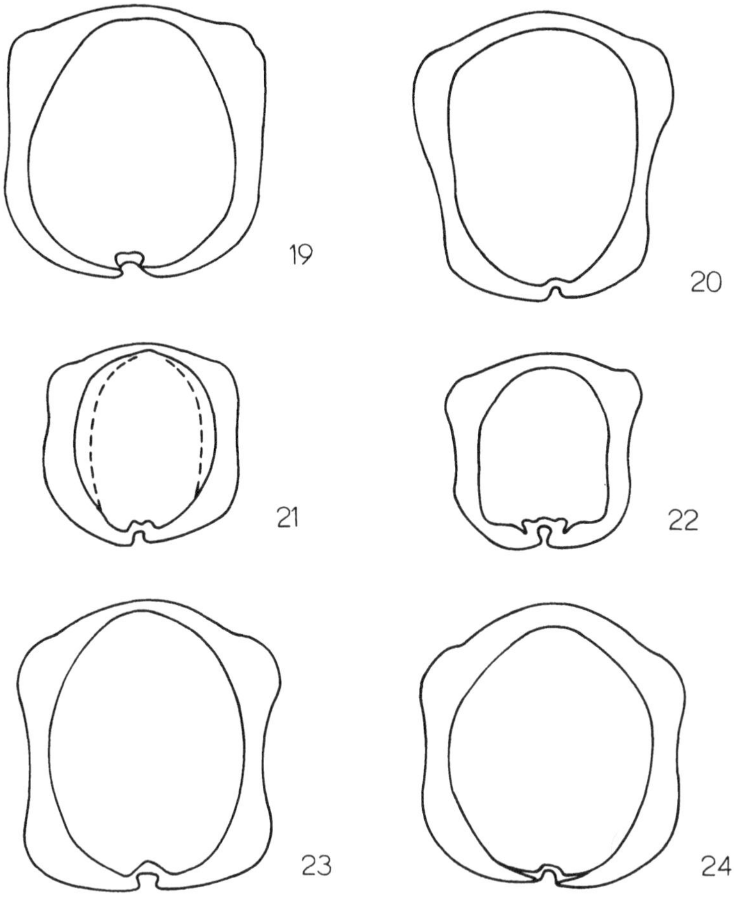

Fig. 19–24. Parameren von
19: *Ischiopsopha ritsemae* V. D. POLL – 20: *I. virens* (BLANCH.) – 21: *I. pulchripes* (J. THOMS.) – 22: *I. macfarlanei* HELL. – 23: *I. similis* KR. – 24: *I. vicina* MOS.
Original

Scheibe mit sehr feinen (zur Basis schwindenden), teilweise etwas gereihten Punkten, welche im hinteren Teil mehr querbogenkritzelig sind; im hinteren inneren Teil neben dem Nahtintervall mit reichlicheren und kräftigeren Querbogenkritzeln bestreut. Pygidium mit dichter, auf der Oberseite grober, auf der Unterseite feinerer, irregulär querwellenkritzeliger Skulptur, auf der Oberseite längs der Mitte leicht stumpf aufgewölbt, auf der Unterseite der Apikalrand im mittleren Teil breit, aber nicht scharf abgesetzt. Mesosternalprocessus gerade nach vorn gerichtet. Metasternalplatte seitlich stumpf gebeult. Metasternum im Seitenteil (außer dem breit und dicht grob querkritzeligen Vorderrand) nur mit wenigen Punkten bestreut. Abdomen seitlich scharf gekielt, mit vollkommen ausgebildeten, dicht gerieften und gut begrenzten Stridulationsflächen. Das 5. Sternit, wie bei den ♀♀ üblich, mit reichlichen, borstentragenden, queren Bogenkritzelpunkten bestreut.

Länge: 30 mm.

Verbreitung: Halmaheira (= Gilolo).

Der Holotypus weicht in der Farbe auffallend von der Originalbeschreibung („Die Farbe ist oben wie unten ein ziemlich helles, glänzendes Blattgrün, ohne allen Metallglanz") ab, ebenso die Skulptur seitlich am Halsschild!

Ischiopsopha olivacea (J. THOMSON)

Lomaptera olivacea J. THOMSON, 1860, Mus. scient., p. 34. – WALLACE, 1868, Trans. Ent. Soc. Lond., (3) IV, p. 540.

Ischiopsopha olivacea (J. THOMS.) HELLER, 1894–1895, Abh. u. Ber. Zool. Mus. Dresden, V, p. 7. – SCHOCH, 1898, Mitteil. Schweiz. Ent. Gesell., X, p. 160.

Der *I. latreillei* (GORY-PERCH.) sehr nahestehend und im Bau und Skulptur ähnlich. Bisweilen etwas stärker glasartig glänzend, dunkel olivgrün bis dunkel bräunlich-olivgrün. Die Ränder der Sternite (namentlich im mittleren Teil) schmal, mehr oder minder die Mittellinie des Metasternums (bei Schrägansicht im hinteren Teil breit und verwaschen) sowie bei den ♂♂ auch die Bauchfurche verwaschen geschwärzt. Die Beborstung der Unterseite und der Wimpersaum am Innenrand der Hinterschienen schwärzlich bis schwarz. Halsschild am Seitenrand bei den ♀♀ meist überall mit grober, irregulärer querkritzeliger Skulptur, bei den ♂♂ mit solcher Skulptur meist nur in der Gegend der Vorderecken, am übrigen Seitenrand ist diese mehr oder minder zu Bogenkritzeln aufgelöst. Flügeldecken seitlich hinten und am Hinterrand der Anteapikalbeulen mit grober und irregulär querwellenkritzeliger Skulptur, sonst ist die Flügeldeckenskulptur namentlich bei den ♂♂ mehr oder minder reduziert, im hinteren (besonders inneren) Teil der Scheibe mit ungleichmäßigen Querbogenkritzeln und Bogenpunkten bestreut, an der Basis glatt. Im Extremfall sind die Flügeldecken auf der Scheibe fast glatt, nur fein und zerstreut punktiert. Apikalrand des Pygidiums, von unten gesehen, bei den ♀♀ breit, bei den ♂♂ schmäler abgesetzt. Abdomen mit ausgebildeten, sehr dicht gerieften, schwärzlichen oder leicht bronzierten Stridulationsflächen.

Länge: 29–35 mm.

Verbreitung: Molukken. Häufige Art. Wurde von Batchian beschrieben.

Untersuchtes Material: Molukken, ohne näheren Fundort, 1 ♂, 3 ♀♀. – Morotai, 1 ♂. – Halmaheira, 4 ♂♂, 1 ♀. – Halmaheira-Oba (leg. KÜKENTHAL, 1894), 2 ♂♂. – Halmaheira-Soa konorra (leg. KÜKENTHAL), 1 ♀. – Ternate, 1 ♂. – Batchian (teilweise leg. V. M. DUCHON und H. SCHULZE), 20 ♂♂, 13 ♀♀.

Laut WALLACE (l. c.) sollen die ♂♂ auf Morty stärker punktiert sein und teilweise einen Übergang zur *I. latreillei* bilden, was ich nicht nachprüfen konnte. Nach demselben Autor sind die Käfer auf den Blüten und dem ausfließenden Saft der Palmen häufig.[3])

Ischiopsopha latreillei (GORY-PERCHERON)

Lomaptera latreillei GORY-PERCHERON, 1833, Mon. Céton., p. 307, tab. 60, fig. 1. – BURMEISTER, 1842, Handb. Ent., III, p. 314. – WALLACE, 1868, Trans. Ent. Soc. Lond., (3) IV, p. 538.

Ischiopsopha latreillei (GORY-PERCH.) GESTRO, 1876, Ann. Mus. Genova, IX, p. 88. – SCHOCH, 1895, Gen. u. Spec. Cet., I, p. 36. – SCHOCH, 1898, Mitt. Schweiz. Ent. Gesell., X, p. 160. – HELLER, 1894–1895, Abh. u. Ber. Zool. Mus. Dresden, V, p. 7.

---

[3]) Höchstens eine geringe Farbvarietät oder vielleicht nur ein nicht ganz normal gefärbtes Stück der *I. olivacea* (THOMS.) ist *Lomaptera ulricae* MOHNIKE, 1871, Arch. Naturgesch., XXXVII, p. 263, tab. 6, fig. 1, von welcher ich den Typus (ein ♀ von Gilolo im Mus. Senckenberg, Frankfurt a. M.) untersuchen konnte. In Bau, Skulptur und Farbe ganz mit *I. olivacea* übereinstimmend, doch die Flügeldecken seitlich im hinteren Teil innerhalb der querkritzeligen Skulptur mit einem verwaschenen, bläulichen, bei bestimmtem Lichteinfall schwärzlich schimmernden und hinten nach innen ausgebreiteten Längswisch.

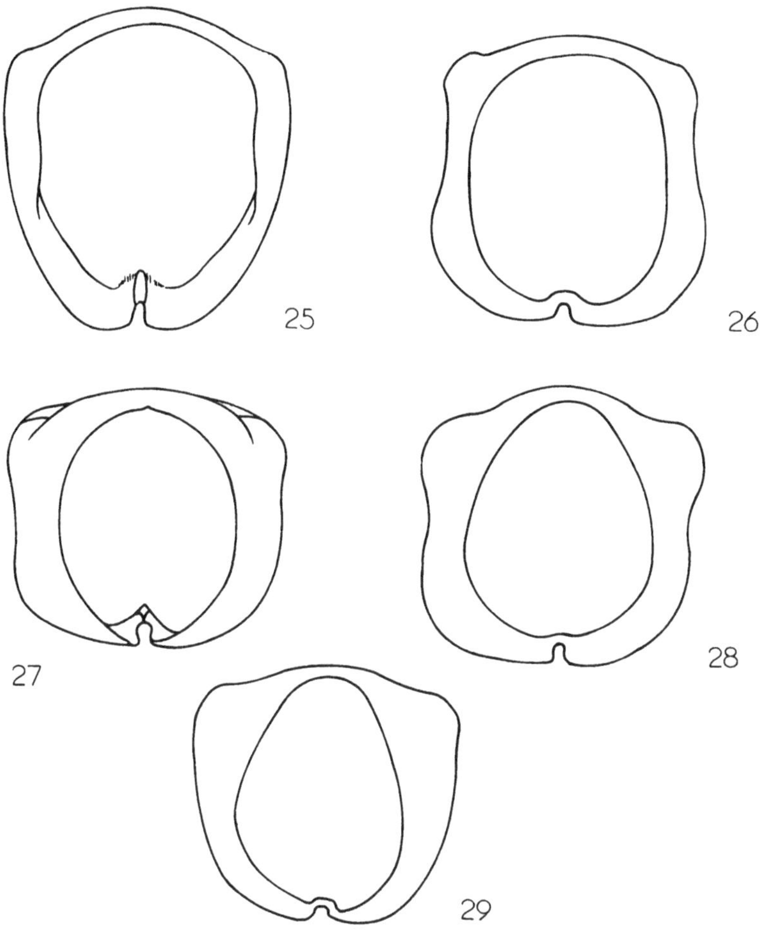

Fig. 25–29. Parameren von

25: *Ischiopsopha tibialis* KR. – 26: *I. latreillei* (G. P.) – 27: *I. deyrollei* J. THOMS. – 28: *I. esmeralda* (WALL.) – 29: *I. rugata* (BLANCH.) Original

---

Große Art. Etwas fettig glänzend, dunkel olivgrün. Zuweilen auf der Unterseite stellenweise mit Kupferreflexen, ebenso die Tarsen und Schienen meist mit leichtem Kupferschimmer bis stärker kupferig. Die Spitzen der Clypeallappen kupferig, am Ende schwärzlich. Die Beborstung der Unterseite und der Wimpersaum am Innenrand der Hinterschienen rostfarben. Die Oberseite am Grund äußerst fein und dicht mikroretikuliert und fein mikropunktuliert. Clypeus mit reichlicher bis dichter, scharfer sowie kräftiger bis grober Bogenpunktur, welche am seitlichen Teil des Clypeus innerhalb der Seitenrandleisten meist mehr oder minder in eine dichte, irregulär-schrägkritzelige Skulptur verwandelt ist, hingegen vorn dichter und feiner ist. Stirn mit spärlicher und einfacher, meist wenigstens hinten auch feinerer Punktur. Die schrägen Seitenrandflächen des Clypeus von oben breit sichtbar, die Seitenrandleisten parallel. Halsschild seitlich innerhalb der Randleisten breit mit dichter und scharfer irregulär-querkritzeliger Skulptur, welche nach innen in eine bogenkritzelige Punktur übergeht; die Scheibe vorn mit reichlicher und scharfer Bogenpunktur bestreut, im hinteren Teil zerstreut und feiner bis sehr fein punktiert, im hinteren Teil der Scheibe meist mit einer leicht eingedrückten Mittellinie und in dieser mit einer Reihe kräftigerer Punkte. Skutellarlappen an der Spitze flach dreieckig ausgeschnitten oder nur leicht ausgebuchtet. Die Flügeldecken auf der Scheibe nur leicht gewölbt, seitlich steil herabgewölbt, mit kräftigem Subhumeralausschnitt, ohne Sublateralrippen, der Apikalrand aufgebogen. Flügeldecken seitlich im hinteren Teil und hinten auf den Anteapikalbeulen mit grober, irregulär-querkritzeliger, im hinteren Teil der Scheibe mit feinerer bis kräftigerer, reichlicher bis dichter querwellenkritzeliger Skulptur, hier mit oder ohne einzelne eingemengte Bogenpunkte; im vorderen Teil mit mehr oder minder reichlicher, zuweilen teilweise etwas gereihter und teilweise bogiger Punktur bestreut, zur Basis glatt. Pygidium von oben frei sichtbar; oben mit grober, scharfer und dichter, irregulär querkritzeliger, unten mit etwas schwächerer Skulptur, der Apikalrand, von unten gesehen, bei den ♀♀ flach abgesetzt. Mesosternalprocessus gerade vortretend. Die Metasternalplatte seitlich mit deutlicher stumpfer Beule. Metasternum im seitlichen Teil des Vorderrandes breit (oder auch breit seitlich) mit dichter und grober, schräg- oder querwellenkritzeliger Skulptur. Abdomen mit vollkommen ausgebildeten, dicht gerieften und bronzefarben schimmernden Stridulationsflächen; bei den ♂♂ mit schwacher bis mäßig kräftiger Bauchimpression.

Länge: 31–36 mm.

Verbreitung: Molukken, ?Amboina, ?Celebes. Häufige Art.

Untersuchtes Material: Ternate (teilweise leg. BECARI 1874 und 1875, KÜKENTHAL 1894 und KRIECHELDORFF), 23 ♂♂, 19 ♀♀. – Celebes, 1 ♂. – Amboina, 1 ♂, 1 ♀. Beide letztgenannten Fundorte sind zweifelhaft.

Die Angaben in der Literatur (HELLER, SCHENKLING) für Java sind unbedingt falsch. Laut WALLACE (l. c.) ist der Käfer häufig am ausfließenden Saft der Palmen.

Ischiopsopha wallacei (J. THOMSON)

Lomaptera wallacei I. THOMSON, 1857, Arch. Ent., I, p. 426, tab. 16, fig. 4. – WALLACE, 1868, Trans. Ent. Soc. Lond., (3) IV, p. 540.

Ischiopsopha wallacei (J. THOMS.) GESTRO, 1874, Ann. Mus. Genova, VI, p. 495, fig. (auf p. 497). – HELLER, 1894–1895, Abh. u. Ber. Zool. Mus. Dresden, V, p. 8. – SCHOCH, 1898, Gen. u. Spec. Cet., I, p. 37. – SCHOCH, 1898, Mitteil. Schweiz. Ent. Gesell., X, p. 159. – BOURGOIN, 1933, Mém. Mus. roy. Hist. Nat. Belg., IV, 9, p. 10.

Lomaptera schochi NONFRIED, 1895, Berl. Ent. Zeitschr., XL, p. 292.

Große Art. Stark glasartig glänzend, prächtig hellgrün bis bräunlich-olivgrün, ohne schwarze Zeichnung, nur die Schulterbeulen meist mit einem schwärzlichen Fleckchen. Die schmalen Ränder der Sternite, in der Regel, namentlich in der Mitte, geschwärzt, ebenso die kräftige Bauchfurche bei den ♂♂. Fühler dunkel rostbraun bis bräunlichschwarz, mit starkem grünem Schimmer und grünem 1. Glied. Die Beborstung der Unterseite und der Wimpersaum am Innenrand der Hinterschienen schwarz. Kopf mit mehr oder minder reichlicher, aber nicht dichter, scharfer, doch nicht grober Punktur bestreut, diese vorn am Clypeus viel feiner und dicht, am Scheitel mehr oder minder glatt. Bei den ♀♀ ist die Kopfpunktur gröber. Die schrägen Seitenrandflächen des Clypeus von oben breit sichtbar. Halsschild bei den ♂♂ ganz glatt oder nur seitlich mit feiner, zerstreuter und obliterierter Punktur; bei den ♀♀ seitlich mit mehr oder minder reichlicher, ungleichmäßiger und kräftiger, teilweise bogenkritzeliger Punktur bestreut. Skutellarlappen an der Spitze schwach oder höchstens mäßig dreieckig ausgeschnitten. Die Schulterblätter von oben sichtbar. Flügeldecken auf der Scheibe sanft gewölbt, ohne Sublateralrippen, seitlich stark herabgewölbt, aber nicht so steil abfallend wie bei *I. lucivorax* KR. und *I. hyla* HELL. und hier in der Mitte ohne Längsfurche, mit kräftigem Subhumeralausschnitt. Flügeldecken hinten seitlich und am Hinterrand der Anteapikalbeulen mit grober, schwärzlicher, irregulär querwellenkritzeliger Skulptur, sonst glatt; selten bei den ♀♀ mit irregulären Wellenkritzeln im hinteren Teil neben dem Nahtintervall bestreut. Pygidium auf der Oberseite mit grober, irregulär querwellenkritzeliger Skulptur, ohne mediale Längsaufwölbung, auf der Unterseite teilweise glatt, der Apikalrand, von unten gesehen, bei den ♀♀ mehr oder minder breit verflacht, aber nicht scharf abgesetzt. Unterseite des Körpers größtenteils glatt. Metasternum außer den Schrägkritzeln in den Querimpressionen vor dem Hinterrand glatt. Mesosternalprocessus gerade nach vorn gerichtet. Metasternalplatte seitlich gebeult. Abdomen mit vollkommen ausgebildeten, sehr dicht gerieften und scharf begrenzten Stridulationsflächen. Der 3. Zahn außen auf den Vorderschienen bei den ♂♂ höchstens stumpf angedeutet oder fehlend.

Länge: 28–36 mm.

Verbreitung: Insel Aru.

Untersuchtes Material: Aru Insel, 3 ♂♂, 4 ♀♀. – Aroe Ins. (= Aru) (leg. MERTON 1908), 20 ♂♂, 14 ♀♀. – Ins. Aru-Ureiunung (leg. C. RIBBE 1884), 7 ♂♂, 15 ♀♀.

Die Angaben „Wokan, Ternate, Gilolo und Queensland" im SCHENKLING-Katalog (1921) sind unbedingt falsch.

Laut WALLACE (l. c.) ist die Art ziemlich häufig. Der Käfer fliegt an warmen Stellen in den Wäldern und findet sich auf morschen Stümpfen.

Ischiopsopha wallacei ?ssp. exasperata KRAATZ

Ischiopsopha exasperata KRAATZ, 1894, Deutsche Ent. Zeitschrift, p. 321. – MOSER, 1903, Berl. Ent. Zeitschrift, XLVIII, p. 320.

Praktisch mit der *I. wallacei* (THOMS.) übereinstimmend, doch die Farbe weit dunkler, dunkel olivgrün.

Wurde nach 2 ♀♀ von den Molukken beschrieben, von welchen ich eines untersuchen konnte, außerdem ein ♀ von Ternate. Die wahre systematische Natur des Tieres bleibt noch ungeklärt.

Ischiopsopha wallacei ssp. wallisiana (J. THOMSON)

Lomaptera wallisiana J. THOMSON, 1860, Mus. scient., p. 34. – WALLACE, 1868, Trans. Ent. Soc. Lond., (3) IV, p. 540.

Lomaptera yorkiana JANSON, 1877, Cist. Ent., II, p. 248.

Ischiopsopha yorkiana (JANS.) SCHOCH, 1898, Mitteil. Schweiz. Ent. Gesell., X, p. 159.

Ischiopsopha meraukeana SCHÜRHOFF, 1933, Ent. Nachrichtenblatt, VII, 3, p. 91.

Mit der *I. wallacei* (THOMS.) in Bau, Farbe und Skulptur übereinstimmend. Durchschnittlich kleiner. Die Oberseite zuweilen dunkler grün, mit leichtem blauem Schimmer. Das Metasternum bei den ♀♀ seitlich oft mehr oder minder mit Bogenkritzeln bestreut. Vorderschienen auf der Oberseite mehr oder weniger mit irregulär längsrissiger Skulptur, außen bei den ♂♂ vielfach auch mit einem 3. Zahn.

Länge: 26–32 mm.

Verbreitung: Neusüdwales, Queensland, Süd-Neuguinea.

Untersuchtes Material: N. S. Wales-Paramatta, 2 ♂♂. 1 ♀. – Queensland, 8 ♂♂, 6 ♀♀. – Queensland-Bluefield, 2 ♂♂. – Queensland-Cape Bedford, 2 ♂♂, 1 ♀. – Nord-Queensland, 4 ♂♂. – N. Queensland-Toolkoor, 1 ♂. – N. Queensland-Cooktown, 1 ♀. – N. Queensland-Blomfield River, 2 ♂♂, 2 ♀♀. – Cape York, 5 ♂♂, 4 ♀♀. –

Darnley Isl., 1 ♂, 1 ♀. – Pt. Moresby, 1 ♂. – Fly River, 1 ♂, 1 ♀. – Holl. N. Guinea-Merauke, 2 ♂♂, 1 ♀ (darunter der Typus der *meraukeana*, 1 ♂ im Mus. Frey, Tutzing).

I. wallisiana wurde von der Insel Wallis beschrieben. Mit ihr ist die von der Insel York beschriebene *Lomaptera yorkiana* JANS. und die aus Merauke beschriebene *I. meraukiana* SCHÜR. identisch. Von der letzteren untersuchte ich den Typus.

I. wallisiana ist mit der *I. wallacei* (THOMS.) äußerst nahe verwandt und wohl nur als geographische Rasse derselben aufzufassen.

Ischiopsopha deyrollei J. THOMSON

Ischiopsopha deyrollei J. THOMSON, 1878, Bull. Soc. Ent. France, p. CII. – HELLER, 1894–1895, Abh. u. Ber. d. Zool. Mus. Dresden, V, p. 7. – SCHOCH, 1898, Mitteil. Schweiz. Ent. Gesell., X, p. 162.

Stark glasartig glänzend, samt den Beinen dunkelgrün. Der Basalrand der Flügeldecken zuweilen bei gewissen Beleuchtungsrichtungen verwaschen schwärzlich schimmernd. Die Fühler rostbraun, mit grünem 1. Glied. Die Beborstung der Unterseite und Beine rostfarben. Stirn mit scharfer, doch zerstreuter Punktur, der Clypeus mit ebensolcher, aber viel dichterer und auf den Lappen nur feiner Punktur. Die Seitenrandleisten des Clypeus nach vorn leicht divergierend, die schrägen Seitenrandflächen von oben breit sichtbar. Der Halsschild bei den ♂♂ in der Gegend der Vorderecken und Hinterecken mehr oder weniger mit irregulär schräg wellenkritzeliger Skulptur, bei den ♀♀ am ganzen Seitenrand mehr oder weniger mit solcher, diese nach innen in eine kräftige und ungleichmäßige bogenkritzelige Punktur übergehend. Die Scheibe des Halsschildes glatt oder nur sehr fein und zerstreut punktiert. Skutellarlappen an der Spitze abgestutzt oder nur ganz leicht ausgebuchtet. Flügeldecken flach gewölbt, ohne Sublateralrippen, mit kräftigem Subhumeralausschnitt und abgeflachtem und abgesetztem Apikalrand. Flügeldecken an der Basis auf einer Fläche vor den Anteapikalbeulen und einigermaßen auch am Apex glatt, sonst mit irregulär querwellenkritzeliger Skulptur. Diese ist seitlich gröber, auf der Scheibe teilweise zu Querwellenkritzeln aufgelöst und auf der breiten Skutellarfläche in eine zerstreute und feine Bogenpunktur verwandelt. Pygidium auf der Ober- und Unterseite mit grober, irregulär querwellenkritzeliger Skulptur, auf der Oberseite längs der Mitte nicht aufgewölbt, der Apikalrand, von unten gesehen, nur bei den ♀♀ abgesetzt. Metasternum im seitlichen Teil, ebenso die Metaepisternen und Hinterhüften mit scharfer, irregulär wellenkritzeliger Skulptur, diese ist auf dem Metasternum quer und auf den Hinterhüften schräg. Abdomen mit vollkommen ausgebildeten, aber nicht scharf begrenzten und mit dem übrigen Abdomen gleichgefärbten Stridulationsflächen. Die ♂♂ mit kräftiger, mehr oder minder schwärzlich schimmernder Bauchfurche. Vorderschienen bei beiden Geschlechtern außen scharf dreizähnig.

Länge: 26–30 mm.

Verbreitung: „Australien".

Untersuchtes Material: Von dieser wohl seltenen Art liegen mir nur 2 ♂♂ und 2 ♀♀ aus der Sammlung KRAATZ vor, von welchen nur ein ♂ den höchst unzureichenden Fundort „Neuholland" trägt.

Ischiopsopha similis KRAATZ

Ischiopsopha similis KRAATZ, 1895, Deutsche Ent. Zeitschrift, p. 373. – HELLER, 1894–1895, Abh. u. Ber. Zool. Mus. Dresden, V. p. 7. – SCHOCH, 1898, Mitteil. Schweiz. Ent. Gesell., X, p. 164.

Dunkel olivgrün, stark glasartig glänzend, die Schulterbeulen und bei einem ♂ auch die schmalen Ränder der Sternite kupferschimmernd. Die Spitzen der Clypeallappen schwärzlich, dahinter kupferig. Fühler und Palpen dunkel rostbraun, das 1. Fühlerglied metallisch grün. Die Schienen der ♂♂ teilweise mit oder ohne Kupferschimmer, bei den ♀♀

etwas bräunlich durchschimmernd, die Tarsen kupferig. Die Beborstung der Unterseite rostbräunlich, doch der Wimpersaum am Innenrand der Hinterschienen dunkel. Der Kopf bei den ♂♂ mit scharfer, jedoch nicht grober, am Clypeus reichlicherer (vorn feiner), auf der Stirn spärlicherer Punktur; der Halsschild fast glatt, mit sehr feiner und zerstreuter, nur gegen die Seitenränder mit reichlicherer und kräftigerer Punktur bestreut. Bei den ♀♀ ist die Kopfpunktur gröber, am Halsschild die Punktur auf der Scheibe und namentlich auch im seitlichen Teil etwas kräftiger, an den Seitenrändern innerhalb der Randleisten mit dicht querwellenkritzeliger Skulptur. Der Skutellarlappen an der Spitze fast nur abgestutzt. Die Flügeldecken nur ganz flach gewölbt, ohne Sublateralrippen, mit scharf abgesetztem, aber nicht aufgebogenem Apikalrand; seitlich im hinteren Teil und am Hinterrand der Anteapikalbeulen mit dichter und scharfer, irregulär querwellenkritzeliger Skulptur, welche sich schütterer und feiner neben dem Nahtintervall auch etwas nach vorn fortsetzt, sonst fast ganz glatt. Pygidium von oben frei sichtbar, auf der Oberseite längs der Mitte stumpffaltig gewulstet, der Apikalrand, von unten gesehen, scharf, aber nicht besonders breit abgesetzt; auf der Oberseite mit dichter und scharfer, auf der Unterseite mit spärlicherer querkritzeliger Skulptur. Mesosternalprocessus mit der Spitze sanft gegen den Körper geneigt. Metasternum am Seitenteil bei den ♀♀ mit dichter querwellenkritzeliger Skulptur, welche bei den ♂♂ zur hinteren Querimpression in eine feine Punktur aufgelöst sein kann. Abdomen seitlich scharf leistenförmig gekantet, mit dicht gerieften, aber nicht großen Stridulationsflächen und bei den ♂♂ mit kräftiger Bauchfurche. Vorderschienen außen auch bei den ♂♂ scharf dreizähnig.

Länge: 26–29 mm.

Verbreitung und untersuchtes Material: Admiralitäts-Inseln, 2 ♂♂ (davon ein ♂, der Typus, im Institut für Pflanzenschutzforschung, Eberswalde), 2 ♀♀.

Ischiopsopha vicina MOSER

Ischiopsopha vicina MOSER, 1908, Ann. Soc. Ent. Belg. LII, p. 88.

Der *I. similis* KR. in Bau, Größe, Farbe und starkem glasartigen Glanz äußerst ähnlich. Schulterbeulen nur bei den ♀♀ mit leichtem Kupferschimmer, bei diesen auch die Unterseite stellenweise mehr oder minder mit solchem. Die Tarsen kupferig, die Schienen teilweise mit Kupferschimmer, die vier hinteren Schienen an der Spitze schwärzlich oder die Schienen mehr messing-kupferig, an der Spitze nicht geschwärzt. Die Beborstung der Unterseite ebenfalls rostbräunlich. Der Skutellarlappen an der Spitze dreieckig ausgebuchtet. Apikalrand der Flügeldecken nicht abgesetzt. Pygidium auf der Oberseite ebenfalls mit stumpfer medialer Längsschwiele, doch der Apikalrand, von unten gesehen, nur bei den ♀♀ abgesetzt. Abdomen seitlich scharf gekielt, mit vollkommen ausgebildeten und dicht gerieften Stridulationsflächen. Halsschild bei den ♂♂ seitlich mit teilweise wellenkritzelig zusammenhängender Bogenpunktur. Flügeldecken mit je zwei ganz leicht erhabenen diskalen Längslinien; außer an der Basis und auf der breiten Fläche neben dem Skutellarlappen mit dichter und feiner, jedoch scharf eingeschnittener, querwellenkritzeliger Skulptur, diese ist seitlich hinten auf den Flügeldecken gröber. Bei den ♀♀ der Halsschild seitlich breiter, mit dichter, irregulär querwellenkritzeliger Skulptur, diese seitlich hinten auf den Flügeldecken gröber als bei den ♂♂. An der Basis sind die Flügeldecken glatt, im breiten vorderen Innenteil zerstreut punktiert oder ebenfalls fast glatt, im hinteren Teil und seitlich bis zur Schulterbeule mit reichlicher, feiner aber scharfer, irregulär querwellenkritzeliger Skulptur.

Verbreitung: Hermiti- und Admiralitäts-Inseln.

Untersuchtes Material: Hermiti-Inseln, 1 ♂, 1 ♀ (Typen im Mus. d. Humboldt-Univ., Berlin). – Admiralitäts-Inseln, 1 ♂. – Admiralitätsinseln-Pityliu (IX. 1944), 2 ♀♀. – Admiralitätsinseln-Los Negros (leg. J. R. STUNZ, IV. 1945), 1 ♀.

Ischiopsopha salomonensis SCHÜRHOFF

Ischiopsopha salomonensis SCHÜRHOFF, 1934, Mitteil. deutsch. Ent. Gesell., V, p. 25.

Stark glasartig glänzend, schön hell olivgrün, mit oder ohne leichtem olivbräunlichgelben Schimmer. Die Tarsen etwas dunkler grün oder bläulichgrün. Die Spitzen der Clypeuslappen schwärzlich, dahinter etwas kupferig. Fühler dunkel rostbraun mit grünlichem Schimmer und ebensolchem 1. Glied. Die Beborstung der Unterseite und der Wimpersaum am Innenrand der Hinterschienen dunkel rostbraun bis schwärzlich, Clypeus mit reichlicher, aber nicht dichter, vorn feinerer, auf der Stirn spärlicherer, scharfer, aber nicht kräftiger Punktur. Halsschild auf der Scheibe glatt, seitlich bei dem vorliegenden ♂ aus Ulawe nur mit sehr spärlicher und sehr feiner, unauffälliger Punktur bestreut; bei dem ♂ von St. Anna ist diese kräftiger. Noch kräftiger, reichlicher, ungleichmäßig und überwiegend bogenkritzelig, mit feinen eingemengten Punkten ist die Punktur bei den vorliegenden ♀♀, doch ohne Wellenkritzeln. Die Flügeldecken sanft gewölbt, ohne Sublateralrippen, mit normalem, nicht abgesetzten oder aufgebogenen Apikalrand. Flügeldecken seitlich hinten und auf den Anteapikalbeulen mit scharf eingeschnittener, aber nicht grober, irregulär querwellenkritzeliger Skulptur, welche sich im inneren hinteren Teil neben dem glatten Nahtintervall, nach vorn zu Bogenkritzeln auflösend, bei dem ♂ von Ulawe bis gegen die Mitte fortsetzt; bei diesem Tier hinten auf der Scheibe mit feinen scharfen Bogenkritzeln bestreut, welche nach vorn schwinden, am Basalteil fast glatt. Bei dem ♂ von St. Anna sind diese Bogenkritzeln im hinteren Teil der Scheibe viel größer und reichlicher. Bei dem ♀ von St. Anna sind die Bogenkritzeln im hinteren Teil der Flügeldecken viel kürzer als bei dem ♂ von diesem Fundort. Hingegen ist bei dem ♀ von Ulawe der ganze hintere Teil der Flügeldecken mit reichlicher, querbogen- und wellenförmiger (seitlich gröberer und länger zusammenhängender) Kritzelskulptur bedeckt; nur die Nahtintervalle, die Apikalfläche, eine Stelle vor den Anteapikalbeulen und der Basalteil glatt. Der Mesosternalprocessus ziemlich gerade vortretend. Der breite seitliche Vorderrand des Metasternums mit scharfer querwellenkritzeliger Skulptur. Abdomen seitlich stumpf gekielt, mit nur schwach ausgebildeten oder wenig hervorgehobenen Stridulationsflächen; bei den ♂♂ mit mäßiger Bauchfurche. Pygidium von oben frei sichtbar, mit scharfer, auf der Unterseite schütterer, irregulär querwellenkritzeliger Skulptur, der Apikalrand, von unten gesehen, abgesetzt, bei den ♀♀ breiter und stärker, aber auf der Unterseite ohne Impression. Vorderschienen außen bei den ♂♂ mit einem höchstens kaum angedeuteten 3. Zahn.

Verbreitung: Salomonen. Wurde von der Insel Ulawa beschrieben.

Untersuchtes Material: Insel Ulawa, 1 ♂, 1 ♀. – Insel St. Anna, 1 ♂, 1 ♀.

Der *I. wallacei* (THOMS.) nicht unähnlich, doch die Flügeldecken im mittleren und hinteren Teil der Scheibe mit mehr oder minder bogen- oder wellenkritzeliger Skulptur, die Stridulationsflächen am Abdomen nur schwach und wenig deutlich ausgebildet, und die Beborstung der Unterseite kann heller sein.

Ischiopsopha esmeralda (WALLACE)

Lomaptera esmeralda WALLACE, 1867, Proc. Ent. Soc. Lond., p. XCIII. – WALLACE, 1868, Trans. Ent. Soc. Lond., (3) IV, p. 539.

Stark glasartig glänzend, schön olivgrün, ebenso die Schienen und Tarsen. Fühler rostbraun, mehr oder minder mit metallgrünem Schimmer, das 1. Glied grün. Teilweise die Ränder der Sternite schmal sowie bei den ♂♂ die Bauchfurche geschwärzt. Die Beborstung der Unterseite und der Wimpersaum am Innenrand der Hinterschienen hell rostfarben. Kopf mit reichlicher, aber nicht dichter, scharfer, doch nicht grober, vorn am Clypeus feinerer und dichterer sowie hinten auf der Stirn feinerer Punktur. Bei den ♀♀ ist die Kopfpunktur meist etwas gröber. Die Seitenrandleisten des Clypeus nach vorn divergent, die schrägen Seitenrandflächen von oben breit sichtbar. Halsschild bei den ♂♂

seitlich gerundet oder die Seitenränder in der Mitte höchstens ganz leicht stumpfwinkelig; seitlich innerhalb der Randleisten mehr oder minder mit wellenkritzeliger, gegen die Vorderecken mit querkritzeliger Skulptur, welche nach innen in eine Bogenpunktur aufgelöst ist; die Scheibe nur sehr fein und zerstreut punktiert bis fast glatt, zuweilen im hinteren Teil der Mittellinie mit einigen kräftigeren, gereihten Punkten. Bei den ♀♀ sind die Halsschildseitenränder in der Mitte durchschnittlich etwas mehr stumpfwinkelig gerundet; seitlich mit kräftiger, irregulär querwellenkritzeliger Skulptur, welche nach innen in eine Bogenpunktur aufgelöst ist. Der Skutellarlappen an der Spitze abgestutzt oder nur leicht ausgebuchtet. Die Flügeldecken leicht gewölbt, ohne Sublateralrippen, mit höchstens leicht abgesetztem, aber nicht aufgebogenem Apikalrand. Der größere hintere Teil der Flügeldecken (außer den Nahtintervallen, dem glatten Apex und einer glatten Stelle vor den Anteapikalbeulen) mit dichter, irregulär querbogen- und wellenkritzeliger Skulptur, welche im hinteren Seitenteil und auf den Anteapikalbeulen gröber ist und lange quere Wellenkritzeln bildet, sich nach vorn aber in eine Bogenpunktur auflöst; die Basis breit glatt. Zuweilen ist diese Skulptur auch im hinteren Teil der Scheibe in eine Bogenpunktur aufgelöst. Pygidium von oben frei sichtbar, oben und unten mit grober querwellenkritzeliger Skulptur, der Apikalrand, von unten gesehen, bei den ♂♂ nicht, bei den ♀♀ leicht abgesetzt. Unterrand des Mesosternalprocessus in Profilansicht mehr oder minder im Bogen gekrümmt. Metasternum am Seitenteil mit langer, reichlicher und grober, querkritzeliger Skulptur. Abdomen mit ausgebildeten, aber nicht scharf begrenzten und nicht geschwärzten Stridulationsflächen, bei den ♂♂ mit kräftiger Bauchfurche. Vorderschienen außen auch bei den ♂♂ mit drei Zähnen, der 3. Zahn aber kleiner.

Länge: 28–32 mm.

Verbreitung: Salomonen.

Untersuchtes Material: Salomon-Ins., ohne näheren Fundort, 1 ♂, 1♀. – Lavoro Pltn. Guadalcanar (leg. C. E. HART, III. 1925), 1 ♂. – Ins. Tulagi, 3 ♂♂, 1 ♀. – Aola, 2 ♀♀. – Guadalcanal-Florida Ins. (leg. J. R. STUNZ, I.–III. 1945). 1 ♀. – Siota Florida Ins. (leg. G. E. BOHART), 1 ♀. – Guadalcanar (leg. W. H. FORD und J. A. KUSCHE), 2 ♀♀.

WALLACE (l. c.) nannte als Heimat der Art „N. Hebrides, Solomon or Fidji Is.". Von der sehr ähnlichen *I. salomonica* SCHÜRH. leicht durch die querkritzelige Skulptur seitlich am Halsschild, die ausgebildeten Stridulationsflächen am Abdomen und die hellere Beborstung der Unterseite zu unterscheiden.

Ischiopsopha tibialis KRAATZ

Ischiopsopha tibialis KRAATZ, 1895, Deutsche Ent. Zeitschr., p. 372.

Gestreckt, dunkel olivgrün (durchschnittlich etwas dunkler als *I. rugata* [BLANCH.]), etwas fettglänzend, auf der Oberseite oft mit leichtem Messing- oder Erzschimmer, auf der Unterseite zuweilen teilweise stärker kupferig. Clypeuslappen zum Ende hin kupferig, an der Spitze schwärzlich. Die Schienen größtenteils mehr oder minder kupferig, zur Spitze verwaschen schwärzlich oder purpurschwärzlich, ebenso die Tarsen. Die Beborstung der Unterseite und der Beine rostgelblich. Palpen und Fühler rostbraun, letztere mit erzkupferigem 1. Glied. Die Oberseite am Grund äußerst fein und dicht mikroretikuliert, am Halsschild auch mit sehr feiner Mikropunktulation. Kopf mit mehr oder minder dichter, kräftiger, vorn am Clypeus kleinerer, auf der Stirn und dem Scheitel viel spärlicherer und feiner sowie zerstreuter Punktur. Die schrägen Seitenrandflächen des Clypeus von oben breit sichtbar. Der Halsschild mit reichlicher und scharfer (zuweilen aber feiner), im seitlichen Teil etwas größerer und mehr bogenkritzeliger Punktur bestreut, gegen die Spitze des Skutellarlappens ist diese feiner und zerstreut; seitlich innerhalb der Randleisten mit scharfer und dichter, irregulär querwellenkritzeliger Skulptur. Der Skutellarlappen an der Spitze abgestumpft, abgestutzt oder leicht dreieckig ausgebuchtet. Flügeldecken sanft gewölbt, mit kräftigem Subhumeralausschnitt, ohne Sublateralrippen, auf der Scheibe höchstens mit je einer oder zwei kaum sichtbar erhabenen Längslinien, der Apikalrand transversal, nicht aufgebogen und nicht abgesetzt, die Nahtspitzen nicht vortretend. Flügeldecken seitlich im hinteren Teil und am Hinterrand der Anteapikalbeulen mit grober und dichter, irregulär querkritzeliger Skulptur; auf der Scheibe mit reichlichen, scharf eingeritzten Querbogen- und Wellenkritzeln bestreut, welche gegen den hinteren Teil teilweise zusammenhängen und im vorderen Teil teilweise in annähernd gereihte Bogenpunkte verwandelt sind. Pygidium frei sichtbar, mit grober und dichter, querwellenkritzeliger Skulptur, auf der Unterseite in der Mitte bei den ♂♂ breit und leicht eingedrückt, bei den ♀♀ mit großer und kräftiger Impression, der Apikalrand, von unten gesehen, nicht abgesetzt. Mesosternalprocessus gewölbt, in Profilansicht in sanftem Bogen gegen den Körper gekrümmt und an der Basis leicht beulig verdickt. Metasternum im Seitenteil mehr oder minder mit Bogenkritzeln bestreut, welche am Vorderrand zu einer groben und dichten, querwellenkritzeligen Skulptur zusammengedrängt sind. Abdomen mit sehr scharf gekanteten Seiten, mit gut ausgebildeten und dicht gerieften Stridulationsflächen und bei den ♂♂ mit kräftiger Bauchfurche. Vorderschienen auch bei den ♂♂ dreizähnig, doch der 3. Zahn kleiner oder nur angedeutet.

Länge: 27–31 mm.

Verbreitung: Solomon Archipelago. Häufige Art. Wurde von Bougainville beschrieben.

Untersuchtes Material: Salomon-Inseln, ohne näheren Fundort, 16 ♂♂, 5 ♀♀. – Shortland Ins., 2 ♂♂, 1 ♀. – Bougainville (teilweise leg. C. ROLLE), 6 ♂♂, 2 ♀♀. – Kieta, 1 ♂, 1♀.

Ischiopsopha purpureitarsis MOSER

Ischiopsopha purpureitarsis MOSER, 1912, Deutsche Ent. Zeitschrift, p. 563.

Von dieser wahrscheinlich höchst seltenen Art konnte ich nur den Typus, ein ♀ aus dem ehemaligen Neu-Pommern (Mus. Humboldt-Univ., Berlin), untersuchen.

Dunkelolivgrün, etwas fettig glänzend. Clypeusspitzen schwärzlich, davor kupferig. Fühler außer dem 1. Glied dunkel rostbraun. Schienen und Tarsen kupferig purpurbraun, die Vorderschienen auf der Oberseite teilweise grünlich. Die Beborstung der Unterseite hell rostgelblich. Stirn mit sehr reichlicher, scharfer und kräftiger, der Clypeus mit noch gröberer, vorn aber viel feinerer und teilweise längsrissig zusammenhängender Punktur. Die Oberseite mit äußerst feiner und dichter Mikroretikulation, der Halsschild auch mit sehr feiner Mikropunktulation. Halsschild hinten auf der Scheibe fein und zerstreut punktiert, vorn und namentlich gegen die Seiten reichlicher und viel kräftiger, seitlich teilweise bogig punktiert, an den Seitenrändern innerhalb der Randleisten breit mit dichter und grober, irregulär querwellenkritzeliger Skulptur. Skutellarlappen an der Spitze fast nur abgestutzt. Flügeldecken ohne Sublateralrippen und auf der Scheibe ohne erhabene Linien, mit normalem, weder abgesetztem noch aufgebogenem Apikalrand; im hinteren Seitenteil, hinter den Anteapikalbeulen und zwischen diesen und den Nahtintervallen mit dichter und scharfer, irregulär querwellenkritzeliger Skulptur. Flügeldecken im hinteren Teil der Scheibe mit zahlreichen, unregelmäßigen, scharf eingeritzten queren Bogenkritzeln bestreut, welche aber nur seitlich teilweise wellenkritzelig zusammenhängen. Im vorderen Teil sind diese mehr in eine zerstreute Bogenpunktur verwandelt, an der Basis glatt; überall mit einzelnen eingemengten feinen Punkten. Pygidium von oben sichtbar, mit dichter und scharfer, querwellenrissiger Skulptur, auf der Oberseite ohne medialen Längswulst, auf der Unterseite in der Mitte mit recht großer und tiefer medialer Querimpression, der Apikalrand nicht abgesetzt. Mesosternalprocessus dick, gewölbt, fast parallelseitig, mit breit abgerundeter Spitze. Metasternum im seitlichen Vorderteil mit dichter und grober, irregulär querwellenkritzeliger Skulptur, welche im mittleren Seitenteil zu Bogenkritzeln aufgelöst ist. Abdomen mit großen, dicht gerieften Stridulationsflächen. Vorderschienen dreizähnig, der 3. Zahn kleiner.

Länge: 27 mm.

Die ♂♂ sind mir unbekannt.

Ischiopsopha asperipennis n. sp.

Von dieser neuen Art sind bisher nur die ♀♀ bekannt.

Dunkelgrün, stark glasartig glänzend, die Flügeldecken aber weniger glänzend als der Halsschild, fast halbmatt. Das Pygidium bei einem Tier gelblich-bräunlich durchschimmernd. Fühler und Palpen rostbraun, erstere mit grünlichem 1. Glied. Die Beborstung der Unterseite rostbräunlich. Die Oberseite mit sehr feiner und dichter Mikroretikulation, bei dem Stück von Russell Isl. auf den Flügeldecken auch mit dichter und ziemlich kräftiger Mikropunktur. Stirn mit reichlicher, scharfer und kräftiger Punktur, der Clypeus mit ebensolcher, aber dichterer, vorn mit dichter und feiner Punktur. Die schrägen Seitenrandflächen des Clypeus von oben breit sichtbar. Halsschild auch hinten auf der Scheibe mit scharfer, mehr oder minder kräftiger und zahlreicher Punktur bestreut, welche seitlich breit in eine grobe und dichte, irregulär querwellenkritzelige Skulptur übergeht. Der Skutellarlappen an der Spitze fast nur abgestutzt. Die Flügeldecken auf der Scheibe auffallend flach, ohne ausgesprochene Sublateralrippen, jedoch mit je zwei als schwach erhabene Linien angedeuteten Diskalrippen, der Apikalrand bei dem Tier von Russell Isl. schmal, bei jenem von Florida Isl. breiter abgesetzt und verflacht. Das Pygidium von oben sichtbar, auf der Ober- und Unterseite mit dichter, irregulär querwellenrissiger Skulptur, auf der Oberseite längs der Mitte faltig erhaben, der Apikalrand, von unten gesehen, abgesetzt und verflacht, die Unterseite ohne Impression. Der Unterrand des Mesosternalprocessus in Profilansicht sanft bogenförmig gekrümmt. Metasternum seitlich mit reichlicher, irregulär querwellenkritzeliger Skulptur. Abdomen seitlich scharf gekielt, ohne deutlich ausgebildete Stridulationsflächen.

Länge: 26–27 mm.

Untersuchtes Material: Banika Id. no. 1, Russell Islands, Br. Solomon Ids. (leg. ADRIAN C. FOX, 27. VIII. 1944), 1 ♀ (Holotypus). – Florida Isl. Solomons, 12. IX. 1927, 1 ♀ (Paratypus). – Tugela Solomon Isl. (leg. WOODFORD), 1 ♀ (Paratypus). Der Holo- und der erstgenannte Paratypus im Mus. California Acad. of Sciences (San Francisco), der zweitgenannte Paratypus in meiner Sammlung. Es ist möglich, daß zwischen den Tieren der genannten Fundorte gewisse morphologische Rassendifferenzen bestehen, wofür aber die Untersuchung eines größeren Materials nötig ist.

Ischiopsopha violacea JANSON

Ischiopsopha violacea JANSON, 1917, Ent. Monthly Mag., LIII, p. 6.

Von dieser wahrscheinlich sehr seltenen Art konnte ich nur den Typus, ein ♂ von Mt. Rossel, 2100 ft, Rossel Ins. (Louisiaden) im Naturhist. Rijksmuseum in Leiden, untersuchen.

Sehr glänzend, auf der Unterseite tief schwärzlich violettblau, die Oberseite fast schwarz, nur bei bestimmtem Lichteinfall mit dunkelviolettem Schimmer. Die Beborstung der Unterseite und der Wimpersaum am Innenrand der Hinterschienen schwarz. Stirn mit zerstreuter, kräftiger und scharfer, der Clypeus mit dichterer, vorn mit dichter und feiner Punktur. Die stumpfen, aber kräftigen Seitenrandleisten des Clypeus nach vorn kaum divergierend, die schrägen Seitenrandflächen von oben breit sichtbar. Fühler schwärzlich rostbraun, mit dunkelviolettem 1. Glied. Halsschild seitlich mit zerstreuter und nicht grober Bogenpunktur, welche seitlich vorn dichter ist und nur in den Vorderecken in eine dichte querrissige Skulptur verwandelt ist; in der Mitte und hinten auf der Scheibe fast ganz glatt. Skutellarlappen an der Spitze nur leicht ausgebuchtet. Die Flügeldecken auf der Scheibe fast flach, mit stumpfer, aber deutlicher, von der Schulterbeule zur Anteapikalbeule verlaufender Subhumeralrippe, innerhalb dieser im hinteren Teil mit breiter leichter Längsimpression, von der Rippe zum Seitenrand senkrecht und tief abfallend; der Apikalrand nicht deutlich abgesetzt, die Nahtspitzen kurz zähnchenförmig vortretend. Die Flügeldecken im hinteren abfallenden Seitenteil mit dichter und grober, irregulär schrägwellenkritzeliger Skulptur, im mittleren und hinteren Teil der Scheibe mit feinerer, aber scharf eingeschnittener und zusammenhängender, irregulär querwellenkritzeliger Skulptur, welche im vorderen inneren Teil in eine zerstreute Bogenpunktur aufgelöst ist, zur Basis fast glatt, ebenso der Apex glatt. Der kräftige Subhumeralausschnitt normal gelagert. Pygidium auf der Oberseite mit dichter und grober, auf der Unterseite mit feinerer und weniger dichter, irregulär querwellenkritzeliger Skulptur, auf der Oberseite längs der Mitte kaum aufgewölbt, der scharfe Apikalrand, von unten gesehen, nicht abgesetzt, die Unterseite in der Mitte mit leichter Impression. Der Mesosternalprocessus gerade nach vorn gerichtet. Metasternum seitlich – außer dem grob irregulär und breit querkritzelig skulptierten Vorderrand und der kritzelig skulptierten Querimpression vor dem Hinterrand – zerstreut punktiert. Abdomen mit vollkommen ausgebildeten, dicht geriefßten und scharf begrenzten Stridulationsflächen sowie mit breiter und am Grund gefurchter Bauchimpression; das 3. und 4. Sternit seitlich stumpf gekielt. Die breiten Vorderschienen außen mit 3 scharfen und starken Zähnen.

Länge: 32 mm.

Verbreitung: Louisiaden.

Die Art steht der *I. virens* (BLANCH.) in Bau und Skulptur der Flügeldecken sehr nahe, unterscheidet sich aber von dieser durch die Farbe, die andere Halsschildskulptur, durch die scharf begrenzten Stridulationsflächen etc.

Ischiopsopha lucivorax KRAATZ

Ischiopsopha lucivorax KRAATZ, 1890, Deutsche Ent. Zeitschrift, p. 32. – HELLER, 1894 – 1895, Abh. Mus. Dresden, V, No. 16, p. 8, fig. 1a (♂), b (♀). – SCHOCH, 1896, Mitt. Schweiz. Ent. Gesell., IX, p. 398. – SCHOCH, 1898, Mitt. Schweiz. Ent. Gesell., XI, p. 160.

Sehr stark glasartig glänzend, prächtig hellgrün, zuweilen teilweise auf der Unterseite oder auch auf der Oberseite mit olivbräunlichem Schimmer. Der Basalrand der Flügeldecken nur ganz schmal bis breit schwärzlich, schwarz oder bläulichschwarz, diese Färbung bei geringer Ausbildung und bei gewissem Lichteinfall schwindend. Die Schulterbeulen in der Regel mit einem schwärzlichen Fleckchen. Auf der Unterseite die im hinteren Teil meist zu einem breiten Längswisch verbreiterte Mittellinie der Metasternalplatte, namentlich im mittleren Teil die Ränder der Sternite und bei den ♂♂ meist auch die Bauchfurche geschwärzt. Die Metasternalplatte zuweilen, seitlich betrachtet, beiderseits mit einem dunklen Längswisch. Fühler dunkel rostbraun bis schwarzbraun, mit mehr oder minder starkem grünlichen Glanz und grünem 1. Glied. Die Tarsen grün bis stahlblau. Die Beborstung der Unterseite und der Wimpersaum am Innenrand der Hinterschienen schwarz. Die Oberseite des Körpers äußerst fein und dicht mikroretikuliert, außerdem sehr fein (auf den Flügeldecken noch feiner) mikropunktuliert. Auf der Stirn und hinten am Clypeus bei den ♂♂ mit scharfer, aber nicht grober bis kräftigerer, gegen den glatten Scheitel feinerer und spärlicherer Punktur bestreut, vorn am Clypeus mit sehr feiner und dichter Punktur. Bei den ♀♀ ist die Kopfpunktur meist kräftiger bis grob. Die schrägen Seitenrandflächen des Clypeus von oben mehr oder minder breit sichtbar. Halsschild glatt, höchstens im Seitenteil mit feinen, spärlichen und unauffälligen Punkten bestreut. Diese sind bei den ♀♀ etwas kräftiger bis reichlich, scharf und bogenkritzelig. Skutellarlappen an der Spitze höchstens mäßig dreieckig ausgebuchtet. Die Schulterblätter von oben nicht oder kaum sichtbar. Die Flügeldecken auf der Scheibe nur leicht gewölbt, seitlich im hinteren Teil senkrecht und tief abfallend, im mittleren Teil der abfallenden Seitenrandfläche leicht längsgefurcht; mit kräftigem Subhumeralausschnitt, ohne Sublateralrippen. Flügeldecken im hinteren Teil der senkrechten Seitenfläche mit grober, am Hinterrand der Anteapikalbeulen und innerhalb dieser mit weniger grober, schwärzlicher, irregulärer, quer- und schrägwellenkritzeliger Skulptur; oft reicht diese hinten innen auf den Flügeldecken neben dem Nahtintervall mehr oder minder weit nach vorn (namentlich bei den ♀♀). Sonst die Flügeldecken glatt nur bei einem ♀ vom Sattelberg im ganzen hinteren Teil der Scheibe mit feiner, aber scharfer Punktur bestreut. Pygidium auf der Oberseite mit grober, irregulär querwellenkritzeliger Skulptur, auf der Unterseite ist diese mehr verwischt bis fast geschwunden, der Apikalrand, von unten gesehen, bei den ♀♀ verbreitert, daher leicht konkav erscheinend, doch in der Mitte ohne Impression. Die Unterseite größtenteils glatt. Metasternum im Seitenteil zuweilen mit spärlichen Punkten bestreut, zuweilen mit feinen Bogenkritzeln auch auf den Metaepisternen. Mesosternalprocessus gerade vortretend. Abdomen mit stark ausgebildeten, scharf begrenzten und sehr dicht geriefften Stridulationsflächen. Bei den ♂♂ außen auf den Vorderschienen der 3. Zahn geschwunden oder höchstens stumpf angedeutet.

Länge: 30–34 mm.

Verbreitung: Neuguinea, namentlich im einstigen Kaiser-Wilhelm-Land (nordöstlicher Teil der Insel Neuguinea). Wurde aus „Neu-Wilhelmsland" beschrieben. Häufige Art.

Untersuchtes Material: Neuguinea, ohne näheren Fundort (teilweise leg. M. GLAUBITZ und M. LANGE), 7 ♂♂, 4 ♀♀. – „Papua", 2♂♂. – Deutsch-Neuguinea, ohne nähere Angabe (teilweise leg. WAHNES), 9 ♂♂, 9 ♀♀. – Komba Dist., Finisterre-Geb. 3 ♂♂, 3 ♀♀. – Sattelberg (leg. WAHNES und F. MÜLLER), 14 ♂♂, 13 ♀♀. – Wareo-Sattelberg, 2 ♂♂, 4 ♀♀. – Huongolf-Sattelberg bei Finsch Hafen (leg. v. WIEDENFELD 26. IV. 1911), 2 ♀♀. – Finschhafen (teilweise leg. E. S. ROSS 22. IV. 1944), 1 ♂, 4 ♀♀. – Friedrich-Wilhelms-Hafen, 1 ♂. – Stephansort, 1 ♀. – Wamoro Geb., 1 ♂. – Bongu, 1 ♂, 2 ♀♀. – N. W. Guinea, Hollandia, 2 ♂♂. – Dist. Norther Division, Papua-Mt. Lamington (leg. C. T. Mc NAMARA X. 1929), 2 ♂♂. – N. Guinea, N. O. Küste (leg. Dr. PÖCH IV. 1905), 1 ♂.

Der prächtige Käfer wird von den Eingeborenen als Schmuck verwendet. In typischen Exemplaren läßt er sich ohne nötige Aufmerksamkeit nur mit der sehr ähnlichen *I. hyla* HELL. verwechseln. Stücke mit ganz reduzierter Schwärzung an der Basis der Flügeldecken sind der *I. wallacei* (THOMS.) sehr ähnlich, aber durch die Bildung des Seitenrandes der Flügeldecken leicht zu unterscheiden.

Ischiopsopha lucivorax ?var. rufopilosa HELLER

Ischiopsopha lucivorax rufopilosa HELLER, 1894–1895, Abh. u. Ber. d. Zool. Mus. Dresden, V, No. 16, p. 6.

Der Käfer blieb mir in natura unbekannt, und ich gebe hier die Originalbeschreibung wieder:

„So bezeichnete ich eine interessante Abänderung von *I. lucivorax* ♀, von der Astrolabe-Bai (leg. Rhode), in der Collection des Herrn Neervoort van de Poll, die aber möglicherweise auch eine eigene Art darstellen kann, was nur mit Hülfe von weiterem Material entschieden werden kann. Sie gleicht der *lucivorax* außerordentlich, unterscheidet sich aber von ihr durch folgende Merkmale: Die Vorderhüften sind wie bei *I. bruijni* roth bewimpert, das Abdomen an den Seiten, so wie öfter bei einzelnen *lucivorax*-Stücken, stark gelblichgrün, die Hintertibien an der Basis aussen deutlich längsnadelrissig, auch die untere Spitze der Hinterschenkel mit einigen, zum Unterrand parallelen Nadelrissen und die Wurzel der Decken viel breiter als bei *lucivorax* und gleich breit blauschwarz angelaufen, der dunkle Schatten mit dem Humeralfleck zusammenfliessend. Halsschild etwas deutlicher doppelt-punktirt."

Ischiopsopha hyla HELLER

Ischiopsopha hyla HELLER, 1894–1895, Abh. u. Ber. d. Zool. Mus. Dresden, V, No. 16, p. 5,7, fig. 2a, b. – SCHOCH, 1898, Mitt. Schweiz. Ent. Gesell., X, pp. 160, 163.

Der *I. lucivorax* KR. äußerst ähnlich. Stark glasartig glänzend, olivgrün, meist mehr oder minder mit leichtem bräunlichem Überguß bis grünlich olivbraun. Die Schulterbeulen ohne schwärzliches Fleckchen. Die Schwärzung des Basalrandes der Flügeldecken gut ausgebildet, hinter der Mitte der Flügeldecken vielfach mit einer ganz leichten Spur einer verwaschenen, reiner grünen Querbinde. Die Schulterblätter von oben deutlich sichtbar. Die senkrecht abfallende Seitenfläche der Flügeldecken weniger hoch als bei *lucivorax*, doch im hinteren Teil mit gröberer querkritzeliger Skulptur. Die Parameren auffallend abweichend gebaut und das Pygidium bei den ♀♀ auf der Unterseite mit einer großen, den ganzen mittleren Teil einnehmenden, flachen, querovalen Impression.

Verbreitung: Neuguinea (namentlich das ehemalige Kaiser-Wilhelms-Land).

Untersuchtes Material: Neuguinea, ohne näheren Fundort, 6 ♂♂, 7 ♀♀. – Kaiser-Wilhelms-Land, ohne nähere Angabe, 3 ♂♂, 2 ♀♀. – Deutsch-Neuguinea, ohne nähere Angabe, 4 ♂♂, 8 ♀♀. – D. N. Guinea-Stephansort (teilweise leg. H. ROLLE), 12 ♂♂, 14 ♀♀. – Sattelberg (leg. WAHNES, F. MÜLLER und L. WAGNER), 2 ♂♂, 4 ♀♀. – Heldsbach, 1 ♀. – Wilhelmshafen, 1 ♀. – Maffin Bay (E. S. ROSS, coll. 10. und 14. VI., 20. VIII. und 20. IX. 1944), 4 ♀♀. – Bongu, 2 ♂♂. – D. N. Guinea-Wareo, 1 ♂. – Astrolabe Bay, 1 ♂. – Komba Bezirk, Finisterre-Geb., 1 ♀.

Ischiopsopha bifasciata (QUOY & GAIMARD)

Cetonia bifasciata QUOY & GAIMARD, 1824, Voy. Urania, Zool., p. 548, tab. 82, fig. 5.

Cetonia dumerili LESSON, 1830, Cent. Zool., p. 54, tab. 13.

Lomaptera bivittata GORY & PERCHERON, 1833, Mon. Céton., p. 308, tab. 66, fig. 3.

Lomaptera fasciata BURMEISTER, 1842, Handb. Entom., III, p. 313. – WALLACE, 1868, Trans. Ent. Soc. Lond., (3) IV, p. 540.

Ischiopsopha bifasciata (QUOY & GAIM.) GESTRO, 1874, Ann. Mus. Genova, VI, p. 495. – GESTRO, 1876, Ann. Mus. Genova, IX, p. 87. – SCHOCH, 1898, Mitteil. Schweiz. Ent. Gesell., X, p. 160.

Ischiopsopha dumerili (LESS.) HELLER, 1894–1895, Abh. u. Ber. Zool. Mus. Dresden, V, No. 16, p. 7.

Glasartig hochglänzend, prächtig grün, ohne oder mit einem je nach Lichteinfall sich ändernden olivbräunlichen Schimmer, welcher bei einem dunkler grünen Tier stärker hervortritt; bei diesem am hinteren Teil der Halsschildscheibe mit einer verwaschenen olivbräunlichen Makel. Flügeldecken in der Mitte mit einer bis nahe an die Naht und außen bis zum abfallenden Teil reichenden schwarzen Querbinde, bei einem ♀ vor dieser Querbinde auf der Mitte jeder Flügeldecke mit einem gelblich-bräunlichen Wisch. Auch der Basalrand der Flügeldecken mehr oder minder breit verwaschen und ein Fleckchen auf den Schulterbeulen mehr oder weniger geschwärzt, ebenso die Spitzen der Clypeuslappen. Auf der Unterseite die Mittellinie des Metasternums, die Ränder der Sternite im mittleren Teil und bei den ♂♂ der Grund der kräftigen Bauchfurche verwaschen schwärzlich. Tarsen und Schienen, ebenso die Pubeszenz der Unterseite und der Wimpersaum am Innenrand der Hinterschienen schwarz. In Bau und Skulptur der *I. lucivorax* KR. sehr nahestehend. Die Oberseite am Grund mit äußerst feiner und dichter Mikroretikulation, außerdem mit sehr feiner Mikropunktulation. Stirn und Clypeus mit zerstreuter, scharfer, seitlich am Clypeus dichterer, vorn am Clypeus viel dichterer und hier sehr feiner Punktur. Bei den ♀♀ ist die Kopfpunktur etwas gröber. Die schrägen Seitenrandflächen des Clypeus von oben breit sichtbar. Halsschild bei den ♂♂ glatt, höchstens seitlich fein, zerstreut und spärlich punktiert, hier bei den ♀♀ mit reichlicheren kräftigeren und ungleichmäßigen Punkten und Bogenpunkten bestreut. Der Skutellarlappen an der Spitze höchstens mäßig ausgebuchtet. Die Flügeldecken auf der Scheibe nur sanft gewölbt, seitlich steil und tief abfallend und hier im mittleren Teil mit mehr oder minder angedeuteter Längsfurche, mit kräftigem Subhumeralausschnitt, ohne Sublateralrippe. Die Flügeldecken hinten auf der abfallenden Seitenfläche mit grober, geschwärzter, irregulär schrägwellenkritzeliger Skulptur, mit ebensolcher, doch oft schwächerer Skulptur auch auf den Anteapikalbeulen oder auch innerhalb dieser, sonst glatt. Pygidium auf der Oberseite mit scharfer, auf der Unterseite mit schwächerer und spärlicherer bis größtenteils verwischter, querwellenkritzeliger Skulptur; der scharfe Apikalrand bei den ♀♀, von unten gesehen, mäßig breit verflacht abgesetzt. Der Mesosternalprocessus gerade vortretend. Unterseite zum größten Teil glatt. Die Metasternalplatte seitlich mit kräftiger Beule. Abdomen seitlich stumpfkantig; mit vollkommen ausgebildeten, scharf begrenzten und sehr dicht gerieften, schwärzlichen Stridulationsflächen. Die ♂♂ mit kräftiger Bauchfurche und der 3. Zahn außen auf den Vorderschienen kleiner oder nur stumpf angedeutet.

Länge: 30–34 mm.

Verbreitung: Neuguinea (wohl nur im westlichen Teil), Waigeoe, Mysol.

Untersuchtes Material: Neuguinea, ohne nähere Angabe, 2 ♂♂, 2 ♀♀. – West-Neuguinea-Kapaur, 1 ♂. – Hattam (leg. L. M. D. ALBERTIS, IX. 1872), 2 ♂♂, 1 ♀. – Andai (leg. L. M. D. ALBERTIS, VIII. 1872), 1 ♀.

Diese wahrscheinlich seltene Art ist nach der Flügeldeckenzeichnung sofort kenntlich und könnte nur mit *I. dives* GEST. verwechselt werden.

Ischiopsopha dives GESTRO

Ischiopsopha dives GESTRO, 1876/1877, Ann. Mus. Civ. Stor. Nat. Genova, IX, p. 87.

Diese wahrscheinlich sehr seltene Art – falls es sich nicht nur um eine Lokalrasse der *I. bifasciata* (QUOY & GAIM.) handelt – blieb mir in natura unbekannt, und ich gebe hier die Originalbeschreibung wieder:

„Viridis, nitidissima, elytrorum basi fasciaque media nigris. I. bifasciatae affinis sed prothorace minus transverso, lobo medio postico apice minus rotundato, magis sinuato; scutello magis detecto; fasciis nigris elytrorum latioribus, praeterea basali, humeris haud tuberculatis; pygidio (♂) inferne foveato, carina minus acuta.

Long. 27, lat. 13 mill.

Exemplum unicum hujus speciei, ad Insul. Salvatti captum, misit Dom. A. A. Bruijn 1875. È facile confondere questa specie colla *bifasciata* quando si badi solamente ai colori ed all'aspetto generale; ma essa offre in realtà caratteri molto validi per essere riconosciuta. È splendentissima come la *bifasciata* e d'un verde un po'più oscuro; però l'intensità del colore non ha grande importanza, perchè negli esemplari della *bifasciata* che ho sott'occhio e che ammontano a più d'una ventina, esso presenta qualche variazione; alcuni sono più o meno chiari, altri tendono all'olivaceo. Ha la statura degli esemplari più piccoli della specie affine ed à leggermente più larga in addietro. Il capo non offre differenze apprezzabili. Il protorace è meno transverso, coi lati meno largamente arrotondati in avanti; il suo lobo mediano posteriore all'apice è più stretto, meno arrotondato, più sinuato e lascia scoperta una maggiore porzione di scudetto. Gli elitri hanno le fascie nere più grandi, sopratutto la basale. Nella *bifasciata* gli omeri presentano sempre un piccolo tubercoletto nero sporgente e questo manca su quelli della *dives* che sono più arrotondati. Il pigidio è meno largo e più crasso, la sua carena trasversale à molto meno tagliente e nella sua superficie inferiore ha una fossetta di forma abbastanza delimitata. Le tibie e i tarsi sono neri.

L'unico esemplare che ha servito alla descrizione è maschio e proviene dall'isola Salvatti. Di questa belissima specie siamo debitori al sig. A. A. Bruijn.

Ho supposto che gli individui della *bifasciata* provenienti da Vaigheu potessero appartenere alla specie presente, ma secondo le informazioni che mi ha favorito il sig. Sharp, pare non corrispondano interamente ai caratteri che servono a distinguere la *dives*."

Ischiopsopha jamesi (WATERHOUSE)

Lomaptera jamesi WATERHOUSE, 1876, Ann. Mag. Nat. Hist., (4) XVIII, p. 422.

Ischiopsopha jamesi (WATERH.) GESTRO, 1879, Ann. Mus. Genova, XIV, p. 5. – SCHOCH, 1895, Gen. u. Spec. Cet., I, p. 36. – SCHOCH, 1898, Mitteil. Schweiz. Ent. Gesell., X, p. 160. – BOURGOIN, 1933, Mem. Mus. Roy. Hist. Nat. Belg., IV, 9, p. 11.

Eine der prächtigsten Arten. Hell bis sehr dunkel olivgrün, glasartig hochglänzend. Der ganze vordere Teil der Flügeldecken außer dem breiten Basalrand und dem viel schmaleren Seitenrand, dann mehr oder minder dahinter ein Stück der Naht, schmal heller oder dunkler feuerrot, zuweilen aber blasser rotgoldig; unmittelbar zum Basalrand die grüne Farbe mehr oder weniger in violettblau übergehend. Ein Fleckchen auf den Schulterbeulen schwärzlich. Auf der Unterseite der Seitenteil des Metasternums und die Metaepisternen (außer den Rändern) rötlich mit grünlichem Schimmer bis feuerrot. Oft auch die Sternite im seitlichen Teil mit ebensolchen verwaschenen Querbinden. Die Ränder der Sternite hinten meist breit verwaschen, die Mittellinie des Metasternums und bei den ♂♂ auch die kräftige Bauchfurche geschwärzt. Die Beborstung der Unterseite und die Beine schwarz. Kopf mit reichlicher, aber nicht dichter, feiner, jedoch scharfer bis kräftiger, gegen den glatten Scheitel feinerer und spärlicherer, vorn am Clypeus viel dichterer und kleinerer Punktur. Die Seitenrandleisten des Clypeus kräftig, aber stumpf, fast parallel, die schrägen Seitenrandflächen von oben breit sichtbar. Halsschild bei den ♂♂ außer der äußerst feinen Mikropunktulation ganz glatt oder höchstens seitlich mit spärlichen, meist feinen und obliterierten Punkten bestreut; der Skutellarlappen an der Spitze abgestutzt oder leicht dreieckig ausgeschnitten. Bei den ♀♀ der Halsschild im Seitenteil meist mit mehr oder minder reichlicher, kräftiger und ungleichmäßiger, neben den Randleisten zuweilen stellenweise sogar etwas wellenkritzelig zusammenhängender Bogenpunktur bestreut. Flügeldecken auf der Scheibe sanft gewölbt, am Seitenrand stark abfallend, doch ohne Längsfurche und ohne Spur von Sublateralrippen, mit kräftigem Subhumeralausschnitt; der Apikalrand nicht scharf abgesetzt. Flügeldecken im hinteren Teil seitlich mit dichter und grober, irregulär schrägwellenkritzeliger Skulptur, welche sich über den hinteren Teil der Anteapikalbeulen feiner und spärlicher bis zu den Nahtintervallen erstreckt oder sich hier auch ein Stück, in Querbogenkritzeln aufgelöst, nach vorn fortsetzt (namentlich bei den ♀♀), sonst glatt oder zuweilen die Scheibe hinten mit feinen Kritzelpunkten bestreut. Pygidium auf der Oberseite ohne mediale Längsschwiele, auf der Oberseite mit dichter, grober, irregulär querwellenkritzeliger, auf der Unterseite mit ebensolcher feinerer Skulptur oder teilweise glatt; der Apikalrand bei den ♂♂, von unten gesehen, nicht deutlich abgesetzt. Der Mesosternalprocessus gerade nach vorn gerichtet. Die Metasternalplatte seitlich gebeult. Die Unterseite größtenteils glatt. Abdomen mit vollkommen ausgebildeten, scharf begrenzten und sehr dicht gerieften, schwärzlich bronzierten Stridulationsflächen. Vorderschienen bei den ♂♂ außen mit 2 Zähnen oder der 3. Zahn ist angedeutet oder klein.

L ä n g e : 29–35 mm.

V e r b r e i t u n g : Ehemaliges Britisch-Neuguinea (südöstlicher Teil der Insel Neuguinea).

U n t e r s u c h t e s M a t e r i a l : Neuguinea, ohne näheren Fundort, 11 ♂♂, 7 ♀♀. – Brit.-Neuguinea-Port Moresby (leg. LORIA, VI. 1889), 5 ♂♂, 2 ♀♀. – Brit.-Neuguinea-Redascar Bay, 4 ♂♂, 2 ♀♀. – Mt. Lamington, Distr. Papua (leg. C. T. Mac NAMARA), 1 ♂, 1 ♀. – Brit.-Neuguinea-Astrolabe Geb. (leg. E. WEISKE), 1 ♂. – S. E. Neuguinea-Haueri (leg. LORIA, VII.–IX. 1893), 4 ♂♂, 5 ♀♀. – Camp Walsh (leg. E. WEISKE),

1 ♂. – Bora Bada, 1 ♂. – Neuguinea mer.-Kalo (leg. LORIA, VI. 1890), 1 ♂. – Jule Island, 1 ♂, 1 ♀.

Im SCHENKLING-Katalog (1921) wird als Patria „Cornvallis" angegeben.

Die prächtige Art ist nicht selten und mit keiner anderen – die mir in natura unbekannte *I. ignipennis* GEST. vielleicht ausgenommen – zu verwechseln.

Ischiopsopha jamesi ?ssp. olivaceicolor nom. n.

Ischiopsopha jamesi var. *olivacea* HELLER, 1899, Abhand. u. Ber. Zool. u. Anthr.-Ethn. Mus. Dresden, VIII, 4, p. 4.

Der typischen *I. jamesi* gleich, doch die Grundfarbe dunkler olivgrün und die rote Querbinde der Flügeldecken dunkel karminrot. Wurde nach 4 übereinstimmenden Tieren aus Kabadi in Süd-Neuguinea beschrieben und bildet vielleicht eine Lokalrasse.

Mir liegt ein ♂ mit der Angabe „Neu Guinea" (leider ohne näheren Fundort) vor. Der rote Saum der Naht geht bis zur Spitze der Flügeldecken. Halsschild mit einigen verwaschenen rötlichen Stellen, auch die Oberseite des Pygidiums ist teilweise rötlich. Die rote Farbe der Unterseite ist sehr ausgeprägt.

Der Name *olivacea* HELLER ist durch *I. olivacea* (THOMS.) präokkupiert.

Ischiopsopha jamesi ?ssp. coerulea HELLER

Ischiopsopha jamesi var. *coerulea* HELLER, 1899, Abhand. u. Ber. Zool. u. Anthr.-Ethn. Mus. Dresden, VIII, 4, p. 3.

Der typischen *I. jamesi* gleich, doch die Grundfarbe namentlich auf der Oberseite dunkel blaugrün bis violettblau, die rote oder rötliche Querbinde der Flügeldecken mit grünlichem Schimmer und grün gesäumt.

Diese prachtvolle Varietät wurde aus der Milne Bay in Süd-Neuguinea beschrieben und bildet möglicherweise eine Lokalrasse. Mir liegen 3 ♂♂ und 1 ♀ von diesem Fundort sowie 1 ♂ und 1 ♀ mit der Angabe „Neu Guinea" vor.

Ischiopsopha ignipennis GESTRO

Ischiopsopha ignipennis GESTRO, 1876, Ann. Mus. Genova, VIII, p. 517. – GESTRO, 1876, Ann. Mus. Genova, IX, p. 91; und 1879, XII, p. 5. – HELLER, 1894–1895, Abh. Mus. Dresden, V, Nr. 16, p. 8. – SCHOCH, 1898, Mitteil. Schweiz. Ent. Gesell., X, p. 160.

?*Lomaptera jamesi* var. *lixi* NONFRIED, 1891, Berl. Ent. Zeitschr., XXXVI, p. 366.

?*Lomaptera jamesi* var. *nobilitata* NONFRIED, 1891, l. c., p. 368.

Diese wahrscheinlich sehr seltene Art blieb mir in natura unbekannt. Laut GESTRO (1879, l. c.) unterscheidet sie sich von der verwandten *I. jamesi* (WATERH.) durch kleinere und gedrungenere Gestalt und durch gedrungenere Flügeldecken. Die rote Farbe auf der vorderen Hälfte der Flügeldecken ist verwaschen, umfaßt bei einzelnen Tieren nur den basalen Mittelteil, hingegen bei anderen die ganze Oberfläche der Flügeldecken und schwindet allmählich gegen die Spitze; die Schulterbeulen ohne schwarze Tüpfel. Die Seiten des Metasternums ohne rötlich-goldige Farbe. Der Ausschnitt an der Spitze des Skutellarlappens soll tiefer sein. Der Mesosternalprocessus ist schmäler und spitzer und die Stridulationsflächen am Abdomen sind stärker ausgebildet.

V e r b r e i t u n g : Neuguinea-Yule.

Es ist wahrscheinlich, daß *Lomaptera jamesi* var. *lixi* und var. *nobilitata* NONF. aus dem ehemaligen Britisch-Neuguinea mit dieser Art identisch sind.

Ischiopsopha bennigseni MOSER

Ischiopsopha bennigseni MOSER, 1906, Ann. Soc. Ent. Belg., L, p. 396. – MOSER, 1913, Deutsche Ent. Zeitschr., p. 169, tab. 2, fig. 4–6.

Ischiopsopha superba HELLER, 1933, Stylops, II, 2, p. 48. **Syn. n.**

Stark glänzend schwarz. Der Halsschild einfarbig oder mit mehr oder minder deutlicher, verwaschener, dunkelroter Zeichnung: am vorderen Teil der Scheibe mit einem ganzen oder längs der Mitte geteilten, medialen Längsstreifen, oder außerdem beiderseits desselben auf der Scheibenmitte mit je einer Makel, oder vor und seitlich dieser mit noch einer solchen. Bei einem vorliegenden ♀ (außer den Mittelstreifen im vorderen Teil) im hinteren Teil der Scheibe mit einer fast hufeisenförmigen verwaschenen Makel. Flügeldecken im vorderen Teil der Scheibe mit einer sehr breiten, vorn bis zur Schildchenspitze, hinten bis zur Mitte oder etwas hinter diese reichenden, von der schmalen Naht unterbrochenen und seitlich bis zum Absturz des Seitenrandes ausgebreiteten, olivgrünen, zuweilen stark rötlich übergossenen und rot umrandeten Querbinde. Die Beborstung der Unterseite und die Beine schwarz. Kopf und Halsschild mit sehr feiner Mikropunktulation. Stirn und Clypeus mit reichlicher, scharfer und starker Punktur, diese vorn am Clypeus kleiner. Die Kopfpunktur bei den ♀♀ zuweilen etwas gröber. Halsschild überall mit sehr feiner bis etwas kräftigerer, scharfer Punktur bestreut, seitlich mehr oder minder mit dichter und scharfer, irregulär querwellenkritzeliger Skulptur; hinten innen kann diese in eine kräftige Bogenpunktur aufgelöst sein. Bei einem vorliegenden ♂ der Halsschild im vorderen Teil der Mittellinie mit grober und dichter, querrissiger Punktur. Der Skutellarlappen an der Spitze sanft dreieckig ausgebuchtet. Flügeldecken auf der Scheibe flach gewölbt, ohne Sublateralrippen, die abfallenden Seitenrandflächen in der Mitte ohne Längsfurche; der Apikalrand einzeln gerundet sowie flach und breit abgesetzt. Flügeldecken im hinteren seitlichen Teil mit grober und reichlicher, irregulär querwellenkritzeliger Skulptur, welche sich auf den Anteapikalbeulen und etwas spärlicher auf dem hinteren Innenteil der Flügeldecken neben dem Nahtintervall fortsetzt. Der hintere Teil der Scheibe meist mit (doch viel feineren bis kräftigen und reichlichen) Querbogenkritzeln bestreut, welche im mehr oder minder glatten vorderen Teil der Flügeldecken schwinden. Pygidium mit querwellenkritzeliger Skulptur, unten bei den ♀♀ mit leichter, breiter Impression. Die Metasternalplatte seitlich mit ausgesprochener Beule. Das Metasternum seitlich fein und zerstreut bis bogenkritzelig punktiert, am Vorderrand mit querwellenkritzeliger Skulptur. Abdomen seitlich stumpfkantig; mit vollkommen ausgebildeten, dicht geriefte und gut begrenzten Stridulationsflächen und bei den ♂♂ mit kräftiger Bauchfurche. Die Vorderschienen außen bei den ♂♂ mit zwei Zähnen.

Länge: 30–32 mm.

Verbreitung und untersuchtes Material: Neuguinea, ehemaliges Neu-Pommern – „Liebliche Insel", 6 ♂♂ (darunter der Typus, Institut für Pflanzenschutzforschung in Eberswalde) und 4 ♀♀.

Mit dieser Art ist ohne Zweifel die aus Neubritannien (= Neu-Pommern) (Möve-Hafen) beschriebene *I. superba* HELL. identisch.

Arten der *Aphonia*-Gruppe

Ischiopsopha concinna (WALLACE)

Lomaptera concinna WALLACE, 1867, Proc. Ent. Soc. Lond., p. XCIV. – WALLACE, 1868, Trans. Ent. Soc. Lond., (3) IV, p. 542, tab. 12, fig. 1.

Ischiopsopha concinna (WALL.) HELLER, 1894–1895, Abh. u. Ber. d. Zool. Mus. Dresden, V, p. 8.

Aphonia concinna (WALL.) SCHOCH, 1895, Gen. u. Spec. Cet., I, p. 37. – SCHOCH, 1898, Mitteil. Schweiz. Ent. Gesell., X, p. 161.

Kleine Art. Stark glasartig glänzend, schön olivgrün. Die Clypeallappen (an der Spitze schwärzlich), das Analsternit und das Pygidium kupferrot, die Schenkel mehr kupferig-rostbraun, die Schienen und Tarsen schwärzlich purpurbraun mit Kupferschimmer. Die Fühler dunkel rostbraun. Die Pubeszenz der Unterseite rostgelblich. Stirn und Clypeus bei den ♂♂ mit reichlicher, scharfer und kräftiger, vorn am Clypeus viel feinerer und dichterer Punktur. Bei den ♀♀ ist die Punktur auf der Stirn und hinten am Clypeus gröber und ozelliert. Die schrägen Seitenrandflächen des Clypeus höchstens von oben wenig sichtbar. Die Oberseite des Körpers mit äußerst feiner und dichter Mikroretikulation. Halsschild seitlich mit reichlicher, kräftiger und irregulärer, teilweise bogiger Punktur bestreut, bei den ♀♀ mit eingemengten Querkritzeln, auf der Scheibe nur sehr fein und schütter zerstreut punktiert, fast glatt. Der Skutellarlappen an der Spitze mit tiefem dreieckigen Ausschnitt. Die Flügeldecken nur flach gewölbt, mit kräftigem Subhumeralausschnitt, ohne Sublateral- und Diskalrippen, mit breit verflachten, aber nur leicht abgesetztem Apikalrand und zähnchenförmig vortretenden Nahtspitzen. Flügeldecken hinten seitlich und auf den Anteapikalbeulen mit sehr grober, schwärzlicher, irregulär querwellenkritzeliger Skulptur, welche sich (aber schwächer) auch hinten neben dem Nahtintervall etwas nach vorn fortsetzt. Auf der Scheibe mit zahlreicher, doch schütterer, annähernd gereihter Bogenpunktur (mit einzelnen, eingemengten, feinen Punkten), welche gegen die Basis schwindet, hinten innen neben dem Nahtintervall aber gröber und dichter ist. Das Pygidium von oben frei sichtbar, oben und unten mit dichter querwellenkritzeliger Skulptur, auf der Oberseite längs der Mitte nicht aufgewölbt, der Apikalrand, von unten gesehen, bei den ♂♂ nicht abgesetzt, bei den ♀♀ mehr oder minder abgesetzt oder auf der Unterseite in der Mitte mit einer großen, flachen, querovalen Impression. Unterrand des Mesosternalprocessus in Profilansicht in sanftem Bogen gekrümmt. Metasternum seitlich (außer dem grob quer- und bogenkritzelig skulptierten Vorderrand und der grobkritzeligen Querimpression vor dem Hinterrand) höchstens fein und zerstreut punktiert. Abdomen seitlich scharf gekielt, mit vollkommen ausgebildeten (am Hinterrand des 3. Sternites weit nach innen reichenden), dunkel bronzierten und sehr dicht gerieften Stridulationsflächen; bei den ♂♂ mit kräftiger Bauchfurche. Vorderschienen bei den ♂♂ außen nur mit zwei Zähnen.

Länge: 24–25 mm.

Verbreitung: Insel Aru.

Untersuchtes Material: Außer einem ♂ und einem ♀ mit dem Fundort „Aru Ins.-Ureiuning (leg. RIBBE 1884)" lagen mir noch einige, leider fundortlose Tiere vor.

Ischiopsopha pulchripes (J. THOMSON)

Lomaptera pulchripes J. THOMSON, 1877, Bull. Soc. Ent. France, p. LXXXIX.

Ischiopsopha pulchripes (J. THOMS.) GESTRO, 1878, Ann. Mus. Genova, XII, p. 30. – HELLER, 1894–1895, Abh. Mus. Dresden, V, p. 8.

Aphonia pulchripes (J. THOMS.) SCHOCH, 1895, Gen. u. Spec. Cet., I, p. 37. – SCHOCH, 1898, Mitteil. Schweiz. Ent. Gesell., X, p. 161.

Kleine Art. Stark glasartig glänzend, schön hell goldgrün, mehr oder minder mit rötlich olivgoldigem Schimmer, welcher die grüne Grundfarbe überwiegen kann, dann die Unterseite stellenweise rotgoldig. Clypeus (die Spitzen schwärzlich), Pygidium, Analsternit und die Beine samt den vier vorderen Hüften stark rotgoldig bis purpurrotgoldig. Die Fühler rostbraun. Die Pubeszenz der Unterseite und der Beine rostgelblich. Stirn und hinterer Teil des Clypeus bei den ♂♂ mit zahlreicher, aber zerstreuter, scharfer und kräftiger Punktur; diese ist am Clypeus vorn viel dichter und kleiner, seitlich innerhalb der Randleisten dichter und kräftig. Der Scheitel größtenteils glatt. Bei den ♀♀ ist die Kopfpunktur noch gröber, vorn in der Mitte am Clypeus zuweilen teilweise längskritzelig ausgezogen oder sogar in grobe irreguläre Längskritzel verwandelt. Die schrägen Seitenrandflächen des Clypeus von oben höchstens mäßig breit sichtbar. Halsschild bei den ♂♂

seitlich (namentlich in der Gegend der Vorderecken und gegen die Hinterecken oder in der ganzen Länge) mit zahlreichen, ungleichmäßigen und groben Bogenpunkten bestreut, welche innerhalb der Randleisten stellenweise querwellenkritzelig zusammenhängen oder auch hier in der ganzen Länge in eine grobe, irregulär querwellenkritzelige Skulptur verwandelt sein können; nach innen wird die Punktur viel feiner und zerstreut. Die Halsschildscheibe im vorderen Teil mit sehr feiner und zerstreuter Punktur, im hinteren Teil mehr oder minder glatt. Skutellarlappen an der Spitze scharf dreieckig ausgeschnitten. Bei den ♀♀ der Halsschild seitlich innerhalb der Randleisten stets mehr oder minder mit grober und dichter, irregulär querwellenkritzeliger Skulptur. Die Flügeldecken sanft gewölbt, mit kräftigem Subhumeralausschnitt, ohne Sublateral- und Diskalrippen; der Apikalrand breit verflacht, aber nicht scharf abgesetzt, die Nahtspitzen ganz kurz zahnförmig vortretend. Flügeldecken im hinteren seitlichen Teil mit (namentlich nach hinten) sehr grober, querwellenkritzeliger Skulptur, welche sich etwas feiner über die Anteapikalbeule und hinten neben dem Nahtintervall auch etwas nach vorn fortsetzt. Flügeldecken auf der Scheibe mit mehr oder minder deutlichen, unregelmäßigen Reihen bald großer und scharf eingeschnittener, bald kleinerer, spärlicherer und mehr obliterierter Bogenpunkte, welche gegen die Basis schwinden. Pygidium frei sichtbar, mit dichter und grober, irregulär querwellenkritzeliger Skulptur, unten bei beiden Geschlechtern ohne Impression und der stumpfe Rand nicht abgesetzt. Unterrand des Mesosternalprocessus in Profilansicht in sanftem Bogen gekrümmt. Metasternum im Seitenteil außer den Querbogenkritzeln am Vorderrand und der gekritzelten Impression vor dem Hinterrand glatt oder nur mit spärlichen, feinen Punkten bestreut. Abdomen mit stark ausgebildeten, scharf begrenzten und sehr dicht gerieften Stridulationsflächen; bei den ♂♂ mit kräftiger Bauchfurche. Das 3. und 4. Sternit seitlich scharf gekielt. Die Vorderschienen bei den ♂♂ außen mit zwei Zähnen.

L ä n g e : 22–26 mm.

V e r b r e i t u n g und u n t e r s u c h t e s M a t e r i a l : Wurde als eigene Art von den Fitz-Roy-Inseln an der Nordküste von Australien beschrieben. Ich untersuchte folgendes Material: „Australien" (ohne jede nähere Angabe), 1 ♂, 2 ♀♀. – N. Queensland, Coen District-Cape York, 2 ♂♂, 1 ♀. – Cornwallis Ins., 1 ♀.

Es ist wahrscheinlich, daß *I. pulchripes* (J. THOMS.) und *I. concinna* (WALL.) nur Rassen einer Art bilden.

Ischiopsopha pulchripes ?ssp. **scheini** SCHÜRHOFF

Ischiopsopha scheini SCHÜRHOFF, 1942, Mitteil. Münch. Ent. Gesell., XXXII, p. 290.

Mit der typischen *I. pulchripes* (J. THOMS.) ganz übereinstimmend, doch der Clypeus, das Pygidium, Analsternit und die Beine wie der übrige Körper hell oliv- oder goldgrün, die genannten Teile höchstens stellenweise mit leichtem Kupferschimmer.

V e r b r e i t u n g : Queensland.

U n t e r s u c h t e s M a t e r i a l : „Australien" (ohne nähere Angabe), 2 ♂♂. – Queensland-Endeavour River, 1 ♂. – Queensland-Cape York, 1 ♂ (Typus, im Mus. G. Frey, Tutzing).

Wurde als eigene Art beschrieben, kann aber höchstens nur als eine Subspezies (vielleicht nur als Aberration) der *I. pulchripes* aufgefaßt werden.

Ischiopsopha macfarlanei HELLER

Ischiopsopha macfarlanei HELLER, 1894–1895, Abh. u. Ber. Zool. Mus. Dresden, V, pp. 6, 8.

Mit der typischen *I. pulchripes* (J. THOMS.) in Größe, Bau, Skulptur, Glanz und Farbe sehr übereinstimmend, doch bei den ♂♂ die Vorderschienen außen mit drei Zähnen (der Apikalzahn lang und spitz, die zwei übrigen viel kleiner, aber sehr deutlich) und das

Pygidium auf der Unterseite in der Mitte mit flacher Impression. Auch der Paramerenbau abweichend, daher als eigene Art aufzufassen.

Verbreitung und untersuchtes Material: Wurde von Neuguinea (Port Moresby) beschrieben. Mir liegen zwei ohne Zweifel zu dieser Art gehörende ♂♂ aus dem ehemaligen Britisch-Neuguinea (Milne Bay) (leg. A. S. MEEK, III. 1899) vor.

Ischiopsopha helleri MOSER

Ischiopsopha helleri MOSER, 1906, Ann. Soc. Ent. Belg., L, p. 273.

Kleine, der *I. nigroloba* RITS. nahestehende Art. Stark glasartig glänzend, schön olivgrün, zuweilen mit starkem olivbräunlichem Überguß. Die Spitzen der Clypeallappen schwärzlich. Die Fühler rostbraun mit metallgrünem Schimmer und ebensolchem 1. Glied. Die Beborstung der Unterseite und der Wimpersaum am Innenrand der Hinterschienen bräunlichschwarz. Stirn und Clypeus bei den ♂♂ mit reichlicher und mehr oder minder scharfer, zuweilen aber nur feiner und obliterierter, vorn am Clypeus viel dichterer und kleinerer Punktur. Bei den ♀♀ ist die Kopfpunktur meist gröber. Die schrägen Seitenrandflächen des Clypeus von oben nur schmal oder kaum sichtbar. Halsschild seitlich mehr oder minder breit, mit reichlicher und kräftiger bis grober, ungleichmäßiger Bogenpunktur und einzelnen, eingemengten, feinen Punkten, doch ohne oder höchstens mit wenigen Kritzeln; vorn auf der Scheibe mehr oder weniger mit viel feinerer und schütterer, hinten auf der Scheibe mit nur spärlicher und feiner Punktur bis fast glatt. Der Skutellarlappen an der Spitze scharf dreieckig ausgebuchtet. Die Flügeldecken sanft gewölbt, ohne Spur von Sublateralrippen und Diskalrippen, mit kräftigem Subhumeralausschnitt, mit flach und breit abgesetztem Apikalrand und zähnchenförmig vortretenden Nahtspitzen. Flügeldecken hinten seitlich mit sehr grober, auf den Anteapikalbeulen bis zum Nahtintervall mit weniger grober, irregulär querwellenkritzeliger Skulptur; hinten auf der Scheibe mit zahlreichen ungleichmäßigen, zuweilen aber kleinen und feinen bogenkritzeligen Punkten bestreut, welche nach vorn feiner werden und an der Basis schwinden. Bei den ♀♀ ist die bogenkritzelige Skulptur im hinteren Teil der Flügeldeckenscheibe zuweilen gröber und reichlicher. Das Pygidium frei sichtbar, mit scharfer Apikalkante, oben mit grober, unten mit viel feinerer, irregulär querkritzeliger Skulptur; auf der Unterseite in der Mitte bei den ♂♂ mit deutlicher, zuweilen kräftiger Impression, bei den ♀♀ mit großer und tiefer querovaler Grube. Mesosternalprocessus fast gerade vortretend oder mit zur Spitze leicht bogenförmig gekrümmtem Unterrand. Metasternum seitlich außer der groben querbogenkritzeligen Skulptur am Vorderrand und der grobkritzeligen Querimpression vor dem Hinterrand fast glatt. Abdomen seitlich teilweise scharf gekielt, mit vollkommen ausgebildeten, scharf begrenzten und dicht gerieften schwärzlichen Stridulationsflächen, welche am Hinterrand des 3. Sternites weit nach innen reichen; bei den ♂♂ mit kräftiger, am Grund gefurchter Bauchimpression. Vorderschienen bei den ♂♂ außen nur mit zwei Zähnen.

Länge: 22–25 mm.

Verbreitung: Ehemaliges Deutsch-Neuguinea.

Untersuchtes Material: Deutsch-Neuguinea, ohne näheren Fundort, 1 ♂. – Finsch-Hafen, 1 ♂, 1 ♀. – Finisterre-Geb., 1 ♂. – Wamora-Geb., 1 ♂, 1 ♀. – Sattelberg (loc. class.!), 16 ♂♂, 8 ♀♀. – N. Guinea, Ins. Bougainville (leg. WAHNES 1909), 1 ♂ (wohl falscher Fundort!).

Ischiopsopha emarginata RITSEMA

Ischiopsopha emarginata RITSEMA, 1879, Notes Leyden Mus., I, p. 186.

Von dieser wahrscheinlich sehr seltenen Art konnte ich nur den Typus, ein ♀ aus Neuguinea ohne nähere Angaben (Mus. Leiden), untersuchen.

Kleine, stark glasartig glänzende, olivgrüne Art. Die Spitzen der Clypeallappen zuerst kupferig, dann zum Ende schwärzlich. Die Fühler schwärzlich rostbraun. Alle Tarsen schwärzlich, ebenso die Vorder- und Mittelschienen; die Vorderschienen nur an der Basis, die Mittelschienen im Basalteil kupferig-grünlich; die Hinterschienen im Basalteil grünlich, dann kupferig, an der Spitze schwärzlich. Die Beborstung der Unterseite und der Wimpersaum am Innenrand der Hinterschienen schwärzlich. Clypeus mit kräftigen, leicht gebogenen Seitenrandleisten und mit von oben kaum sichtbaren schrägen Seitenrandflächen. Stirn mit grober, scharfer und reichlicher, ozellierter Punktur bestreut. Die Punktur am Clypeus dichter, mehr in die Länge gezogen, vorn feiner und noch dichter. Der Halsschild breit, in der hinteren Hälfte bis zur gerundeten Mitte der Seitenränder fast parallel, dann zu den Vorderecken stark verengt, mit an der Spitze scharf und stark dreieckig ausgeschnittenem Skutellarlappen. Halsschild seitlich mit grober und ungleichmäßiger, teilweise bogiger Punktur bestreut, mit eingemengten feinen Punkten, innerhalb der dicken Seitenrandleisten schmal in eine grobe, irregulär querwellenkritzelige Skulptur übergehend. Die Flügeldecken auf der Scheibe fast flach, mit kräftigem Subhumeralausschnitt, ohne Spur von Sublateralrippen, der Apikalrand nicht abgesetzt und die Nahtspitzen nicht vortretend. Flügeldecken seitlich hinten mit grober irregulär querwellenkritzeliger Skulptur, welche über die Anteapikalbeulen bis zum Nahtintervall reicht und neben diesem feiner (und nach vorn in unregelmäßige Bogenpunkte aufgelöst) etwas nach vorn verlängert ist; sonst sind die Flügeldecken glatt. Pygidium mit dichter und scharfer, irregulär querwellenkritzeliger Skulptur, auf der Oberseite längs der Mitte leicht aufgewölbt; der Apikalrand sehr scharf, von unten gesehen abgesetzt, auf der Unterseite in der Mitte mit großer und tiefer, medialer, querer Impression. Mesosternalprocessus lang und schmal, sein Unterrand in Profilansicht in sanftem Bogen gegen den Körper gekrümmt. Metasternum seitlich außer dem grob und dicht querkritzelig skulptierten und einzeln beborsteten Vorderrand und der kritzelig skulptierten, queren Impression vor dem Hinterrand fast glatt. Abdomen seitlich gekielt; mit ausgebildeten, sehr dicht gerieften und scharf begrenzten Stridulationsflächen. Das 5. Sternit, wie bei den ♀♀ üblich, mit zahlreichen groben, kräftigen und lang beborsteten Bogenpunkten bestreut.

Länge: 25 mm.

Ischiopsopha nigroloba RITSEMA

Ischiopsopha nigroloba RITSEMA, 1879, Not. Roy. Zool. Mus. Netherl., I, p. 185. – SCHOCH, 1898, Mitteil. Schweiz. Ent. Gesell., X, p. 161.

Kleinere, stark glasartig glänzende Art. Schön hell olivgrün, meist mit mehr oder minder leichtem, zuweilen stärkerem olivgrünlichem Schimmer. Der Skutellarlappen mehr oder minder geschwärzt. Die Fühler schwärzlich rostbraun mit grünem Metallschimmer und grünem 1. Glied. Schienen und Tarsen schwarz, ebenso die Beborstung der Unterseite und der Wimpersaum am Innenrand der Hinterschienen. Die Spitzen der Clypeallappen geschwärzt. Stirn und Clypeus bei dem ♂ mit reichlicher und scharfer, vorn am Clypeus viel kleinerer Punktur. Bei den ♀♀ ist die Kopfpunktur gröber. Die Seitenrandleisten des Clypeus leicht gebogen, die schrägen Seitenrandflächen von oben kaum sichtbar. Halsschild seitlich bei dem ♂ mit spärlichen und ungleichmäßigen, bei den ♀♀ mit gröberen, ungleichmäßigen und teilweise bogigen Punkten bestreut, doch ohne Querkritzel, sonst fast glatt. Der Skutellarlappen mit tief dreieckigem Ausschnitt an der Spitze. Die Flügeldecken sanft gewölbt, ohne Sublateral- und Diskalrippen; mit einzeln abgerundetem, breit, aber nicht scharf abgesetztem Apikalrand und spitz zähnchenförmig vortretenden Nahtspitzen. Flügeldecken seitlich hinten und auf den Anteapikalbeulen mit sehr grober, irregulär querwellenkritzeliger Skulptur, sonst fast glatt; bei den ♀♀ hinten innen neben den Nahtintervallen mehr oder minder mit einzelnen Bogenpunkten bestreut und bei diesen zuweilen auch im hinteren Teil der Scheibe mit feinen und schütteren Punkten. Das Pygidium frei sichtbar, oben mit grober querwellenkritzeliger Skulptur, unten bei dem ♂ und meist mehr oder weniger auch bei den ♀♀ glatt; der Apikalrand von unten bei dem ♂ nicht, bei den ♀♀ nur schmal abgesetzt, bei letzteren auf der Unterseite ohne Impression. Der Mesosternalprocessus gerade nach vorn gerichtet. Metasternum seitlich nur mit sehr feiner und zerstreuter (nur am Vorderrand kräftiger) Punktur. Abdomen seitlich scharf gekielt; mit vollkommen ausgebildeten, scharf begrenzten und dicht gerieften Stridulationsflächen und bei dem ♂ mit kräftiger, leicht geschwärzter Bauchfurche. Die Vorderschienen bei dem ♂ außen nur mit zwei Zähnen.

Länge: 24–27 mm.

Verbreitung: Nördliches Neuguinea.

Untersuchtes Material: Deutsch-Neuguinea, ohne nähere Angabe (leg. C. WAHNES), 1 ♂, 1 ♀. – Deutsch-Neuguinea-Sattelberg (leg. C. WAHNES und F. MÜLLER), 5 ♀♀.

Ischiopsopha aurora (KRAATZ)

Stenolomaptera aurora KRAATZ, 1898, Deutsche Ent. Zeitschrift, p. 98.

Kleine Art. Stark metallisch glänzend, samt den Beinen lebhaft goldgrün, überwiegend mit leichtem bis starkem rotgoldigem Schimmer bis rotgoldig, mit messinggrünlichen Reflexen. Die Fühler dunkel rostbraun, mit metallgrünem 1. Glied. Die Beborstung der Unterseite und der Wimpersaum am Innenrand der Hinterschienen rostgelblich. Clypeus bei den ♂♂ mit reichlicher und kräftiger bis grober, vorn viel kleinerer Punktur, bei den ♀♀ mit dichter, grober und großer, längsbogenkritzeliger, seitlich innerhalb der Randleisten und namentlich vorn mit einfacher und viel kleinerer und dichter Punktur. Die Stirn mit grober und zerstreuter Punktur. Die schrägen Seitenrandflächen des Clypeus von oben nur schmal sichtbar. Bei den ♂♂ aus Hollandia der Halsschild seitlich mit grober und reichlicher, teilweise etwas querwellenkritzelig zusammenhängender Punktur mit eingemengten kleineren Punkten; im breiten Seitenteil viel kleiner und zerstreut, hinten und auf der Mitte der Scheibe nur sehr fein und zerstreut punktiert. Bei dem ♀ von diesem Fundort ist die Querkritzelpunktur seitlich am Halsschild ebenfalls klein, zahlreich, doch zerstreut. Hingegen hat der Halsschild des ♀ vom Sattelberg seitlich innerhalb der Randleisten eine grobe und dichte, irregulär querwellenkritzelige Skulptur, welche bei dem ♂ vom Tami River teilweise (namentlich in der Gegend der Vorderecken) in grobe Querkritzel aufgelöst ist; nach innen im Seitenteil in eine kräftige, doch viel kleinere und ungleichmäßige Bogenpunktur verwandelt. Die Scheibe und der Skutellarlappen auch bei diesen Tieren nur sehr fein und zerstreut punktiert, fast glatt. Der Skutellarlappen an der Spitze mit tiefem dreieckigem Ausschnitt. Die Flügeldecken sanft gewölbt, ohne Sublateral- und Diskalrippen, mit kräftigem Subhumeralausschnitt, der einfach gerundete Apikalrand wenig scharf und flach abgesetzt und die Nahtspitzen nicht oder kaum vortretend. Flügeldecken im hinteren Seitenteil mit sehr grober, irregulär querwellenkritzeliger Skulptur, welche sich weniger grob und nach vorn zu auflösend innen neben dem Nahtintervall fortsetzt; die Scheibe mit zahlreichen, aber nicht zusammenhängenden, etwas bogigen und bei den ♂♂ kleineren Querkritzeln bestreut, welche nach vorn feiner werden und teilweise in Punkte übergehen, zur Basis nur sehr fein und zerstreut punktiert bis glatt. Die Kritzel und Punkte heller metallisch glänzend. Das Pygidium frei sichtbar, auf der Oberseite längs der Mitte leicht aufgewölbt, mit dichter, irregulär querwellenkritzeliger Skulptur, auf der Unterseite ohne ausgesprochene Impression, jedoch der Rand bei den ♀♀ mäßig breit, aber scharf, bei den ♂♂ weniger abgesetzt. Der Mesosternalprocessus fast gerade nach vorn gerichtet. Metasternum seitlich (außer am Vorderrand und der dicht kritzelig skulptierten Querimpression vor dem Hinterrand) fast glatt, nur sehr fein zerstreut punktiert. Abdomen seitlich scharf gekantet, mit vollkommen ausgebildeten, scharf begrenzten und recht dicht gerieften schwärzlichen Stridulationsflächen; bei den ♂♂ mit kräftiger, längs der Mitte gefurchter Bauchimpression. Bei den ♂♂ der 3. Zahn außen auf den Vorderschienen viel stärker abgerückt, kleiner oder geschwunden. Die Hintertarsen verhältnismäßig kurz und dick.

L ä n g e : 21–23 mm.

V e r b r e i t u n g und u n t e r s u c h t e s M a t e r i a l : Neuguinea. Wurde von Astrolabe Bai beschrieben. Ich untersuchte 2 ♂♂ und 1 ♀ (IX. 1933 und 20. X. 1944) aus N. W. Neuguinea-Hollandia, ein ♀ vom Sattelberg (leg. C. WAHNES) und ein ♂ mit der Angabe „R. Voorhoeve N. Guinea Tami rivier".

Ischiopsopha laglaizei LANSBERGE

Ischiopsopha laglaizei LANSBERGE, 1879, Ann. Soc. Ent. Belg., XXII, p. CLIV. – HELLER, 1894–1895, Abh. Mus. Dresden, V, Nr. 16, p. 8. – SCHOCH, 1898, Mitteil. Schweiz. Ent. Gesell., X, p. 160. – WILLEMSTEIN, 1971, Zool. Mededel., XLV, 17, p. 182, fig. 5.

Hochglänzend, prächtig metallisch kupferrot, mit messinggrünlichen Reflexen, die Spitzen der Clypeallappen schwärzlich. Die Beborstung der Unterseite und der Wimpersaum am Innenrand der Hinterschienen rostfarben. Kopf bei den ♂♂ mit scharfer, am Clypeus reichlicher und etwas bogenkritzeliger, auf der Stirn spärlicherer, vorn auf dem Clypeuslappen aber nur sehr feiner Punktur; die schrägen Seitenrandflächen des Clypeus von oben breit sichtbar. Bei dem ♀ ist die Punktur am Clypeus nicht kritzelig, vorn weniger fein und auf der Stirn reichlicher als bei dem ♂, auch sind die schrägen Seitenrandflächen des Clypeus schmäler und nicht schrägrissig skulptiert wie bei dem ♂, sondern punktiert. Die Halsschild-Seitenränder etwas vor der Mitte nur ganz leicht stumpfwinkelig gerundet, der Skutellarlappen nach hinten weit vortretend und an der Spitze schmal, aber tief dreieckig ausgeschnitten. Halsschild im vorderen und mittleren Teil der Seitenränder innerhalb der Randleisten mit grober, querbogenkritzeliger Skulptur, welche nach innen zuerst in eine grobe und dann in eine feine und zerstreute Punktur am breiten Seitenteil übergeht, die Mitte der Scheibe und der Skutellarlappen fast glatt; bei dem ♀ ist die Punktur im Seitenteil des Halsschildes etwas gröber und reichlicher. Die Flügeldecken leicht gewölbt, nach hinten leicht verengt, ohne Sublateral- und Diskalrippen, mit normalem und nicht abgesetztem Apikalrand, die Nahtspitzen nicht vortretend. Flügeldecken seitlich im hinteren Teil und am hinteren Teil der Anteapikalbeulen (innen weniger dicht und bis gegen die Nahtintervalle fortgesetzt) mit dichter und grober, querwellenkritzeliger Skulptur; im hinteren inneren Teil der Scheibe mit feinen und zerstreuten Punkten, sonst fast glatt. Das Pygidium von oben frei sichtbar, der Apikalrand, von unten gesehen, nicht ausgesprochen oder nur schwach abgesetzt, bei dem ♂ oben und unten mit grober und dichter, irregulär querwellenkritzeliger Skulptur, bei dem ♀ auf der Unterseite viel spärlicher und schwächer skulptiert und ohne Impression. Der Mesosternalprocessus fast gerade nach vorn gerichtet. Die Metasternalplatte seitlich leicht gebeult. Metasternum außer der dicht schrägkritzelig skulptierten Querimpression vor dem Hinterrand und dem querkritzelig skulptierten seitlichen Teil des Vorderrandes glatt. Abdomen mit vollkommen ausgebildeten, scharf begrenzten und sehr dicht gerieften Stridulationsflächen, seitlich am 3. und 4. Sternit scharf gekielt; bei dem ♂ mit kräftiger, längs der Mitte gefurchter Bauchimpression. Vorderschienen außen bei beiden Geschlechtern nur zweizähnig.

L ä n g e : 27–30 mm.

V e r b r e i t u n g und u n t e r s u c h t e s M a t e r i a l : Neuguinea, ohne näheren Fundort, 1 ♀. – Neuguinea-Hattam (loc. class.!), 1 ♂.

Ischiopsopha cuprea MOSER

Ischiopsopha cuprea MOSER, 1906, Ann. Soc. Ent. Belg., L, p. 395. – WILLEMSTEIN, 1971, Zool. Mededel., XLV, 17, p. 181, fig. 4.

Der *I. laglaizei* LANSB. äußerst nahestehend. Intensiv rotgoldig bis erzkupferig, metallisch hochglänzend. Die Beborstung der Unterseite schwarz. Die schrägen Seitenrandflächen des Clypeus von oben nur schmal sichtbar. Die kritzelige Skulptur seitlich am Halsschild kann teilweise in eine grobe querbogige Punktur aufgelöst sein. Die Flügeldecken hinten neben dem Nahtintervall mit mehr oder minder reichlicher und kräftiger, bogenkritzeliger Skulptur; hinten auf der Scheibe mehr oder weniger mit feinen Querbogenkritzeln bestreut. Der 3. Zahn außen auf den Vorderschienen bei den ♂♂ nur schwach und stumpf.

Verbreitung: Ehemaliges Deutsch-Neuguinea. Wurde vom Sattelberg beschrieben.

Untersuchtes Material: Wareo, 1 ♀. – Sattelberg (teilweise leg. F. MÜLLER und v. WIEDENFELDT, 1. II. 1910; darunter der Typus, ein ♀ im Mus. Humboldt-Univ. Berlin), 2 ♂♂, 4 ♀♀.

Es ist nicht ausgeschlossen, daß es sich bei *I. laglaizei* LANSB. und *I. cuprea* MOS. nur um Rassen einer Art handelt.

Ischiopsopha gagatina HELLER

Ischiopsopha gagatina HELLER, 1899, Abh. u. Ber. Zool. u. Anthr.-Ethn. Mus. Dresden (Festschrift), No. 4, p. 3. – MIKŠIC, 1976, Bull. scient., Sect. A (Zagreb), XXI, 10–12, p. 223.

Tiefschwarz, sehr glänzend. Die Fühler dunkel rostbraun, mit schwarzem 1. Glied. Die Beborstung der Unterseite und der Beine bräunlichschwarz. Clypeus mit reichlicher, vorn viel kleinerer, die Stirn mit schütterer und zerstreuter Punktur. Halsschild auf der Scheibe fast glatt, im Seitenteil mit zerstreuter, gegen die Seitenrandleisten besonders bei dem ♀ kräftiger und teilweise bogenkritzeliger Punktur, doch ohne Querkritzel. Der Skutellarlappen an der Spitze schmal und sehr tief ausgeschnitten. Die Flügeldecken sanft gewölbt, ohne Sublateralrippen, der Apikalrand nicht abgesetzt. Flügeldecken hinten seitlich und am Hinterrand der Anteapikalbeulen mit dichter und grober, irregulär querwellenkritzeliger Skulptur; bei dem ♂ hinten neben dem Nahtintervall noch mit einigen Querkritzeln, sonst fast glatt. Das Pygidium von oben frei sichtbar, mit scharfer, auf der Unterseite etwas feinerer querwellenkritzeliger Skulptur, der Apikalrand, von unten gesehen, nicht abgesetzt und auf der Unterseite in der Mitte bei dem ♀ ohne Eindruck. Der Mesosternalprocessus in Profilansicht leicht gegen den Körper geneigt. Metasternum seitlich (außer der grobkritzeligen Querimpression vor dem Hinterrand) fast glatt. Abdomen mit scharf leistenförmig gekanteten Seitenrändern und mit vollkommen ausgebildeten, dicht gerieften und scharf begrenzten Stridulationsflächen; bei dem ♂ mit tiefer und breiter Bauchimpression. Der 3. Zahn der Vorderschienen bei dem ♂ nur stumpf angedeutet.

Länge: 29–32 mm.

Verbreitung: Ehemaliges Britisch-Neuguinea. Wurde aus Moroka nach einem ♀ beschrieben.

Untersuchtes Material: Britisch-Neuguinea-Babooni, 1 ♀. – Yule Island, 1 ♂.

Arten von unsicherer systematischer Stellung

Ischiopsopha rugata (BLANCHARD)

Lomaptera rugata BLANCHARD, 1842, Liste Cét. Mus. Paris, p. 18. – BLANCHARD, 1853, Voy. Pôle Sud. Ins., p. 133, tab. 9, fig. 8. – WALLACE, 1868, Trans. Ent. Soc. Lond., (3) IV, p. 539.

Ischiopsopha rugata (BLANCH.) KRAATZ, 1895, Deutsche Ent. Zeitschr., p. 371. – SCHOCH, 1896, Mitteil. Schweiz. Ent. Gesell., IX. p. 379. – SCHOCH, 1898, Mitteil. Schweiz. Ent. Gesell., X, p. 159.

Mittelgroße, in typischen Exemplaren sehr markante Art. Olivgrün, etwas fettig glänzend, auf der Unterseite oft mehr oder minder teilweise mit olivrötlichem Schimmer. Die Beine teilweise oder größtenteils und namentlich das Pygidium, bei den ♂♂ in der Regel auch das Analsternit, verwaschen, der mittlere hintere Teil des 5. Sternites und die kräftige Bauchfurche, zuweilen auch der Apikalrand der Flügeldecken oder seitlich das

Abdomen verwaschen, mehr oder weniger rötlich-gelbbraun durchschimmernd. Die Clypeallappen mehr oder minder roströtlich durchschimmernd oder zur Spitze kupferig, diese schwärzlich. Fühler und Palpen rostbraun, mit Metallschimmer. Die Beborstung der Unterseite und der Beine rostgelblich. Oberseite am Grund sehr fein und dicht mikroretikuliert, am Kopf und Halsschild auch sehr fein mikropunktuliert. Kopf mit reichlicher, scharfer und kräftiger, vorn am Clypeus kleinerer und dichterer, am Scheitel kleinerer und spärlicherer Punktur. Die schrägen Seitenrandflächen des Clypeus von oben breit sichtbar. Halsschild überall mit reichlicher und scharfer, mäßiger bis kräftiger, im seitlichen Teil etwas größerer und mehr bogenkritzeliger Punktur, seitlich innerhalb der Randleisten mit dichter und scharfer, irregulär querwellenkritzeliger Skulptur. Der Skutellarlappen an der Spitze leicht ausgebuchtet oder nur abgestutzt. Flügeldecken nur leicht gewölbt oder fast flach, mit kräftigem Subhumeralausschnitt, ohne Sublateralrippen, auf der Scheibe meist mit je 1 oder 2 mehr oder minder kenntlich erhabenen Längslinien; der Apikalrand zu den dreieckig vortretenden und klaffenden Nahtspitzen schräg verlaufend, breit abgesetzt und leicht aufgebogen. Die Flügeldecken verdecken, von oben gesehen, in der Regel das Pygidium oder überragen dieses sogar. Die ganzen Flügeldecken mit dichter, scharfer, irregulär zusammenhängender, querwellenkritzeliger Skulptur, diese seitlich hinten grob, zur Basis mehr oder minder in eine grobe und reichliche Bogenpunktur aufgelöst, überall mit einzelnen, eingemengten feinen Punkten. Bei den ♀♀ ist die Flügeldeckenskulptur durchschnittlich etwas gröber. Ausnahmsweise ist der Apikalrand der Flügeldecken fast normal querüber gerundet, die Nahtspitzen sind wenig oder kaum vortretend und das Pygidium ist von oben sichtbar. Pygidium mit dichter, irregulär querkritzeliger Skulptur, auf der Oberseite längs der Mitte mit leichtem Wulst, der Apikalrand scharf, von unten gesehen recht breit und scharf plattenförmig abgesetzt. Die Metasternalplatte seitlich nicht deutlich gebeult, der seitliche Teil des Metasternums mit reichlicher, grober und unregelmäßiger querbogenkritzeliger Skulptur. Der Mesosternalprocessus in Profilansicht mehr oder weniger sanft gegen den Körper gebogen und an der Basis oft leicht beulig verdickt. Abdomen seitlich scharf gekielt, seitlich mit dichter, irregulär querrissiger oder mehr oder minder zu Bogenkritzeln aufgelöster Skulptur, ohne ausgesprochene Stridulationsflächen; bei den ♂♂ mit kräftiger Bauchfurche. Die Vorderschienen bei den ♂♂ außen nur zweizähnig.

Länge: 25–32 mm.

Verbreitung: Salomonen, ?Bismarck-Archipel. Laut WALLACE (l. c.) auch auf den Neuen Hebriden. Gemeine Art.

Untersuchtes Material: Salomon-Inseln, ohne nähere Angabe, 39 ♂♂, 23 ♀♀. – Bougainville, 3 ♂♂, 8 ♀♀. – Kieta (teilweise leg. BENNIGSEN), 4 ♂♂, 10 ♀♀. – Bougainville-Kieta, 2 ♂♂. – Choiseul-Ins., 2 ♀♀. – Bismarck-Archipelago (leg. BENNIGSEN), 1 ♂, 2 ♀♀.

Ischiopsopha durvillei (BURMEISTER)

Lomaptera d'urvillii BURMEISTER, 1842, Handb. Ent., III, p. 315. – BLANCHARD, 1853, Voyc. Pôle Sud, Ins., p. 135, tab. 9, fig. 7. – WALLACE, 1868, Trans. Ent. Soc. Lond., (3) IV, p. 538.

Ischiopsopha d'urvillei (BURM.) GESTRO, 1876, Ann. Mus. Genova, IX, p. 89. – HELLER, 1894–1895, Abh. u. Ber. Zool. Mus. Dresden, V, p. 7. – SCHOCH, 1896, Mitteil. Schweiz. Ent. Gesell., IX, p. 370. – SCHOCH, 1898, Mitteil. Schweiz. Ent. Gesell., X, p. 159. – MIKŠIC, 1976, Bull, scient., Sect. A (Zagreb), XXI, 10–12, p. 223.

Etwas gedrungene Art. Glänzend schwarz, höchstens mit ganz leichtem grünlichem und kupferigem Hauch. Die Fühler dunkel rostbraun mit schwarzem 1. Glied. Die Beborstung der Unterseite und der Wimpersaum am Innenrand der Hinterschienen bräunlichschwarz. Stirn und Clypeus mit reichlicher und scharfer, vorn am Clypeus viel dichterer und viel kleinerer, hinten auf der Stirn mit feiner und spärlicher Punktur. Die schrägen Seitenrandflächen des Clypeus von oben breit sichtbar. Kopf und Halsschild am Grund mit sehr feiner Mikropunktulation. Der Halsschild seitlich innerhalb der Randleisten mit dichter, irregulär querwellenkritzeliger Skulptur, hinten auf der Scheibe mit nur sehr feiner und zerstreuter, vorn und seitlich (innerhalb der Kritzelskulptur) mit viel kräftigerer und reichlicherer Punktur. Der Skutellarlappen an der Spitze leicht dreieckig ausgebuchtet. Die Flügeldecken nach hinten ziemlich verengt, flach gewölbt, ohne Sublateralrippen, mit verhältnismäßig schwachem und mehr nach hinten gerücktem (über die Hinterhüften) Subhumeralausschnitt; annähernd auf den zwei hinteren Dritteln mit reichlicher irregulärer, querer und schräger wellenkritzeliger Skulptur, welche auch den abgeflachten, aber nicht deutlich abgesetzten Apikalrand umfaßt und welche hinten seitlich gröber ist; im kleineren Basalteil bei dem ♂ nur mit feiner und spärlicher Punktur, diese ist bei dem ♀ kräftiger und teilweise etwas gereiht. Pygidium von oben frei sichtbar, auf der Oberseite längs der Mitte leicht aufgewölbt, oben mit dichter und scharfer, irregulär querwellenkritzeliger Skulptur; auf der Unterseite ist diese spärlicher; der Apikalrand, von unten gesehen, bei dem ♂ nur schwach verflacht, bei den ♀♀ breit abgesetzt und die Unterseite in der Mitte mit leicht angedeuteter, breiter Impression. Der Mesosternalprocessus gerade nach vorn gerichtet, an der Basis ohne Beule. Die Metasternalplatte seitlich nicht gebeult. Der Seitenteil des Metasternums mit dichter und scharfer, querwellenkritzeliger Skulptur. Die Metaepisternen auffallend schmal und lang. Abdomen seitlich scharf gekielt, ohne ausgesprochene Stridulationsflächen, bei dem ♂ mit scharf eingeschnittener Bauchfurche. Vorderschienen außen auch bei dem ♂ mit 3 Zähnen.

Länge: 30–32 mm.

Bei dem ♀ aus Batjan ist die Punktur im vorderen Teil der Flügeldecken, ebenso vorn und seitlich am Halsschild grob, hingegen die querkritzelige Skulptur seitlich am Metasternum weniger ausgebildet.

Über die Verbreitung und die Patria dieser seltenen Art, deren systematische Stellung unklar ist, bestehen noch Unsicherheiten. BURMEISTER (l. c.) beschrieb den Käfer aus „Neu-Seeland". BLANCHARD (l. c.) und SCHOCH (1896) geben als Fundort Amboina an, hingegen WALLACE (l. c.) Neuguinea und fraglich (nach BLANCHARD) Amboina. MOHNIKE (Arch. für Naturgesch., XXXVII, p. 258) behauptet aber, daß die Art weder auf Amboina noch auf den Molukken vorkommt. Endlich nennt HELLER (l. c.) als Fundort Ceram. Ich untersuchte folgendes Material: Ambon (wohl Amboina!), 1 ♂, 1♀; und Batjan (leg. KÜKENTHAL), 1 ♀.

Ischiopsopha gigantea SCHÜRHOFF

Ischiopsopha gigantea SCHÜRHOFF, 1934, Entom. Nachrichtenblatt, VIII, 2, p. 55. – MIKŠIC, 1976, Bull. scient., Sect. A (Zagreb), XXI, 10–12, p. 223.

Von dieser auffallenden Art konnte ich den Holotypus, ein ♀ aus Wareo (ehemal. Deutsch-Neuguinea) im Mus. Frey in Tutzing, untersuchen.

Groß und robust, von der üblichen *Ischiopsopha*-Form, tief schwarz, hochglänzend. Die Beborstung der Unterseite und der Wimpersaum am Innenrand der Hinterschienen tiefschwarz, länger und reichlicher als bei den übrigen Arten. Halsschild am Grund sehr fein und dicht, Kopf und Flügeldecken äußerst fein mikropunktuliert. Kopf auf der Stirn mit grober und reichlicher, im hinteren Teil des Clypeus mit etwas, im größeren vorderen Teil mit viel kleinerer (zu den Clypeusspitzen nur feiner) Punktur, am Scheitel glatt. Die Seitenrandleisten des Clypeus ziemlich abgestumpft, am Innenrand mit kaum merklicher Längsimpression, die schrägen Seitenrandflächen von oben breit sichtbar. Halsschild im Seitenteil mit sehr reichlicher, teilweise dichter und grober Punktur, doch ohne Querkritzeln; im vorderen und mittleren Teil der Scheibe mit nur zerstreuter und feiner Punktur, der Skutellarlappen fast glatt und an der Spitze scharf dreieckig ausgeschnitten. Die Schulterblätter von oben sichtbar. Die Flügeldecken sanft gewölbt, ohne Spur von Sublateralrippen, mit mäßig tiefem Subhumeralausschnitt, der Apikalrand nicht abgesetzt. Flügeldecken im hinteren Seitenteil mit dichter und scharfer, irregulär querwellenkritzeliger Skulptur, welche sich feiner und schütterer über die Anteapikalbeulen bis zum Nahtintervall fortsetzt; sonst sind die Flügeldecken fast ganz glatt. Das Pygidium auf der Oberseite mit dichter und scharf eingeschnittener, aber nicht grober, querwellenkritzeliger Skulptur, längs der Mitte nicht aufgewölbt; auf der Unterseite in der Mitte mit breiter, aber flacher Impression. Der Mesosternalprocessus gerade vortretend. Metasternum im vorderen Seitenteil mit dichter und grober, irregulär querwellenkritzeliger Skulptur, hier und in der kritzelig skulptierten Querimpression vor dem Hinterrand schütter, aber lang beborstet. Die Metaepisternen mit lang beborsteten Bogenpunkten bestreut, von normaler Form. Abdomen seitlich nicht gekielt, seitlich am 2. und 3. Sternit mit auffallend großen, dicht gerieften Stridulationsflächen; im seitlichen Teil mit zahlreichen, teilweise etwas quer gereihten, feinen und lange, aber feine Borsten tragenden Querbogenkritzeln bestreut. Das 5. Sternit im Endteil mit dichter und grober, lang und grob beborsteter Punktur. Vorderschienen außen dreizähnig, der 1. und 2. Zahn groß und spitzig, der 3. nur angedeutet. Die Hinterschienen innen lang und dicht bebürstet.

Länge: 36 mm.

Die ♂♂ sind noch unbekannt.

Diese Art unterscheidet sich scharf von den übrigen *Ischiopsopha*-Arten durch die ziemlich abgestumpften Seitenrandleisten des Clypeus, die stellenweise lang beborstete Unterseite, das seitlich nicht gekielte Abdomen und durch die auffallend großen Stridulationsflächen auf dem 2. und 3. Sternit.

Arten von unsicherer systematischer Stellung, welche mir in natura unbekannt sind

Ischiopsopha bourkei BLACKBURN

Ischiopsopha bourkei BLACKBURN, 1895, Trans. Roy. Soc. S. Austral., XIX, p. 44.

„Nitidissimus; laete viridis (vel certo adspectu coeruleus), antennis palpisque piceis plus minusve viridi-micantibus, abdominis suturis parte mediana maculisque lateralibus certo adspectu nigricantibus; supra tota creberrime omnium subtilissime coriacea; capite sparsius subtilius punctulato, clypeo profunde bifido; prothorace (lobo basali excepto) quam longiori (et postice quam antice) duplo latiori, latera versus leviter sparsim (in disco vix manifeste) quam caput multo minus fortiter punctulato, lobo basali magno scutellum fere obtegenti ad apicem emarginato; elytris laevibus nisi juxta marginem lateralem transversim strigatis, sutura postice carinata et ad apicem spinoso-producta; pygidio concentrico sat fortiter strigato; subtus sublaevis vel potius obsolete sparsissime punctulata, segmentis ventralibus singulis utrinque spatio crebre oblique strigato ornatis; processu mesosternali elongato sat horizontali.

Maris capite elongato, tibiis anticis extus (processu apicali excepto) dente minuto subapicali (et altero submediano haud vel vix manifesto) armatis; abdomine longitudinalitèr concavo.

Femine capite minus elongato, tibiis anticis extus dentibus 3 (apicali incluso) sat fortibus armatis; abdomine sat aequaliter convexo, segmento 5° postice puncturis nonnullis sat magnis impressis. Long., 13 l.; lat. 6½.

I cannot find among the numerous species of *Ischiopsopha* described (some of them as Lomapterae) as occurring in New Guinea and Malay that this large and magnificent insect has a place. Compared with *I. (Lomaptera) pulchripes,* Thoms., the present species is larger and of a more robust build; – differently colored, its green tending towards blue whereas that of *pulchripes* tends towards golden, – its head is very similar except more finely sparsely and faintly punctured, especially in the hinder part, – its prothorax is much more strongly transverse, devoid of transverse strigosity, and very much less strongly punctured (the punctures even close to the lateral margin being very sparse and scarcely so strongly impressed as those halfway between the middle of the prothorax and the lateral margin in *pulchripes*), – its elytra are practically punctureless (in the female the punctures where most distinct are scarcely so much so as in the middle of the prothorax of *pulchripes*, in the male they are still fainter) their sutural apex is more prominent, and their system of submarginal transverse scratches is almost exactly as in *Hemipharis insularis*, L. and G., – its legs are very differently colored, – its whole surface under a strong lens is seen to be finely coriaceous or covered evenly with a system of excessively close and fine puncturation underlying all the other sculpture. The bluish tone of color is more marked in the males than females.

N. Queensland; taken by Captain Edmund Bourke, R. N., and presented to me."

Ischiopsopha bruyni LANSBERGE

Ischiopsopha bruynii LANSBERGE, 1880, Ann. Soc. Ent. Belg., XXIII, Compt. rend., p. CXXIII. – SCHOCH, 1898, Mitteil. Schweiz. Ent. Gesell., X, p. 172.

Die Originalbeschreibung lautet:

„Supra viridis, nitida, humeris elytrorumque margine aureo-tinctis, subtus concolor, pectore abdomine pedibusque aureo-tinctis, femoribus anticis fulvo-hirsutis; valde deplanata, laevissima. Long. 27, lat. 13 mill.

D'un beau vert clair un peu olivâtre par places, le chaperon, les épaules, le pourtour des élytres, le propectus, l'abdomen et les pattes avec des reflets dorés, le dessus entièrement lisse, sauf le chaperon qui est finement ponctué et quelques petits points épars sur les côtés du prothorax. Celui-ci aplati sur le disque, à bords largement arrondis et lobe médian assez large, échancré triangulairement à l'extrémité. Écusson arrondi au bout. Élytres aplanis, médiocrement dilatés aux épaules, puis légèrement sinués, presque parallèles, l'extrémité arrondie séparément, denticulée et pourvue d'un espace aciculé qui s'étend sur le tubercule terminal, mais ne couvre pas la partie déprimée qui suit ce tubercule. Pygidium fortement aciculé, sa carène un peu relevée au milieu. Dessous du corps lisse, le propectus et les pattes aciculés, quelques gros points sur les cuisses et le dernier segment ventral. Saillie sternale droite un peu convexe. Tibias antérieurs tridentés, vestiture du propectus d'un brun rougeâtre.

Iles Mafor (Nouv. Guin.). Découverte par M. Bruyn, qui a bien voulu m'en envoyer un exemplaire femelle.

Cette espèce se distingue de toutes les autres, outre sa forme parallèle, par l'aplatissement complet de la région dorsale, le corselet et le disque des élytres formant un plan horizontal continu. Elle offre quelque similitude avec l'*I. Emarginata* Ritsema (Notes from the Leyden Museum, 1879, p. 186); mais cette dernière espèce a le prothorax et les élytres distinctement ponctués, ceux-ci plus étroits en arrière et profondément sinués latéralement. Par contre, l'*I. Emarginata* pourrait bien être identique avec mon *I. Laglaizei* (Bulletin Soc. Ent. Belg., 1879, oct.), malgré la grande différence de couleur. Le nom de M. Ritsema aurait alors la priorité."

Ich muß hier bemerken, daß die Behauptung des Autors über die Identität seiner *I. laglaizei* mit *I. emarginata* RITS. unrichtig ist.

Ischiopsopha cambodiensis (WALLACE)

Lomaptera cambodiensis WALLACE, 1867, Proc. Ent. Soc. Lond., p. XCIV. – WALLACE, 1868, Trans. Soc. Ent. Lond., (3) IV, p. 541 (Note).

Thaumastopaeus cambodiensis (WALL.) HELLER, 1899, Abh. Ber. Mus. Dresden, 8 (4), p. 2 (Note).

Ischiopsopha cambodiensis (WALL.) WILLEMSTEIN, 1971, Zool. Mededel., XLV, 17, p. 182, fig. 1, 7–14.

Ich gebe hier die eingehende, neue, nach dem Typus verfaßte Beschreibung von WILLEMSTEIN (l. c.) wieder:

"Length without head 23,6 mm.; breadth at the shoulders 11,9 mm.

Bronzy-green; setae in places red-brown.

Head, vertex sparingly covered with punctures of different size; lobes of the clypeus very slightly longitudinally impressed and densely, finely punctate towards and on the apex; gena finely longitudinally striate.

Pronotum with fine scattered punctures on the disk, on the scutellar lobe and along the anterior margin; towards the sides the punctures become a little deeper and somewhat transversely elongated; on the sides especially towards the anterior angles with fine short striae; apex of the scutellar lobe excised.

Scutellum with a longitudinal median prominence.

Elytra at the base distinctly broader than the pronotum, their lateral margins behind the shoulders distinctly sinuated; epipleura distinct until near the apex; apex slightly sinuated and pointed at the suture; basal third and posterior part of the apical tubercles almost smooth with some very fine, scattered punctures, behind the posterior angles of the posterior coxae finely transversely striate, behind the apical tubercles flattened with some fine punctures and striae; flattened prominent rib along the suture distinct on the striated part of the elytra, with very short fine striae.

Propygidium not concealed by the elytra, densely covered with reclined hairs.

Pygidium transversely concentrically striated around and partly over a sharp transversal ridge somewhat behind the middle.

Prosternum longitudinally striated with some scattered hairs, anterior margin with a dense row of long hairs, posterior margin with a dense row of shorter hairs; mesosternum transversely striated, at the base of the meta-mesosternal process with longitudinally directed striae, with some scattered hairs; metasternum with transverse striae on the anterior margin, on both sides of the meta-mesosternal process, with broad longitudinally striated transverse impressions along the posterior margin, median portion and meta-mesosternal process almost smooth, median line distinctly dark green, anterior margin with a dense row of short hairs, epimeron with short transverse striae; meta-mesosternal process straight, elongated, flattened, with rounded apex, suture between metasternal and mesosternal parts distinct.

Abdomen with a longitudinal median impression; first visible ventral segment transversely striate, with a dense row of hairs on the anterior margin; second, third and fourth ventral segments with some fine oblique striae on the sides, towards the impressed middle portions with some transversely elongated fine punctures, which are sometimes provided with short hairs; fifth ventral segment more densely covered with transversely elongated punctures, on the posterior half on both sides of the middle provided with hairs; last ventral segment finely transversely striated on the sides.

Anterior coxae conical, transversely striate, with scattered long hairs, towards the apex more densely haired; intermediate coxae transversely striate, with scattered hairs along the posterior margin and a densely longer haired spot near the base of the trochanter; posterior coxae longitudinally obliquely striate on the posterior half, very sparsely punctated on the anterior half and on the sides.

Femora transversely striated, with rows of scattered hairs along the posterior margins of the inner and outer surfaces; anterior femora with a dense row of hairs on the outer surface.

Anterior tibiae longitudinally striated, with three teeth on the outer margin of which only the apical sharply pointed, one apical spine, with a row of hairs along the inner margin; intermediate and posterior tibiae with longitudinally elongated shortly haired punctures and some fine basal striae, a row of hairs along the inner margin, provided with two apical teeth and two apical spines.

Tarsi with strong short apical hairs.

Arolium slender, with two fine apical hairs.

Holotype, Rijksmuseum van Natuurlijke Historie, Leiden, labelled 'Cambodia (Mouhot)', 'L. cambodiensis Wall. ♂ Type', 'Lomaptera cambodiensis Wall. type', 'Museum Leiden verz. F. T. Valck Lucassen (O. E. Janson)', 'Type', 'Thaumastopeus cambodiensis Wall.', 'genit. Ceton., no. 51'."

WILLEMSTEIN bespricht in seiner Beschreibung eine Menge mehr oder weniger allen oder den meisten Arten der Gattung gemeinsame Merkmale, verschweigt aber andererseits einige wichtige. Über den Glanz wird nichts gesagt, dieser ist aber wahrscheinlich metallisch. Die Abbildung 9 zeigt, daß die schrägen Seitenrandflächen des Clypeus von oben breit sichtbar sind, die Abbildung 13, daß der Apikalrand des Clypeus, von unten gesehen, nicht abgesetzt und verflacht ist.

Ischiopsopha cupreopyga MOSER

Ischiopsopha cupreopyga MOSER, Nova Guinea, XV, Zool., p. 203.

„Statura *I. Helleri* Mos., differt: prothorace postice latiore. Viridis, nitida, capite, pygidio, processu mesosternali pedibusque rufo-cupreis. Capite sat subtiliter punctato, prothorace medio laevi, juxta latera punctato, prothoracis lobo apice semicirculariter exciso; elytris fere laevibus, apice lateribusque post medium strigillatis; pygidio dense transversim strigoso. Subtus medio laevi, abdominis medio canaliculato, abdominis segmentis juxta latera macula confertim strigillata instructis; abdominis segmento penultimo laxe setifero-punctato; femoribus aciculatis, tibiis anticis bidentatis, tibiis posticis intus fusco-ciliatis; processu mesosternali apice leviter curvato. Long. 21 mm.

Beaofort Fluss. Versteeg leg. 1912.

Die Art, von der ein ♂ vorliegt, ist der *I. Helleri* Mos. ähnlich, aber abgesehen von der Färbung, durch das an der Basis breitere Halsschild unterschieden. Sie ist grün, glänzend, der Kopf, das Pygidium, der Brustfortsatz und die Beine sind kupferrot. Der Kopf ist fein punktiert, das Halsschild in der Mitte glatt, an den Seiten mit einer zerstreuten Punktierung versehen. Das Ende des Halsschildlappens ist halbkreisförmig ausgeschnitten. Die Flügeldecken sind glatt, nur das Ende hinter dem Endbuckel und die hintere Hälfte der Seitenränder sind nadelrissig. Das Pygidium ist dicht mit Quernadelrissen bedeckt. Auf der Unterseite sind die Brust und die Mitte des Abdomens glatt, das Abdomen zeigt beim ♂ eine tiefe Längsfurche. An den Seiten der Bauchsegmente befinden sich eng gestrichelte Flecke, das vorletzte Bauchsegment ist weitläufig mit beborsteten Punkten besetzt. Die Schenkel sind nadelrissig, die Vorderschienen zweizähnig, die Hinterschienen sind innen braun bewimpert."

Die Art gehört ohne Zweifel in die *Aphonia*-Gruppe und ist wohl mit *I. macfarlanei* HELL. und *I. pulchripes* (THOMS.) nahe verwandt. Der Autor machte keine Angabe über die Farbe der Beborstung der Unterseite, was mir die Einreihung der Art in meine Bestimmungstabelle unmöglich macht.

Zusammenfassung

Die systematisch schwierige Gattung *Ischiopsopha* GEST. *(Coleoptera, Scarabaeidae,* Subfam. *Cetoniinae)* der Australischen Region wurde bisher nie einer eingehenden zusammenfassenden Bearbeitung unterzogen.

Große Schwierigkeiten bereitet eine annähernd natürliche Reihenfolge der Arten. *Aphonia* SCHOCH (Syn. *Stenolomaptera* KRAATZ) kann höchstens als Artengruppe aufgefaßt werden.

Ischiopsopha keyensis SCHÜRHOFF ist identisch mit *I. arouensis* (J. THOMSON), *Lomaptera ulricae* MOHNIKE mit *I. olivacea* (J. THOMSON), *Lomaptera yorkiana* JANSON und *I. meraukeana* SCHÜRHOFF mit *I. wallisiana* (J. THOMSON) (welche wohl nur als eine geographische Subspecies der *I. wallacei* [J. THOMSON] aufzufassen ist) und *I. superba* HELLER mit *I. bennigseni* MOSER. *Lomaptera jamesi* var. *lixi* NONFRIED und var. *nobilitata* NONFRIED gehören als Synonyme zu *I. ignipennis* GESTRO. Höchstens eine Subspezies der *I. pulchripes* (J. THOMSON) ist *I. scheini* SCHÜRHOFF. Für *I. jamesi* var. *olivacea* HELLER wurde der neue Name *olivaceicolor* gegründet und *I. asperipennis* wurde als neue Art beschrieben.

Summary

REVISION OF THE GENUS ISCHIOPSOPHA GEST.

Up to now the taxonomically complicated genus *Ischiopsopha* GEST. *(Coleoptera, Scarabaeidae,* subfam. *Cetoniinae)* of the Australian Region has never been submitted to any careful comprehensive investigation.

It causes considerable difficulties to range the species to an approximately natural succession. *Aphonia* SCHOCH (syn. *Stenolomaptera* KRAATZ) can be considered at most as a group of species.

Ischiopsopha keyensis SCHÜRHOFF is identical with *I. arouensis* (J. THOMSON), *Lomaptera ulricae* MOHNICKE with *I. olivacea* (J. THOMSON), *Lomaptera yorkiana* JANSON and *I. meraukeana* SCHÜRHOFF with *I. wallisiana* (J. THOMSON) (which is to interpret quite likely as a geographic subspecies of *I. wallacei* [J. THOMSON]), and *I. superba* HELLER with *I. bennigseni* MOSER. *Lomaptera jamesi* var. *lixi* NONFRIED, and var. *nobilitata* NONFRIED belong as synonyms to *I. ignipennis* GESTRO. *I. scheini* SCHÜRHOFF is at most a subspecies of *I. pulchripes* (J. THOMSON). For *I. jamesi* var. *olivacea* HELLER the new name *olivaceicolor* was introduced, *I. asperipennis* was described as new species.

Literatur

HELLER, K. M., 1894–1895: Erster Beitrag zur papuanischen Käferfauna. – Abh. u. Ber. d. Zool. Mus. Dresden, V, pp. 1–7 (*Ischiopsopha*).

MIKŠIC, R., 1976: Monographie der *Cetoniinae* der paläarktischen und orientalischen Region, I. Bd., pp. 1–444. Sarajevo.

MIKŠIC, R., 1977: Übersicht der schwarzen *Ischiopsopha*-Arten mit der Beschreibung einer neuen Art. – Bull. scient. (Zagreb), Sect. A, **XXI**, 10–12, pp. 223–224.

MIKŠIC, R., 1977: Monographie der *Cetoniinae* der paläarktischen und orientalischen Region, II. Bd. Im Druck.

SCHENKLING, S., 1921: Coleopterorum Catalogus (W. Junk – S. Schenkling), pars 72, *Scarabaeidae: Cetoninae.* Berlin.

SCHOCH, G., 1898: Nachtrag VIII zu Schoch: Genera und Species meiner Cetoniden-Sammlung, 1. *Lomapteridae.* – Mitteil. Schweiz. Ent. Gesell., **X**, 4, pp. 157–164 (*Ischiopsopha*).

WALLACE, A. R., 1867: A Catalogue of the *Cetoniidae* of the Malayan Archipelago, with Descriptions of the new Species. – Trans. Ent. Soc. Lond., (3) **IV**, pp. 519–601.

WILLEMSTEIN, S. C., 1971: Redescription of the type of *Lomaptera cambodiensis* Wallace, and its allocation to *Ischiopsopha* Gestro. – Zool. Mededel., **XLV**, 17, pp. 181–187.

ZOOLOGICAL RECORD (Insecta), 1921–1971. London.

Anschrift des Autors:

Fach-Rat R. Mikšic, Institut za šumarstvo, YU – 71001 Sarajevo,

M. Tita 5 (P. fah 662), Jugoslavija.

BUCHBESPRECHUNGEN

RENÉ MIKŠIC: Monographie der Cetoniinae der paläarktischen und orientalischen Region. Coleoptera: Lamellicornia. Band 1: Allgemeiner Teil. Systematischer Teil: Gymnetini (Taenioderina, Chalcotheina).

444 Seiten, 64 Textabbildungen, 6 Schwarzweiß-, 4 Farbtafeln. 50,– Dollar

ŠIPAD (Forstinstitut in Sarajevo), Sarajevo 1976.

Mit dieser Monographie wird erstmalig eine spezielle Bearbeitung der *Cetoniinae* der paläarktischen und orientalischen Region vorliegen. Der Autor will damit eine wissenschaftliche Arbeits- und Bestimmungsgrundlage für die *Cetoniinae* dieses Gebietes in 4 Bänden liefern, die einen fühlbaren Mangel beseitigt und eine Fortsetzung zu BALTHASARs Monographie der *Scarabaeidae* und *Aphodiidae* der paläarktischen und orientalischen Region (1963–1964) darstellen soll. – Im Allgemeinen Teil werden die Definition der *Cetoniinae*, ihre systematische Stellung, die Eidonomie der präimaginalen Stadien und ihre Bionomie, die nur sehr unzureichend bekannt ist, kurz erläutert. Der Eidonomie der Imagines ist – dem Charakter des Werkes entsprechend – breiterer Raum gewidmet. Die systematische Einteilung bleibt nach dem Autor provisorisch. Der Tribus- und Gattungsbestand beider Regionen und ihrer Subregionen wird durch Tabellen übersichtlich dargestellt, für eine Region jeweils endemische Gattungen sind besonders gekennzeichnet. – Der anschließende Systematische Teil bringt nach einer Tabelle der Tribus die Besprechung der formenreichen Tribus *Gymnetini*, von der allein schon die beiden Subtribus *Taenioderina* und *Chalcotheina* den Rest dieses ersten Bandes ausfüllen. Die *Lomapterina* und *Clinteriina* sind bereits dem folgenden Bande vorbehalten. – Die Beschreibungen der einzelnen Arten sind sehr genau und folgen dem üblichen Schema: Synonymliste und Literaturzitate, Eidonomie der Imagines (getrennt nach ♂♂ und ♀♀), Maßangaben, Verbreitung und Materialnachweis, wobei – wo möglich – der Typenverbleib vermerkt wurde. Auf Grund umfangreicher Materialstudien konnte der Autor die Variabilität vieler Arten umreißen. Der Text wird durch schematisch klare, saubere Zeichnungen unterstützt. Davon sind mehr zu wünschen, vor allem für die Darstellung der Variabilität einzelner Arten. Dem Benutzer würde dadurch ein leichteres Arbeiten gewährt, der Text könnte noch etwas gestrafft werden. Von Arten, die dem Autoren nicht zur Ansicht vorlagen, werden die Originalbeschreibungen vollständig zitiert. Ein kurzgehaltenes, nur auf vom Autor für wesentlich angesehene Werke bezogenes Literaturverzeichnis und das Namenregister beschließen die Ausgabe. – Einige im Deutschen ungebräuchliche Bezeichnungen sollten in den folgenden Bänden wegfallen: für „das Paläarktik" sollte „die Paläarktis" verwendet werden, für „die Tribuse" wäre – der Herkunft entsprechend – auch im Plural „die Tribus" oder – eingedeutscht – „die Triben" zu setzen. Die Ausstattung des Bandes ist gut (Papier, Satz, Abbildungen), der Druck nicht immer zufriedenstellend. – In entomologischen Institutionen, bei Spezialisten und Sammlern wird diese umfangreiche Übersicht über die Cetoniinen beider Regionen bald wie BALTHASARs Werk als das geschätzt und genutzt werden, wofür sie ihr Autor schuf: als Grundlage für die wissenschaftliche Bearbeitung der *Cetoniinae* dieses Gebietes und für ihre Determination.

R. Krause

KURT HARZ & ALFRED KALTENBACH: Die Orthopteren Europas III. The Orthoptera of Europe III. (Series entomologica, Vol. 12. Ed. E. Schimitschek & K. A. Spencer)

434 Seiten, 1192 Figuren auf 62 Tafeln. 140,– hfl.

Dr. W. Junk b. v., Publishers, The Hague 1976.

Mit diesem Band liegt der abschließende Teil der Bearbeitung der europäischen Orthopteren von K. HARZ vor. Unter dieser Bezeichnung verbirgt sich die große Sammelgruppe der orthopteroiden Insekten alter Auffassung (einschließlich der blattoiden Gruppen), denn es folgen hier die Bearbeitungen der *Phasmida, Dermaptera, Mantodea* (Autor A. KALTENBACH), *Blattaria* und *Isoptera* im Bearbeitungsgebiet. Dazu gehören auch alle eingeschleppten Formen, die bodenständig geworden sind; gelegentliche Immigranten (z. B. bei den *Blattaria)* werden nicht berücksichtigt. Ebenso sind die im europäischen Raum vertretenen Arten der *Embiidae*, die noch im Umschlagtext des Buches mit genannt werden, nicht bearbeitet. Für alle hier verwendeten höheren systematischen Einheiten (Ordnungen, Unterordnungen, Überfamilien, Familien, Unterfamilien, Gattungen) werden ausführliche morphologische Diagnosen gegeben. Von jeder systematischen Kategorie wird durch Bestimmungsschlüssel (aufgebaut auf morphologische Differentialmerkmale) auf die jeweils nächstniedere geleitet. Es schließen sich ebenso ausführliche Artenbeschreibungen an, in der Hauptsache Beschreibungen der morphologischen Details einschließlich der Maße sowie Angaben zur geographischen Verbreitung. Die Artenbeschreibungen schließen auch die erforderlichen Angaben zum Typenmaterial sowie Synonyme ein (der Autor hat bei dieser Gelegenheit, wo erforderlich, Neotypen signiert). Aus Gründen des Umfangs war es, wie der Autor anführt, nicht möglich, ebenso die Biologie der Arten (z. B. Lautäußerungen, genaue Habitat-Beschreibungen) zu behandeln. Es werden aber bei den meisten Arten jeweils Literaturverweise gebracht, wo eine (möglichst zusammenfassende) Darstellung solcher Fragen nachgelesen werden kann. Außerdem sind zumindest für die mitteleuropäischen Arten ausführliche biologische Angaben in HARZ (1957) enthalten. Eine weitere Schwierigkeit, worauf der Autor verweist, besteht darin, daß es sich zum großen Teil um biologische, im berücksichtigten Raum stark variierende Arten handelt, worauf im Rahmen dieser Bearbeitung kaum eingegangen werden konnte. Auch deshalb die Beschränkung auf morphologische Details in den Bestimmungsschlüsseln, welche der Autor, wie im Nachwort angegeben, unter den genannten Voraussetzungen auf ihre Verwendbarkeit überprüft haben möchte. Alle wichtigen Details in den Bestimmungsschlüsseln und Diagnosen werden zusätzlich durch Strichzeichnungen illustriert (1192 Figuren in diesem Band), diese sind mit den genauen geographischen Herkunftsangaben der jeweiligen Exemplare versehen. Die Zeichnungen enthalten auch sehr feine Strichelemente, so daß bei ihrer Wiedergabe trotz sehr guter Papierqualität wahrscheinlich hin und wieder Verluste aufgetreten sind. – Auf den Seiten 331–347 werden Nachträge und Verbesserungen zu den Teilen I (1969) und II (1975) angefügt (einschließlich eines Bestimmungsschlüssels der *Platycleis*-Arten aus Südfrankreich [nach den Lautäußerungen] von M. J. SAMWAYS und eines ergänzenden Schlüssels von *Parnassiana*-Arten durch F. WILLEMSE), ebenso ergänzen noch einige Illustrationen (Habitusbilder u. a.) die in Band I und II dargestellten Arten. – Das Literaturverzeichnis nennt das gesamte Schrifttum für alle 3 Teile (einschließlich zahlreicher Angaben zur Biologie u. a., ausschließlich kleinerer, älterer faunistischer Arbeiten), aufgeteilt nach *Saginae* (*Ensifera*), *Mantodea* sowie alle übrigen Geradflügler insgesamt.

Von der äußeren Gestaltung her ist zu bemerken, daß der gesamte Text (mit Ausnahme der Artenbeschreibungen) zweisprachig angelegt ist, d. h. zusätzlich in das Englische übersetzt worden ist. Außerdem sind der deutsche und der englische Originaltext graphisch kaum voneinander abgehoben, was etwas unübersichtlich wirkt. Des weiteren sind durch den gesamten Band hindurch eine größere Anzahl von Satzfehlern (?) verblieben, die bei genauer redaktioneller Bearbeitung bzw. Korrektur vermeidbar gewesen wären.

Diese äußerlichen Mängel mindern jedoch den Wert der Bearbeitung nicht, insbesondere nicht die große Arbeitsleistung von K. HARZ. Als Standardwerk dürften die 3 Teile in den meisten allgemeinzoologischen Institutionen des behandelten Gebietes benötigt werden. Besonders bedeutsam erscheinen diese für zoologische Museen als Bearbeitungsgrundlage von Sammlungsmaterial.

R. Emmrich

G. KUSCHEL (Ed.): Biogeography and Ecology in New Zealand. (Monographiae biologicae, Vol. 27. Ed. J. Illies)

XVI + 689 Seiten, 37 Tabellen, 171 Graphiken, 10 ausklappbare Tafeln, 82 Fotos. 200,– hfl

Dr. W. Junk b. v., Publishers, The Hague 1975.

Erdgeschichtlich sehr frühe Sonderstellung und, damit verbunden, lange währende eigenständige Entwicklung der Organismenwelt haben Neuseeland als Heimat zahlreicher Endemismen bekanntgemacht. Unter der Leitung von G. KUSCHEL haben 19 neuseeländische Fachwissenschaftler versucht, mit diesem Band einen Gesamtüberblick über Vergangenheit und Gegenwart des Bios von Neuseeland zu geben, wobei das Schwergewicht auf der Darstellung der Biogeographie und Ökologie der Organismen liegt. Wie einleitend vom Herausgeber angeführt, soll das Buch mit der Behandlung dieser Gebiete eine bereits vorhandene Übersicht (G. R. WILLIAMS [Ed.], The Natural History of New Zealand – An Ecological Survey, Wellington/Sydney/London 1973) ergänzen. Daneben soll es, speziell den Benutzern außerhalb des Landes, als allgemeine Informationsquelle dienen und den Zugang zum originalen Schrifttum vermitteln. – In den ersten drei Kapiteln werden, als Grundlage zum Verständnis der folgenden, Übersichten über die geologische Vergangenheit des Landes mit ihren jeweiligen Biota (C. A. FLEMING), über das Klima und seine Besonderheiten (J. D. COULTER) und über Eigenschaften und Verbreitung der Bodentypen des Landes mit ihren spezifischen Lebensgemeinschaften (Q. W. RUSCOE) vermittelt. Es folgen Übersichten über Flora und Vegetation (E. J. GODLEY), weiter über das Benthos des marinen Schelfes (G. A. KNOX) und über die Limnologie der Süßgewässer (V. M. STOUT). Im zoologischen Teil referieren R. M. McDOWALL und A. H. WHITAKER über die Süßwasserfische sowie letzterer und P. C. BULL über die anderen Vertebratengruppen. Dabei wird jeweils auf die Fragenkomplexe Faunenzusammensetzung – Endemismen – Faunenherkunft – evolutionäre Trends – Verbreitung und Ökologie eingegangen. Zwei Kapitel, die von diesem genannten Schema abweichen, berichten in artenmonographischer Form über die bekanntesten beiden Endemismen Neuseelands, *Sphenodon punctatus* (I. G. CROOK) und die *Apteryx*-Arten (B. REID und G. R. WILLIAMS), und bieten damit eine Zusammenstellung des bisher bekannten Wissens. Von den Evertebraten wird die Landschneckenfauna speziell analysiert (F. M. CLIMO), von den Arachniden erlaubte das bisher bekannte Wissen über die Araneaeen und Opilionen eine solche Analyse (R. R. FORSTER). Die hier besonders interessierenden Insekten werden in drei Kapiteln dargestellt (Landinsekten von J. C. WATT, Süßwasserinsekten von I. D. McLELLAN und pflanzengebundene Insekten von J. S. DUGDALE), ist doch die Zahl der Endemismen hier bei einzelnen Gruppen außerordentlich hoch. Wie in den anderen Kapiteln steht weniger die einzelne Art als vielmehr die Gesamtfauna im Vordergrund, entsprechend wird die Ökologie verallgemeinert, z. B. durch Einordnung in den Rahmen neutraler Habitattypen, dargestellt. – Etwas verwunderlich erscheint die Aufnahme eines Kapitels über Herkunft sowie historische Entwicklung der Maoris seit ihrer Besiedlung Neuseelands in ein solches biologisches Sachbuch. Der zurückgelegte Entwicklungsweg der neuseeländischen Ureinwohner wird hier jedoch vorrangig als Anpassungsleistung an die biogeographischen Voraussetzungen des Landes (unter Verzicht auf andere Deutungsmöglichkeiten) interpretiert. Den Schluß bildet ein Kapitel über die Einwirkung des Menschen auf die Natur in Vergangenheit und Gegenwart (J. T. SALMON), in welchem in kurzer Form einige der staunenswerten Ausbreitungsvorgänge eingeführter Tierarten umrissen sind, und das deshalb ausführlicher zu wünschen wäre. – Jedes Kapitel (leider nicht das letzte!) ermöglicht durch das angehängte Literaturverzeichnis den Zugang zur speziellen Literatur des Landes.

Das Äußere des Buches ist ohne jeden Tadel, insbesondere überzeugen die Fotos (meist Landschaften und Tiere des Landes, jeweils mehrere von *Sphenodon* und *Apteryx*) durch sehr klare und detailreiche Wiedergabe. Text mit Tabellen und Illustrationen (zu erwähnen sind besonders die 10 informativen, ausfaltbaren, meist kartographischen Darstellungen) bieten eine große Fülle von Informationen. Der Band wird mit Gewinn von allen benutzt werden können, die Auskünfte über Neuseelands Naturverhältnisse suchen.

R. Emmrich

H. FREUDE, K. W. HARDE und G. A. LOHSE: Die Käfer Mitteleuropas. Band 2: Adephaga 1.

302 Seiten, zahlreiche Figuren. 80,– DM.

Goecke & Evers, Krefeld 1976.

Der langerwartete Band 2 (Adephaga 1 = *Carabidae*) der Reihe „Die Käfer Mitteleuropas" liegt vor, wodurch endlich wieder ein zusammenfassendes Bestimmungswerk der mitteleuropäischen *Carabidae* auf dem gegenwärtigen Kenntnisstand greifbar ist. Es soll auf möglichst einfache und dennoch sichere und genaue Art die Bestimmung erlauben und ist, nach dem Willen des Herausgebers, daher auch weit davon entfernt, eine Monographie zu sein. Deshalb werden strittige Fragen der systematischen Gliederung der *Carabidae* beiseitegelassen, und es wird eine dem Benutzerkreis im wesentlichen vertraute Einteilung der *Carabidae* in 38 Unterfamilien verwendet (von den *Cicindelinae* bis zu den *Brachininae*). Aus der gleichen Erwägung heraus werden mit Recht auch infraspezifische Untergliederungen, die über die Subspezies hinausgehen, wie das vor allem bei der Gattung *Carabus* auch neuerdings wieder der Fall ist, weggelassen. Die Genitalmorphologie wird für die Determination zweier von vornherein schwer zu bewältigender Gattungen, *Trechus* und *Amara*, konsequent für jede Art herangezogen, sonst nur nach Bedarf zur Trennung einzelner Arten. Stellenweise wären aber durchaus noch Genitalmerkmale in den Schlüsseln angebracht gewesen (so innerhalb der Gattungen *Bembidion*, *Harpalus* und *Agonum*).

In bewährter Weise ist der Band mit einer Vielzahl sauberer und instruktiver Strichzeichnungen ausgestattet, die den Text der Schlüssel auf ihre Weise erläutern und ergänzen und eine wesentliche Hilfe beim Bestimmen sind. Dem Text der Bestimmungsschlüssel sind nach den kurzen Artbeschreibungen, die hauptsächlich nur die zur Identifizierung nötigen Merkmale enthalten, grob umrissen das Verbreitungsgebiet und, wo es möglich war, kurze ökologische Angaben beigegeben. Letztere können dem Sammler eine Anregung sein, seine eigenen Sammelerfahrungen damit zu vergleichen und so darauf hinwirken, die leider meist auf den Etiketten vernachlässigten ökologischen Fundumstände wenigstens mit einem Stichwort zu vermerken. Besonders im Zusammenhang mit dem vom Herausgeber bedauerten Rückgang der Carabiden (vor allem in land- und forstwirtschaftlich intensiv genutzten Gebieten) öffnet sich für den faunistisch und ökologisch Interessierten ein weites und wichtiges Betätigungsfeld, innerhalb dessen gleichzeitig vielfach eine Berichtigung der im Vorwort selbst angezweifelten verwendeten Häufigkeitsangaben möglich wäre.

Wer sich, gleich aus welchem Interesse und welcher Aufgabenstellung heraus, mit der Determination mitteleuropäischer Carabiden befaßt, wird dieses Werk mit Gewinn benutzen können; eine weite Verbreitung ist ihm zu wünschen. – Papier, Satz und Druck sind wie immer gut; der Einband ist, wie auch bei den letzten erschienenen Nummern dieser Reihe, solider gearbeitet, was bei der zu erwartenden häufigen Benutzung dieser Bände angebracht war.

R. Krause

ENTOMOLOGISCHE ABHANDLUNGEN

STAATLICHES MUSEUM FÜR TIERKUNDE IN DRESDEN

Band 41 Ausgegeben: 28. Februar 1978 Nr. 8

Neotropische Scolytoidea XIV

(Coleoptera)

335. Beitrag zur Morphologie und Systematik der *Scolytoidea*

KARL E. SCHEDL

Lienz, Osttirol, Österreich

Neuerdings hatte ich Gelegenheit, Scolytiden und Platypodiden aus dem neotropischen Raum zu studieren, wodurch wieder eine Reihe neuer, bisher unbekannter Verbreitungsangaben und eine Anzahl neuer Arten festgestellt werden konnte.

Neue und interessante Fundorte

BRASILIEN

Phloeophthorus argentinensis SCHEDL:
Nova Teutonia, V. 1973, X. 1974, F. PLAUMANN.

Chramesus globosus HAG.:
Nova Teutonia, VI. 1973, F. PLAUMANN.

Gymnochilus nova-teutonicus SCHEDL:
Nova Teutonia, 300–350 m, XII. 1972, F. PLAUMANN.

Pagiocerus frontalis FAB.:
Nova Teutonia, V. 1973, F. PLAUMANN.

Cnemonyx difformis SCHEDL:
Nova Teutonia, VII. und X. 1973, F. PLAUMANN.

Bothrosternus artestrigosus SCHEDL:
Nova Teutonia, X. 1974, F. PLAUMANN.

Sternobothrus sculpturatus BLANDF.:
Nova Teutonia, II., VI., VIII. 1973, F. PLAUMANN.

Cnesinus ater SCHEDL:
Nova Teutonia, VII. 1973 (besonders kleine Exemplare, 1,8 mm lang), F. PLAUMANN.

Xyleborus adelographus EICHH.:
Nova Teutonia, XII. 1972, F. PLAUMANN.

Xyleborus cristatus FAB.:
Nova Teutonia, II, 1973, F. PLAUMANN.

Xyleborus intricatus SCHEDL:
Nova Teutonia, VI. und X. 1973, F. PLAUMANN.

Xyleborus rugosipennis SCHEDL:
Jacareacanga, Pará, VI. 1970, F. R. BARBOSA.

Tricolus senex SCHEDL:
Nova Teutonia, V. 1973, F. PLAUMANN (besonders große Exemplare).

PARAGUAY

Phloeoborus rudis ER.:
Paraguay, C. FIEBRIG, S. V.

Phloeotribus rugulosus EGG.:
Sa. Trinidad, IX. 1913.

Dendrosinus paraguayensis EGG.:
Sa. Trinidad, IX. 1913.

Hypothenemus eruditus WESTW.:
Paraguay, C. FIEBRIG, S. V.

Xyleborus affinis EICHH.:
Villarrica, März 1933, Coll. KÖLLER.

Xyleborus ferrugineus FAB.:
Villarrica, März 1933, Coll. KÖLLER.

Platypus excisus CHAP.:
Departamento San Pedro, Carumbé, 28. I.–10. II. 1965, I. 1971, R. GOLBACH. – Amanbay. P. J. Caballero, 4.–7. II. 1973, R. GOLBACH.

Platypus hians CHAP.:
Departamento San Pedro, Carumbé, 28. I.–10. III. 1965, R. GOLBACH.

Platypus marginatus CHAP.:
Departamento San Pedro, Carumbé, 28. I.–10. III. 1965, 1. II.–8. III. 1966, R. GOLBACH.

Platypus parallelus FAB.:
Sa. Trinidad, II. 1915. – Villarica, März 1933, Coll. KÖLLER. – Asuncion, 23. I. 1965, R. GOLBACH. – Mandijhe, Dep. Caagrazu, 23. I. 1965, R. GOLBACH. – Dpto. San Pedro, Carumba, 1. II.–8. III. 1966, R. GOLBACH. – Dpto. San Pedro, 28. I.–10. III. 1965, I. 1971, 10. I.–10. II. 1973, R. GOLBACH. – Amambai, P. J. Caballero, 4.–7. II. 1973. – Asuncion, Coll. MONRÓS.

Platypus pulicarius CHAP.:
Departamento San Pedro, Carumbé, 1. II.–8. III. 1966, I. 1971, R. GOLBACH.

Platypus sulcatus CHAP.:
Caagurzu, Paso Yobai, 22. VIII. 1961, Coll. FOERSTER.

Tesserocerus dewalquei CHAP.:
Departamento San Pedro, Carumbé, I. 1971, R. GOLBACH.

PERU

Camptocerus aeneipennis FAB.:
Prov. Jauja, Satsipo, 1938–39, Meskendahl, Sammlung Dr. O. GUTZWILLER (Museum Basel).

Leperisinus varius FAB.:
Peru (Museum Berlin), wohl eingeschleppt.

Xyleborus affinis EICHH.:
Ostperu, Huallagagebiet (Zufluß des Amazonas), Umgebung von Tarapoto, Straße nach Yurimagua, 1. X. 1968, Gebirgswald ca. 400 m, lg. FRANZ. – Iquitos, Amaz., 11. II. 1977, Dipl.-Ing. E. HEISS.

Xyleborus ferrugineus FAB.:
Iquitos, Amaz., 11. II. 1977, Dipl.-Ing. E. HEISS.

Xyleborus posticus EICHH.:
Dep. Cuzco, Cosnipata Ebene, 1 000 m, XII. 1900, GARLEPP, S. V.

Platypus hians CHAP.:
Tingo Maria, Huallaga, 670 m, 27. VII. 1957, Coll. WEYRAUCH.

Platypus parallelus FAB.:
Satipo, 650 m. 5. VIII. 1940. W. WEYRAUCH.

Tesserocerus dewalquei CHAP.:
Iquitos, Amaz., 11. II. 1977, Dipl.-Ing. E. HEISS.

Tesserocerus procer ER.:
Tingo Maria, Huallaga, 670 m, 27. VII. 1957, Coll. WEYRAUCH.

ECUADOR

Xyleborus affinis EICHH.:
Oriente, au S. de Puerto Napo, alt. 500 m, IV. 1965, sous écorses arbres morts, J. et N. LELEUP.

Xyleborus ferrugineus FAB.:
Oriente, au S. de Puerto Napo, alt. 500 m, IV. 1965, sous écorses arbres morts, J. et N. LELEUP.

Xyleborus torquatus EICHH.:
Oriente, au S. de Puerto Napo, alt. 500 m, IV. 1965, sous écorses arbres morts, J. et N. LELEUP.

Platypus parallelus FAB.:
Oriente, au S. de Puerto Napo, alt. 500 m. IV. 1965, sous écorses arbres morts, J. et N. LELEUP.

CHILE

Scolytus rugulosus MÜLL.:
Rengo Thal, SCHÖNEMANN (Museum Berlin), sicherlich eingeschleppt.

Hylastinus obscurus MARSH.:
Vicoria, T. Posado, 21. III. 1973. – Carilanoa, Thébol, Robroa, 21. III. 1973 (eingeschleppt, eingesandt von J. KAMP).

Gnathotrichus obnixus SCHEDL:
Chile, Dr. FONCK.

GALAPAGOS-INSELN

Pycnarthrum insulare BLAIR:
Sta. Cruz, Estacion Ch. Darwin, VI. 1975, Dr. H. FRANZ.

Xyleborus ferrugineus FAB.:
Isabela, Umgeb. Sta. Tomas, Islas Galapagos, V., VI. 1975, Dr. H. FRANZ.

Platypus parallelus FAB.:
Isabela, Umgeb. Sta. Tomas, Islas Galapagos, V., VI. 1975, Dr. H. FRANZ.

Platypus santacruzensis MUTCH.:
Sta. Cruz, Estacion Ch. Darwin, VI. 1975, Dr. H. FRANZ.

GUADELOUPE

Hypothenemus eruditus WESTW.:
Deshaies gr. Anse, 26. VIII. 1974, S. VIT. (Mus. Genf). – Deshaies La Caférière, 26. VIII. 1974, S. VIT. (Mus. Genf).

Hypothenemus guadeloupensis EGG.:
Deshaies gr. Anse, 26. VIII. 1974, S. VIT. (Mus. Genf).

Stephanoderes birmanus EICHH.:
Deshaies gr. Anse, 26. VIII. 1974, S. VIT. (Mus. Genf).

Poecilips advena BLANDF.:
Deshaies gr. Anse, 26. VIII. 1974, S. VIT. (Mus. Genf). – Deshaies La Caférière, 26. VIII. 1974, S. VIT. (Mus. Genf).

Poecilips conspiciens SCHEDL:
Deshaies gr. Anse, 26. VIII. 1974, S. VIT. (Mus. Genf). – Deshaies La Caférière, 26. VIII. 1974, S. VIT. (Mus. Genf).

Coccotrypes carpophagus HORN.:
Deshaies gr. Anse, 26. VIII. 1974, S. VIT. (Mus. Genf).

Xyleborus affinis EICHH.:
Massif de la Soufrière, 7. VIII. 1974, S. VIT. (Mus. Genf).

Xyleborus ferrugineus FAB.:
Massif de la Soufrière, 7. VIII. 1974, S. VIT. (Mus. Genf).

Platypus parallelus FAB.:
Deshaies La Caférière, 26. VIII. 1974, S. VIT. (Mus. Genf).

Beschreibung neuer Arten

Phloeotribus hebes n. sp.

Männchen. – Schwarzbraun, 1,7 mm lang, 2,1mal so lang wie breit. Eine zylindrische Art, ähnlich wie *Phloeotribus asperulus* EGGERS, aber viel feiner skulpturiert, Halsschild ohne Schuppenhöcker gegen die vorderen Seitenecken, die Flügeldecken fein gestreift-punktiert und die Zwischenräume mit kurzen, schief abstehenden Schüppchen.

Stirn mäßig glänzend, breit gewölbt, äußerst dicht, etwas körnelig fein punktiert, aus den Punkten ganz kurze Schüppchen entspringend.

Halsschild breiter als lang (20:14), hintere Seitenecken nahezu rechtwinkelig und leicht abgerundet, die Seiten von der Basis an schief, bogig verengt, Apex ziemlich eng gerundet, eine subapikale Einschnürung kaum erkennbar; Scheibe ansteigend gewölbt, glänzend, sehr dicht und ziemlich fein punktiert, die Pünktchen tragen kurz gedrungene, anliegende, blasse Schüppchen. Schildchen sehr klein, knopfförmig.

Flügeldecken wenig breiter und doppelt so lang wie der Halsschild, die Seiten in der basalen Hälfte parallel, Apex breit gerundet, der Absturz beginnt bereits in der Mitte und ist kräftig abgewölbt; Scheibe wenig glänzend, kräftig gestreift-punktiert, die Punkte eng gestellt, teilweise etwas in die Breite gezogen, die Zwischenräume eng, im basalen Drittel einreihig fein punktiert und mit kurzen, schief abstehenden, gedrungenen Schüppchen, auf der Absturzwölbung die Punkte zahlreicher, die Schüppchen auffallender, jene des 2. Zwischenraumes leicht unregelmäßig, doppelreihig.

Holotypus und ein Paratypus in Sammlung SCHEDL, ein Paratypus in Sammlung M. ALVARENGA.

Typenfundort: Brasilien, Encruzilhada, 980 m, XI. 1972, M. ALVARENGA.

Chramesus asperulus n. sp.

Weibchen. – Rotbraun, 1,6 mm lang, etwa doppelt so lang wie breit. Mit *Chramesus badius* SCHEDL näher verwandt, aber größer, gedrungener, auf dem vorderen Halsschild mit einigen Schuppenhöckern, ähnlich wie bei *Chramesus aspericollis* SCHEDL, die Flügeldeckenzwischenräume sehr dicht mit gedrungenen, anliegenden Schüppchen bedeckt, auf dem Nahtzwischenraum zweireihig, auf den anderen unregelmäßig drei- bis vierreihig, außerdem mit je einer Medianreihe größerer, schief abstehender und mehr schlanker Schuppen wie bei *C. badius*.

Stirn abgeflacht, seidenglänzend, winzig punktuliert und fein punktiert, aus den Pünktchen entspringen kleine, aber schlank anliegende Schüppchen.

Halsschild breiter als lang (22:16), die hinteren Seitenecken rechtwinkelig, nicht abgerundet, die Seiten von der Basis an leicht bogig verengt, Apex breit gerundet, an den vorderen Seitenecken mit einigen winzigen Schuppenhöckerchen; Scheibe ansteigend gewölbt, nur mäßig glänzend, äußerst dicht und fein punktiert, die Pünktchen tragen kleine gedrungene, anliegende Schüppchen. Schildchen versenkt.

Flügeldecken wenig breiter und 1,5mal so lang wie der Halsschild, die Seiten in den basalen zwei Fünfteln parallel, Apex sehr breit gerundet, der Absturz beginnt bereits nach dem basalen Drittel und ist kräftig gewölbt; Scheibe nahezu ohne Glanz, sehr fein gestreift-punktiert, die Reihenpunkte kaum erkennbar, die Zwischenräume breit, im basalen Drittel äußerst dicht und etwa vierreihig fein punktiert und mit gedrungenen, anliegenden Schüppchen bedeckt, die Schüppchen auf dem Nahtzwischenraum etwa unregelmäßig dreireihig, auf der Absturzwölbung jeder Zwischenraum mit einer medianen Reihe schlankerer, längerer und schief abstehender Schuppen.

Ein kleineres Exemplar, 1,44 mm lang, mit einer mehr gewölbten Stirn, aber sonst gleicher Ausführung, könnte das Männchen sein.

Holotypus und ein Paratypus in Sammlung SCHEDL, ein Paratypus in Sammlung M. ALVARENGA.

Typenfundorte: Brasilien, Encruzilhada, 980 m, Bahia, XI. 1972, M. ALVARENGA (Holotypus); Pedra Azul, 700 m, N. Gerais, XI. 1972, SCABRA & OLIVEIRA.

Chramesus dentipes n. sp.

Männchen. — Dunkel rotbraun, 2,6 mm lang, 2mal so lang wie breit. Aus der Verwandtschaft des *Chramesus cristatus* SCHEDL, aber viel größer, die Flügeldecken grob gestreift-punktiert und die Zähnchen am 3. Zwischenraum des Absturzes groß und hakenförmig nach der Naht gebogen.

Stirn abgeflacht, in der unteren Hälfte leicht konkav, äußerst fein punktuliert, deshalb nur seidenglänzend, mit einigen längeren Haaren im oberen Drittel, die Seiten der Stirn beinahe etwas winkelig abgesetzt.

Halsschild wesentlich breiter als lang (30:20), trapezförmig im Umriß, hintere Seitenecken rechtwinkelig und nicht abgerundet, die Seiten in den basalen drei Fünfteln leicht bogig verengt, dann eine kräftige subapikale Einschnürung, Vorderrand nur mäßig breit gerundet; Scheibe nur seidenglänzend, aufsteigend gewölbt, hinter dem Vorderrand mit einem angedeuteten Quereindruck, äußerst dicht und fein punktuliert und mit sehr zahlreichen, kurzen, anliegenden Schuppenhärchen. Schildchen versenkt.

Flügeldecken etwas breiter (32:30) und 2,2mal so lang wie der Halsschild, Basalrand fein gezähnt, Seiten bis zur Mitte parallel, Apex breit gerundet, Flügeldeckenabsturz etwas vor der Mitte beginnend und schief abgewölbt; Scheibe kaum glänzend, mit Reihen kräftiger Punkte, die Zwischenräume eng, fein punktiert, auf den ersten drei mit je einer unregelmäßigen Doppelreihe schief abstehender Schuppenhärchen, auf den Seiten diese nur einreihig angeordnet und etwas länger; auf dem Absturz der 3. Zwischenraum etwas erhöht und mit einer Reihe von acht kräftigen, kegelförmigen Zähnen, der dadurch entstehende Nahteindruck dicht und fein punktiert und mit ganz kurzen Schuppenhärchen dicht besetzt, auf dem 5. Zwischenraum in der unteren Hälfte mit vier kleineren spitzen Zähnchen, die Seiten mit kurzen, anliegenden Schuppenhärchen und auf jedem Zwischenraum außerdem eine lockere Reihe längerer, schief abstehender Schuppenhaare.

Holotypus in Sammlung SCHEDL.

Typenfundort: Brasilien, Nova Teutonia, 300–500 m, 27°11′ Br, 52°23′ L., II. 1973, F. PLAUMANN.

Chramesus erinaceus SCHEDL, fem. n.

Weibchen. — Dunkelbraun, 2,4 mm lang, 1,5mal so lang wie breit.

Das von mir beschriebene Weibchen von *Chramesus erinaceus* (Opusc. Zool. München, 99, 1967: 7–8) ist synonym zu *Chramesus globosus* HAGEDORN (Deutsch. Ent. Ztschr., 1909: 742). Als Ersatz dient folgende Beschreibung:

S t i r n länglich im Umriß, ganz leicht konkav, seidenglänzend, dicht und fein punktiert, auf den Seiten entspringen aus den Punkten schlanke, aufrecht stehende Härchen.

H a l s s c h i l d viel breiter als lang (33:17), trapezförmig im Umriß, hintere Seitenecken nicht ganz rechtwinkelig und kaum abgerundet, die Seiten in den basalen zwei Dritteln stark bogenförmig verengt, Apex mäßig breit gerundet, die subapikale Einschnürung erkennbar; Scheibe aufsteigend leicht gewölbt, nahezu matt, äußerst dicht und fein punktiert und mit sehr kleinen anliegenden Schuppenhärchen bedeckt. Schildchen versenkt.

F l ü g e l d e c k e n breiter und 1,5mal so lang wie der Halsschild, Basis sehr fein gezähnt, Seiten in den basalen zwei Fünfteln parallel, Hinterrand sehr breit gerundet, der Absturz beginnt nach dem basalen Drittel und ist kräftig schief abgewölbt; Scheibe nahezu matt, mit Reihen mäßig feiner Punkte, die in seichten Streifen liegen und nach hinten deutlich kleiner werden, die Zwischenräume sehr breit, sehr dicht und fein punktiert und mit kleinen, anliegenden, gedrungenen Schüppchen bedeckt, am 2. Zwischenraum mit locker gestellten, kleinen konischen Zähnchen, die nach dem basalen Fünftel der Flügeldecken beginnen und sich bis zum Hinterrand fortsetzen, aber allmählich lockerer angeordnet sind, auf dem Absturz sind auf dem 3. und 4. Zwischenraum je eine Reihe kleinerer konischer Zähnchen erkennbar, die Schüppchen der Zwischenräume etwas auffallender, auf der Naht unregelmäßig dreireihig, auf dem seitlichen Zwischenraum vier- bis fünfreihig in Anordnung.

A l l o t y p u s (♀) und 1 ♀ Paratypus in Sammlung SCHEDL.

T y p e n f u n d o r t : Brasilien, Nova Teutonia, 300–500 m, 27°11' Br., 52°23' L., I. und VIII. 1973, F. PLAUMANN.

Chramesus neglectus n. sp.

Rotbraun, 1,60–1,68 mm lang, 2,1mal so lang wie breit. Mit *Chramesus badius* SCHEDL näher verwandt, besonders von gleicher Größe und Proportionen, aber die gedrungenen Schüppchen auf dem Halsschild und den Flügeldecken viel lockerer in der Anordnung und auf den Flügeldeckenzwischenräumen ohne Differenzierung nach Größe.

S t i r n gewölbt, ziemlich schmal zwischen den großen Augen, seidenglänzend, winzig punktuliert, dicht, fein und kaum erkennbar punktiert, mit einigen ganz kleinen, anliegenden Schüppchen gegen den Scheitel.

H a l s s c h i l d viel breiter als lang (18:13), Basis zweibuchtig, hintere Seitenecken etwas mehr als rechtwinkelig, die Seiten von der Basis an bogig verengt, Apex mäßig breit gerundet, eine subapikale Einschnürung angedeutet; aufsteigend flach gewölbt, mäßig glänzend, winzig punktuliert, ziemlich dicht und fein punktiert, aus den Pünktchen entspringen winzige gedrungene Schüppchen. Schildchen versenkt.

F l ü g e l d e c k e n breiter (20:18) und doppelt so lang wie der Halsschild, die Seiten in der basalen Hälfte parallel, Apex breit gerundet, der Absturz in der Mitte beginnend und ziemlich kräftig abgewölbt; Scheibe mäßig glänzend, leicht gestreift-punktiert, die Zwischenräume breit, winzig punktuliert und in der basalen Hälfte einreihig fein punktiert und mit einer medianen Reihe kleiner, gedrungener, schief abstehender Schüppchen, auf der Absturzwölbung sind diese Schüppchen wenig kräftiger und je Zwischenraum unregelmäßig doppelreihig bis dreireihig, die mittlere Reihe nur wenig kräftiger als die seitlich stehenden.

Ein zweites Exemplar ist deutlich kleiner, 1,60 mm lang.

H o l o t y p u s (das größere Exemplar) und Paratypus in Sammlung SCHEDL.

T y p e n f u n d o r t : Brasilien, Nova Teutonia, Santa Catarina, IX. 1971, F. PLAUMANN.

Pseudochramesus multiseriatus n. sp.

W e i b c h e n . – Schwarzbraun, 1,5 mm lang, 1,5mal so lang wie breit. Von der Größe und den Proportionen des *Pseudochramesus abbreviatus* SCHEDL, aber die Flügeldeckenzwischenräume dreireihig, äußerst dicht mit kurzen blaßgelben Schüppchen bedeckt.

Stirn flach gewölbt, dicht und fein punktiert, mit zahlreichen, schlanken, schuppenförmigen, anliegenden Härchen bedeckt, bei einer gewissen Beleuchtung scheint ein kurzer medianer Längskiel erkennbar.

Halsschild viel breiter als lang (46:25), trapezförmig im Umriß, hintere Seitenecken schiefwinkelig, die Seiten dreieckig verengt, der Vorderrand nur mäßig breit gerundet, eine subapikale Einschnürung angedeutet; Scheibe aufsteigend gewölbt, äußerst dicht und fein punktiert, glänzend, mit anliegenden schlanken Schuppenhärchen bedeckt. Schildchen versenkt.

Flügeldecken etwas breiter (50:46) und etwas mehr als doppelt so lang wie der Halsschild (53:25), Basis fein gezähnt, Seiten im basalen Drittel nahezu parallel, dann bogig verengt, Hinterrand nur mäßig breit gerundet, der Absturz nach dem basalen Drittel beginnend und schief abgewölbt, gestreift-punktiert, die Streifen eng, die Reihenpunkte in der Nähe der Basis klein aber deutlich erkennbar, auf dem Absturz unbedeutend, die scharf abgegrenzten Zwischenräume sehr dicht mit gedrungenen Schüppchen bedeckt, Dichte der Schüppchen drei- bis vierreihig, außerdem jeder Zwischenraum mit einer lockeren Reihe wenig auffallender (bei 50facher Vergrößerung), abstehender Schuppenhärchen.

Holotypus in Sammlung SCHEDL.

Typenfundort: Argentinien, Tablillas Salta, ohne Datum und Autor.

Hexacolus minutissimus n. sp.

Gelbbraun, 1,0 mm lang, 2,6mal so lang wie breit. Die bisher kleinste Art, die aus Brasilien bekannt wurde; die Flügeldecken glänzend und mit Reihen sehr großer Punkte, die Zwischenräume mit je einer medianen Reihe äußerst feiner und locker gestellter Pünktchen, von denen schief abstehende Börstchen entspringen.

Stirn flach gewölbt, glänzend, mit einigen äußerst feinen Pünktchen, ohne nennenswerte Behaarung.

Halsschild so lang wie breit, hintere Seitenecken rechtwinkelig und kaum abgerundet, die Seiten nur im basalen Drittel parallel, dann bogig verengt, Vorderrand breit gerundet, eine subapikale Einschnürung gerade noch erkennbar; Summit in der Mitte, vorn schief abgewölbt und mit feinen Schuppenhöckerchen besetzt, Basalstück mäßig glänzend, dicht und nur mäßig fein punktiert, Behaarung unbedeutend. Schildchen sehr klein, knopfförmig.

Flügeldecken ganz wenig breiter und 1,7mal so lang wie der Halsschild, die Seiten bis zur Mitte parallel, Hinterrand deutlich winkelig gerundet, der Absturz in der Mitte beginnend und schief abgewölbt; die Scheibe ziemlich glänzend, mit regelmäßigen Reihen ziemlich kräftiger Punkte, die Zwischenräume mäßig breit, mit je einigen kaum erkennbaren feinen Pünktchen; auf dem Absturz die Reihenpunkte etwas kleiner, die Zwischenraumpünktchen einreihig, sehr regelmäßig gestellt und mit schief abstehenden gelben Schüppchen.

Holotypus und 16 Paratypen in Sammlung SCHEDL.

Typenfundort: Brasilien, Nova Teutonia, 300–500 m, 27°11' Br., 52°23' L., VI. und VIII. 1973, F. PLAUMANN.

Scolytodes cylindricus n. sp.

Glänzend, schwarzbraun, 2,6 mm lang, 2,7mal so lang wie breit. Von der Form des *Scolytodes glaberrimus* WOOD, jedoch etwas größer, schlanker, mehr zylindrisch und die Flügeldeckenscheibe kräftig gestreift-punktiert.

S t i r n viel länger als breit, abgeflacht, ganz leicht konkav, Eindruck nahezu matt, die Seitenränder glänzend, fein und dicht punktiert, im Zentrum die Pünktchen scheinbar anliegende Schüppchen tragend.

H a l s s c h i l d wenig länger als breit (25:24), die hinteren Seitenecken rechtwinkelig und wenig abgerundet, die Seiten in der basalen Hälfte geradlinig, ganz leicht verengt. Vorderrand nur mäßig breit gerundet, eine subapikale Einschnürung angedeutet; der Länge nach leicht gewölbt, ohne deutlichen Buckel, in der vorderen Hälfte etwas stärker und mit feinen Punkten besetzt. Basalstück mehr seidenglänzend, winzig punktuliert und fein punktiert, ohne nennenswerte Behaarung. Schildchen schwer erkennbar.

F l ü g e l d e c k e n so breit und 1,6mal so lang wie der Halsschild, die Seiten bis zur Mitte parallel, Hinterrand nur mäßig breit gerundet, der Absturz beginnt hinter der Mitte und ist schief abgewölbt; Scheibe mäßig glänzend, gestreift-punktiert, die Punkte gegen die Basis etwas größer, hinten kleiner und enger gestellt, die Zwischenräume mäßig breit, kaum erkennbar gewölbt, mit je einer mittleren Reihe feiner Pünktchen, der Absturz glänzend, die Punkte der Zwischenräume etwas kräftiger.

H o l o t y p u s in Sammlung SCHEDL.

T y p e n f u n d o r t : Peru, Machu-Picchu, 2000 m, 17. VI. 1964, B. MALKIN.

Scolytodes grandis n. sp.

Glänzend, schwarzbraun, 4,0 mm lang, 2,7mal so lang wie breit. Von der lang ovalen Form des *Scolytodes elongatus* SCHEDL, aber bedeutend größer, Halsschildscheibe lockerer und feiner punktiert, die Flügeldecken deutlich aber fein gestreift-punktiert.

S t i r n oben breit gewölbt, unten mit einer seichten, breiten Eindellung, in der oberen Hälfte fein zerstreut punktiert, im unteren Eindruck die Punkte etwas größer und dicht gestellt.

H a l s s c h i l d breiter als lang (33:31), die Basis leicht winkelig, die hinteren Seitenecken rechteckig und kaum abgerundet, die Seiten im basalen Drittel nahezu parallel, dann bogig verengt, Vorderrand breit gerundet, eine subapikale Einschnürung kaum erkennbar; Scheibe der Länge nach flach gewölbt, nur mäßig glänzend, winzig punktuliert sowie fein und nur mäßig dicht punktiert, ohne nennenswerte Behaarung. Schildchen versenkt.

F l ü g e l d e c k e n deutlich breiter (37:33) und 2,2mal so lang wie der Halsschild, die Seiten bis zur Mitte parallel, Hinterrand, soweit erkennbar (die Flügeldecken sind gespalten), mäßig breit gerundet, der Absturz beginnt etwa in der Mitte und ist schief abgewölbt; Scheibe glänzend, mit Streifen relativ kleiner, eng gestellter Punkte, die Streifen gegen die Basis nur angedeutet, die Zwischenräume sehr breit, flach, gegen die Basis winzig chagriniert und fein unregelmäßig punktiert; auf dem Absturz sind die Streifen etwas deutlicher, aber ebenso eng wie auf der Scheibe und die breiten Zwischenräume sind mit unregelmäßigen, mehrreihig angeordneten Punkten besetzt, auch die Flügeldecken ohne nennenswerte Behaarung.

H o l o t y p u s in Sammlung SCHEDL.

T y p e n f u n d o r t : Peru, Machu-Picchu, 2000 m, 17. VI. 1964, B. MALKIN.

Cnesinus acuminatus n. sp.

Schwarzbraun, 1,6 mm lang, 2,6mal so lang wie breit. Mit *Cnesinus bispinatus* SCHEDL näher verwandt, aber kleiner, der Flügeldeckenhinterrand nur kurz keilförmig verengt und jede Flügeldecke etwas für sich gerundet, so daß an der Naht ein ganz kleiner Einschnitt zu sehen ist. Bei *Cnesinus bicinctus* SCHEDL ist jede Flügeldecke hinten in einen spitzen dreieckigen Fortsatz ausgezogen.

S t i r n flach gewölbt, seidenglänzend, winzig punktuliert, auf der Wölbung zum Scheitel jederseits mit einigen schlanken anliegenden Härchen.

H a l s s c h i l d länger als breit (32:29), hintere Seitenecken rechtwinkelig und nicht deutlich abgerundet, die Seiten im basalen Drittel ganz leicht divergierend, dann schief verengt, Vorderrand sehr breit gerundet, eine subapikale Einschnürung nicht erkennbar; Scheibe nur mäßig glänzend, Summit in der Mitte, vorn schief abgewölbt, sehr dicht längsrissig punktiert, ohne nennenswerte Behaarung. Schildchen klein, knopfförmig, dicht punktiert.

F l ü g e l d e c k e n wenig breiter (31:29) und 1,4mal so lang wie der Halsschild, am Absturzbeginn am breitesten, die Seiten in der basalen Hälfte gerade, Apex trapezförmig verengt, jede Flügeldecke etwas für sich gerundet, dadurch ein feiner keilförmiger Ausschnitt an der Naht, der Absturz in der Mitte beginnend und schief abgewölbt; Scheibe wenig glänzend, sehr dicht skulpturiert, gestreift-punktiert, die Streifen ziemlich eng, die Reihenpunkte mäßig fein, sehr dicht gestellt, Zwischenräume mäßig breit, besonders dicht mit mittelfeinen Punkten besetzt; auf dem schiefen Absturz ebenso gestreift-punktiert wie auf der Scheibe, die Zwischenräume etwas enger und mehr gewölbt, außerdem mit je einer medianen Reihe gedrungener, schief abstehender gelber Schüppchen, die stellenweise von seitlichen winzigen Härchen begleitet sind.

H o l o t y p u s und ein Paratypus in Sammlung SCHEDL.

T y p e n f u n d o r t : Brasilien, Nova Teutonia, 300–500 m, 27°11' Br., 52°23' L., VII. 1976, F. PLAUMANN.

Cnesinus laetus n. sp.

W e i b c h e n. – Glänzend, schwarzbraun, 2,3 mm lang, 3,0mal so lang wie breit. Verglichen mit *Cnesinus laevicollis* SCHEDL ist die neue Art viel größer, der Halsschild schlanker, stärker gewölbt und die Punktierung dichter sowie der Flügeldeckenabsturz einfach konvex.

S t i r n flach gewölbt, nahezu matt, äußerst dicht und fein punktiert, ohne nennenswerte Behaarung.

H a l s s c h i l d länger als breit (20:19), hintere Seitenecken rechtwinkelig und kaum abgerundet, die Seiten im basalen Drittel kaum erkennbar divergierend, Vorderrand breit gerundet, die subapikale Einschnürung angedeutet; Scheibe der Länge nach nahezu gleichförmig gewölbt, in der vorderen Hälfte etwas stärker, mäßig glänzend, äußerst dicht mit feinen eingestochenen Pünktchen besetzt, ganz leicht längsrissig, ohne nennenswerte Behaarung. Schildchen klein, punktiert.

F l ü g e l d e c k e n so breit und 1,8mal so lang wie der Halsschild, die Seiten in der basalen Hälfte parallel, Hinterrand ziemlich breit gerundet, der Absturz in der Mitte beginnend und schief abgewölbt; Scheibe mäßig glänzend, gestreift-punktiert, die Streifen sehr eng, in der Nähe der Naht etwas kräftiger vertieft, auf den Seiten flacher, die Reihenpunkte fein und eng gestellt, die Zwischenräume breit, mit zahlreichen Pünktchen unregelmäßig besetzt; auf dem Absturz die Punktstreifen etwas besser ausgeprägt, die Naht leicht erhöht, so hoch wie der 3. Zwischenraum, dazwischen eine seichte schmale Längsfurche, die Zwischenraumpunkte teilweise durch winzige Körnchen ersetzt, außerdem jeder Zwischenraum mit einer sehr regelmäßigen medianen Reihe ziemlich langer, schief abstehender Schuppenhärchen besetzt.

H o l o t y p u s (♀) in Sammlung SCHEDL.

T y p e n f u n d o r t : Brasil, Corcovado, Guanabara, IX. 1969, ALVARENGA & SEABRA

Cryphalus minutus n. sp.

Schwarzbraun, 1,0 mm lang, 2,1mal so lang wie breit. Die zweite aus Südamerika bekanntgewordene Art der Gattung *Cryphalus* ER., auffallend durch die geringe Größe, gedrungene Form und die grobe Skulpturierung des Halsschildes und der Flügeldecken.

S t i r n glänzend, breit gewölbt, fein punktiert.

H a l s s c h i l d breiter als lang (22:20), an der Basis am breitesten, hintere Seitenecken rechtwinkelig und etwas abgerundet, die Seiten im basalen Drittel leicht schief verengt, Vorderrand breit gerundet, eine subapikale Einschnürung kaum erkennbar; Scheibe hoch gewölbt, Summit in der Mitte, vorn kräftig abgewölbt und mit relativ kräftigen Schuppenhöckern besetzt, drei derselben kurz hinter dem Vorderrand, Basalstück kaum glänzend, ziemlich grob und dicht punktiert, die ganze Scheibe mit locker gestellten, abstehenden kurzen Härchen. Schildchen schwer erkennbar.

F l ü g e l d e c k e n wenig breiter und 1,5mal so lang wie der Halsschild, die Seiten bis zur Mitte parallel, Apex ziemlich breit gerundet, der Absturz in der Mitte beginnend und kräftig abgewölbt; Scheibe ganz wenig glänzend, mit Reihen mäßig großer Punkte, die Zwischenräume mäßig breit, dicht punktuliert und einreihig fein punktiert, mit einer medianen Reihe (sofern nicht abgerieben) schief abstehender kurzer Härchen; auf dem Absturz die Reihenpunkte etwas kräftiger und in leicht vertieften Streifen, die Zwischenraumpunkte wie auf der Scheibe, die in regelmäßigen Reihen angeordneten blaßgelben Schüppchen etwas gedrungener.

H o l o t y p u s in Sammlunug SCHEDL.

T y p e n f u n d o r t : Brasilien, Nova Teutonia, 300–500 m, 27°11' Br., 52°23' L., VII. 1973, F. PLAUMANN.

Neoglostatus n. gen.

Allgemeines Aussehen in Form und den Schuppen der Flügeldecken wie bei vielen Arten der Gattung *Cryphalomorphus* SCHAUF., aber mit 6gliedriger Fühlergeißel, das 5. Glied größer als das 4. und becherförmig wie das 6., Fühlerkeule gedrungen, nahezu kreisrund, ohne Naht oder Haarreihen. Eine neue Gattung der *Cryphalini*.

Neoglostatus squamosus n. sp.

Schwarzbraun, 1,2 mm lang, 2,2mal so lang wie breit. Der Halsschildbuckel etwas rötlich.

S t i r n flach gewölbt, nur mäßig glänzend, äußerst dicht und fein punktiert, in der unteren Hälfte mit einem feinen medianen Längskiel.

H a l s s c h i l d breiter als lang (26:23), hintere Seitenecken rechtwinkelig und leicht abgerundet, die Seiten im basalen Viertel parallel, dann trapezförmig verengt, Vorderrand breit gerundet und mit 6 kleinen Schuppenhöckern besetzt, eine subapikale Einschnürung erkennbar; Scheibe hoch gewölbt, Summit etwas hinter der Mitte, vorn steil abfallend, mit unregelmäßigen Reihen mäßig großer Schuppenhöcker, Basalstück kaum glänzend, dicht punktiert, auf der ganzen Scheibe mit locker gestellten, abstehenden, kurzen Härchen. Schildchen undeutlich.

F l ü g e l d e c k e n so breit und 1,7mal so lang wie der Halsschild, die Seiten bis zur Mitte parallel, Hinterrand breit, ganz leicht winkelig gerundet, der Absturz in der Mitte beginnend und kräftig schief abgewölbt; Scheibe ganz wenig glänzend, mit Reihen ziemlich kräftiger Punkte, ohne streifenförmige Vertiefung, Zwischenräume eng, fein punktiert, mit je einer Reihe schief abstehender, kurzer Schuppenhärchen, auf dem Absturz diese durch je eine unregelmäßige Doppelreihe sehr gedrungener rötlicher Schüppchen ersetzt, außerdem die Punktreihen auf dem Absturz streifenförmig vertieft.

H o l o t y p u s in Sammlung SCHEDL.

T y p e n f u n d o r t : Brasilien, Nova Teutonia, VII. 1973, F. PLAUMANN.

Hylocurus acutedentatus n. sp.

M ä n n c h e n . – Dunkel rotbraun, 2,7 mm lang, 2,6mal so lang wie breit. Von der Größe und der allgemeinen Form des *Hylocurus cancellatus* BLANDF., aber der Absturz oben verrundet abgewölbt und auf der Naht in halber Höhe auf dem 3. Zwischenraum mit einem sehr langen, schlanken, abstehenden Zahn.

S t i r n mäßig glänzend, breit gewölbt, äußerst dicht und fein körnelig punktiert.

H a l s s c h i l d länger als breit (27:24), hintere Seitenecken rechtwinkelig, kaum abgerundet, die Seiten in der basalen Hälfte parallel, Apex breit gerundet, Vorderrand mit sehr zahlreichen, eng gestellten, dreieckigen Schuppenhöckerchen, eine subapikale Einschnürung angedeutet; Summit in der Mitte, vorn schief abgeschrägt, dicht und fein geschuppt-gehöckert, das lange Basalstück äußerst dicht und mäßig kräftig punktiert, vorn mit einzelnen kurzen abstehenden Härchen. Schildchen nur mäßig groß, dreieckig, fein punktiert.

F l ü g e l d e c k e n kaum breiter und 1,4mal so lang wie der Halsschild, die Seiten in den basalen zwei Dritteln parallel, Apex dreieckig zugespitzt, der Absturz auf die distalen zwei Fünftel beschränkt und schief abgeschrägt, mit kleinen hinteren Seitenecken; Scheibe glänzend, rauh skulpturiert, gestreift-punktiert, die Reihenpunkte teilweise undeutlich, die Zwischenräume in der Nähe der Basis locker, fein punktiert, die Punkte gegen den Absturz durch stumpfe Körnchen ersetzt, solche auch auf dem oberen Teil der Absturzwölbung, im unteren Teil die Punktstreifen fehlend, ziemlich verworren und fein punktiert, alle Zwischenraumpunkte einschließlich Körnchen mit kurzen, rötlichen, abstehenden Härchen, auf dem 3. Zwischenraum in halber Höhe mit einem schlanken abstehenden Zahn.

H o l o t y p u s (♂) in Sammlung SCHEDL.

T y p e n f u n d o r t : Brasilien, Encruzilhada, 980 m, Bahia, XI. 1972, M. ALVARENGA.

Hylocurus trispinatus n. sp.

M ä n n c h e n . – Schwarzbraun, 2,0 mm lang, 2,6mal so lang wie breit. Von der Größe und der allgemeinen Form des *Hylocurus dubius* SCHEDL, aber der Absturz etwas weniger steil, der obere Rand desselben nicht winkelig abbrechend und die hinteren Seitenfortsätze ausgeprägter, länger und spitz endigend.

S t i r n mäßig glänzend, gewölbt, winzig punktuliert, dicht punktiert.

H a l s s c h i l d länger als breit (20,0:18,5), hintere Seitenecken rechtwinkelig, kaum abgerundet, die Seiten bis etwas über die Mitte parallel, Apex breit gerundet, Vorderrand mit zahlreichen dreieckigen Schuppenhöckerchen, eine subapikale Einschnürung nur angedeutet; Summit in der Mitte, vorn schief abgewölbt, ziemlich dicht und fein geschuppt-gehöckert, das lange Basalstück mäßig glänzend, im mittleren Teil etwas rauh, dicht punktiert, auf der Seite die Zwischenräume glatt, die Punkte zerstreuter, ganz kurze Härchen im vorderen Teil erkennbar. Schildchen mäßig groß, dreieckig und glänzend.

F l ü g e l d e c k e n so breit und 1,5mal so lang wie der Halsschild, die Seiten bis über die Mitte parallel, dann bogig verengt, Apex weit vorspringend, dreieckig, an der Naht spitz endigend, die hinteren Seitenecken zu dreieckigen Fortsätzen ausgezogen, so daß der Hinterrand der Flügeldecken dreispitzig erscheint, wobei die Seitenecken wesentlich kürzer sind als die Verlängerung entlang der Naht; Scheibe glänzend, in Reihen nicht ganz regelmäßig punktiert und streifig vertieft, die Zwischenräume relativ eng, gegen die Basis ungeordnet punktiert, gegen den Absturz die Punkte durch stumpfe Körnchen ersetzt, wobei gleichzeitig kurze, schief abstehende Schuppenhaare in Erscheinung treten; der Absturz gegen die Naht dachförmig erhöht, die Punktierung ungeordnet, die Zwischenräume winzig punktuliert, aber die Schuppenhaare mit regelmäßig reihiger Anordnung.

Das W e i b c h e n ist etwas schlanker, 2,8mal so lang wie breit, die hinteren Seitenecken des Flügeldeckenabsturzes lediglich angedeutet, die Punktierung im ganzen etwas dichter, ebenso die auf den Zwischenräumen gegen den Absturz vorhandenen Körnchen.

H o l o t y p u s (♂). Allotypus (♀) und zwei Paratypen in Sammlung SCHEDL.

T y p e n f u n d o r t e : Brasilien, Nova Teutonia, IX. 1972, F. PLAUMANN (Holotypus und Allotypus); Linha Facão, S. Catarina, VII. 1957, F. PLAUMANN.

Gnathocranus frontalis n. sp.

Weibchen. – Dunkelrotbraun, 2,1–2,5 mm lang, 2,75–2,78mal so lang wie breit. Von den beiden anderen bekannten Arten der Gattung *Gnathocranus*, *nova-teutonicus* SCHEDL und *argentiniae* SCHEDL, im weiblichen Geschlecht durch die nur wenig konkave Stirn, welche außerdem mit gelblichen Schuppenhaaren dicht besetzt ist, zu unterscheiden.

Stirn leicht konkav, mit Andeutung eines medialen Längskiels, beiderseits davon mit einer dichten Bürste gelblicher, schief abstehender Schuppenhaare, im Zentrum ein größerer Punkt, aus welchem ein ganz feiner Pinsel nach unten gerichteter Härchen entspringt.

Halsschild länger als breit (22:20), die hinteren Seitenecken rechtwinkelig, die Seiten in den basalen zwei Fünfteln parallel, dann ziemlich kräftig, schief verengt, Vorderrand etwas eng gerundet, meist etwas schnauzenförmig aufgebogen und fein, dicht mit Schuppenhärchen besetzt, eine subapikale Einschnürung angedeutet; Summit in der Mitte, vorn schief abgewölbt, locker mit kleinen Schuppen besetzt, das lange Basalstück lackglänzend, mäßig fein, ziemlich dicht punktiert, Behaarung unscheinbar. Schildchen dreieckig, winzig punktuliert und fein punktiert.

Flügeldecken so breit und 1,5mal so lang wie der Halsschild, die Seiten in den basalen drei Fünfteln parallel, Apex breit gerundet, der Absturz beginnt kurz hinter der Mitte und ist mäßig kräftig gewölbt; Scheibe mit Reihen nicht ganz regelmäßig angeordneter, mäßig feiner und nicht sehr dicht gestellter Punkte, in der Nähe der Basis um das Schildchen noch verworrener und dichter punktiert, die Zwischenräume mit noch mehr unregelmäßig gestellten Punkten von gleicher Größe wie in den Hauptreihen; auf dem Absturz die Punktierung wenig kräftiger und dicht verworren, die Naht kaum merklich erhöht, vereinzelt mit kurzen abstehenden Börstchen.

Männchen. – Von ähnlicher Größe und Farbe, aber meist etwas gedrungener, die Stirn breit gewölbt, über dem Vorderrand auf einer halbkreisförmigen Fläche etwas abgeflacht und mit einem feinen medialen Längskiel. Halsschild vielfach etwas gedrungener als beim Weibchen.

Holotypus (♀), Allotypus (♂) und 13 Paratypen in Sammlung SCHEDL, 28 Paratypen in Sammlung M. ALVARENGA.

Typenfundort: Brasilien, Encruzilhada, Bahia, XI. 1972. M. ALVARENGA.

Durch die neue Art entstehen Zweifel, ob die vermeintlichen Unterschiede von *Gnathoborus* SCHEDL (Kol. Rundschau, 48, 1970: 93) gegenüber *Gnathocranus* SCHEDL (Dusenia, 4, 1951: 116) stichhaltig sind. Es dürfte zweckmäßig sein, *Gnathoborus* als Synonym zu *Gnathocranus* zu stellen (syn. n.).

Pterocyclon assequens n. sp.

Rotbraun, 5,8 mm lang, 3,1mal so lang wie breit. Verglichen mit *Pterocyclon sulcipenne* n. sp. ist diese Art größer, schlanker, der Flügeldeckenabsturz am Beginn mit einem unbedeutenden Höckerchen auf dem ersten Zwischenraum, ein winkelig vorspringender Zahn am dritten Zwischenraum, welcher sich als kantiger Seitenwulst bis zum Hinterrand fortsetzt, letzterer an der Naht dreieckig ausgeschnitten.

Stirn teilweise durch den Halsschild verdeckt, soweit sichtbar, flach gewölbt, seidenglänzend matt, winzig punktuliert und mäßig fein dicht punktiert.

Halsschild länger als breit (28:23), hintere Seitenecken rechtwinkelig und breit gerundet, die Seiten in den basalen zwei Fünfteln ganz leicht konvergierend, dann stark bogenförmig verengt, Vorderrand nur mäßig breit gerundet und mit zehn gedrungenen, dreieckigen Schuppenhöckern besetzt; Summit etwas vor der Mitte, vorn schief abgewölbt, mit niederen Schuppenhöckern dicht besetzt, Basalstück ziemlich glänzend, äußerst fein und locker punktiert. Schildchen sehr klein, dreieckig, punktiert.

F l ü g e l d e c k e n so breit und 1,5mal so lang wie der Halsschild, die Seiten in den basalen zwei Fünfteln parallel, dann ganz leicht schief verengt, am Hinterrand jede Flügeldecke für sich breit gerundet, wodurch an der Naht eine ziemlich große dreieckige Ausnehmung entsteht; Scheibe nur mäßig glänzend, dicht mit ziemlich feinen Punkten besetzt, die eine reihenmäßige Anordnung nur da und dort erkennen lassen, in der Nähe der Naht etwas querrissig; der Absturz etwas hinter der Mitte beginnend, tief ausgehöhlt, am oberen Rand breit gewölbt, mit je einem winzigen Zähnchen am 1. und 2. Zwischenraum, der 3. Zwischenraum zu einem großen dreieckigen Zahn verlängert, dessen Seitenrand rechtwinkelig abbricht und sich bis zum Hinterrand als erhabene Kante fortsetzt, die kräftige Aushöhlung am Absturz mehr seidenglänzend, unregelmäßig grob punktiert und die Naht leicht dachförmig erhaben.

H o l o t y p u s in Sammlung SCHEDL.

T y p e n f u n d o r t : Peru, Dep. Cuzco, Marcapata-Thal, Nbfl. d. Madre de Dios, 3000 m, GARLEPP S. V.

Pterocyclon subductum n. sp.

Schwarzbraun, 4,2 mm lang, 3mal so lang wie breit. Wie *Pterocyclon sulcipenne* n. sp. im allgemeinen Körperbau, mit einem kurzen, steilen, konkaven Flügeldeckenabsturz, aber der erste Zwischenraum am Beginn desselben nur mit einem winzigen spitzen Zähnchen, der 3. Zwischenraum zu einem größeren dreieckigen Zahn ausgezogen, der 5. Zwischenraum mit einem Zahn wie jener des 3., aber etwas nach innen gebogen und der Nahtausschnitt am Flügeldeckenhinterrand viel kleiner, etwa so breit wie tief.

S t i r n im mittleren Teil matt und abgeflacht, seitlich davon flach gewölbt und glänzend, die Abflachung nahezu matt, winzig punktuliert und fein punktiert.

H a l s s c h i l d länger als breit (40:35), hintere Seitenecken rechtwinkelig und abgerundet, die Seiten in den basalen zwei Fünfteln parallel, Vorderrand breit gerundet, mit ganz niederen breiten Schuppenhöckern besetzt, die subapikale Einschnürung erkennbar; Summit in der Mitte, vorn schief abgewölbt und ziemlich dicht mit kleinen Schuppenhöckern besetzt, Basalstück glänzend, kaum erkennbar fein punktiert, einzelne abstehende Härchen im vorderen Drittel. Schildchen mäßig groß, glatt, mit einigen feinen Pünktchen.

F l ü g e l d e c k e n so breit und 1,6mal so lang wie der Halsschild, die Seiten in den basalen drei Fünfteln parallel, dann kaum merklich verengt, Hinterrand sehr breit gerundet, an der Naht mit schmaler dreieckiger Ausnehmung, der Absturz kurz, steil und schief abgewölbt und mit breiter Längsfurche jederseits der gut angehobenen Naht; Scheibe glänzend, äußerst fein und dicht punktiert und mit einigen angedeuteten Querrunzeln; am Beginn des Absturzes der 1. Zwischenraum mit einem kleinen abstehenden Zähnchen, der 3. Zwischenraum mit einem ähnlichen, aber wesentlich größeren Zahn, der Seitenrand bis zum 7. Zwischenraum wulstförmig erhaben, dann ein etwas nach innen geneigter kräftiger Zahn, gefolgt von dem gekanteten Hinterrand, die Absturzfläche glänzend, unregelmäßig fein punktiert.

H o l o t y p u s in Sammlung SCHEDL.

T y p e n f u n d o r t : Peru, Torentoy Canyon (Base Machu-Picchu), 2000–2200 m, VI. und VIII. 1964, B. MALKIN.

Pterocyclon subtruncatum n. sp.

Seidenartig matt, schwarzbraun, 4,1 mm lang, 2,7mal so lang wie breit. Im allgemeinen Körperbau dem *Pterocyclon subpronum* SCHEDL ähnlich, aber viel größer, der Flügeldeckenabsturz mit einem breiteren und tieferen Längseindruck und am Innenrand der Seitenwülste mit drei konischen Höckerchen.

S t i r n flach gewölbt, äußerst dicht und mäßig fein punktiert, aus den Punkten kurz anliegende Härchen entspringend.

Halsschild länger als breit (44:38), hintere Seitenecken rechtwinkelig und kaum abgerundet, die Seiten in den basalen zwei Fünfteln parallel, Vorderrand breit gerundet, ohne erkennbare subapikale Einschnürung; Summit in der Mitte, vorn schief abgewölbt und mit zahlreichen, aber relativ kleinen Schuppenhöckern besetzt, das relativ lange Basalstück winzig punktuliert und mit einigen fein zerstreuten Punkten. Schildchen klein, knopfförmig, fein punktiert.

Flügeldecken so breit und 1,5mal so lang wie der Halsschild, Seiten in den basalen vier Fünfteln parallel, Hinterrand unvermittelt sehr breit gerundet, in der Nähe der Naht nahezu quer, Absturz sehr steil, auf die distalen zwei Fünftel beschränkt, mit breiter Längsfurche und hohen Seitenwülsten, die den Hinterrand überragen; Scheibe seidenartig matt, winzig punktuliert, einige Reihen äußerst feiner Punkte gerade noch erkennbar; am Absturzbeginn der 1. Zwischenraum einfach abgewölbt und mit einem winzigen konischen Zähnchen, die Seitenwülste am 2. Zwischenraum beginnend, in Verlängerung des 3. Zwischenraumes mit einem winzigen stumpfen Höckerchen, dann anschließend am Innenrand der breiten Seitenwülste mit zwei größeren konischen Höckern, die steil abgeschrägte Absturzfläche ohne erkennbaren Längseindruck, winzig punktuliert und fein punktiert, der Apikalrand leicht angehoben, aber nicht erkennbar gekantet.

Holotypus in Sammlung SCHEDL.

Typenfundort: Columbien, Caucathal, O. THIEME S.

Pterocyclon sulcipenne n. sp.

Gelbbraun, glänzend, 3,8 mm lang, 2,7mal so lang wie breit. Wahrscheinlich mit *Pterocyclon penicillatum* EICHH. näher verwandt, aber der Halsschild viel gedrungener, so lang wie breit und der Flügeldeckenhinterrand breit konkav bzw. jede Flügeldecke für sich gerundet.

Stirn breit gewölbt, glänzend, fein und mäßig dicht punktiert, ohne nennenswerte Behaarung.

Halsschild kaum länger als breit, hintere Seitenecken rechtwinkelig, wenig abgerundet, die Seiten im basalen Drittel parallel, Vorderrand breit gerundet, mit einer Serie niederer, relativ großer Schuppenhöcker, eine subapikale Einschnürung kaum erkennbar; Summit, soweit erkennbar, in der Mitte (leicht beschädigt), vorn schief abgewölbt und mit relativ kleinen Schuppenhöckern bedeckt, außerdem einzelne, schief abstehende Härchen, Basalstück mäßig glänzend, winzig punktuliert, fein punktiert. Schildchen klein, dreieckig und glänzend.

Flügeldecken so breit und 1,7mal so lang wie der Halsschild, die Seiten in den basalen drei Fünfteln parallel, dann ganz leicht schief verengt, am Hinterrand jede Flügeldecke für sich gerundet, so daß an der Naht eine mäßig tiefe Einbuchtung entsteht, der Absturz in der Mitte beginnend, breit konkav, die Seitenränder gut ausgebildet und erhaben, mit drei Zähnchen am 1., 3. und 5. Zwischenraum, von denen das des 3. Zwischenraumes am größten ist, der kräftige Längseindruck stark glänzend, fein und ungeordnet punktiert, die Naht eng und ganz leicht erhaben; die Flügeldeckenscheibe ziemlich glänzend, nahe der Basis kaum erkennbar, dann mäßig kräftig in dicht gestellten Reihen punktiert.

Holotypus in Sammlung SCHEDL.

Typenfundort: Peru, Torentoy Canyon (Base Machu-Picchu), 2000–2200 m, VI. und VIII. 1964, B. MALKIN.

Amphicranus elegantulus n. sp.

Glänzend, rotbraun, Flügeldeckenabsturz schwarzbraun, 5,4 mm lang, 2,9mal so lang wie breit. In die Verwandtschaft *Amphicranus thoracicus* ER. gehörend, jedoch deutlich kleiner, der Flügeldeckenabsturz relativ kürzer, etwas steiler und die Seitenwülste desselben bis zum mittleren winkeligen Zahn, von der Seite betrachtet beinahe in derselben Ebene wie die Flügeldeckenscheibe.

Stirn vom Halsschild zur Gänze verdeckt.

Halsschild länger als breit (27:21), hintere Seitenecken rechtwinkelig, kräftig abgerundet, die Seiten im basalen Drittel parallel, dann leicht bogig eingezogen, Vorderrand mäßig breit, leicht winkelig gerundet und mit einigen ganz niederen flachen Schuppenhöckern besetzt, eine subapikale Einschnürung kaum erkennbar; Summit etwas vor der Mitte, vorn abgewölbt, im vorderen Drittel des Halsschildes mit dicht gestellten, kräftigen flachen Höckern besetzt, gegen den Buckel allmählich in eine querrunzelige Skulpturierung übergehend, die sich auch auf dem Basalstück in feinerer Ausführung fortsetzt, Behaarung bedeutungslos. Schildchen mäßig groß, dreieckig, glänzend, poliert.

Flügeldecken so breit und 1,3mal so lang wie der Halsschild, Seiten bis zur Mitte parallel, Apex ziemlich unvermittelt sehr breit gerundet, an der Naht mit feinem schlitzförmigen Ausschnitt, Flügeldeckenabsturz nach dem basalen Drittel beginnend, sehr schief abgeschrägt, mit breiter Längsfurche, der Hinterrand etwas schaufelförmig vorgezogen; Scheibe glänzend, fein, ziemlich dicht punktiert, teilweise mit etwas reihenartiger Anordnung; der Absturz mit einer kurzen dreieckigen Längsfurche beginnend, die bis zum 3. Zwischenraum reicht, hier ein kleines konisches Höckerchen aufweist und als gut ausgebildete Seitenwulst zu einem großen dreieckigen, leicht nach innen geneigten Zahn führt (5. Zwischenraum), der sich anschließend in den kantig erhabenen Seiten- bzw. Hinterrand fortsetzt, der Absturzeindruck lackglänzend, fein, ziemlich dicht eingestochen punktiert, die Naht eng, leicht erhaben, die schaufelförmigen Fortsätze äußerst dicht und fein punktiert.

Holotypus in Sammlung SCHEDL.

Typenfundort: Brasilien, Amapa, Alt. Amapari, 9. III. 1952, LANE Col.

Amphicranus plaumanni n. sp.

Glänzend, schwarzbraun, mit gelblichen Aufhellungen an den Seiten des Halsschildes und entlang der Naht auf der Flügeldeckenscheibe, 5,2 mm lang, 3mal so lang wie breit. Viel kleiner als *Amphicranus elegans* EICHH., außerdem etwas schlanker, der Eindruck des Flügeldeckenabsturzes ohne der beulenförmigen Erhebung innerhalb der Seitenwülste im unteren Drittel, außerdem der Nahtausschnitt am Hinterrand der Flügeldecken breiter.

Stirn breit gewölbt, seidenglänzend, winzig punktuliert, fein punktiert, in der Mitte über dem Epistomalrand mit einer kleinen halbkugeligen, fein punktierten Auftreibung.

Halsschild länger als breit (27:21), hintere Seitenecken rechtwinkelig, kaum abgerundet, die Seiten in den basalen zwei Fünfteln parallel, dann bogig eingezogen, Vorderrand deutlich winkelig abgerundet und mit einer Reihe flacher, mäßig großer Schuppenhöcker besetzt, eine subapikale Einschnürung kaum erkennbar; Summit deutlich vor der Mitte, vorn schief abgewölbt in der unteren Hälfte, dicht mit großen flachen Schuppenhöckern besetzt, oben gegen den Buckel sehr dicht, mäßig fein punktiert, mit einer dichten, mäßig feinen Punktierung, die auf den Basalteil des Halsschildes in eine feine querrunzelige Skulpturierung übergeht, Behaarung unbedeutend. Schildchen groß, dreieckig, glänzend, fein punktiert.

Flügeldecken so breit und 1,4mal so lang wie der Halsschild, die Seiten in der basalen Hälfte parallel, dann ganz leicht und nahezu geradlinig verengt, Apex quer, an der Naht mit einem großen schlitzförmigen Ausschnitt, seitlich davon jede Flügeldecke schaufelförmig, trapezförmig begrenzt. Absturz nach dem basalen Viertel beginnend, zuerst mit einem seichteren dreieckigen Eindruck bis zum 3. Zwischenraum, der durch ein kleines dreieckiges Zähnchen hervortritt und von dem aus die hohen, schmalen Seitenwülste nach hinten ziehen, unterbrochen am 5. Zwischenraum durch einen größeren dreieckigen Zahn und in doppeltem Abstand am 7. Zwischenraum durch einen solchen, der deutlich nach innen geneigt ist, Absturzeindruck glänzend, fein und ziemlich dicht punktiert, die Naht kaum erhaben, die schaufelförmigen Fortsätze winzig punktuliert sowie fein und unregelmäßig punktiert, auch die Ränder des Nahteinschnittes kantig erhaben.

Holotypus und fünf Paratypen in Sammlung SCHEDL.

Typenfundort: Brasilien, Nova Teutonia, 300–500 m, 27°11' Br., 52°23' L., IX. 1973, F. PLAUMANN.

Monarthrum peruanum n. sp.

Weibchen. – Schwarzbraun, seidenglänzend, gelbliche Aufhellungen nahe der Basis des Halsschildes und im nahtnahen Bereich der Flügeldeckenscheibe, 3,0 mm lang, 2,7mal so lang wie breit. Dem *Monarthrum edentatum* HAG. näherstehend, aber gedrungener, der Halsschildvorderrand breiter gerundet, der Flügeldeckenabsturz steiler und die Ausnehmung an der Naht des Hinterrandes kleiner.

Stirn breit gewölbt, stark glänzend, fein und mäßig dicht punktiert.

Halsschild länger als breit (34:28), hintere Seitenecken rechtwinkelig, wenig abgerundet, die Seiten in der basalen Hälfte parallel, Vorderrand breit gerundet, ohne deutliche subapikale Einschnürung; Summit in der Mitte, vorn schief abgewölbt, sehr dicht mit ganz kleinen Schuppenhöckern bedeckt, gegen den Buckel etwas querrissig, Basalstück winzig punktuliert, einige feine Punkte nahe der Basis. Schildchen klein, glatt und glänzend.

Flügeldecken so breit und 1,3mal so lang wie der Halsschild, die Seiten bis zur Mitte parallel, am Hinterrand jede Flügeldecke ganz leicht für sich gerundet, so daß an der Naht ein kleiner Ausschnitt entsteht, Absturz in der Mitte beginnend, zuerst eine schmale Furche entlang der Naht, dann schief abgeschrägt, gewölbt; Scheibe chagriniert und mit kaum erkennbaren Pünktchen, auf dem schiefen Absturz jede Flügeldecke etwas für sich gewölbt und im unteren Drittel mit einer Andeutung eines erhöhten Höckerchens, längs der Naht gefurcht, der Hinterrand jeder Flügeldecke fein gekantet, Skulpturierung wie auf der Scheibe, am äußeren Rand der Seitenwülste mit zwei bis drei winzigen spitzen Körnchen.

Holotypus (♀) in Sammlung SCHEDL.

Typenfundort: Peru, Tambo, Eneñas, Com. del Pichis, 3. July 20.

Xyleborus ambasinotatus n. sp.

Weibchen. – Schwarzbraun, Halsschild leicht rotbraun, 2,8 mm lang, 2,5mal so lang wie breit. Ein Vertreter der *Xylebori ambasiformi*, einer Gruppe, welche im zentralafrikanischen Raum artenreich vertreten ist und durch den nahezu quadratischen Halsschild besonders auffällt.

Stirn breit gewölbt, lackglänzend, sehr grob punktiert, übliche Haarfranse am Vorderrand.

Halsschild so lang wie breit, hintere Seitenecken rechtwinkelig und gerundet, die Seiten in den basalen zwei Fünfteln nahezu parallel, dann ganz leicht schief verengt, Vorderrand sehr breit gerundet, dadurch die vorderen Seitenecken deutlich ausgeprägt; Summit in der Mitte, vorn schief abgewölbt, äußerst dicht mit kleinen Schuppenhöckern besetzt, dazwischen locker gestellte abstehende Härchen, Basalstück seidig glänzend, winzig punktuliert, sehr fein punktiert. Schildchen klein, knopfförmig, fein punktiert.

Flügeldecken wenig breiter und 1,7mal so lang wie der Halsschild, die Seiten bis zur Mitte parallel, der Hinterrand breit, leicht winkelig gerundet, der Absturz in der Mitte beginnend und schief abgewölbt; Scheibe mit dicht gestellten Reihen mäßig feiner Punkte, Punkte, welche die Hauptreihen andeuten, etwas größer, gegen den Absturz sind diese Reihen noch enger gestellt und einige Punkte der Zwischenräume durch winzige, gerade noch erkennbare Körnchen ersetzt, außerdem die Zwischenräume mit vereinzelten, schief abstehenden, langen Härchen.

Holotypus (♀) und ein beschädigter Paratypus in Sammlung SCHEDL.

Typenfundort: Ecuador, verst. O. des Andes, Santo Domingo, 600 m, J. et. N. LELEUP.

Xyleborus melanarius n. sp.

Weibchen. — Schwarzbraun, 2,2 mm lang, 2,3mal so lang wie breit. Eine neue Art der *Xylebori scabrati*, von der gedrungenen Gestalt des *Xyleborus lecontei* HOPK., der Halsschildvorderrand einfach breit gerundet, die Flügeldecken viel feiner skulpturiert und der Flügeldeckenabsturz ohne erkennbare Höcker oder Zähne.

Stirn breit gewölbt, wenig glänzend, sehr dicht, mäßig fein punktiert, in der Mitte mit Andeutung eines winzigen Längskiels.

Halsschild breiter als lang (23:21), hintere Seitenecken rechtwinkelig und etwas abgerundet, die Seiten im basalen Drittel parallel, dann bogig verengt, Vorderrand breit gerundet und mit sehr kleinen niederen Schuppenhöckern besetzt, ohne erkennbare subapikale Einschnürung; Scheibe hoch gewölbt, Summit in der Mitte, vorn kräftig abfallend, äußerst dicht und äußerst fein geschuppt-gehöckert, außerdem mit mäßig langen, abstehenden Härchen, die rauhe Skulpturierung auch auf dem Basalstück fortgesetzt, wenn auch etwas feiner und mit mittelgroßen Punkten vermischt. Schildchen sehr klein, dreieckig, fein punktiert.

Flügeldecken so breit und 1,5mal so lang wie der Halsschild, Seiten bis zur Mitte parallel, Hinterrand sehr breit gerundet, Absturz in der Mitte beginnend und ziemlich kräftig abgewölbt; Scheibe mäßig glänzend, mit dicht gestellter, mäßig feiner Punktierung, die eine reihenartige Anordnung schwer erkennen lassen, die Reihenpunkte von jenen der Zwischenräume schwer zu unterscheiden; am steil gewölbten Absturz ist die Naht leicht erhaben, die erste Punktreihe deutlich streifig vertieft, der 1. und 3. Zwischenraum mit einigen winzigen spitzen Körnchen, ansonsten der ganze Absturz sehr dicht verworren punktiert, der Hinterrand fein gekantet, von den Zwischenraumpunkten entspringen ganz kurze Härchen von regelmäßiger einreihiger Anordnung.

Holotypus (♀) in Sammlung SCHEDL.

Typenfundort: Brasilien, Nova Teutonia, 300—500 m, 27°11′ Br., 52°23′ L., X. 1973, F. PLAUMANN.

Xyleborus neotruncatus n. sp.

Weibchen. — Rotbraun, die Flügeldecken hinten dunkler, 4,4 mm lang, 2,3mal so lang wie breit. Der erste Vertreter der *Xylebori truncati* aus dem neotropischen Raum, an der Größe und dem glänzenden, nicht ganz ebenen und dicht punktierten Absturz leicht erkennbar.

Stirn breit gewölbt, nahezu matt, winzig punktuliert, mäßig kräftig punktiert, die unten ansetzende Haarfranse besonders deutlich.

Halsschild so lang wie breit, hintere Seitenecken etwas mehr als rechtwinkelig und deutlich abgerundet, die Seiten im basalen Viertel leicht divergierend, dann bogig verengt, Vorderrand breit gerundet, in der Mitte durch sechs Schuppenhöcker verlängert erscheinend, ohne subapikale Einschnürung; Scheibe hoch gewölbt, Summit etwas hinter der Mitte, vorn steil abfallend, mäßig dicht mit mittelgroßen flachen Schuppenhöckern besetzt, dazwischen einzelne abstehende Härchen, das kurze Basalstück mäßig glänzend, sehr dicht mit mittelgroßen Punkten besetzt, die Basis bei dieser Art fein gerandet. Schildchen mäßig groß, knopfförmig, fein punktiert.

Flügeldecken an der Basis so breit wie der Halsschild, in der Nähe des Absturzes etwas breiter, 1,3mal so lang wie der Halsschild, die Seiten bis auf das letzte Viertel geradlinig, Hinterrand unvermittelt breit gerundet, der Absturz auf die distalen zwei Fünftel beschränkt und steil abgeschrägt, wie dies bei den *Xylebori truncati* üblich ist; Scheibe glänzend, mit Reihen nicht ganz regelmäßig gestellter, mäßig großer Punkte, die Zwischenräume sehr breit, einreihig punktiert, die Punkte in der Nähe der Basis etwas kleiner, unmittelbar vor dem Absturz gedrängter, der erste Zwischenraum mit einem kräftigen, dreieckigen Zahn, der über die kreisrunde Absturzfläche hinausragt, die Ränder erhaben gekantet, die Fläche nicht ganz eben, mäßig glänzend, sehr dicht und ziemlich grob punktiert, aber ohne reihenartige Anordnung.

Holotypus (♀) in Sammlung SCHEDL.

Typenfundort: Brasilien, Nova Teutonia, 300–500 m, 27°11′ Br., 52°23′ L., XI. 1974, F. PLAUMANN.

Platypus interponens n. sp.

Männchen. – Rotbraun, 2,75 mm lang, 3,3mal so lang wie breit. Die neue Art gehört in die *Platypi terminati* und steht *Platypus enixus* SCHEDL nahe, aber größer, der Flügeldeckenhinterrand breiter, das Zähnchen am 1. Zwischenraum am Oberrand des Absturzes deutlich größer, die Zähnchen auf den Zwischenräumen 3 und 5 kleiner und deutlich voneinander getrennt, ohne dazwischenliegende kleine Höckerchen, wie dies bei *enixus* der Fall ist.

Stirn eben, seidenglänzend, winzig punktuliert und fein, äußerst dicht punktiert, einzelne Härchen gegen den Scheitel.

Halsschild wenig länger als breit (20:19), seitliche Schenkelgruben gut entwickelt, kurz; Scheibe lackglänzend, äußerst fein und sehr locker punktiert, Medianfurche kurz und tief.

Flügeldecken wenig breiter und doppelt so lang wie der Halsschild, die Seiten in den basalen drei Fünfteln parallel, dann leicht schief verengt, Hinterrand breit, die Seitenecken in Form von spitzen Zähnchen, der Absturz auf das distale Drittel beschränkt und leicht konvex; Scheibe lackglänzend mit schwer erkennbaren Reihen feiner, locker gestellter Punkte, die Zwischenräume eben, kaum erkennbar punktiert; im distalen Drittel sind die Hauptreihen streifenartig vertieft und die Punkte wesentlich größer, die Zwischenraumpunkte mit einzelnen schief abstehenden Börstchen, am Hinterrand endigen der 1. und 3. Zwischenraum in ein kurzes dreieckiges Zähnchen, die Absturzfläche sehr schmal, leicht konkav und dicht punktiert.

Holotypus (♂) und ein Paratypus in Sammlung SCHEDL, ein Paratypus in Sammlung M. ALVARENGA.

Typenfundort: Brasilien, Encruzilhada, 980 m, Bahia, XI. 1972, M. ALVARENGA.

Platypus roppai n. sp.

Männchen. – Rotbraun, 2,4 mm lang, nicht ganz 4mal so lang wie breit. Mit *Platypus neotruncatus* SCHEDL näher verwandt, aber bedeutend kleiner, die Flügeldeckenseiten etwas weniger parallel, die hinteren Seitenecken winkelig vorgezogen, der Hinterrand glatt, die senkrechte Absturzfläche leicht konkav und die Oberkante etwas vorspringend.

Stirn eben, winzig punktuliert und äußerst dicht und ziemlich fein punktiert, mit einigen schief abstehenden Härchen gegen den Scheitel.

Halsschild deutlich länger als breit, die seitlichen Schenkelgruben kurz aber tief; Scheibe glänzend, dicht und fein punktiert, Medianfurche lang und fein.

Flügeldecken wenig breiter und 1,6mal so lang wie der Halsschild, die Seiten in den basalen zwei Dritteln nahezu parallel, dann ganz leicht verengt, hintere Seitenecken spitz gezähnt, die Scheibe nahezu horizontal, der Absturz senkrecht abbrechend und der Oberrand kantig vorstehend und leicht stumpf gezähnt, der Unterrand des Absturzes breit gerundet, die Absturzfläche etwas konkav und winzig punktuliert; die Flügeldeckenscheibe glänzend, mit Reihen feiner Punkte, die erste Reihe von der Basis an streifig vertieft, die Zwischenräume mäßig breit und locker sowie äußerst fein punktiert, im letzten Viertel die Punkte kräftiger, auch jene der Zwischenräume, wobei einzelne der letzteren durch winzige Körnchen ersetzt werden, der Hinterrand ganz kurz abstehend dicht behaart.

Holotypus (♂) und ein Paratypus in Sammlung SCHEDL, zwei Paratypen in Sammlung M. ALVARENGA.

Typenfundort: Brasilien, Linhares, E. Santo, IX. 1972, ROPPA & ALVARENGA.

Platypus transitus n. sp.

Männchen. – Rotbraun, Flügeldeckenabsturz dunkel, 3,2 mm lang, 3,3mal so lang wie breit. Eine neue Art der *Platypi costellati* und durch die stumpfen hinteren Seitenfortsätze der Flügeldecken besonders ausgezeichnet.

Stirn eben, seidenglänzend, winzig punktuliert, fein und sehr dicht punktiert, gegen den Scheitel mit einzelnen, kurz abstehenden Härchen. Fühlerschaft groß, dreieckig erweitert.

Halsschild wenig länger als breit (25:24), seitliche Schenkelgruben gut entwickelt hinten winkelig begrenzt, Scheibe mäßig glänzend, dicht und fein punktiert, Medianfurche kurz und fein.

Flügeldecken wenig breiter und ungefähr doppelt so lang wie der Halsschild, die Seiten geradlinig und sehr fein gezähnt, scheinbar parallel, die Scheibe horizontal, der Absturz senkrecht abbrechend, Hinterrand eingebuchtet, die Seitenecken als stumpfe Fortsätze vorspringend; Scheibe gerieft-gekielt, die Riefen breit, winzig punktuliert, die Punkte meist undeutlich, die Zwischenräume fein gekielt, ohne nennenswerte Punktierung; am Oberrand des senkrechten Absturzes am 3. Zwischenraum mit einem stumpfen vorspringenden Zähnchen, ein kleineres ähnliches Zähnchen am 5. Zwischenraum, vom 7. Zwischenraum nach auswärts eine gemeinsame Kante; der senkrechte Absturz leicht konkav, wenig glänzend, äußerst dicht und ungeordnet punktiert; letztes Sternit mit zwei stumpfen Höckern.

Holotypus (♂) in Sammlung SCHEDL.

Typenfundort: Brasilien, Linhares, E. Santo. X. 1972, ROPPA & ALVARENGA.

Zusammenfassung

Neue und interessante Fundorte von 41 Arten der *Scolytidae* bzw. *Platypodidae* aus dem neotropischen Raum (Brasilien, Paraguay, Peru, Ecuador, Chile, Galapagos-Inseln, Guadeloupe) werden mitgeteilt. Als neu beschrieben werden 1 Gattung, 28 Arten sowie von einer weiteren Art das bisher unbekannte Weibchen, vorwiegend aus Brasilien, daneben aus Peru, Argentinien, Kolumbien sowie Ecuador.

Summary

NEOTROPICAL SCOLYTOIDEA XIV

New and interesting localities of 41 *Scolytidae*, resp. *Platypodidae* from the neotropical area (Brazil, Paraguay, Peru, Ecuador, Chile, Galapagos Islands, Guadeloupe) are listed. One genus, 28 species, as well as the hitherto unknown female of a further species originating mainly from Brazil, besides from Peru, Argentine, Columbia, and Ecuador, are described as new taxonomic units.

Anschrift des Autors:
Univ. – Prof. Dr. Karl E. Schedl, Pfarrgasse 19, A–9900 Lienz, Österreich.

ENTOMOLOGISCHE ABHANDLUNGEN

STAATLICHES MUSEUM FÜR TIERKUNDE IN DRESDEN

Band 41 Ausgegeben: 28. Februar 1978 Nr. 9

Evolutionszentren bei den Scolytoidea

(Coleoptera)

334. Beitrag zur Morphologie und Systematik der *Scolytoidea*

KARL E. SCHEDL

Lienz, Osttirol, Österreich

Die Systematik der rezenten phytophagen Überfamilie *Scolytoidea* liegt nunmehr in großen Zügen fest, die geographische Verbreitung der Arten und auch der höheren taxonomischen Einheiten ist weitgehend geklärt und das biologische Verhalten, die Brutgewohnheiten und die Ernährungsweise überschaubar. Damit erscheint der Versuch des Verfassers gerechtfertigt, nach 56jähriger Beschäftigung mit dieser Überfamilie die Frage der Evolutionszentren aufzuwerfen, einmal in der Richtung, ob sich phylogenetische Entwicklungszentren räumlich gesehen erkennen lassen, zum anderen, wo eine weitgehende taxonomische Differenzierung in jüngerer Zeit anzunehmen ist bzw. noch im vollen Gange erscheint, und welche taxonomischen Einheiten für diese modernen Evolutionszentren in Frage kommen.

Die ökologischen Voraussetzunugen für das Vorkommen der *Scolytoidea* werden von abiotischen und biotischen Faktoren beeinflußt. Unter den abiotischen Faktoren spielen vor allem die Temperatur und die Luftfeuchtigkeit eine gewichtige Rolle. Von geringerer Bedeutung sind Licht, Luftdruck und Luftbewegung, während die chemische Zusammensetzung der Medien Luft und Boden weitaus in den Hintergrund treten. Am biotischen Faktoren ist vor allem das Nahrungsangebot, in unserem Falle die Ausbildung und Dichte einer baumartigen Vegetation, zu nennen.

Die Temperatur beeinflußt in erster Linie die Entwicklungsdauer einer Generation. Im tropischen Regenwald ist die Entwicklungsdauer am kürzesten, beläuft sich oft auf ganz wenige Wochen, und es folgen Generation auf Generation ohne eine größere Diapause. Gegen die Pole zu, besonders auf der nördlichen Halbkugel, verlängert sich die Entwicklungsdauer, wird einjährig mit einer langen winterlichen Diapause oder nimmt sogar mehrere Jahre in Anspruch. Aus diesen Gegebenheiten besteht in tropischen Regenwäldern viel eher die Möglichkeit, durch Mutation oder Auslese die Differenzierung artenmäßig oder in höheren taxonomischen Einheiten zu fördern. Eine Einschränkung ergibt sich aber dann, wenn am Rande des Regenwaldes größere jährliche Trockenperioden vorkommen, die Luftfeuchtigkeit dadurch wesentlich herabgesetzt wird, und damit die Zahl der Generationen je Jahr abnimmt, während eine saisonmäßige Diapause sich bemerkbar macht. Schon aus diesen Gesichtspunkten ist eine taxonomische Differenzierung im tropischen Regenwald eher zu erwarten als in der gemäßigten Zone, Tatsachen, die längst erkannt sind.

Ein anderer Aspekt der Kombination Temperatur und Luftfeuchtigkeit ergibt sich durch die Zahl der möglichen Wirtspflanzen in den verschiedenen Regionen. Während es am Nordrand der Holarktis bei einer Reihe von Scolytiden zu einer floristisch bedingten Monophagie (Nadelholzzone) kommen konnte, im gemäßigten Bereich, vorwiegend in der artenreicheren Laubholzzone, häufig eine erkennbare Oligophagie gegeben ist, bietet der tropische Regenwald mit seinen kaum überschaubaren floristischen Zusammensetzungen alle Voraussetzungen für eine artenreiche Fauna.

Eine weitere Frage phylogenetischer Entwicklung betrifft die Brutgewohnheiten und die Ernährung der Larven. Man könnte annehmen, daß die *Scolytidae* aus Vorfahren abzuleiten sind, die in diesen Belangen wenig wählerisch waren wie die Mehrzahl der rezenten Vertreter dieser Familie, einmal in bezug auf die Wirtswahl, zum anderen auf den physiologischen Zustand des Nährsubstrates, Zusammenhänge, für welche auch einige Vertreter der modernen Fauna genannt werden können. Anklänge solch primitiver Brutgewohnheiten bzw. Larvenernährung finden sich vor allem in der Gattungsgruppe *Cryphalini*. *Hypothenemus eruditus* WESTW., in der ganzen Tropenzone verbreitet, wurde aus einer Unzahl von Wirtspflanzen gemeldet und brütet ebenso auf relativ frischen Zweigen, Ästen oder Stämmen wie auch in ganz trockenem toten Material, außerdem in trockenen Früchten und Samen. Hand in Hand mit diesen geringen Ansprüchen an das Brutmaterial zeigen sich sehr primitive Brutgewohnheiten mit nahezu ungeordneten Brutgängen der Eltern, unregelmäßig verlaufende Gänge der Larven und einer unregelmäßigen, häufchenweisen Eiablage. Eine mehr einseitige Orientierung ist dann gegeben, wenn die Larvennahrung zur Gänze oder im vorgeschrittenen Stadium, worüber noch zu berichten sein wird, aus dem Holz, meist auch im trockenen, abgestorbenen Zustand, also xylophag, wie bei den *Bostrichidae*, vielen *Cerambycidae* und *Buprestidae*, bezogen wird.

Eine höhere Stufe der Brutgewohnheiten, die Phloeophagie, ist dann gegeben, wenn die Elterntiere in die Rinde von Bäumen und Sträuchern eindringen, zwischen Rinde und Holz ihre Brutgänge anlegen, die Eier unregelmäßig, häufchenartig oder in geordneter Verteilung in kleinen Nischen an den Seiten der Brutröhren unterbringen. Die Brutröhren können einarmig oder zweiarmig der Faser folgend oder quer dazu gestellt, außerdem auch strahlenförmig angeordnet sein. Die Larven ernähren sich, indem sie im Phloem sich allmählich erweiternde Gänge nagen und diese mit den Exkrementen füllen. Am Ende solcher Gänge wird ein Raum für die Verpuppung geschaffen und nach Abschluß derselben bohren sich die jungen Käfer radial nach außen.

Eine hohe ernährungsmäßige Spezialisierung, die sogenannte Xylomycetophagie, wird dann erreicht, wenn sich die Brut vom Nährsubstrat Holz oder Bast löst und sich vom Myzel von Pilzen ernährt, deren Sporen die Eltern von Brutbaum zu Brutbaum übertragen und an den Gangwänden ansiedeln, woraus sich dann ein geschlossener Pilzrasen der Nachkommenschaft als Nahrung anbietet. Das bei der Anfertigung der einfachen oder recht komplizierten Brutgänge anfallende Material wird ungenutzt durch die Einbohrlöcher nach außen geschafft. In einem älteren Stadium dieser neuen Entwicklung beteiligen sich noch beide Geschlechter an der Anlage der Brutgänge, beispielsweise bei den *Xyloterini* und *Corthylini* der Unterfamilie *Ipinae* und den *Scolytoplatypinae*.

In der höchsten bisher beobachteten Form der Brutgewohnheiten übernehmen die Weibchen allein die Übertragung des Nährpilzes von Baum zu Baum und die Anlage der Brutröhre, während die Männchen an der Geburtsstätte nach der Begattung der Weibchen eingehen. Hierzu zählt die weltweit verbreitete Gattung *Xyleborus* EICHH., mit etwa 1400 beschriebenen, derzeit gültigen 1163 Arten, deren vielseitige morphologische Differenzierung bei Beibehaltung klar erkennbarer Gattungsmerkmale eine taxonomische Gliederung so erschweren und bis jetzt, ähnlich wie bei der Gattung *Platypus* HERBST, nur zur Ausscheidung einer Reihe von Artengruppen, Sektionen, führten.

Familie Scolytidae

Nach dem derzeitigen Stand der Systematik gliedert sich die Familie *Scolytidae* in 5 Unterfamilien mit insgesamt 255 Gattungen. Letztere verteilen sich folgendermaßen:

Scolytinae:	5 Gattungen	mit	196 Arten
Hylesinae:	87 Gattungen	mit	1 195 Arten
Xyloctoninae:	5 Gattungen	mit	57 Arten
Ipinae:	157 Gattungen	mit	4 197 Arten
Scolytoplatypinae:	1 Gattung	mit	37 Arten
	255 Gattungen	mit	5 682 Arten

Phylogenetisch sind die *Scolytidae* wahrscheinlich nicht von einheitlicher Herkunft und es wäre die Unterfamilie *Scolytinae* den anderen Unterfamilien gegenüberzustellen. Für diese Annahme sprechen nicht nur morphologische Merkmale, sondern auch die Verbreitung, die sich nur auf die Holarktis und die neotropische Region erstreckt, während für ein Vorkommen in der äthiopischen und orientalischen Region sowie für Australien Belege fehlen.

Tabelle 1. Die Unterfamilien der *Scolytidae* mit der Verbreitung der Gattungen (Endemismen in Klammern) in den einzelnen Faunenbereichen. In allen Tabellen sind die bisher gemeldeten zahlreichen Synonyma, aber nicht die anthropogen bedingten Verschleppungen von Kontinent zu Kontinent berücksichtigt.

	Palaearktis	Äthiop. Region[1]	Orient. Region	Austral. Region	Neotrop. Region	Nearktis
Scolytinae	1	—	—	—	5 (3)	2
Hylesinae	23 (5)	27 (17)	20 (9)	10 (5)	23 (11)	17 (2)
Xyloctoninae	—	2 (2)	3 (2)	1	—	—
Ipinae	25 (1)	58 (19)	33 (3)	31 (3)	78 (43)	32 (3)
Scolytoplatypinae	1	1	1	1	—	—
	50 (6)	88 (38)	57 (14)	43 (8)	106 (57)	51 (5)

Die kleine Unterfamilie *Scolytinae* dürfte phylogenetisch mit den jüngeren *Hylesinae* gleichzustellen sein und beschränkt sich mit ihren 5 Gattungen auf die Holarktis und die neotropische Region. Die aus Indien gemeldeten Arten stammen alle aus dem Südabhang des Himalaya, also der Nadelholzzone, die zur Palaearktis zu rechnen ist.[2] Von den 5 bekannten Gattungen der *Scolytinae* findet sich *Scolytus* GEOFFR. in der Holarktis und der neotropischen Region, während *Loganius* CHAP. den größten Artenreichtum in der Neotropis aufweist und nur eine ganz geringfügige Ausstrahlung die Nearktis erreicht. Die Gattungen *Camptocerus* LATR., *Cnemonyx* EICHH. und *Scolytopsis* BLANDF. stellen Endemismen im neotropischen Raum dar.

Tabelle 2. Die Gattungsgruppen der Unterfamilie *Hylesinae* und ihre gattungsmäßige Verbreitung in den einzelnen Faunenbereichen. Endemismen sind in Klammern gesetzt.

[1]) Einschließlich Madagaskar.

[2]) Dies trifft sinngemäß auch für einige analoge Fälle der palaearktischen *Hylesinae* und *Ipinae* zu.

	Gattungen	Arten	Palaearktis	Äthiop. Region	Orient. Region	Austral. Region	Neotrop. Region	Nearktis
Phloeotrupini	3	38	—	1	1	1	2 (2)	—
Phloeotribini	5	108	3	—	—	1	2	2
Hylastini	13	130	6 (3)	2 (2)	2 (2)	2 (2)	4 (1)	3
Chaetophloeini	2	22	—	1 (1)	—	—	1	1
Polygraphini	4	151	2	3	1	—	1	2
Hylesini	21	182	7 (1)	6 (3)	5 (2)	6 (3)	5 (2)	5 (2)
Strombophorini	6	79	—	6 (6)	—	—	—	—
Hemiphloeini	5	11	—	2 (2)	2 (2)	—	—	—
Diamerini	3	40	—	1	2 (1)	—	—	—
Phloeosini	3	102	1	1	3 (1)	—	—	1
Phrixosomini	1	22	—	—	—	—	1 (1)	—
Hyorrhychini	3	10	3 (1)	—	2	—	—	—
Sphaerotrypini	2	34	3 (2)	1	1	—	—	—
Chramesini	3	98	—	—	—	—	2	2
Hypoborini	6	42	2 (1)	3 (3)	1 (1)	—	—	1
Bothrosternini	6	126	—	—	—	—	5 (5)	—
	87	1195	27 (8)	27 (17)	20 (9)	10 (5)	23 (11)	17 (2)

Von den verbleibenden Unterfamilien sind die *Hylesinae* mit 87 Gattungen und 1195 derzeit gültigen Arten zweifellos phylogenetisch am ältesten und lassen eine nähere Verwandtschaft, teilweise auch bezüglich der Brutgewohnheiten und Ernährung, mit den *Cossoninae (Curculionidae*, z. B. bei *Stenoscelis semiopacus* VOSS) Afrikas, erkennen. Verbreitungsmäßig sind die *Hylesinae* in allen Faunenreichen vertreten, Maxima an Gattungen, nämlich je 27, weisen die Palaearktis und die äthiopische Region auf, dann folgt die orientalische Region mit 20 und die australische Region mit 10 Gattungen. In der Neuen welt zählen zu den *Hylesinae* 17 Gattungen in der Nearktis und 23 Gattungen in der neotropischen Region.

Ein weiteres, schwerer wiegendes Kriterium phylogenetischer Art bilden die gattungsmäßigen Endemismen. Die Spitze hält die äthiopische Region mit 17, die Palaearktis folgt mit nur 8, die Nearktis mit 2, die orientalische Region mit 9 und die neotropische Region mit 11 endemischen Gattungen. Damit kann die äthiopische Region, wie schon lange vermutet wurde, als altes phylogenetisches Evolutionszentrum der *Hylesinae* betrachtet werden. Gestützt wird diese Hypothese auch durch die Brutgewohnheiten bzw. Ernährung einiger Arten der Gattungen *Metahylesinus* EGGERS und *Rhopalopselion* HAG., bei welchen eine phylogenetisch primitive Ernährungsweise, eine echte Xylophagie, bei der Larvenentwicklung gegeben ist, während alle anderen Gattungen der *Hylesinae* phloeophag zwischen Rinde und Holz von Waldbäumen ihren Nahrungbedarf decken.

Als Sonderfall, als eine Vorstufe zur phloeophagen Ernährungsweise der *Hylesinae* Afrikas kann *Strombophorus ericius* SCHAUF. gelten, weil hier die Larvenentwicklung schon zwischen Rinde und Holz beginnt, also phloeophag ist, aber in weiterer Folge sich im Holz abspielt, und zwar ohne Zuhilfenahme von Pilzen, wie dies bei der Xylomycetophagie gegeben ist, demnach Anklänge an die oben erwähnten *Cossoninae*.

Innerhalb der *Hylesinae* wurden bis jetzt 16 Gattungsgruppen ausgeschieden, von denen 11 aus Afrika gemeldet sind und 1 Tribus, die *Strombophorini*, außerhalb Afrikas überhaupt nicht vorkommt, alles Argumente, die für ein sehr frühes afrikanisches Evolutionszentrum der *Hylesinae* sprechen.

An zweiter Stelle bezüglich der Verbreitung der *Hylesinae* steht die orientalische Region mit 10 Gattungsgruppen, wovon 6 Triben auch in die Palaearktis ausstrahlen. Ebenfalls 10 Gattungsgruppen haben Vertreter in der neotropischen Region, 4 im australischen Bereich und 8 in der Palaearktis. Die *Bothrosternini* sind zur Gänze auf die Neotropis beschränkt, doch erscheint ihre Phylogenie etwas zweifelhaft.

Entscheidend für viele Fragen der Evolution der *Scolytidae* bleibt die große Unterfamilie *Ipinae* mit 159 Gattungen bzw. 4197 Arten (ssp. und var.), die alle zoogeographischen Teilgebiete mit geeigneter Vegetation besiedelt haben und sich entwicklungsgeschichtlich von den *Hylesinae* ableiten lassen.

Tabelle 3. Die Gattungsgruppen der Unterfamilie *Ipinae* und ihre gattungsmäßige Verbreitung in den einzelnen Faunenbereichen. (In Klammer ist die Zahl der endemischen Gattungen aufgeführt)

	Gattungen	Arten	Palaearktis	Äthiop. Region	Orient. Region	Austral. Region	Neotrop. Region	Nearktis
Hexacolini	8	190	—	—	—	—	7 (7)	—
Crypturgini	25	504	9	13 (2)	4	3	5	3
Cryphalini	37	746	6	25 (8)	13	13	8 (1)	7
Pityophthorini	23	540	4	7 (2)	2	3 (2)	15 (7)	7 (1)
Micracini	14	249	—	8 (6)	—	—	15 (7)	7 (1)
Ipini	17	265	3	3 (1)	5 (1)	5 (1)	3 (1)	3
Xyloterini	4	30	2 (1)	—	1 (1)	—	—	2 (1)
Webbini	2	31	—	—	2 (1)	1	—	—
Corthylini	22	379	—	—	—	—	23 (21)	2
Xyleborini	7	1263	1	3	6	6	2	1
	159	4197	25 (1)	59 (19)	33 (3)	31 (3)	78 (43)	32 (3)

Betrachtet man die Präsenz der *Ipinae*-Gattungen in den bekannten zoogeographischen Bereichen, so steht die Neotropis mit einem endemischen Tribus *(Hexacolini)* und mit 78 Gattungen weitaus an erster Stelle, und diese Position wird noch durch die sehr hohe Zahl von 43 gattungsmäßigen Endemismen erhärtet. Darüber hinaus findet sich in der Neotropis die Gattungsgruppe *Corthylini* mit 22 Gattungen bzw. 379 Arten, von denen nur zwei ganz bescheidene Ausstrahlungen in die Nearktis aufweisen; Argumente, die andeuten, daß, soweit die Unterfamilie in Frage kommt, die Neue Welt als Evolutionszentrum ersten Ranges zu betrachten ist. Einen wesentlichen Beitrag zu dieser Position bieten außerdem die beiden Gattungsgruppen *Pityophthorini* und *Micracini*, die zu je 15 Gattungen bzw. mit je 7 endemischen Gattungen in der Neotropis vertreten sind und dort ihren größten Artenreichtum aufweisen.

An zweiter Stelle der geographischen Verbreitung der *Ipinae* steht die äthiopische Region, welche 59 Gattungen, davon 19 Endemismen, aufweist, wobei außerdem der Schwerpunkt sich auf die *Cryphalini*, 25 Gattungen, davon 8 endemische, errechnen läßt, Zahlen, die in keinem anderen Faunenreich nachweisbar sind. Führend in der äthiopischen Region sind außerdem die *Crypturgini* mit 13 Gattungen, 2 davon endemischer Natur. Dann folgen in absteigender Linie die orientalische Region, 33 Gattungen, die Nearktis, 32 Gattungen, und die australische Region mit 31 Gattungen (In allen drei Fällen mit je 3 endemischen Genera). Die Palaearktis verfügt nur über 25 Gattungen, davon 9 der

Crypturgini, und einer einzigen endemischen Gattung, *Dendrotrypum* SCHEDL, aus dem Fernen Osten aus der Gattungsgruppe *Xyloterini*.

Betrachtet man die einzelnen Gattungsgruppen, ihre Verbreitung und ihre Endemismen, so kommt man zu folgenden Ergebnissen. Die *Hexacolini* sind auf die Neotropis beschränkt. Die *Crypturgini*, morphologisch wenig differenziert und biologisch wenig einheitlich gegliedert, teils zur Phloeophagie, teils zur Spermatophagie neigend, zeigen ihre Vielfalt in der äthiopischen Region, 13 Gattungen, 2 Endemismen, und besiedeln den anschließenden Raum der Alten Welt, die Palaearktis mit 9 Gattungen, die orientalische Region mit 4, die australische Region mit 3, außerdem die Neotropis mit 5 und die Nearktis mit 3 Gattungen, ohne daß Endemismen erkennbar sind.

Die *Cryphalini*, eine Gruppe mit ähnlichen Brut- bzw. Ernährungsgewohnheiten der Larven wie die *Crypturgini*, zeigen einen Evolutionsschwerpunkt in der äthiopischen Region bei 25 Gattungen, davon 8 endemische, mit starken Ausstrahlungen in die orientalische und australische Region, jeweils 13 Gattungen, ohne daß es dort zu einer weiteren phylogenetischen Aufspaltung kam. In der Palaearktis treten 6, in der Neotropis 8, in der Nearktis 7 Gattungen in Erscheinung, doch findet sich nur in der Nearktis ein gattungsmäßiger Endemismus.

Die *Micracini* zeigen eine interessante Neue Welt-Alte Welt-Disjunktion, wobei der Schwerpunkt in der Neotropis liegt, andererseits Afrika, besonders Südafrika und Madagaskar, besiedelt sind. Der Schwerpunkt der Evolution umfaßt die Neotropis mit 15 Gattungen, davon 7 endemische, eine Ausstrahlung auf 7 Gattungen, einschließlich einer endemischen, in die Nearktis. Acht Gattungen, davon 6 endemische, sind auf Afrika – Madagaskar beschränkt. Nur eine Gattung, *Hylocurus* EICHH., findet sich in beiden Regionen. Eine offene Frage ist, ob die bei der afrikanischen *Micracidendron montanum* SCHEDL festgestellte Xylophagie der Larven ein Relikt aus früheren Epochen darstellt oder als eine phylogenetische Rezession aufzufassen ist.

Eine Disjunktion gleicher Art ist auch für 2 *Hylesinae*-Gattungen, *Cladoctonus* STROHMEYER und *Microborus* BLANDFORD, sowie für *Liparthrum* WOLL. gegeben. Noch rätselhafter ist die artenmäßige gleichgerichtete Disjunktion bei *Microborus aberrans* WICHM., *Xyleborus cristatus* FABRICIUS und *Xyleborus cavipennis* EICHH., die in beiden Reichen so weit verbreitet sind, daß eine durch den Menschen verursachte Verschleppung unwahrscheinlich erscheint. Diese Fälle und die zirkumtropische Verbreitung einiger *Cryphalinae*, z. B. *Hypothenemus eruditus* WESTW. und einiger *Xyleborus*-Arten (*X. ferrugineus* F., *X. torquatus* EICHH., *X. perforans* WOLL.) können wohl nur als Folge der Trift befallener Hölzer in langen Zeiträumen erklärt werden.

Eine phylogenetische Aufspaltung liegt scheinbar in der Gattungsgruppe *Pityophthorini* vor. Die 23 bekannten Gattungen mit 540 Arten besiedeln, sich phloeophag ernährend, die ganze Landmasse, soweit sie vegetationsmäßig für die Ernährung der Brut geeignet ist. Wie bei den *Micracini* liegt die weitgehende Differenzierung, 15 Gattungen, davon 7 Endemismen, in bedeutenden Evolutionszentren, in der Neotropis, mit Ausstrahlungen von 7 Genera und einen Endemismus in die Nearktis und 4 Gattungen in die Palaearktis, wobei im Tropenbereich vorwiegend Laubhölzer, in der gemäßigten Zone oder in Hochlagen Nadelhölzer bevorzugt werden. Eine einzige Gattung, *Conophthorus* HOPKINS, fällt insofern aus diesem Rahmen, als sie sich auf Spermatophagie an Nadelholzsamen spezialisiert hat.

Die *Ipini* sind, taxonomisch gegliedert, in der orientalischen und australischen Region mit je 5, in allen anderen Faunenreichen durch nur 3 Gattungen vertreten, und alle dieselben ernähren sich phloeophag. Eine gattungsmäßige Disjunktion – äthiopische Region-Nearktis – ist bei *Mimips* EGGERS gegeben, aber ohne daß Arten in beiden Reichen vertreten sind. Dasselbe gilt für die Gattung *Neodryocoetes* EGGERS.

Die verbleibenden Gattungsgruppen *Xyloterini*, *Webbini*, *Corthylini* und *Xyleborini* repräsentieren die höchste erreichte Entwicklungsstufe in bezug auf die Larvenernährung, die unter dem Begriff Xylomycetophagie bekannt ist. Bei den ersten drei genannten Triben beteiligen sich beide Geschlechter am Brutgeschäft, bei den *Xyleborini* nur die Weibchen, sowohl bei der Übertragung der unentbehrlichen Pilze als auch bei der Anlage der notwendigen Brutröhren und der Reinhaltung derselben.

Die artenarmen *Xyloterini* sind mit einer Gattung, *Xyloterus* ERICHSON, in der ganzen Holarktis vertreten, außerdem mit je einer endemischen Gattung im Fernen Osten (*Dendrotrypum* SCHEDL), in der Nearktis (*Xyloterinus* SWAINE) und in der orientalischen Region (*Neocryphalus* EGGERS). Bebrütet werden sowohl Laubhölzer als auch Koniferen. Die *Webbini*, Laubholzbewohner der orientalischen Region mit etwa 31 Arten, zeigen eine nur zwei Arten umfassende Ausstrahlung nach Neuguinea.

Die artenreichen (379) und stark gegliederten *Corthylini* (22 Gattungen) der Neotropis, von denen zwei auch aus der Nearktis bekannt sind, stellen die größte endemische Gattungsgruppe dieses Bereiches dar. Diese Tatsache und die reiche artenmäßige Gliederung der einzelnen Gattungen sprechen außerdem dafür, daß es sich hier um ein noch im vollen Gange befindliches randständiges Evolutionszentrum der Neuen Welt handelt.

Die dritte Unterfamilie, die *Xyloctoninae* mit 5 phloeophagen Gattungen (57 Arten), davon zwei in der äthiopischen Region, drei im orientalischen Raum und zwei im australischen Bereich, vertritt eine Sonderstellung, die für phylogenetische Studien wenig Anhaltspunkte bietet.

Die vierte Unterfamilie, die *Scolytoplatypinae* mit nur eine Gattung, *Scolytoplatypus* SCHAUF., ist typisch für die Alte Welt, den äthiopischen Raum einschließlich Madagaskars, die orientalische und australische Region. Ihr biologisches Verhalten ist einheitlich und die Brut ernährt sich durch Xylomycetophagie, wobei beide Geschlechter am Brutgeschäft beteiligt sind, wie bei den *Xyloterini* der Unterfamilie *Ipinae*.

Faßt man das bisher Gesagte zusammen, so kommt man zu folgender Übersicht. Ein Maximum an Gattungen (88) und Endemismen (38) liegt im äthiopischen Bereich vor. Die starke Vertretung der phylogenetisch alten *Hylesinae* mit ihren zahlenmäßigen häufigen endemischen Gattungen, die starke Vertretung und gattungsmäßige Differenzierung der *Crypturgini* und *Cryphalini* deuten wohl allgemein ein altes Evolutionszentrum in diesem Raum an. Das andere Extrem, 106 Gattungen mit 57 Endemismen, liegt im neotropischen Raum, gleichzeitig mit deutlichem Vorrang der *Ipinae* und innerhalb derselben mit mehrfachen Anzeichen einer jüngeren, wohl noch in Gang befindlichen Evolution.

Damit verbleibt nur noch der Hinweis auf lokale, inselförmige Evolutionskerne, die durch regionale Abschnürung abiotischer Faktoren oder durch die vegetationsmäßige Einschränkung der Differenzierung hervorgerufen wurden. Als ein recht naheliegendes Beispiel in beiden Richtungen können die Kanarischen Inseln gelten, wo die Gattungen *Aphanarthrum* WOLL. und *Liparthrum* WOLL. ihren größten Artenreichtum zeigen, während das naheliegende Nordafrika nur ganz wenige Vertreter dieser Gattungen aufweist. Ein anderer Fall liegt im Fernen Osten vor, erkennbar durch viele für diesen Raum endemische Arten. Eine durch Isolation bedingte Häufung endemischer Arten bekannter Genera sind für Japan, Taiwan (Formosa) und die Sandwich-Inseln erwiesen, während die Inselgruppen im Pazifik eigentlich nur eine größere Aufsplitterung vornehmlich bei den *Cryphalini*, besonders *Cryphalus* ERICHSON, erkennen lassen. Eine gewisse Häufung endemischer *Scolytidae*, weniger deutlich der *Platypodidae*, ist für die Philippinen erkennbar. Madagaskar ist zweifellos eine alte Isolierung und zeigt eine Häufung sowohl der phloeophagen als auch der xylomycetophagen Scolytiden mit ganz vereinzelten Querverbindungen mit Südafrika.

Familie Platypodidae

Die *Platypodidae* sind eine morphologisch, anatomisch und physiologisch scharf begrenzte, relativ kleine Coleopterenfamilie, die auch in großen Zügen bezüglich der Brutgewohnheiten und der Ernährung weitgehend übereinstimmt. Außerdem gelang es bisher nicht, festzustellen, welche nähere Verwandtschaft abstammungsmäßig in Frage kommt. Auf der einen Seite spricht manches für eine recht alte Abzweigung innerhalb der Coleopteren, auf der anderen Seite zeigen die echten *Platypodidae* (mit möglicher Ausnahme der Gattung *Platytarsulus* SCHEDL) so einheitliche Brutgewohnheiten und eine ganz moderne Ernährungsweise, die sich mit den xylomycetophagen *Scolytidae* decken und damit doch eine gewisse Verwandtschaft, am ehesten mit den *Xyloterini* und *Scolytoplatypinae*, vermuten lassen. Die Familie umfaßte 1972 1068 Arten, die sich auf 24 Gattungen bezogen und sich zwanglos auf fünf Unterfamilien verteilen lassen, während die Errichtung von Gattungsgruppen, wie dies bei den *Scolytidae* zweckmäßig erschien, unterblieb bzw. als nicht erforderlich gehalten wurde. Andererseits kam es in den Gattungen *Crossotarsus* CHAP. (98 Arten) und *Platypus* HERBST (554 Arten) wegen der feinen morphologischen Gliederung zur Ausscheidung von Artengruppen (Sektionen), wie dies bei der Gattung *Xyleborus* EICHH. der *Scolytidae* sich als notwendig erwiesen hat.

Tabelle 4. Verbreitung der Unterfamilien der *Platypodidae*, ausgedrückt durch die vertretenen Gattungen. Endemismen in Klammern.

	Palaearktis	Äthiop. Region[1])	Orient. Region	Austral. Region	Neotrop. Region	Nearktis
Crossotarsinae	1	1 (1)	2 (1)	2 (1)	1 (1)	—
Platypodinae	1	6 (4)	4 (1)	4 (1)	4 (2)	1
Periommatinae	—	1	2	1	—	—
Diaporinae	—	1	2 (1)	1	—	—
Platytarsilinae	—	—	1 (1)	2 (2)	—	—
	2	9 (5)	11 (4)	10 (4)	5 (3)	1

Die größte Zahl an Gattungen (11) weist die orientalische Region auf, an zweiter Stelle steht der australische Raum (10), an dritter Stelle der äthiopische Bereich mit 9 Gattungen, während im weitem Abstand die Neotropis mit 5, die Palaearktis und Nearktis mit je einer Gattung – in beiden Fällen Angehörige von *Platypus* HERBST – vertreten sind. Vom Standpunkt gattungsmäßiger Endemismen lassen sich keine eindeutigen Aussagen evolutionsmäßiger Art machen. Auf diese Endemismen wird bei der Besprechung der einzelnen Unterfamilien näher eingegangen werden.

Die *Crossotarsinae* mit 5 Gattungen und 141 Arten (1972) zeigen eine endemische Gattung im orientalischen Raum, 2 Gattungen im orientalisch-australischen Bereich, wovon eine Art in ihrer Verbreitung im Norden bis Japan reicht. Aus dem äthiopischen Raum und der Neotropis ist je eine endemische Gattung zu erwähnen, *Trachyostus* SCHEDL in Afrika mit 17 Arten und *Neotrachyostus* BROWNE (15 Arten) in der Neuen Welt. Beide dieser Gattungen sind morphologisch scharf begrenzt und können als Disjunktion einer höheren taxonomischen Einheit aufgefaßt werden. Die Gattung *Crossotarsus* CHAP. mit 98 bekannten Arten machte die Errichtung von 8 Artengruppen (Sektionen) erforderlich.

Die *Platypodinae* zeigen gattungsmäßig die stärkste Gliederung (12 Gattungen) sowie die weitaus größte Artenzahl (812), und es finden sich Vertreter in allen Faunenbereichen. Phylogenetisch wahrscheinlich älter als die *Crossotarsinae* sind die *Platypodinae* des äthiopischen Raumes mit 4 endemischen Gattungen, *Cylindropalpus* STROHM. (15 Arten), *Doliopygus* SCHEDL mit 134 Arten, die sich in 10 Sektionen gliedern lassen, dann *Mesoplatypus* STROHM. (13 Arten) und endlich *Triozastus* SCHEDL, vertreten durch 6 Arten. Zusätzlich wären noch einige wenige Vertreter der Gattung *Platypus* HERBST zu erwähnen.

Auf den orientalischen Raum entfallen eine kleine endemische Gattung, *Dendroplatypus* BROWNE (1 Art), 5 Arten von *Treptoplatypus* SCHEDL, *Baiocis* BROWNE mit 8 Arten und schließlich die Gattung *Platypus* HERBST, die hier mit 14 Sektionen bzw. 36 Arten vertreten ist. Aus der australischen Region sind 7 Sektionen mit 24 Arten gemeldet, außerdem 2 Arten von *Treptoplatypus* SCHEDL und ebenfalls 2 Arten der Gattung *Baiocis* BROWNE. Diesen vermutlich phylogenetisch relativ alten Arten bzw. Sektionen gegenüber zeigt der neotropische Raum, soweit die Gattung *Platypus* HERBST angesprochen wird, 17 Sektionen bzw. 179 Arten, also einen erheblichen Anteil der Gattung und damit eher das Bild eines randständigen Evolutionszentrums.

Die dritte Unterfamilie, die *Periommatinae*, wird in der äthiopischen Region durch *Periommatus* CHAP. mit 54 Arten, außerdem in Madagaskar und Sumatra jeweils mit 2 Arten vertreten, ein Zeichen, daß diese Gattung evolutionsmäßig in Afrika ihren Schwerpunkt hat. Eine zweite Gattung, *Spathidicerus* CHAP., weist nur 3 Arten auf, von welchen je eine im orientalischen Bereich bzw. im australischen Raum vorkommt, während eine Art in beiden Regionen gefunden wurde.

Als phylogenetisch jung könnte man die vierte Unterfamilie, die *Diaporinae*, einschätzen, die mit 2 Gattungen, *Diapus* CHAP. (25 Arten) und *Diacavus* SCHEDL (21 Arten), vorwiegend den orientalischen Bereich bevölkern. Größere Ausstrahlungen sind in Neuguinea festzustellen; 2 Arten, *Diapus pusillimus CHAP.* und *D. quinquespinatus* CHAP., greifen in ihrer Verbreitung auch auf den äthiopischen Raum über.

Die fünfte Unterfamilie, die *Platytarsilinae*, ist mit zwei Gattungen mit nur je einer Art, *Austroplatypus* BROWNE und *Notoplatypus* LEA, auf Australien beschränkt, *Platytarsulus* SCHEDL ist mit 6 Arten im orientalischen Bereich heimisch.

Zusammenfassend stellen die *Platypodidae* Afrikas mit 40 % der bekannten Arten (428), die sich auf 4 endemische Gattungen mit 168 Arten, davon *Cylindropalpus* (15), *Doliopygus* (134), *Mesoplatypus* (13) und *Triozastus* (6), verteilen. Dazu kommen noch 6 Arten von *Mitosoma*, 55 Arten von *Periommatus* und 31 Arten von *Platypus*.

Der zweite phylogenetisch interessante Raum ist durch die Neotropis gegeben. Man fand dort bisher 4 Gattungen, davon 3 Gattungen endemischer Natur (*Tesserocerus* SAUNDERS, *Tesserocranulus* SCHEDL und *Neotrachyostus* BROWNE) mit nur 45 Arten, während die weltweit verbreitete Gattung *Platypus* HERBST mit 213 Arten in nur auf diese Region beschränkten Artengruppen (Sektionen) vertreten ist, beides Fakten, die den oben erwähnten einmaligen Evolutionstypus bestätigen.

Aus der orientalischen Region sind alle bekannten Unterfamilien gemeldet, davon die *Crossotarsinae* mit der endemischen Gattung *Crossotarsinulus* SCHEDL (1 Art), *Carchesiopygus* SCHEDL mit 3 Arten und die Gattung *Crossotarsus* mit 64 Arten. Von den *Platypodinae* liegt eine endemische Gattung, *Dendroplatypus* BROWNE (1 Art), vor, während *Baiocis* BROWNE mit 10 Arten und *Treptoplatypus* SCHEDL mit 5 Arten bekannt wurden. Die *Periommatinae* sind mit 2 Gattungen gemeldet, *Periommatus* CHAP. mit 2 Arten und *Spathidicerus* CHAP. ebenfalls mit 2 Arten. Von den *Diaporinae* wurden bisher 15 Arten, die auf die orientalische Region beschränkt sind, beschrieben, außerdem 2 Arten, deren Verbreitung den ganzen tropischen Raum von Afrika bis Taiwan bzw. Australien umfaßt, und endlich noch eine Art, deren Verbreitung im Norden bis Japan reicht. Eine endemische Art ist auch aus Madagaskar bekannt, 6 endemische Spezies aus Neuguinea. Die Unterfamilie *Platytarsilinae* ist nur aus der orientalischen Region durch *Platytarsulus* SCHEDL mit 6 Arten belegt.

Die australische Region ist relativ artenarm, besitzt aber Vertreter aller fünf Unterfamilien. Die *Crossotarsinae* greifen mit einer Art der Gattung *Carchesiopygus* und überraschenderweise mit 25 Arten der Gattung *Crossotarsus*, zum größten Teil auf Neuguinea beschränkt, auf dieses Gebiet über, wodurch, wie schon einmal bei den *Scolytidae* erwähnt, ein randständiges Evolutionszentrum gegeben erscheint. Die Unterfamilie *Platypodinae* ist im australischen Raum nur andeutungsweise erkennbar, einmal durch die endemische Gattung *Spathicranuloides* SCHEDL mit einer Art und mit zwei Vertretern der Gattung *Treptoplatypus*, in beiden Fällen nur aus Neuguinea bekannt. Von den *Periommatinae* wäre *Spathidicerus* CHAP. zu erwähnen, die mit zwei Arten, eine davon endemisch, die andere auch aus Indonesien bekannt, vertreten ist. In den *Diaporinae* kam es bei *Diapus* CHAP. zu 6 endemischen Arten und 3 weiteren, welche auch im orientalischen Raum vorkommen bzw. in ihrer Verbreitung noch bis Afrika reichen. Die fünfte und letzte Unterfamilie, die *Playtarsilinae*, weist in Australien 2 endemische Gattungen auf, *Notoplatypus* LEA und *Austroplatypus* BROWNE, vertreten jeweils durch eine einzige Art.

Zusammenfassung

Die mittelgroße phytophage Familie *Scolytidae* ist reich gegliedert und zeigt morphologisch und im biologischen Verhalten alle Stadien von einer primitiven bis hochspezialisierten Ernährungsweise bzw. Brutgewohnheiten. Die relativ kleine Familie der *Platypodidae* ist wesentlich einfacher im morphologischen Aufbau und ganz einheitlich in der Ernährungsweise bzw. den Brutgewohnheiten und steht in bezug auf letztere auf nahezu der höchsten Stufe der Spezialisierung von phytophagen Coleopteren, der Xylomycetophagie, unter Beteiligung beider Geschlechter bei der Brut, ohne daß primitivere Lebensformen erkennbar sind. Eine Reihe von Tatsachen können dahin ausgelegt werden, daß die Wiege beider Familien in der äthiopischen Region stand, und, wenn eine weitere Hypothese erlaubt ist, daß eine Ausweitung der Verbreitung in breiter Front gegen den Osten der Alten Welt, dem orientalischen Raum zu stattfand, während die Besiedelung des tropischen Teiles der Neuen Welt zu einem viel späteren Zeitpunkt erfolgt sein dürfte. An den Grenzen der Ost-West-Ausbreitung kam es offenbar zu „phylogenetischen Stauungen", in geringerem Maße und auf kleinerem Raum beschränkt in Neuguinea und dem tropischen Teil Ostaustraliens, in stürmischer Form im tropischen Teil der Neuen Welt. Zu weiteren randständigen Stauungen dieser Art, der taxonomischen Aufspaltung beider Familien, kam es auch am Ostrand Südasiens, in Vietnam und der malayischen Halbinsel, bei den *Scolytidae* in beschränkterem Maße auch im Fernen Osten (Ussuri-Gebiet), dort wohl gefördert durch eine gleichlaufende, frühere vegetationsmäßige Gliederung. Eine inselartige Isolierung ist für beide Familien auf Madagaskar klar gegeben, für die *Scolytidae* außerdem auf den kanarischen Inseln, auf Ceylon, den Philippinen, auf Taiwan und den Sandwich-Inseln zu erkennen.

Alpine Refugialgebiete lassen sich in den hohen Gebirgsstöcken Afrikas, Ruwenzori Range, Mt. Elgon, Mt. Kenya und Aberdare Range nachweisen (SCHEDL 1963) und beziehen sich vorwiegend auf die Gattung *Thamnurgus* EICHH. Ähnliche Refugien liegen in den Kiefernstandorten des Himalaja, von Vietnam, Sumatra und Java vor, diesmal durch Angehörige der Gattung *Polygraphus* ER. Gattungsmäßige Übereinstimmung zwischen Nordamerika und Japan ist durch die Gattung *Alniphagus* SWAINE, und von Zentralamerika mit der Philippineninsel Luzon, sogar durch ein- und dieselbe Art *Ips intersticialis* EICHH., gegeben.

Von den wenigen fossilen *Scolytidae* scheinen die Bernsteintiere [3]) aus dem Baltikum sich phloeophag ernährt zu haben, die *Platypodidae* des mexikanischen Bernsteins durch Xylomycetophagie. Arealverschiebungen früherer Epochen, die es zweifellos gegeben hat, lassen sich aufgrund der rezenten Verbreitung der Arten vorderhand kaum belegen, wohl aber wird die Ausscheidung kleinerer, abiotisch und biotisch abgrenzbarer Areale, wie z. B. der mediterrane Raum, das südliche Afrika, der chilenische Küstenstreifen etc., zukünftige Forscher beschäftigten.

---

[3]) Aus Kopal konnte ich eine ganze Reihe von Arten erkennen, doch handelte es sich ausschließlich um rezente Formen.

Summary

EVOLUTIONARY CENTRES ON THE SCOLYTOIDEA

The question of evolutionary centres based on the present distribution of the higher taxonomic units like subfamilies, tribes, genera and sections of species has been examined for the coleopterous families *Scolytidae* and *Platypodidae* paying special attention to endemic taxons. Under these suppositions it became evident that the oldest and largest evolutionary centre might be looked for in the Aethiopean region from which a widespread dispersion may be traced eastward into the Old World while the propagation to the west took place somewhat later now extending over the entire tropical parts of the New World and being phylogenetic younger than the former move to the east. On the extreme margins of these dispersions phylogenetical congestions have developed, on a smaller more limited scale in New Guinea and parts of tropical Australia, on a very large area in the west from Mexico to Argentine. There are also discussed smaller congestions in southern Asia, insular isolations, disjunct distribution Africa-Neotropis, and alpine refuges in the higher mountains of east Africa

Literatur

BALACHOWSKY, A., 1949: Faune de France, **50**, Scolytides. Paris. 320 pp., illustr.

BARBEY, A., 1901: Les Scolytides de l' Europe Centrale. Paris. 127 pp., illustr.

BEESON, C. F. C., 1938: Check list of *Scolytidae* and *Platypodidae* of Oceania. – Journ. Journ. Fed. Mal. St. Mus., **18**/2: 287–298.

–, 1941: The ecology and control of forest insects of India and the neighbouring countries. – Dehra Dun: pp. 324–347, 363–404.

BLACKMAN, W. M., 1922: Mississippi bark beetles. – Miss. Agric. Exp. Sta. Tech. Bull., **11**, 130 pp. illustr.

–, 1928: The genus *Pityophtorus* Eichh., in North America. – N. Y. St. Coll. For. Tech. Publ., **25**, 159 pp., illustr.

–, 1950: Fam. *Scolytidae*. In: Insect enemies of Eastern Forests. – U. S. Dept. Agr. Miss. Publ., 657: 293–341.

BLANDFORD, W. F. H., 1895–1907: Biologia Centrali Americana, Insecta, *Coleoptera, Scolytidae, Platypodidae*. IV, Pt. 6: 81–298, illustr.

BRIGHT, D. E. and R. W. STARK, 1973: The Bark and Ambrosia Beetles of California. – Bull. Cal. Ins. Surv., **16**, 169 pp., illustr.

BRIMBLECOMBE, A. R., 1953: An annoted list of the *Scolytidae* in Australia. – Queensl. Journ. Agric. Sci., **10**: 167–205.

BROWNE, F. G., 1961: The biology of Malayan *Scolytidae* and *Platypodidae*. – Mal. For. Rec., **22**, 225 pp., illustr.

CHAMBERLIN, W. J., 1939: The bark and timber Beetles of North America, North of Mexico. – O. S. C. Coop. Ass. Corvallis, Oregon, 513 pp., illustr.

CHAPUIS, F., 1866: Monographie des Platypides. – Mém. Soc. R. Sci. Liège, 339 pp., illustr.

COSTA LIMA, A. M. DA, 1956: Insectos do Brasil. Rio de Janeiro: pp. 272–343.

EGGERS, H., 1943: Borkenkäfer aus Südamerika. – Mitt. Münch. Ent. Ges., **33**: 344–389.

EICHHOFF, W., 1879: Ratio, descriptio, emendatio eorum Tomicinorum. Bruxelles, 531 pp., illustr.

FAIRMAIRE, L., 1897: Matériaux pour la faune coléoptèrique de la région Malgache. – Ann. Soc. Ent. Belg., **41**: 92–119, 164–203, 363–406.

HAGEDORN, M., 1910: Coleopterorum Catalogus, Pars 4, *Ipidae*. – Berlin, 134 pp.

–, 1910: *Ipidae*: In WYTSMAN, Genera Insectorum. Fasc. 111. Brüssel, 178 pp., illustr.

HOPKINS, A. D., 1900: American fossil *Coleoptera* referred to *Scolytidae*. – Psyche, **9**: 65–67.

–, 1915: Contribution towards a monograph of the Scolytid beetles. – U. S. Dept. Agr. Tech. Ser., **17**: 165–232, illustr.

KURENCOV, A. J., 1941: Barkbeetles of the far east. Izdat. Akad. Nauk. SSSR, Moskva/ Leningrad, 234 pp., illustr. (Russ.)

MURAYAMA, J., 1954: Scolytid-fauna of the northern half of Honshu with a distribution table of all the scolytid species described from Japan. – Bull. Fac. Agr. Yamaguti Univ., **5**: 149–212.

NIIJIMA, Y., 1909: Die Scolytiden Hokkaidos unter Berücksichtigung ihrer Bedeutung für Forstschäden. – Journ. Coll. Agr. Tohoku Imp. Univ., **3**/2: 109–179, illustr.

SCHEDL, K. E., 1934: Studies on Hawaiian *Scolytidae*. – Stylops, **3**: 177–179.

–, 1939: Die Einteilung und geographische Verbreitung der *Platypodidae*. VII. Int. Kongr. Ent. 1938 (1939): 377–410:

–, 1939: Ambrosiabeetles from Copal. – Ann. Mag. Nat. Hist., (11) **IV**: 468–471.

–, 1939: Fauna Mexicana I. – An. Esc. Nac. Cienc. Biol., **I**: 317–377.

–, 1942: Neue *Scolytidae* aus Java. – Tijdschr. v. Ent., **85**: 1–44.

–, 1942: Interessante und neue Scolytiden und Platypodiden aus der australischen Region. – Mitt. Münch. Ent. Ges., **32**: 162–201.

–, 1947: Die Borkenkäfer des baltischen Bernsteins. – Zentrbl. Gesamtgeb. Ent., **2**: 12–45.

–, 1949: Neotropical *Scolytoidea* I. – Rev. Bras. Biol., **9** (3): 261–284.

–, 1950: Fauna Fijiana I. – Occ. Pap. Bernice P. Bishop Mus., **20**: 35–54.

–, 1950: Neotropical *Scolytoidea* II. – Dusenia, **1**: 145–180.

–, 1951: Fauna Indomalayensis I. – Tijdschr. v. Ent., **93**, 1950 (1951): 41–98.

–, 1951: Fauna Samoana I. – Occ. Pap. Bernice P. Bishop Mus., **20**: 131–156.

–, 1955: Borken- und Ambrosiakäfer aus dem Pazifischen Raum. – Ent. Arb. Mus. Frey, **6**: 277–310.

–, 1956: Die Kiefernborkenkäfer Guatemalas. – Ztschr. angew. Ent., **38**: 1–48.

–, 1959: Check List of the *Scolytidae* and *Platypodidae* of Ceylon. – Trans. R. Ent. Soc. London, **111**: 469–520.

–, 1959: Coleoptera Insularum Canariensium. – Soc. Sci. Fenn. Comm. Biol. **20**: 54–78.

–, 1959–1962: *Scolytidae* und *Platypodidae* Afrikas. – Rev. Ent. Mocambique, **2**, 1959: 357–422; **3**, 1960: 75–154; **4**, 1961: 335–742; **5**, 1962: 1–1352; illustr.

–, 1960: Chapuis' Platypodidae. – Inst. R. Sci. Nat. Belgique Mém., 2 Ser., Fasc. **62**, 68 pp.

–, 1961: Fauna Madagascariensis IV. – Mém. Inst. Sci. Madag. E, **12**: 127–176.

–, 1962: New Platypodidae from Mexican Amber. – Journ. Palaeont., **36**: 1035–1038.

–, 1963: African High Mountain Barkbeetles. – Ann. Mag. Nat. Hist., (**13**): 29–32.

–, 1964: Borkenkäfer des nordwestlichen Afrika. – Notul. Ent., **44**: 94–100.

–, 1966: Neotropische *Scolytoidea* VIII. – Ent. Arb. Mus. Frey, **17**: 74–128.

–, 1967: Check list of the *Scolytidae* and *Platypodidac* of the Philippine Islands. – Ent. Abh., **351**: 1–122.

–, 1972: *Platypodidae*. The Hague, 321 pp., illustr.

–, 1972: Die Borkenkäfer aus Chile: – Mitt. Münch. Ent. Ges., **62**: 129–153.

–, 1974: *Scolytoidea* from the Galapagos and Cocos Islands. – Studies Neotrop. Fauna, **9**: 47–53.

–, 1975: Die Unterfamilie *Scolytoplatypinae*. – Entom. Abh. Mus. Tierk. Dresden. **40**, Nr. 7: 199–267.

—, 1975: New *Scolytidae* and *Platypodidae* from Papua New Guinea. – Ann. Naturhist. Mus. Wien, **79**: 337–399.

—, (im Druck): Die Käfer Mitteleuropas. Fam. *Scolytidae* und *Platypodidae*.

—, 1977: Die *Scolytidae* und *Platypodidae* Madagaskars und einiger naheliegender Inselgruppen. – Mitt. Forstl. Bundesversuchsanst. Wien, **119**: 326 pp.

STARK, V. N., 1952: Fauna SSSR Koroedy. Moskva/Leningrad, Izdat. Akad. Nauk., Tom. 31, 462 pp., illustr.

STROHMAYER, H., 1912: Fam. *Platypodidae*. Coleopterorum Catalogus, Berlin, 26 pp.

—, 1914: Fam. *Platypodidae*. – In: WYTSMAN, Genera Insectorum, 163 Fasc., 55 pp., illustr.

SWAINE, J. M., 1918: Canadian bark beetles. Part. II. – Can. Dept. Agr. Ent. Br. 1918, 143 pp., illustr.

WOOD, S. L., 1960: Insects of Micronesia. *Platypodidae* and *Scolytidae*. – Bernice P. Bishop Mus., **18**, 73 pp., illustr.

Anschrift des Autors:

Univ. Prof. Dr. Karl E. Schedl, Pfarrgasse 19, A–9900 Lienz, Österreich.

Entom. Abh. Mus. Tierk. Dresden, Bd. 41, 1977, 2. Teilband
Akadem. Verlagsgesellschaft Geest & Portig K.–G., Leipzig
Genehm.: Min. f. Kultur, Nr. 105/15/77 u. 105/19/77 III-19-2

Übersicht über die herausgegebenen Publikationen

Reichenbachia

Fachgebiet: Taxonomie (Neubeschreibungen, Revisionen und andere taxonomische Arbeiten mit geringem Umfang).

Tiergruppen: Insecta, Myriapoda, Arachnida.

Entomologische Abhandlungen

Fachgebiete: Taxonomie (Bestimmungstabellen, Monographien und andere taxonomische Arbeiten mit größerem Umfang), Phylogenie, Evolution, Morphologie, Anatomie, Biologie, Ökologie, Zoogeographie.

Tiergruppen: Insecta, Myriapoda, Arachnida.

Faunistische Abhandlungen

Fachgebiet: Faunistik. Diese Reihe dient auch zur Veröffentlichung faunistischer Kurzmitteilungen.

Tiergruppen: alle Gruppen mit Ausnahme der Protozoa.

Zoologische Abhandlungen

Fachgebiete: Taxonomie, Phylogenie, Evolution, Morphologie, Anatomie, Biologie, Ökologie, Zoogeographie.

Tiergruppen: Vertebrata; daneben Evertebrata mit Ausnahme der Insecta, Myriapoda, Arachnida, Mollusca und Protozoa.

Malakologische Abhandlungen

Fachgebiete: Taxonomie, Phylogenie, Evolution, Morphologie, Anatomie, Biologie, Ökologie, Zoogeographie.

Tiergruppe: Mollusca.

Übersicht über die erschienenen Publikationen

Nach 1945 erschienen folgende Bände:

Abhandlungen und Berichte aus dem Staatlichen Museum für Tierkunde in Dresden

Bände 21 (1953) – 25 (1960)
(Band 21 ist vergriffen).

Ab 1961 wurden die „Abhandlungen und Berichte aus dem Staatlichen Museum für Tierkunde in Dresden" in zwei Reihen unterteilt:

Entomologische Abhandlungen

Ab Band 26 (1961–1962) ff.
Zu den Bänden 36, 37, 39 und 40 erschienen Supplementbände.

Zoologische Abhandlungen

Ab Band 26 (1961–1964) ff.
Ab Band 26 ohne Insecta, ab Band 27 ohne Mollusca.
(Bände 26–29 sind vergriffen).

Im Zeitraum von 1962–1964 wurden zusätzlich die folgenden Reihen neu eingerichtet:

Reichenbachia

Ab Band 1 (1962–1963) ff.

Faunistische Abhandlungen

Ab Band 1 (1963–1966) ff.

Malakologische Abhandlungen

Ab Band 1 (1964–1967) ff.

Alle genannten Reihen erscheinen fortlaufend, jedoch zwanglos und ohne feste Bindung an das Kalenderjahr.

III-9-16 Jt 1943/75 10 T. (30045/9)

www.ingramcontent.com/pod-product-compliance
Lightning Source LLC
LaVergne TN
LVHW081336011026
849161LV00013BB/2932